추천의 글

'왜'라는 질문에 답을 주는 힌트북

이 책은 아이들의 '왜'라는 질문에 '원래' 또는 '그냥'이라는 말로 답하지 않고 수학적 개념을 '위치와 질서'에 따라 차분하게 설명합니다. 교과서 문제를 활용하여 친숙하게 다가온 점, 개념 따라쓰기로 개념을 머릿속에 각인시킨 점도 이 책의 강점입니다. 힌트북을 통해 '왜'라는 질문에 수학적 개념으로 답변할 수 있는 실력 있는 학생들이 되기를 기대합니다.

정성윤 선생님(서울세검정초등학교)

문제의 실마리를 주는 힌트

문제를 풀다 막히면 답지부터 찾아본 경험, 누구나 있을 거예요. 그런데 이 책엔 힌트북이 있어 답지를 보지 않고 문제의 실마리를 찾을 수 있습니다. 또 본문에서 개념을 따라 쓰는 코너가 있어서 학생들이 개념을 얼마나 잘 알고 있는지를 점검할 수 있다는 점도 매우 유익합니다.

박명선 선생님(덕은초등학교)

새 교육과정에서 중요시하는 과정 중심 평가에 맞는 학습서

새로 개정된 수학과 교육과정은 학습 결과 평가뿐만 아니라 과정 중심 평가도 중요시하여 종합적인 학습 평가를 지향하고 있습니다. 과정 중심 평가에서의 핵심은 학생들의 요구에 맞추어 피드백이 즉각적으로 이루져야 한다는 것입니다. 그런 점에서 이 책은 단계별로 효과적인 수학 학습이 되도록 학생 본인의 사고에 맞게 학습을 조절할 수 있습니다. 목표에 도달했다고 하더라도 어떤 과정으로 도달했는지, 혹은 어떤 이유로 도달하지 못했는지에 대한 학습 방향을 알려주는 나침반 같은 역할을 할 수 있기를 기대합니다.

최현아 선생님(서울가락초등학교)

과제집착력을 길러주는 효과적인 구성!

학급에서 수학 수업을 할 때 최대한 답을 나중에 알려주면서 힌트를 주거나 문제를 이해할 수 있도록 풀어 설명해 줍니다. 과제집착력, 즉 문제를 끝까지 풀어내고자 하는 태도가 결국에는 수학 실력 향상에 도움이 된다고 생각하기 때문입니다. 힌트북은 아이들이 혼자 공부할 때에도 과제집착력을 기를 수 있는 효과적인 구성을 가진 교재라고 생각합니다. 힌트북은 수학을 잘 하고 싶어하는 아이들에게 기본기를 꼼꼼히 다져주는 좋은 친구이자 선생님이 되어 줄 것입니다.

류윤정 선생님(중앙대학교 사범대학 부속초등학교)

수학에 자신 있는 친구들에게도 추천해요.

힌트북에서는 귀여운 캐릭터들이 설명해 주는 힌트를 통해 아이들이 개념과 원리를 지루하지 않고 흥미있게 집중하여 이해할 수 있습니다. 수학을 많이 버거워하는 아이들도 캐릭터들이 차근차근 설명하는 힌트를 따라가며 자신감을 키우게 될 것입니다. 풀이가 힘들고 귀찮아 힌트를 먼저 펼쳐보게 되는 아이들도 힌트 속에 녹아 있는 개념과 풀이 과정을 통해 자연스레 개념을 복습하게 되고 차근차근 풀이 과정을 밟아가는 연습을 할 수 있을 것입니다. 아울러 수학에 자신 있어 하는 친구들에게도 추천합니다. 어렵지 않게 푼 문제들도 '힌트' 속 설명을 통해 수학 실력을 더욱 탄탄히 다질 수 있을 테니까요.

강상미 선생님(서울송례초등학교)

추천의 글

생각하는 힘과 인내심을 길러줘요.

수학은 암기과목이 아닙니다. 한 문제를 풀어내는 과정은 마치 미로 속에서 출구를 찾아내는 과정과 비슷합니다. 많은 문들을 인내심을 갖고 하나하나 열어가며 출구를 찾아냈을 때 비로소 빛을 보는 기쁨을 누릴 수 있는 것과 같습니다. 모르겠다고 처음부터 답을 봐 버리면 생각하는 힘을 얻을 수 없고, 수학 문제를 해결하는 데 반드시 필요한 인내심도 기를 수 없습니다. 이 책은 문제를 해결하기 위해 통과해야 하는 많은 문들을 하나하나 열어갈 수 있도록 적절하게 힌트를 주고 있습니다. 이 책을 통해 필요한 만큼의 힌트를 참고하여 스스로 문제를 풀어내는 기쁨을 누리며 진정한 수학 실력을 높일 수 있기를 바랍니다.

채현정 선생님(서울대명초등학교)

스스로 깨닫게 하는 유능한 수학 코치!

문제 옆에 바로 붙어 있는 일반 참고서의 힌트는 아이들이 스스로 사고할 기회를 빼앗는 나쁜 친구죠. 그렇다고 힌트가 없으면 포기하기 쉽고, 또 답과 해설을 보며 공부하다 보면 끝내 혼자서는 문제를 풀어내지 못합니다. 이러한 문제의 완벽한 해결사가 힌트북입니다! 게다가 힌트북은 문제마다 중요한 개념을 친구처럼 세밀하게 알려주어서 문제의 핵심을 스스로 깨닫게 하는 가장 유능한 수학 코치입니다!

유은화 선생님(분당 공부방 원장)

혼자서도 척척, 혼공 내비게이션!

흔히 수학에는 왕도가 없다고 하지요. 그만큼 쉽고 빠른 지름길이 없다는 말인데요, 힌트북이 좋은 길잡이가 될 수 있을 것 같네요. 막히면 힌트를 보고 제대로 된 맞춤길을 안내받아 문제를 척척 풀어나갈 수 있으니까요.

안소정 선생님('수학의 역사' 저자)

학습 결손을 막아주는 '찐' 혼공 학습서

왜 진작에 이런 학습서가 나오지 않았을까요? 힌트북이 선생님이 되어 스스로 풀어내도록 도와주니 수학 실력뿐 아니라 자신감까지 올려주네요! 특히 요즘처럼 비대면 수업으로 인한 학습 결손이나 학력 격차까지 막아줄 수 있는 찐 혼공 학습서입니다.

배기근 선생님(대치 파인만학원 영재원 대표강사)

수학을 가장 쉽고 빠르게 공부할 수 있는 교재

구구절절 설명하는 책들은 넘쳐나지만 한눈에 보여주는 책은 이 책이 유일한 것 같습니다. 개념과 방법이 한눈에 이해되다 보니 힌트북이야말로 수학을 가장 쉽고 빠르게 공부할 수 있는 교재가 아닐까 하는 생각이 듭니다. 학생들이 쉽고 재밌게 공부하기에 안성맞춤입니다!

김준 선생님(일산 에이스학원 원장)

언제나 필요했던 게 바로 이런 책이었어요.

학원이나 선생님 도움 없이 혼자 책을 보며 공부하길 좋아했던 내가 언제나 필요했던 게 바로 이런 책이었습니다. 개념을 쉽게 설명하는 책은 많지만, 개념을 어떻게 받아들이고 어떻게 적용하는지 알려주는 책은 많지 않죠. 힌트북은 선생님이 옆에서 가르쳐 주듯 하나하나 알려주는 든든한 교재입니다.

이승은(서울대 대학원 보건학과)

문제 읽는 방법을 배워 '진짜 실력'을 길러요.

문제를 풀다 어렵다고 해설을 바로 보면 실력이 잘 늘지 않기에 과외 수업을 할 때도 힌트를 종종 주곤 합니다. 문제 접근법을 다시 생각해보게 하는 거죠. 힌트북은 '문제를 읽는 방법'을 학생 스스로 배울 수 있게 합니다. '진짜 실력'을 기르기에 참 좋은 교재입니다.

전가원(서울대 수의예과 21학번)

개념을 문제에 적용할 수 있는 힘을 길러줘요.

수학 문제를 풀 때 가장 중요한 능력은 문제를 분석하고 올바르게 개념을 적용하는 능력입니다. 힌트북은 시중 초등 참고서에 없던 '힌트북'을 통해 처음 공부하는 학생이라도 개념을 문제에 스스로 '적용할 수 있는 힘'을 길러주고 있습니다.

현승환(서울대 자유전공학부 21학번)

매일의 목표를 이루어주는 힌트북

'성공도 습관'이라는 말이 있듯이, 하루의 작은 성공이 반복되어 습관이 될 때 결국 목표를 이루게 됩니다. 이 교재는 하루에 4쪽씩 학습량을 정해 두었는데, 힌트북이 매일의 목표를 포기하지 않고 끝까지 이룰 수 있도록 도와줍니다.

김하경(서울대 체육교육과 21학번)

수학을 고등까지 꾸준히 잘하도록 도와줘요.

수학을 고등학교 때까지 꾸준히 잘하기 위해서 가장 중요한 것은 개념을 완전히 이해하고 문제에 적절하게 적용하는 능력입니다. 책속 힌트북을 통해 학생들이 그 능력을 자연스럽게 기를 수 있고, 자신감까지 얻을 수 있을 것 같습니다.

김지우(서울대 인문계열 21학번)

힌트가 생각의 방향을 잡아줘요.

개념 이해에서 시작한 공부는 문제 해결까지 이어져야 합니다. 힌트북은 이 과정을 끝까지 하도록 유도한다는 점에서 매력적입니다. 문제 속 개념을 찾아내는 것부터, 문제 해결을 위한 생각의 방향을 잡는 것까지 스스로 할 수 있도록 돕기 때문입니다.

김연우(서울대 조경지역시스템공학부 21학번)

스스로 답까지 도착하도록 도와줘요.

귀여운 그림과 예쁜 색감을 사용하여 학생들이 좀 더 관심을 가지고 집중할 수 있을 것 같아요. 답과 풀이만 있는 다른 교재와는 달리 힌트북은 '힌트'라는 스캐폴딩을 설정하여 스스로 생각하고 고민하여 답까지 도착할 수 있도록 도와줍니다. 전체 구성이 개념 → 확인 → 쉬운 문제 → 어려운 문제순으로 단계별로 이루어져 있어 스스로 공부하기에 정말 좋습니다.

송지혁(서울대 아동학과 21학번)

힌트로 수학의 원리를 체화할 수 있어요.

진정한 이해는 혼자 공부할 때 비로소 이루어진다고 생각합니다. 이 책의 강점은 힌트를 통해 모르는 문제가 있을 때 문제의 방식을 혼자 이해하고 몸에 익힐 수 있다는 것입니다. 이 책으로 공부하면 힌트를 통해 풀이 과정을 이해하면서 수학의 원리를 체화할 수 있습니다.

조현준(서울대 생명과학부 21학번)

문제와 풀이 사이에 힌트가 있다면?

막힐 땐

힌트북

막힐 때 힌트 보며 혼자서도 척척

초등 혼공 기본서

슬기로운공부

이 책의 구성과 특징

기본 개념 학습

개념학습 > 확인문제 > 교과서문제 > 개념 따라쓰기

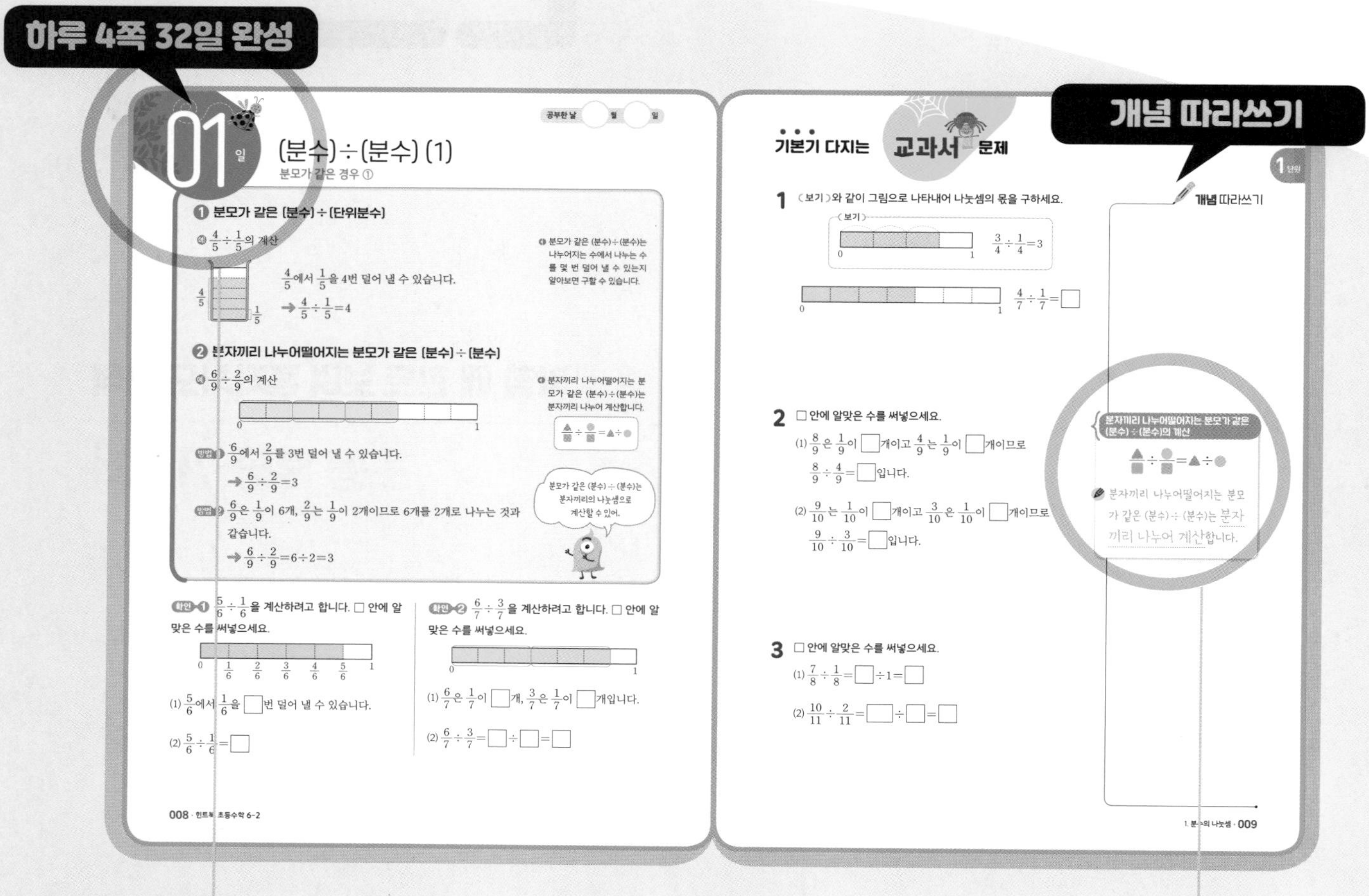

하루 4쪽 32일 완성

하루 4쪽 공부로 단기간에 수학의 기본기를 탄탄하게 완성할 수 있습니다.

개념 따라쓰기

눈으로 확인한 개념을 직접 손으로 따라쓰며 머릿속에 새길 수 있습니다.

10문제면 충분해!

스스로 풀어내는 도전 10 문제

기본문제 > 응용문제 > 독해력문제 > 표현력문제

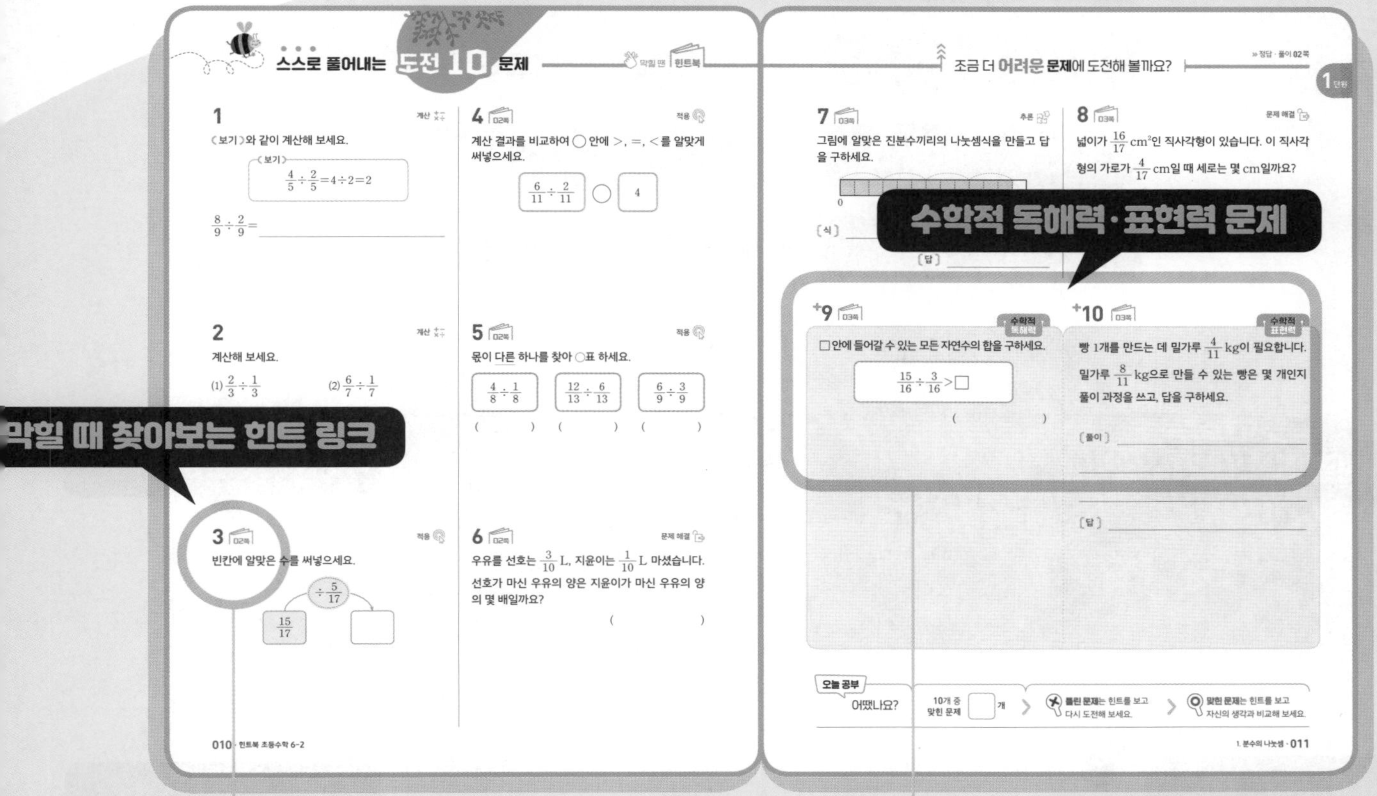

막힐 때 찾아보는 힌트 링크

문제 풀다 막힐 때 힌트를 바로 찾아 확인할 수 있습니다.

수학적 독해력·표현력 문제

문제의 의미를 파악하고, 풀이 과정을 수학적으로 표현하는 연습을 합니다.

이 책의 구성과 특징

막힐 때 찾아보는 힌트

힌트는?

문제해결의 실마리	생각의 첫 단추, 문제 접근법
문제 속 숨은 개념	출제 포인트, 출제 의도
수학적 아이디어	수학적 발상, 수학적 사고
상위권의 풀이법	문제 풀이 스킬, 다양한 풀이 비법

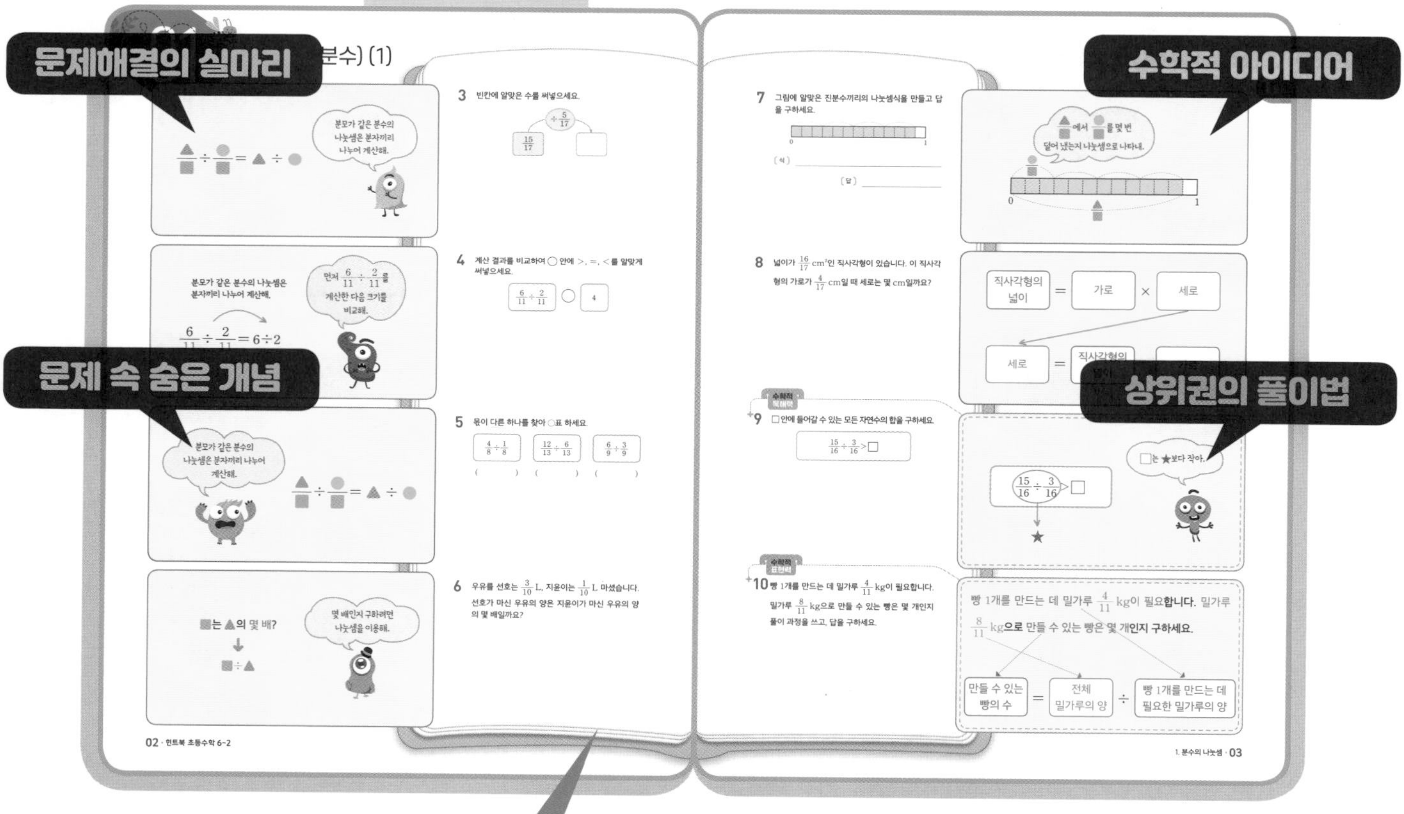

문제를 보며 힌트를 확인할 수 있습니다.

이 책의 200% 활용법

혼공할 때

홈스쿨할 때

선행할 때

수학이 어려울 때

힌트북으로 공부하면

개념이
쉽고 명확해집니다.

문제를 보면
개념이 떠오릅니다.

어려웠던 수학이
만만해집니다.

이 책의 차례

1 단원 분수의 나눗셈

2 단원 소수의 나눗셈

3 단원 공간과 입체

4 단원 비례식과 비례배분

5 단원 원의 넓이

6 단원 원기둥, 원뿔, 구

01 일 (분수)÷(분수) (1)

분모가 같은 경우 ①

① 분모가 같은 (분수)÷(단위분수)

예 $\frac{4}{5}\div\frac{1}{5}$의 계산

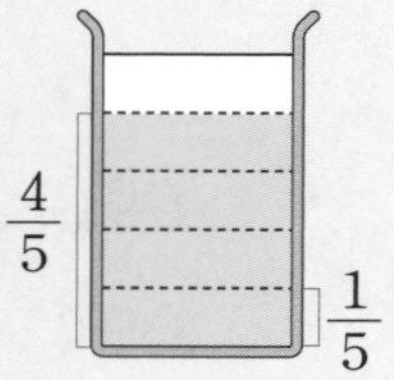

$\frac{4}{5}$에서 $\frac{1}{5}$을 4번 덜어 낼 수 있습니다.

➜ $\frac{4}{5}\div\frac{1}{5}=4$

◐ 분모가 같은 (분수)÷(분수)는 나누어지는 수에서 나누는 수를 몇 번 덜어 낼 수 있는지 알아보면 구할 수 있습니다.

② 분자끼리 나누어떨어지는 분모가 같은 (분수)÷(분수)

예 $\frac{6}{9}\div\frac{2}{9}$의 계산

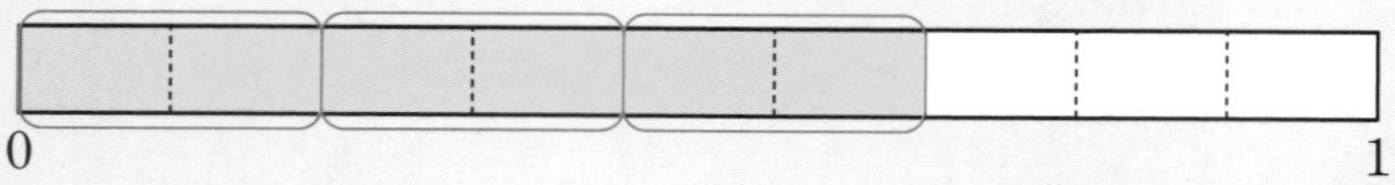

방법 1 $\frac{6}{9}$에서 $\frac{2}{9}$를 3번 덜어 낼 수 있습니다.

➜ $\frac{6}{9}\div\frac{2}{9}=3$

방법 2 $\frac{6}{9}$은 $\frac{1}{9}$이 6개, $\frac{2}{9}$는 $\frac{1}{9}$이 2개이므로 6개를 2개로 나누는 것과 같습니다.

➜ $\frac{6}{9}\div\frac{2}{9}=6\div2=3$

◐ 분자끼리 나누어떨어지는 분모가 같은 (분수)÷(분수)는 분자끼리 나누어 계산합니다.

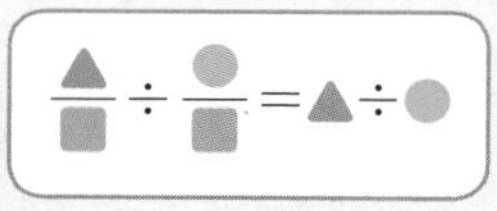

분모가 같은 (분수)÷(분수)는 분자끼리의 나눗셈으로 계산할 수 있어.

확인 1 $\frac{5}{6}\div\frac{1}{6}$을 계산하려고 합니다. □ 안에 알맞은 수를 써넣으세요.

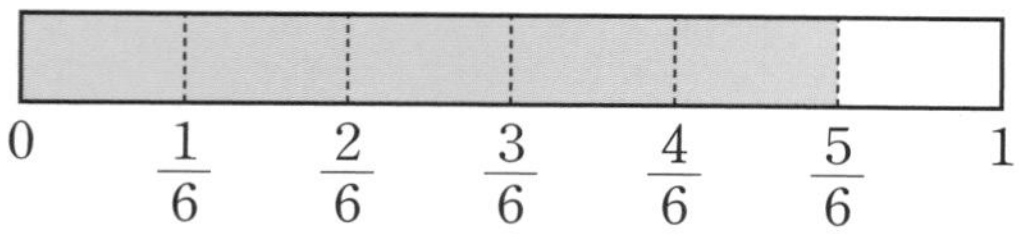

(1) $\frac{5}{6}$에서 $\frac{1}{6}$을 □번 덜어 낼 수 있습니다.

(2) $\frac{5}{6}\div\frac{1}{6}=$□

확인 2 $\frac{6}{7}\div\frac{3}{7}$을 계산하려고 합니다. □ 안에 알맞은 수를 써넣으세요.

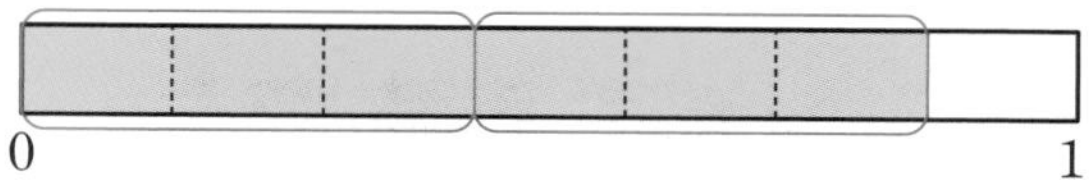

(1) $\frac{6}{7}$은 $\frac{1}{7}$이 □개, $\frac{3}{7}$은 $\frac{1}{7}$이 □개입니다.

(2) $\frac{6}{7}\div\frac{3}{7}=$□÷□=□

기본기 다지는 교과서 문제

1 〈보기〉와 같이 그림으로 나타내어 나눗셈의 몫을 구하세요.

〈보기〉

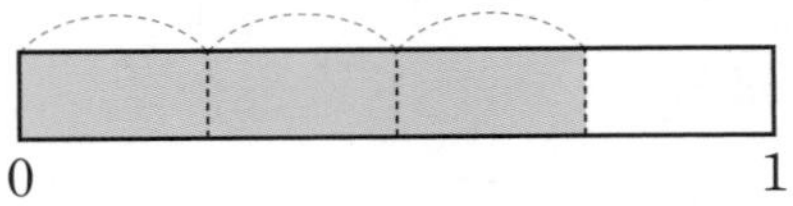

$\frac{3}{4} \div \frac{1}{4} = 3$

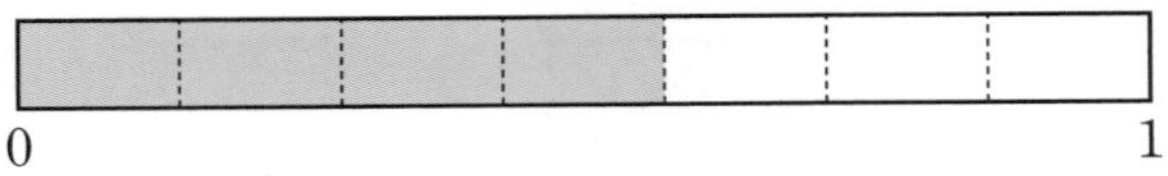

$\frac{4}{7} \div \frac{1}{7} = \square$

2 □ 안에 알맞은 수를 써넣으세요.

(1) $\frac{8}{9}$은 $\frac{1}{9}$이 □개이고 $\frac{4}{9}$는 $\frac{1}{9}$이 □개이므로

$\frac{8}{9} \div \frac{4}{9} = \square$입니다.

(2) $\frac{9}{10}$는 $\frac{1}{10}$이 □개이고 $\frac{3}{10}$은 $\frac{1}{10}$이 □개이므로

$\frac{9}{10} \div \frac{3}{10} = \square$입니다.

3 □ 안에 알맞은 수를 써넣으세요.

(1) $\frac{7}{8} \div \frac{1}{8} = \square \div 1 = \square$

(2) $\frac{10}{11} \div \frac{2}{11} = \square \div \square = \square$

개념 따라쓰기

분자끼리 나누어떨어지는 분모가 같은 (분수)÷(분수)의 계산

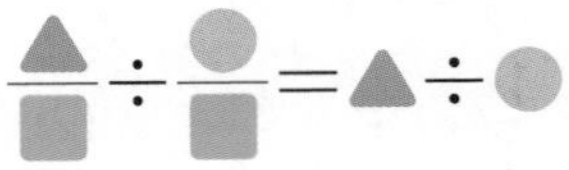

분자끼리 나누어떨어지는 분모가 같은 (분수)÷(분수)는 분자끼리 나누어 계산합니다.

1

계산

〈보기〉와 같이 계산해 보세요.

〈보기〉

$\frac{4}{5} \div \frac{2}{5} = 4 \div 2 = 2$

$\frac{8}{9} \div \frac{2}{9} =$ ______

2

계산

계산해 보세요.

(1) $\frac{2}{3} \div \frac{1}{3}$

(2) $\frac{6}{7} \div \frac{1}{7}$

(3) $\frac{10}{11} \div \frac{5}{11}$

(4) $\frac{14}{15} \div \frac{2}{15}$

3

02쪽

적용

빈칸에 알맞은 수를 써넣으세요.

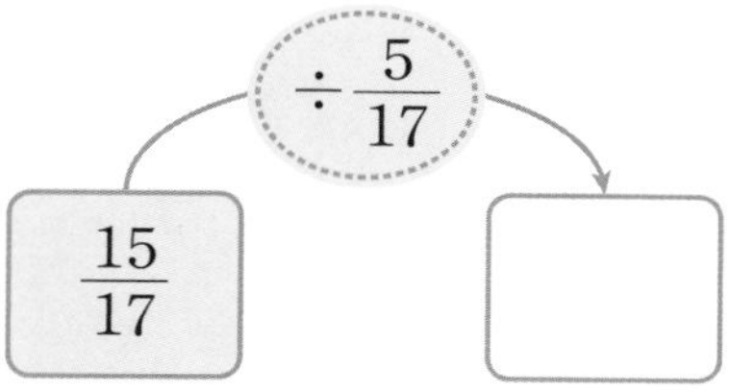

4

02쪽

적용

계산 결과를 비교하여 ◯ 안에 >, =, <를 알맞게 써넣으세요.

$\frac{6}{11} \div \frac{2}{11}$ ◯ 4

5

02쪽

적용

몫이 다른 하나를 찾아 ○표 하세요.

$\frac{4}{8} \div \frac{1}{8}$	$\frac{12}{13} \div \frac{6}{13}$	$\frac{6}{9} \div \frac{3}{9}$
(　　　)	(　　　)	(　　　)

6

02쪽

문제 해결

우유를 선호는 $\frac{3}{10}$ L, 지윤이는 $\frac{1}{10}$ L 마셨습니다. 선호가 마신 우유의 양은 지윤이가 마신 우유의 양의 몇 배일까요?

(　　　　　)

조금 더 **어려운 문제**에 도전해 볼까요?

7 03쪽 추론

그림에 알맞은 진분수끼리의 나눗셈식을 만들고 답을 구하세요.

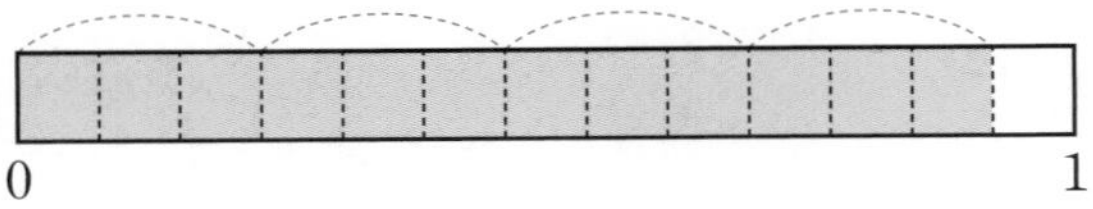

[식] ______________________

[답] ______________

8 03쪽 문제 해결

넓이가 $\frac{16}{17}\,\text{cm}^2$인 직사각형이 있습니다. 이 직사각형의 가로가 $\frac{4}{17}\,\text{cm}$일 때 세로는 몇 cm일까요?

( )

+9 03쪽 수학적 독해력

□ 안에 들어갈 수 있는 모든 자연수의 합을 구하세요.

$$\frac{15}{16} \div \frac{3}{16} > \square$$

( )

+10 03쪽 수학적 표현력

빵 1개를 만드는 데 밀가루 $\frac{4}{11}\,\text{kg}$이 필요합니다. 밀가루 $\frac{8}{11}\,\text{kg}$으로 만들 수 있는 빵은 몇 개인지 풀이 과정을 쓰고, 답을 구하세요.

[풀이] ______________________

____

____

[답] ______________________

오늘 공부 어땠나요? 10개 중 맞힌 문제 □ 개 › **틀린 문제**는 힌트를 보고 다시 도전해 보세요. › **맞힌 문제**는 힌트를 보고 자신의 생각과 비교해 보세요.

공부한 날 (   )월 (   )일

02일 (분수)÷(분수) (2)

분모가 같은 경우 ②

❶ 분자끼리 나누어떨어지지 않는 분모가 같은 (분수)÷(분수)

- 분모가 같은 (분수)÷(분수)는 분자끼리 나누어 계산합니다.
- 분자끼리 나누어떨어지지 않을 때에는 몫을 분수로 나타냅니다.

예 $\frac{5}{8}\div\frac{2}{8}$의 계산

① 5÷2 알아보기

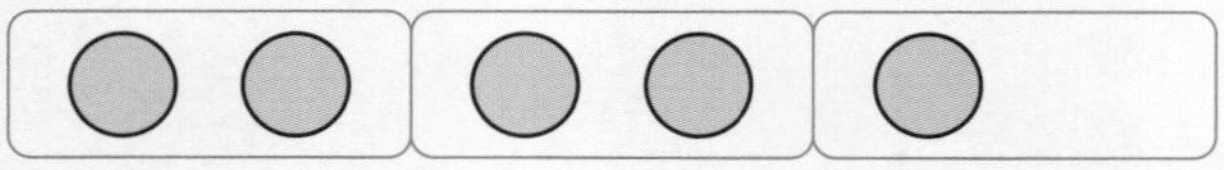

5개를 2개씩 묶으면 2묶음과 $\frac{1}{2}$묶음이 되므로 $2\frac{1}{2}$입니다.

(2개씩 2묶음과 1묶음의 반)

→ $5\div2=2\frac{1}{2}$

② 5÷2를 이용하여 $\frac{5}{8}\div\frac{2}{8}$ 알아보기

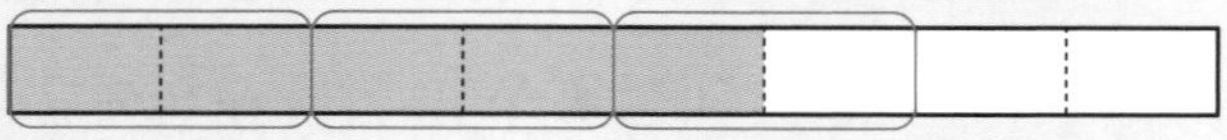

$\frac{5}{8}$는 $\frac{1}{8}$이 5개, $\frac{2}{8}$는 $\frac{1}{8}$이 2개이므로 5를 2로 나누는 것과 같습니다.

→ $\frac{5}{8}\div\frac{2}{8}=5\div2=\frac{5}{2}=2\frac{1}{2}$ — $\frac{5}{8}\div\frac{2}{8}$는 5÷2를 계산한 결과와 같습니다.

◐ 분자끼리 나누어떨어지지 않는 분모가 같은 (분수)÷(분수)의 몫을 구할 때 다음과 같이 계산합니다.

$\frac{▲}{■}\div\frac{●}{■}=▲\div●=\frac{▲}{●}$

이때 몫은 분수로 나옵니다.

확인 1 $\frac{3}{5}\div\frac{2}{5}$를 계산하려고 합니다. 물음에 답하세요.

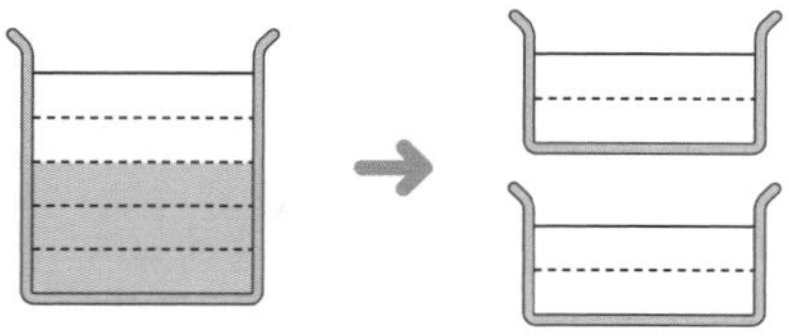

(1) $\frac{3}{5}$을 $\frac{2}{5}$ 크기의 컵에 나누어 담아 색칠해 보세요.

(2) □ 안에 알맞은 수를 써넣으세요.

$\frac{3}{5}$을 $\frac{2}{5}$ 크기의 컵에 나누어 담으면 1컵과 $\frac{1}{□}$컵만큼 채울 수 있습니다.

→ $\frac{3}{5}\div\frac{2}{5}=□\frac{□}{□}$

기본기 다지는 교과서 문제

1 $\frac{7}{9} \div \frac{3}{9}$을 계산하려고 합니다. 물음에 답하세요.

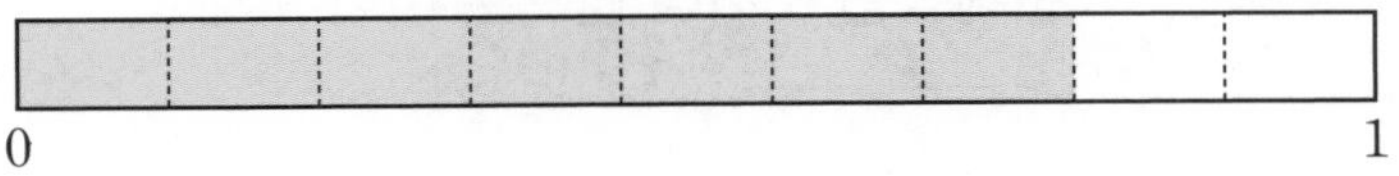

(1) $\frac{7}{9}$에는 $\frac{3}{9}$이 몇 번 들어가는지 그림에 나타내어 보세요.

(2) □ 안에 알맞은 수를 써넣으세요.

$$\frac{7}{9} \div \frac{3}{9} = \square\frac{\square}{\square}$$

2 □ 안에 알맞은 수를 써넣으세요.

(1) $\frac{2}{4} \div \frac{3}{4} = \square \div \square = \frac{\square}{\square}$

(2) $\frac{7}{10} \div \frac{2}{10} = \square \div \square = \frac{\square}{\square} = \square$

3 〈보기〉와 같이 계산해 보세요.

〈보기〉

$$\frac{8}{9} \div \frac{5}{9} = 8 \div 5 = \frac{8}{5} = 1\frac{3}{5}$$

(1) $\frac{6}{8} \div \frac{5}{8} =$ ______________________

(2) $\frac{10}{11} \div \frac{3}{11} =$ ______________________

개념 따라쓰기

분자끼리 나누어떨어지지 않는 분모가 같은 (분수)÷(분수)의 계산

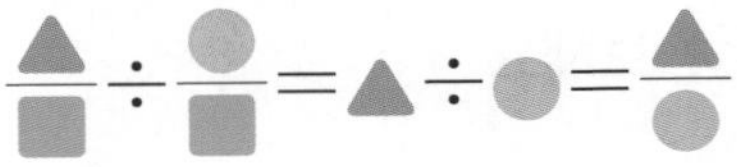

분모가 같은 (분수)÷(분수)는 분자끼리 나누어 계산하고, 분자끼리 나누어떨어지지 않을 때에는 몫을 분수로 나타냅니다.

1

이해

$\frac{3}{6} \div \frac{4}{6}$를 계산한 것입니다. ㉠과 ㉡에 알맞은 수를 각각 구하세요.

$$\frac{3}{6} \div \frac{4}{6} = ㉠ \div 4 = \frac{3}{㉡}$$

㉠ (　　　　　　)
㉡ (　　　　　　)

2

계산

계산해 보세요.

(1) $\frac{2}{7} \div \frac{5}{7}$

(2) $\frac{5}{10} \div \frac{9}{10}$

(3) $\frac{7}{9} \div \frac{2}{9}$

(4) $\frac{12}{13} \div \frac{5}{13}$

3

04쪽

적용

큰 수를 작은 수로 나눈 몫을 구하세요.

$\frac{11}{17}$　　$\frac{4}{17}$

(　　　　　　)

4

04쪽

이해

관계있는 것끼리 선으로 이어 보세요.

$\frac{6}{11} \div \frac{7}{11}$ •	• $6 \div 7$ •	• $2\frac{1}{4}$
$\frac{9}{13} \div \frac{4}{13}$ •	• $5 \div 3$ •	• $1\frac{2}{3}$
$\frac{5}{10} \div \frac{3}{10}$ •	• $9 \div 4$ •	• $\frac{6}{7}$

5

04쪽

적용

계산 결과를 비교하여 ◯ 안에 >, =, <를 알맞게 써넣으세요.

$\frac{7}{8} \div \frac{6}{8}$ ◯ $\frac{7}{9} \div \frac{6}{9}$

6

04쪽

문제 해결

냉장고에 포도주스가 $\frac{8}{9}$ L, 사과주스가 $\frac{5}{9}$ L 있습니다. 포도주스의 양은 사과주스의 양의 몇 배일까요?

(　　　　　　)

7 05쪽

추론

★에 알맞은 수를 구하세요.

$$\frac{★}{10} \div \frac{7}{10} = \frac{3}{7}$$

(　　　　　　　　)

8 05쪽

창의 융합

수 카드 5, 9를 한 번씩 모두 사용하여 계산 결과가 더 큰 나눗셈식을 만들었을 때의 몫을 구하세요.

$$\frac{\square}{12} \div \frac{\square}{12}$$

(　　　　　　　　)

+9 05쪽

수학적 독해력

〈조건〉을 만족하는 분수의 나눗셈식을 모두 쓰세요.

〈조건〉
- $5 \div 2$를 이용하여 계산할 수 있습니다.
- 분모가 8보다 작은 진분수의 나눗셈입니다.
- 두 분수의 분모는 같습니다.

〔식〕

+10 05쪽

수학적 표현력

넓이가 $\frac{5}{7}$ m^2인 평행사변형이 있습니다. 이 평행사변형의 밑변의 길이가 $\frac{6}{7}$ m일 때 높이는 몇 m인지 풀이 과정을 쓰고, 답을 구하세요.

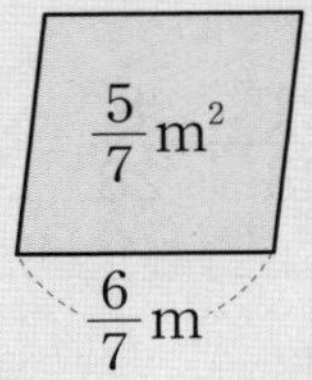

〔풀이〕

〔답〕

오늘 공부 어땠나요?

10개 중 맞힌 문제 　 개

틀린 문제는 힌트를 보고 다시 도전해 보세요.

맞힌 문제는 힌트를 보고 자신의 생각과 비교해 보세요.

03일 (분수)÷(분수) (3)

분모가 다른 경우

❶ 분모가 다른 (분수)÷(분수)

분모가 다른 (분수)÷(분수)는 통분한 후 분자끼리 나누어 계산합니다.

(1) 분자끼리 나누어떨어지는 경우

예 $\frac{2}{3} \div \frac{2}{9}$의 계산

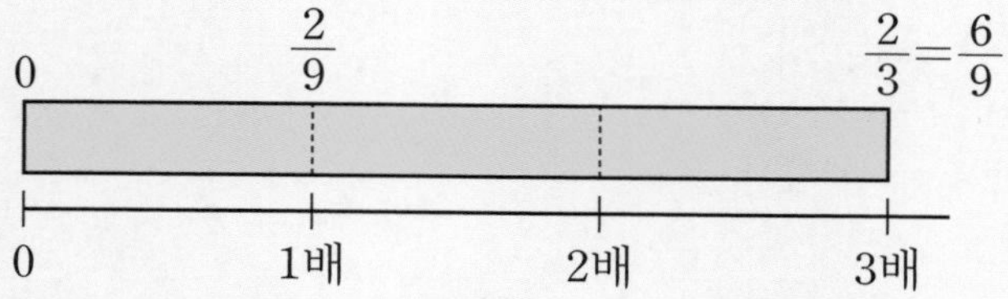

$\frac{2}{3}$는 $\frac{6}{9}$과 같고 $\frac{6}{9}$은 $\frac{2}{9}$가 3개이므로 $\frac{2}{3} \div \frac{2}{9} = 3$입니다.

➜ $\frac{2}{3} \div \frac{2}{9} = \frac{6}{9} \div \frac{2}{9} = 6 \div 2 = 3$

$\frac{2}{3}\left(=\frac{6}{9}\right)$에는 $\frac{2}{9}$가 3번 들어가니까 $\frac{2}{3} \div \frac{2}{9} = 3$이야.

(2) 분자끼리 나누어떨어지지 않는 경우

예 $\frac{3}{4} \div \frac{2}{7}$의 계산

$\frac{3}{4} \div \frac{2}{7} = \frac{21}{28} \div \frac{8}{28} = 21 \div 8 = \frac{21}{8} = 2\frac{5}{8}$

◐ **두 분수를 통분하는 방법**
두 분모의 곱 또는 두 분모의 최소공배수를 공통분모로 하여 통분합니다.

확인 1 $\frac{3}{5} \div \frac{3}{10}$을 계산하려고 합니다. □ 안에 알맞은 수를 써넣으세요.

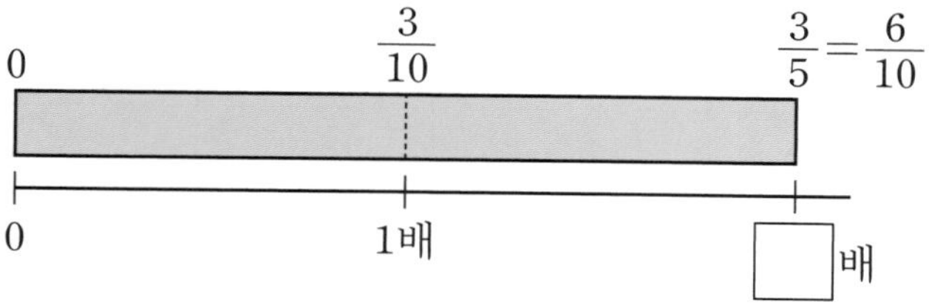

$\frac{3}{5} \div \frac{3}{10} = \frac{\square}{10} \div \frac{3}{10} = \square \div 3 = \square$

확인 2 $\frac{1}{5} \div \frac{5}{6}$를 계산하려고 합니다. 물음에 답하세요.

(1) 두 분수를 통분해 보세요.

5와 6의 최소공배수: □

$\frac{1}{5} = \frac{1 \times 6}{5 \times 6} = \frac{\square}{30}$, $\frac{5}{6} = \frac{5 \times 5}{6 \times 5} = \frac{\square}{30}$

(2) □ 안에 알맞은 수를 써넣으세요.

$\frac{1}{5} \div \frac{5}{6} = \frac{\square}{30} \div \frac{\square}{30} = \square \div \square$

$= \frac{\square}{\square}$

기본기 다지는 교과서 문제

» 정답 · 풀이 04쪽

1 그림을 보고 □ 안에 알맞은 수를 써넣으세요.

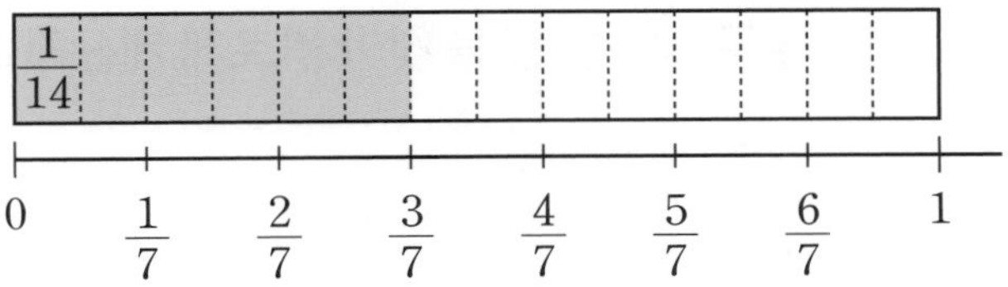

$$\frac{3}{7} \div \frac{1}{14} = \square$$

2 $\frac{3}{4} \div \frac{5}{9}$를 계산하려고 합니다. 물음에 답하세요.

(1) 분모의 최소공배수를 공통분모로 하여 통분해 보세요.

$$\left(\frac{3}{4}, \frac{5}{9}\right) \rightarrow \left(\quad , \quad \right)$$

(2) □ 안에 알맞은 수를 써넣으세요.

$$\frac{3}{4} \div \frac{5}{9} = \frac{\square}{36} \div \frac{\square}{36} = \square \div \square$$

$$= \frac{\square}{\square} = \square$$

3 □ 안에 알맞은 수를 써넣으세요.

(1) $\frac{1}{4} \div \frac{1}{12} = \frac{\square}{12} \div \frac{1}{12} = \square \div 1 = \square$

(2) $\frac{8}{9} \div \frac{1}{3} = \frac{\square}{9} \div \frac{\square}{9} = \square \div \square = \frac{\square}{\square} = \square$

개념 따라쓰기

분모가 다른 (분수) ÷ (분수)의 계산

$$\frac{1}{8} \div \frac{4}{5} = \frac{5}{40} \div \frac{32}{40}$$

통분

$$= 5 \div 32 = \frac{5}{32}$$

분자끼리 나누기

분모가 다른 (분수) ÷ (분수)는 통분한 후 분자끼리 나누어 계산합니다.

스스로 풀어내는 도전 10 문제

막힐 땐 힌트북

1 계산

〈보기〉와 같이 계산해 보세요.

〈보기〉

$\frac{3}{4} \div \frac{1}{8} = \frac{6}{8} \div \frac{1}{8} = 6 \div 1 = 6$

$\frac{2}{9} \div \frac{1}{18} =$ ____________________

2 계산

계산해 보세요.

(1) $\frac{1}{2} \div \frac{1}{4}$

(2) $\frac{1}{3} \div \frac{2}{7}$

(3) $\frac{5}{6} \div \frac{2}{3}$

(4) $\frac{4}{5} \div \frac{3}{8}$

3 06쪽 적용

□ 안에 알맞은 수를 써넣으세요.

$\frac{9}{10}$ → $\div \frac{2}{5}$ → □

4 06쪽 문제 해결

잘못 계산한 곳을 찾아 바르게 계산해 보세요.

$\frac{3}{7} \div \frac{2}{5} = 3 \div 2 = \frac{3}{2} = 1\frac{1}{2}$

↓

[ ]

5 06쪽 적용

계산 결과가 1보다 작은 것을 찾아 기호를 쓰세요.

㉠ $\frac{1}{4} \div \frac{1}{6}$ ㉡ $\frac{1}{2} \div \frac{3}{5}$ ㉢ $\frac{5}{7} \div \frac{2}{9}$

( )

6 06쪽 문제 해결

밀가루 $\frac{2}{3}$ kg을 한 그릇에 $\frac{1}{9}$ kg씩 나누어 담으려고 합니다. 모두 몇 개의 그릇에 나누어 담을 수 있을까요?

( )

» 정답 · 풀이 04쪽

조금 더 어려운 문제에 도전해 볼까요?

7 07쪽 추론

□ 안에 알맞은 분수를 구하세요.

$$\square \times \frac{5}{8} = \frac{2}{5}$$

(　　　　　　)

8 07쪽 문제 해결

㉮는 ㉯의 몇 배인지 구하세요.

㉮ $\frac{1}{12} \div \frac{1}{2}$　　㉯ $\frac{7}{18}$

(　　　　　　)

+9 07쪽 수학적 독해력

어느 달팽이는 $\frac{6}{7}$ cm를 기어가는 데 $\frac{1}{15}$분이 걸립니다. 이 달팽이가 같은 빠르기로 기어간다면 1분 동안 갈 수 있는 거리는 몇 cm일까요?

(　　　　　　)

+10 07쪽 수학적 표현력

어떤 수에 $\frac{5}{8}$를 곱했더니 $\frac{7}{9}$이 되었습니다. 어떤 수는 얼마인지 풀이 과정을 쓰고, 답을 구하세요.

[풀이] ______________________

____

____

[답] ______________________

오늘 공부 어땠나요?

10개 중 맞힌 문제 □ 개

틀린 문제는 힌트를 보고 다시 도전해 보세요.

맞힌 문제는 힌트를 보고 자신의 생각과 비교해 보세요.

04일 (자연수)÷(분수)

❶ (자연수)÷(분수)

예 $8 \div \frac{2}{3}$의 계산

감자 8 kg을 캐는 데 $\frac{2}{3}$시간이 걸렸을 때 1시간 동안 캘 수 있는 감자의 무게를 구하는 과정으로 $8 \div \frac{2}{3}$를 계산하는 방법 알아보기

① $\frac{1}{3}$시간 동안 캘 수 있는 감자의 무게 구하기

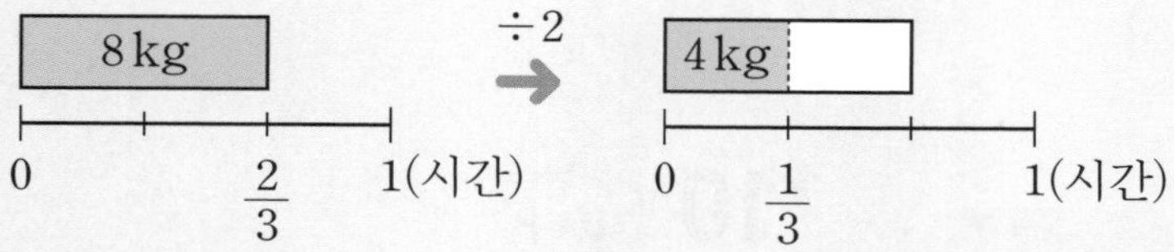

$8 \div 2 = 4$ (kg)

② 1시간 동안 캘 수 있는 감자의 무게 구하기

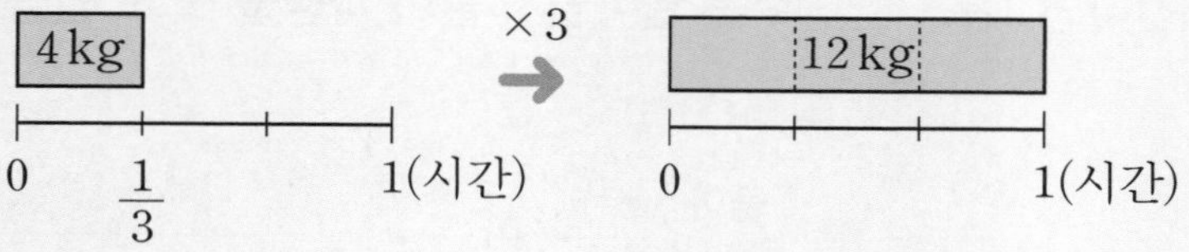

$4 \times 3 = 12$ (kg)

$$8 \div \frac{2}{3} = (8 \div 2) \times 3 = 12$$

◐ 1시간 동안 캘 수 있는 감자의 무게를 구하는 과정

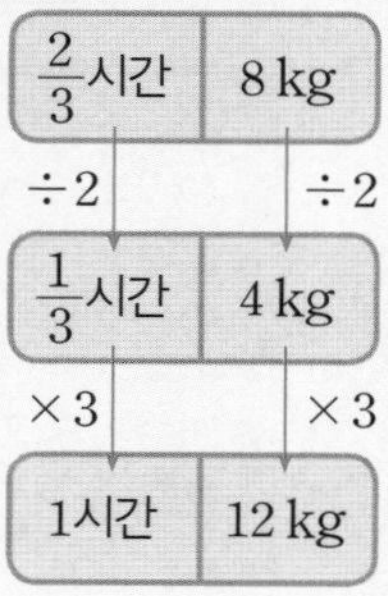

◐ (자연수)÷(분수)의 계산
자연수를 분수의 분자로 나눈 값에 분모를 곱하여 계산합니다.

$$■ \div \frac{●}{▲} = (■ \div ●) \times ▲$$

확인 1 수박 $\frac{3}{4}$통의 무게가 3 kg일 때 수박 1통의 무게는 몇 kg인지 구하는 과정입니다. □ 안에 알맞은 수를 써넣으세요.

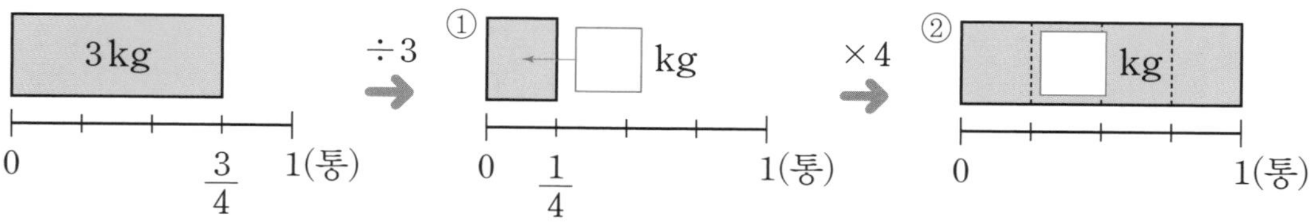

① 수박 $\frac{1}{4}$통의 무게는 $3 \div 3 =$ □ (kg)입니다.

② 수박 1통의 무게는 □ $\times 4 =$ □ (kg)입니다.

기본기 다지는 교과서 문제

» 정답 · 풀이 05쪽

1 쇠막대 $\frac{3}{5}$ m의 무게가 9 kg입니다. 이 쇠막대 1 m의 무게를 알아보세요.

(1) 쇠막대 1 m의 무게를 구하는 과정입니다. □ 안에 알맞은 수를 써넣으세요.

$$9 \div \frac{3}{5}$$

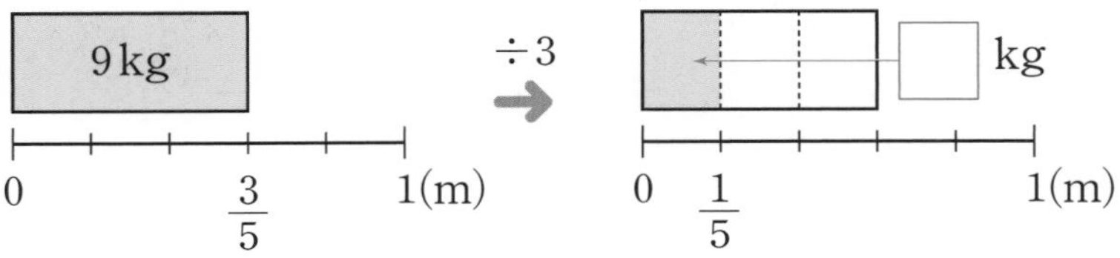

(쇠막대 $\frac{1}{5}$ m의 무게)$=9\div3=$□(kg)

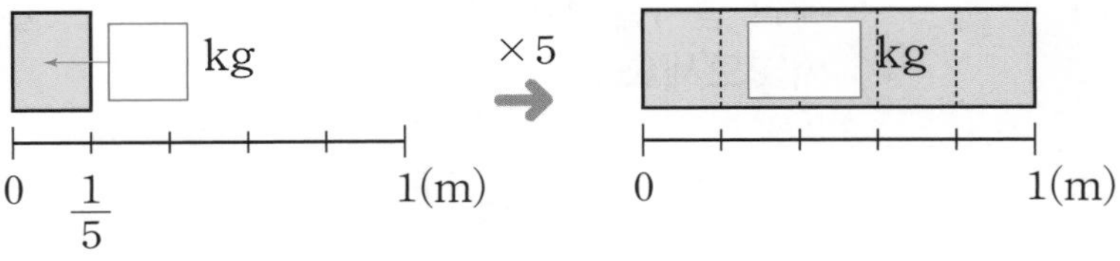

(쇠막대 1 m의 무게)$=$□$\times$□$=$□(kg)

(2) □ 안에 알맞은 수를 써넣으세요.

$9\div\frac{3}{5}=(9\div$□$)\times$□$=$□(kg)

2 〈보기〉와 같이 계산해 보세요.

〈보기〉

$$6\div\frac{3}{4}=(6\div3)\times4=8$$

(1) $8\div\frac{4}{7}=$ ______________________

(2) $10\div\frac{2}{9}=$ ______________________

개념 따라쓰기

(자연수)÷(분수)의 계산

■ ÷ ●/▲ = (■ ÷ ●) × ▲

(자연수)÷(분수)는 자연수를 분수의 분자로 나눈 값에 분모를 곱하여 계산합니다.

스스로 풀어내는 도전 10 문제

막힐 때 힌트북

1

이해

□ 안에 알맞은 수를 써넣으세요.

(1) $6 \div \frac{2}{3} = (6 \div \square) \times \square = \square$

(2) $8 \div \frac{4}{5} = (8 \div \square) \times \square = \square$

2

계산

계산해 보세요.

(1) $9 \div \frac{3}{8}$

(2) $10 \div \frac{5}{6}$

(3) $14 \div \frac{7}{9}$

(4) $15 \div \frac{3}{7}$

3

08쪽

적용

바르게 계산한 것에 ○표 하세요.

$12 \div \frac{3}{4} = (12 \div 4) \times 3 = 9$ (　　　　)

$12 \div \frac{3}{4} = (12 \div 3) \times 4 = 16$ (　　　　)

4

08쪽

적용

$24 \div \frac{4}{5}$와 몫이 같은 것을 찾아 기호를 쓰세요.

㉠ $21 \div \frac{7}{8}$　　㉡ $18 \div \frac{3}{5}$

(　　　　　　)

5

08쪽

적용

계산 결과를 비교하여 ○ 안에 >, =, <를 알맞게 써넣으세요.

$10 \div \frac{2}{7}$ ○ $25 \div \frac{5}{7}$

6

08쪽

문제 해결

길이가 20 m인 리본을 $\frac{5}{8}$ m씩 자르면 모두 몇 도막이 될까요?

(　　　　　　)

조금 더 어려운 문제에 도전해 볼까요?

7 09쪽 문제 해결

㉮와 ㉯의 차를 구하세요.

㉮ $7 \div \frac{7}{11}$ ㉯ $9 \div \frac{3}{7}$

(   )

8 09쪽 추론

□ 안에 들어갈 수 있는 자연수 중에서 가장 작은 수를 구하세요.

$32 \div \frac{8}{9} < \square$

(   )

+9 09쪽 수학적 독해력

떨어진 높이의 $\frac{3}{5}$만큼 튀어 오르는 공이 있습니다. 이 공을 떨어뜨렸을 때 첫 번째로 튀어 오른 높이가 12 m라면 처음 공을 떨어뜨린 높이는 몇 m일까요?

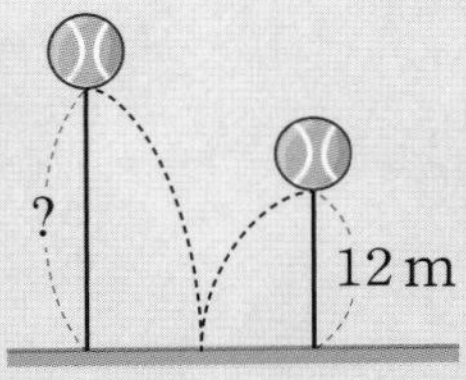

(   )

+10 09쪽 수학적 표현력

물 6 L를 한 컵에 $\frac{3}{7}$ L씩 담으려고 합니다. 물을 남김없이 모두 담으려면 컵은 몇 개 필요한지 풀이 과정을 쓰고, 답을 구하세요.

[풀이] ______________________

____

____

[답] ______________________

오늘 공부 어땠나요? 10개 중 맞힌 문제 □ 개 > 틀린 문제는 힌트를 보고 다시 도전해 보세요. > 맞힌 문제는 힌트를 보고 자신의 생각과 비교해 보세요.

05일 (분수)÷(분수)를 (분수)×(분수)로 나타내기

1 (분수)÷(분수)를 (분수)×(분수)로 나타내기

예 $\frac{3}{5}\div\frac{3}{4}$의 계산

수정과 $\frac{3}{5}$L로 통의 $\frac{3}{4}$이 채워졌을 때 한 통을 가득 채울 수 있는 수정과의 양을 구하는 과정으로 $\frac{3}{5}\div\frac{3}{4}$을 계산하는 방법 알아보기

① 통의 $\frac{1}{4}$을 채울 수 있는 수정과의 양 구하기

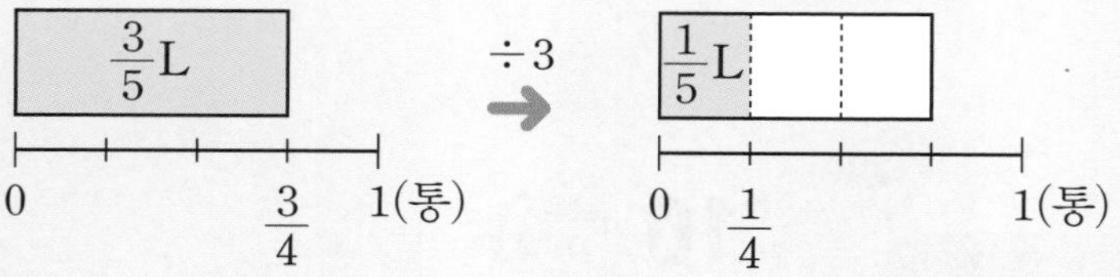

$$\frac{3}{5}\div 3=\frac{3}{5}\times\frac{1}{3}\ (\mathrm{L})$$

② 한 통을 가득 채울 수 있는 수정과의 양 구하기

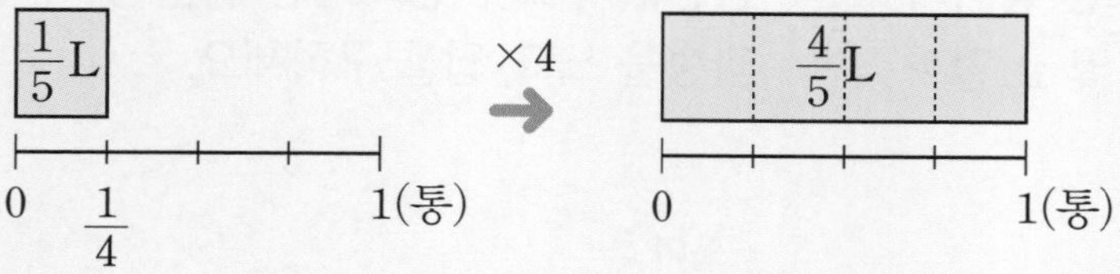

$$\frac{3}{5}\times\frac{1}{3}\times 4=\frac{4}{5}\ (\mathrm{L})$$

$$\mathbf{\frac{3}{5}\div\frac{3}{4}}=\frac{3}{5}\times\frac{1}{3}\times 4=\mathbf{\frac{\overset{1}{\cancel{3}}}{5}\times\frac{4}{\underset{1}{\cancel{3}}}=\frac{4}{5}}$$

→ $\frac{3}{5}\div\frac{3}{4}$을 $\frac{3}{5}\times\frac{4}{3}$로 나타낼 수 있습니다.

한 통을 가득 채울 수 있는 수정과의 양을 구하는 과정

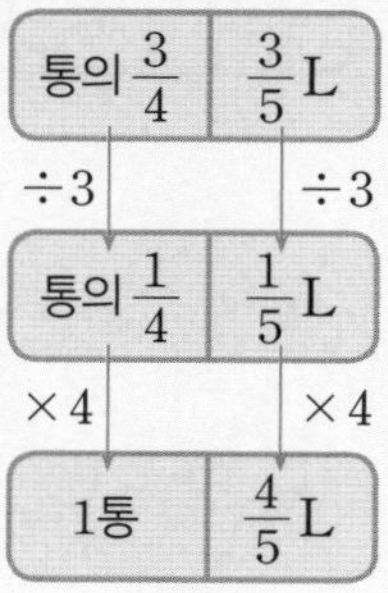

(분수)÷(분수)를 (분수)×(분수)로 나타내기

나눗셈을 곱셈으로 나타내고 나누는 분수의 분모와 분자를 바꿉니다.

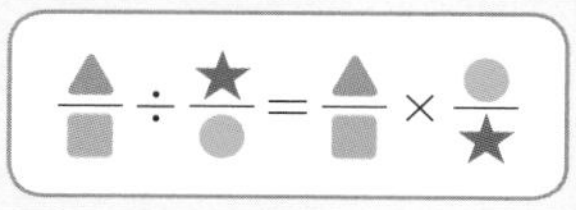

확인 1 $\frac{5}{7}$km를 걸어가는 데 $\frac{2}{3}$시간이 걸릴 때 1시간 동안 걸을 수 있는 거리는 몇 km인지 구하는 과정입니다. □ 안에 알맞은 수를 써넣으세요.

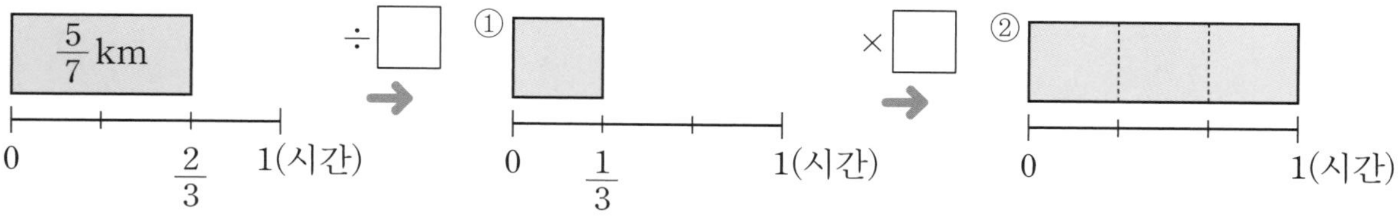

① $\frac{1}{3}$시간 동안 걸을 수 있는 거리는 $\frac{5}{7}\div 2=\frac{5}{7}\times\frac{1}{\square}$ (km)입니다.

② 1시간 동안 걸을 수 있는 거리는 $\frac{5}{7}\times\frac{1}{\square}\times 3=\frac{\square}{\square}=\square$ (km)입니다.

기본기 다지는 교과서 문제

» 정답 · 풀이 06쪽

1 $\frac{2}{7} \div \frac{4}{5}$를 곱셈식으로 바르게 나타낸 것에 ○표 하세요.

$\frac{2}{7} \times \frac{5}{4}$ ( ) $\frac{2}{7} \times \frac{4}{5}$ ( )

2 □ 안에 알맞은 수를 써넣어 곱셈식으로 나타내어 보세요.

(1) $\frac{1}{3} \div \frac{5}{6} = \frac{1}{3} \times \frac{1}{\square} \times \square = \frac{1}{3} \times \frac{\square}{\square}$

(2) $\frac{7}{8} \div \frac{3}{5} = \frac{7}{8} \times \frac{1}{\square} \times \square = \frac{7}{8} \times \frac{\square}{\square}$

(3) $\frac{2}{5} \div \frac{7}{9} = \frac{2}{5} \times \frac{1}{\square} \times \square = \frac{2}{5} \times \frac{\square}{\square}$

(4) $\frac{5}{8} \div \frac{3}{7} = \frac{5}{8} \times \frac{1}{\square} \times \square = \frac{5}{8} \times \frac{\square}{\square}$

3 〈보기〉와 같이 계산해 보세요.

〈보기〉
$\frac{1}{2} \div \frac{3}{5} = \frac{1}{2} \times \frac{5}{3} = \frac{5}{6}$

(1) $\frac{4}{7} \div \frac{5}{8} =$ ______________________

(2) $\frac{3}{4} \div \frac{4}{5} =$ ______________________

개념 따라쓰기

(분수)÷(분수)를 (분수)×(분수)로 나타내기

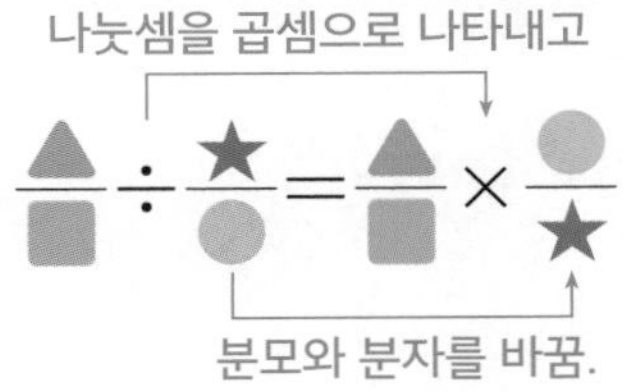

(분수)÷(분수)를 (분수)×(분수)로 나타낼 때에는 나눗셈을 곱셈으로 나타내고 나누는 분수의 분모와 분자를 바꿉니다.

1 (10쪽) 이해

나눗셈을 계산할 수 있는 곱셈식을 찾아 선으로 이어 보세요.

$\frac{2}{3} \div \frac{4}{9}$ •	• $\frac{5}{6} \times \frac{5}{4}$
$\frac{5}{6} \div \frac{4}{5}$ •	• $\frac{2}{3} \times \frac{9}{4}$

2 계산

나눗셈식을 곱셈식으로 나타내어 계산해 보세요.

(1) $\frac{7}{10} \div \frac{5}{7}$

(2) $\frac{4}{5} \div \frac{9}{10}$

3 적용

빈칸에 알맞은 수를 써넣으세요.

÷ →

$\frac{6}{7}$	$\frac{2}{3}$	
$\frac{8}{9}$	$\frac{5}{6}$	

4 (10쪽) 문제 해결

잘못 계산한 곳을 찾아 바르게 계산해 보세요.

$$\frac{3}{11} \div \frac{5}{9} = \frac{\overset{1}{\cancel{3}}}{11} \times \frac{5}{\underset{3}{\cancel{9}}} = \frac{5}{33}$$

↓

5 (10쪽) 적용

계산 결과가 더 큰 식을 쓴 사람은 누구인지 이름을 쓰세요.

영민

$\frac{2}{5} \div \frac{7}{8}$

서연

$\frac{4}{7} \div \frac{3}{8}$

(　　　　　　　　)

6 (10쪽) 문제 해결

학교에서 집까지의 거리는 집에서 공원까지의 거리의 몇 배인가요?

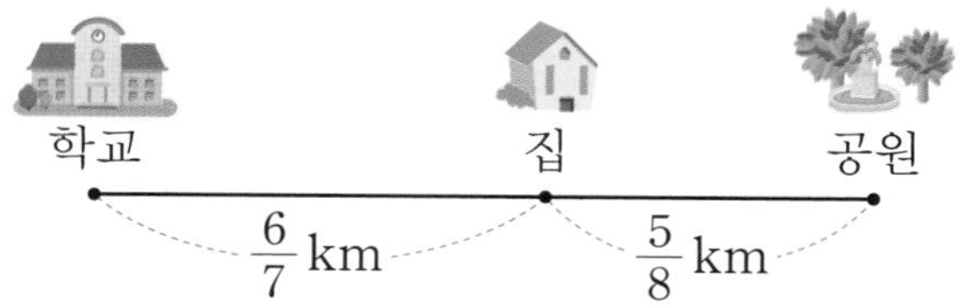

(　　　　　　　　)

» 정답 · 풀이 06쪽

조금 더 어려운 문제에 도전해 볼까요?

7 11쪽 문제 해결

무게가 $\frac{3}{8}$ kg인 고무관 $\frac{2}{7}$ m가 있습니다. 이 고무관 1 m의 무게는 몇 kg일까요?

(　　　　　　　　)

8 11쪽 추론

□ 안에 알맞은 수를 써넣으세요.

$$\square \times \frac{3}{4} = \frac{2}{7} \div \frac{5}{6}$$

+9 11쪽 수학적 독해력

그림의 전체 크기가 1이라고 할 때 색칠한 부분이 나타내는 분수를 $\frac{8}{9}$로 나눈 몫을 구하세요.

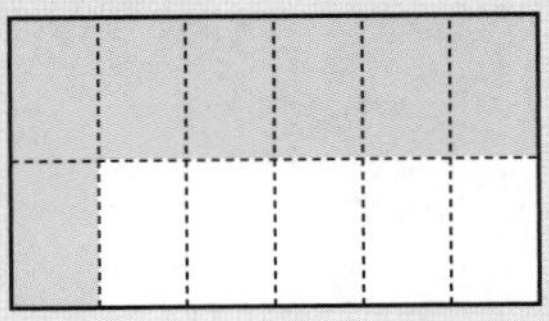

(　　　　　　　　)

+10 11쪽 수학적 표현력

선물 1개를 포장하는 데 끈 $\frac{2}{7}$ m가 필요합니다. 끈 $\frac{3}{4}$ m로 선물을 몇 개까지 포장할 수 있는지 풀이 과정을 쓰고, 답을 구하세요.

풀이 ______________________

____

____

답 ______________________

오늘 공부 어땠나요? 10개 중 맞힌 문제 □ 개 › 틀린 문제는 힌트를 보고 다시 도전해 보세요. › 맞힌 문제는 힌트를 보고 자신의 생각과 비교해 보세요.

공부한 날 월 일

06일 (분수)÷(분수) 계산하기

① (자연수)÷(분수)

(자연수)÷(분수)는 나눗셈을 곱셈으로 나타내어 계산합니다.

예 $2\div\frac{3}{7}=2\times\frac{7}{3}=\frac{14}{3}=4\frac{2}{3}$

분수의 나눗셈의 계산 결과가 맞는지 확인하기

나누는 수와 계산 결과를 곱했을 때 나누어지는 수가 나오는지 확인합니다.

예 $2\div\frac{3}{7}=4\frac{2}{3}$

$\frac{3}{7}\times4\frac{2}{3}=2$이므로 계산 결과가 맞습니다.

② (가분수)÷(분수)

(가분수)÷(분수)는 두 분수를 통분하거나 분수의 곱셈으로 나타내어 계산합니다.

예 $\frac{5}{3}\div\frac{5}{8}$의 계산

방법 1 두 분수를 통분하여 계산하기

$\frac{5}{3}\div\frac{5}{8}=\frac{40}{24}\div\frac{15}{24}=40\div15=\frac{\overset{8}{\cancel{40}}}{\underset{3}{\cancel{15}}}=\frac{8}{3}=2\frac{2}{3}$

방법 2 분수의 곱셈으로 나타내어 계산하기

$\frac{5}{3}\div\frac{5}{8}=\frac{\overset{1}{\cancel{5}}}{3}\times\frac{8}{\underset{1}{\cancel{5}}}=\frac{8}{3}=2\frac{2}{3}$

③ (대분수)÷(분수)

(대분수)÷(분수)는 대분수를 가분수로 나타낸 후 계산합니다.

예 $1\frac{1}{2}\div\frac{4}{5}=\frac{3}{2}\div\frac{4}{5}=\frac{3}{2}\times\frac{5}{4}=\frac{15}{8}=1\frac{7}{8}$

확인 1 $\frac{8}{3}\div\frac{3}{7}$을 두 가지 방법으로 계산하려고 합니다. 물음에 답하세요.

(1) 두 분수를 통분하여 계산해 보세요.

$\frac{8}{3}\div\frac{3}{7}=\frac{\square}{21}\div\frac{\square}{21}=\frac{\square}{9}=\square$

(2) 분수의 곱셈으로 나타내어 계산해 보세요.

$\frac{8}{3}\div\frac{3}{7}=\frac{8}{3}\times\frac{\square}{\square}=\frac{\square}{9}=\square$

기본기 다지는 교과서 문제

» 정답 · 풀이 07쪽

1 □ 안에 알맞은 수를 써넣으세요.

(1) $5 \div \frac{2}{3} = 5 \times \frac{\square}{\square} = \frac{\square}{2} = \square$

(2) $\frac{9}{2} \div \frac{5}{6} = \frac{9}{2} \times \frac{\square}{\square} = \frac{\square}{5} = \square$

2 $4\frac{1}{3} \div \frac{3}{4}$을 슬기와 지혜가 각각 다른 방법으로 계산하였습니다. □ 안에 알맞은 수를 써넣으세요.

[슬기의 방법]

$4\frac{1}{3} \div \frac{3}{4} = \frac{\square}{3} \div \frac{3}{4} = \frac{\square}{12} \div \frac{\square}{12} = \frac{\square}{\square} = \square$

[지혜의 방법]

$4\frac{1}{3} \div \frac{3}{4} = \frac{\square}{3} \div \frac{3}{4} = \frac{\square}{3} \times \frac{\square}{\square} = \frac{\square}{\square} = \square$

3 계산해 보세요.

(1) $3 \div \frac{5}{9}$

(2) $\frac{7}{4} \div \frac{3}{5}$

(3) $6\frac{4}{5} \div \frac{6}{7}$

개념 따라쓰기

(자연수) ÷ (분수)의 계산

$4 \div \frac{8}{9} = 4 \times \frac{9}{8}$

(자연수) ÷ (분수)는 나눗셈을 곱셈으로 나타내어 계산합니다.

(가분수) ÷ (분수)의 계산

$\frac{3}{2} \div \frac{2}{5} = \frac{15}{10} \div \frac{4}{10}$

$\frac{3}{2} \div \frac{2}{5} = \frac{3}{2} \times \frac{5}{2}$

(가분수) ÷ (분수)는 두 분수를 통분하거나 분수의 곱셈으로 나타내어 계산합니다.

(대분수) ÷ (분수)의 계산

$1\frac{2}{3} \div \frac{3}{4} = \frac{5}{3} \div \frac{3}{4}$

(대분수) ÷ (분수)는 대분수를 가분수로 나타낸 후 계산합니다.

1

계산

$\frac{5}{9} \div \frac{4}{9}$를 계산하려고 합니다. □ 안에 알맞은 수를 써넣으세요.

방법 1 $\frac{5}{9} \div \frac{4}{9} = \square \div \square = \frac{\square}{\square} = \square$

방법 2 $\frac{5}{9} \div \frac{4}{9} = \frac{5}{\cancel{9}_{1}} \times \frac{\cancel{9}^{1}}{\square} = \frac{\square}{\square} = \square$

2

계산

$2\frac{1}{3} \div \frac{3}{8}$을 두 가지 방법으로 계산해 보세요.

방법 1 두 분수를 통분하여 계산하기

방법 2 분수의 곱셈으로 나타내어 계산하기

3

12쪽

적용

자연수를 분수로 나눈 몫을 구하세요.

$\frac{3}{4}$	10

(　　　　　　)

4

12쪽

적용

계산 결과가 1보다 큰 것을 찾아 기호를 쓰세요.

㉠ $\frac{7}{6} \div \frac{8}{9}$　　㉡ $\frac{3}{10} \div \frac{2}{5}$

(　　　　　　)

5

12쪽

적용

빈칸에 알맞은 수를 써넣으세요.

$4\frac{2}{7}$ → $\div \frac{5}{6}$ → □ → $\div 1\frac{1}{2}$ → □

6

12쪽

문제 해결

냉장고에 주스가 3 L 있습니다. 주스를 하루에 $\frac{3}{7}$ L씩 마신다면 며칠 동안 마실 수 있을까요?

(　　　　　　)

조금 더 어려운 문제에 도전해 볼까요?

7 13쪽 문제 해결

휘발유 $\frac{5}{6}$ L로 $8\frac{1}{3}$ km를 가는 자동차가 있습니다. 이 자동차는 휘발유 1 L로 몇 km를 갈 수 있을까요?

(　　　　　　　)

8 13쪽 추론

㉮보다 크고 ㉯보다 작은 자연수는 모두 몇 개일까요?

$12\div\frac{3}{8}=㉮$　$16\div\frac{4}{9}=㉯$

(　　　　　　　)

+9 13쪽 수학적 독해력

넓이가 $\frac{3}{10}$ m^2이고 밑변의 길이가 $\frac{4}{5}$ m인 삼각형이 있습니다. 이 삼각형의 높이는 몇 m일까요?

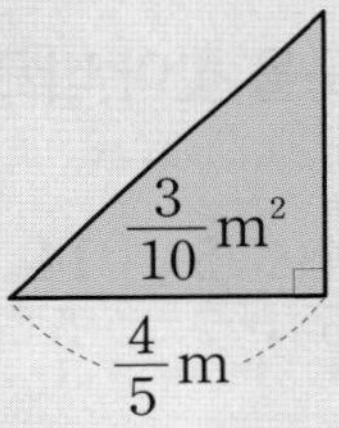

(　　　　　　　)

+10 13쪽 수학적 표현력

분수의 나눗셈을 잘못 계산한 것입니다. 계산이 잘못된 이유를 쓰고, 바르게 계산해 보세요.

$1\frac{3}{8}\div\frac{2}{3}=1\frac{3}{8}\times\frac{3}{2}=1\frac{9}{16}$

이유 ______________________

____

바른 계산 ______________________

____

오늘 공부 어땠나요?　10개 중 맞힌 문제 [　] 개 > **틀린 문제**는 힌트를 보고 다시 도전해 보세요. > **맞힌 문제**는 힌트를 보고 자신의 생각과 비교해 보세요.

01 □ 안에 알맞은 수를 써넣으세요.

$\frac{8}{9}$은 $\frac{1}{9}$이 □개이고 $\frac{2}{9}$는 $\frac{1}{9}$이 □개이므로 $\frac{8}{9} \div \frac{2}{9} = □$입니다.

02 □ 안에 알맞은 수를 써넣으세요.

(1) $\frac{5}{7} \div \frac{3}{7} = □ \div □ = \frac{□}{□} = □$

(2) $\frac{1}{2} \div \frac{7}{8} = \frac{□}{8} \div \frac{□}{8} = □ \div □ = \frac{□}{□}$

03 □ 안에 알맞은 수를 써넣으세요.

$3\frac{3}{4}$ → $\div \frac{4}{5}$ → □

04 $\frac{4}{7} \div \frac{6}{5}$을 두 가지 방법으로 계산해 보세요.

방법 1

방법 2

05 잘못 계산한 곳을 찾아 바르게 계산해 보세요.

$2\frac{4}{5} \div \frac{5}{7} = \frac{\overset{2}{\cancel{14}}}{\underset{1}{\cancel{5}}} \times \frac{\overset{1}{\cancel{5}}}{\underset{1}{\cancel{7}}} = 2$

↓

06 계산 결과가 큰 것부터 차례로 기호를 쓰세요.

㉠ $21 \div \frac{7}{10}$ ㉡ $45 \div \frac{5}{9}$ ㉢ $56 \div \frac{8}{11}$

□—□—□

07 떡볶이 1그릇을 만드는 데 떡볶이떡 $\frac{1}{5}$ kg이 필요합니다. 떡볶이떡 4 kg으로는 떡볶이 몇 그릇을 만들 수 있을까요?

( )

08 □ 안에 들어갈 수 있는 자연수 중에서 가장 작은 수를 구하세요.

$\frac{10}{7} \div \frac{3}{8} < \square$

( )

09 수 카드 3, 7, 8 중 2장을 골라 □ 안에 한 번씩만 써넣어 계산 결과가 가장 큰 나눗셈식을 만들었을 때의 몫을 구하세요.

$\frac{\square}{13} \div \frac{\square}{13}$

( )

서술형

10 철사를 민재는 $\frac{13}{15}$ m 가지고 있고, 진호는 민재보다 $\frac{2}{15}$ m 더 짧게 가지고 있습니다. 민재가 가지고 있는 철사의 길이는 진호가 가지고 있는 철사의 길이의 몇 배인지 풀이 과정을 쓰고, 답을 구하세요.

〔풀이〕

〔답〕

07일 (소수)÷(소수) (1)

1 자연수의 나눗셈을 이용한 (소수)÷(소수)

나누는 수와 나누어지는 수를 똑같이 10배 또는 100배 하여 (자연수)÷(자연수)로 바꾸어 계산합니다.

예 14.4÷0.3의 계산

14.4 ÷ 0.3
10배 ↓ ↓ 10배
144 ÷ 3 = 48

➜ 14.4÷0.3=48

나누는 수와 나누어지는 수에 같은 수를 곱하면 몫은 변하지 않습니다.

예 1.44÷0.03의 계산

1.44 ÷ 0.03
100배 ↓ ↓ 100배
144 ÷ 3 = 48

➜ 1.44÷0.03=48

개념+ 단위 변환하여 계산하기

예 끈 14.4 cm를 0.3 cm씩 자르기

14.4 cm=144 mm, 0.3 cm=3 mm이므로
끈 14.4 cm를 0.3 cm씩 자르는 것은
끈 144 mm를 3 mm씩 자르는 것과 같습니다.

➜ 14.4÷0.3=144÷3=48

예 끈 1.44 m를 0.03 m씩 자르기

1.44 m=144 cm, 0.03 m=3 cm이므로
끈 1.44 m를 0.03 m씩 자르는 것은
끈 144 cm를 3 cm씩 자르는 것과 같습니다.

➜ 1.44÷0.03=144÷3=48

확인 1 주스 0.8 L를 0.2 L씩 컵에 나누어 담으려고 합니다. 그림을 0.2 L씩 나누어 보고 □ 안에 알맞은 수를 써넣으세요.

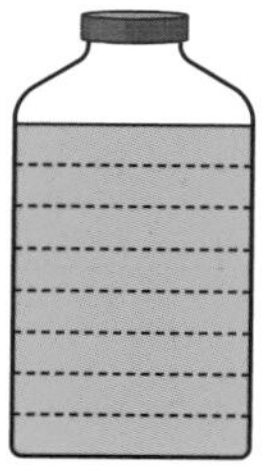

➜ 주스를 나누어 담으려면 컵은 □개 필요합니다.

확인 2 자연수의 나눗셈을 이용하여 계산하려고 합니다. □ 안에 알맞은 수를 써넣으세요.

(1)
16.5÷0.5
10배 ↓ ↓ 10배
165 ÷ 5 = □

16.5÷0.5=□

(2)
1.65÷0.05
100배 ↓ ↓ 100배
165 ÷ 5 = □

1.65÷0.05=□

기본기 다지는 교과서 문제

» 정답 · 풀이 10쪽

[1~2] 설명을 읽고 □ 안에 알맞은 수를 써넣으세요.

1

색 테이프 17.2 cm를 0.4 cm씩 자르려고 합니다.
17.2 cm=172 mm, 0.4 cm=□ mm입니다.
색 테이프 17.2 cm를 0.4 cm씩 자르는 것은
색 테이프 172 mm를 □ mm씩 자르는 것과 같습니다.

17.2÷0.4=172÷□

172÷4=□

17.2÷0.4=□

2

색 테이프 1.56 m를 0.06 m씩 자르려고 합니다.
1.56 m=□ cm, 0.06 m=6 cm입니다.
색 테이프 1.56 m를 0.06 m씩 자르는 것은
색 테이프 □ cm를 6 cm씩 자르는 것과 같습니다.

1.56÷0.06=□÷6

156÷6=□

1.56÷0.06=□

3 7.29÷0.09와 몫이 같은 나눗셈을 찾아 ○표 하세요.

72.9÷9	729÷9	7.29÷9
(　　　)	(　　　)	(　　　)

개념 따라쓰기

2단원

자연수의 나눗셈을 이용한 (소수)÷(소수)의 계산 ①

35.7 ÷ 0.7
10배 ↓ ↓ 10배
357 ÷ 7 =51
↓
35.7÷ 0.7 =51

나누는 수와 나누어지는 수를 똑같이 10배 하여 (자연수)÷(자연수)로 바꾸어 계산할 수 있습니다.

자연수의 나눗셈을 이용한 (소수)÷(소수)의 계산 ②

4.35 ÷ 0.05
100배 ↓ ↓ 100배
435 ÷ 5 =87
↓
4.35÷0.05=87

나누는 수와 나누어지는 수를 똑같이 100배 하여 (자연수)÷(자연수)로 바꾸어 계산할 수 있습니다.

1

이해

□ 안에 알맞은 수를 써넣으세요.

$8.4 \div 1.2$

10배 ↓ □ ÷ □ ↓ 10배

$8.4 \div 1.2$의 몫은 $84 \div$ □의 몫과 같습니다.

2

14쪽

계산

$1.08 \div 0.09$를 자연수의 나눗셈을 이용하여 계산해 보세요.

$1.08 \div 0.09 =$ □

100배 ↓ □배 ↓

□ ÷ □ = □

3

이해

$304 \div 8$을 이용하여 몫을 구할 수 있는 나눗셈을 찾아 기호를 쓰세요.

㉠ $30.4 \div 0.8$ ㉡ $3.04 \div 8$

(　　　　　　)

4

14쪽

문제 해결

소수의 나눗셈을 자연수의 나눗셈을 이용하여 계산하려고 합니다. 잘못 계산한 사람의 이름을 쓰세요.

슬기: $0.98 \div 0.14 = 98 \div 14 = 7$

민호: $0.91 \div 0.07 = 9.1 \div 7 = 1.3$

(　　　　　　)

5

14쪽

적용

㉠과 ㉡에 알맞은 수의 합을 구하세요.

$3.28 \div 0.04 = 328 \div$ ㉠ $=$ ㉡

(　　　　　　)

6

14쪽

문제 해결

철사 19.5 cm를 한 도막이 0.5 cm가 되게 자르려고 합니다. 철사를 모두 몇 도막으로 자를 수 있을까요?

(　　　　　　)

조금 더 **어려운 문제**에 도전해 볼까요?

7 15쪽 추론

가로가 $0.78\,\mathrm{cm}$, 세로가 $0.26\,\mathrm{cm}$인 직사각형이 있습니다. 이 직사각형의 가로는 세로의 몇 배일까요?

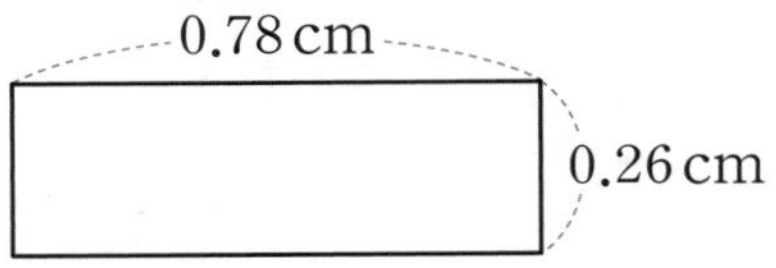

(　　　　　　　　)

8 15쪽 문제 해결

진호는 땅콩 $6.95\,\mathrm{kg}$ 중에서 $0.5\,\mathrm{kg}$을 먹고, 남은 땅콩은 한 봉지에 $0.15\,\mathrm{kg}$씩 나누어 담았습니다. 땅콩을 담은 봉지는 몇 봉지일까요?

(　　　　　　　　)

+9 15쪽 수학적 독해력

〈조건〉을 만족하는 나눗셈식을 쓰고, 답을 구하세요.

〈조건〉
- $252 \div 6$을 이용하여 풀 수 있습니다.
- 나누는 수와 나누어지는 수를 각각 100배 하면 $252 \div 6$이 됩니다.

[식] ____________________

[답] ____________________

+10 15쪽 수학적 표현력

$936 \div 3 = 312$를 이용하여 □ 안에 알맞은 수를 써넣은 후 계산 방법을 쓰세요.

$93.6 \div 0.3 = $ □

[계산 방법] ____________________

____

____

오늘 공부 어땠나요? 10개 중 맞힌 문제 □ 개 > **틀린 문제**는 힌트를 보고 다시 도전해 보세요. > **맞힌 문제**는 힌트를 보고 자신의 생각과 비교해 보세요.

08일 (소수)÷(소수) (2)

① 자릿수가 같은 (소수)÷(소수)

예 1.28÷0.16의 계산

방법 1 분수의 나눗셈으로 계산하기

$$1.28 \div 0.16 = \frac{128}{100} \div \frac{16}{100} = 128 \div 16 = 8$$

방법 2 세로로 계산하기

나누는 수와 나누어지는 수의 소수점을 똑같이 옮겨서 자연수의 나눗셈으로 계산합니다.

1.28÷0.16=8 → (100배) → 128÷16=8 (100배)

$0.16\overline{)1.28}$ → $0.16\overline{)1.28}$ → $16\overline{)128}$

- 나누는 수와 나누어지는 수의 소수점을 오른쪽으로 두 자리씩 옮깁니다.

$$\begin{array}{r} 8 \\ 16\overline{)128} \\ 128 \\ \hline 0 \end{array}$$

(소수 한 자리 수)÷(소수 한 자리 수)

소수를 분모가 10인 분수로 바꾸어 계산하거나, 소수점을 오른쪽으로 한 자리씩 옮겨서 자연수의 나눗셈으로 계산합니다.

예 7.2÷0.9의 계산

$$7.2 \div 0.9 = \frac{72}{10} \div \frac{9}{10}$$

$0.9\overline{)7.2}$ → $9\overline{)72}$

몫을 쓸 때 옮긴 소수점의 위치에서 소수점을 찍어 주어야 합니다.

예

$$\begin{array}{r} 1.4 \\ 0.5\overline{)0.70} \\ 5 \\ \hline 20 \\ 20 \\ \hline 0 \end{array}$$

확인 1 0.57÷0.19를 계산하려고 합니다. □ 안에 알맞은 수를 써넣으세요.

방법 1 분수의 나눗셈으로 계산하기

$$0.57 \div 0.19 = \frac{57}{100} \div \frac{\square}{100} = 57 \div \square = \square$$

방법 2 세로로 계산하기

$0.19\overline{)0.57}$ → $0.19\overline{)0.57}$ →

$$\begin{array}{r} \square \\ 19\overline{)57} \\ \square \\ \hline 0 \end{array}$$

기본기 다지는 교과서 문제

» 정답 · 풀이 11쪽

1 〈보기〉와 같은 방법으로 계산하려고 합니다. □ 안에 알맞은 수를 써넣으세요.

〈보기〉

$2.4\div0.6=\frac{24}{10}\div\frac{6}{10}=24\div6=4$

$3.51\div0.27=\frac{351}{100}\div\frac{27}{100}=351\div27=13$

(1) $6.3\div0.7=\frac{\square}{10}\div\frac{\square}{10}=\square\div\square=\square$

(2) $3.84\div0.32=\frac{\square}{100}\div\frac{\square}{100}=\square\div\square=\square$

2 □ 안에 알맞은 수를 써넣으세요.

(1) $12.6\div1.8=126\div\square=\square$

(2) $4.06\div0.14=\square\div14=\square$

3 계산해 보세요.

(1) 0.6)3.6

(2) 0.2 2)6.1 6

(3) 1.9)2 2.8

(4) 1.1 4)7.9 8

개념 따라쓰기

자릿수가 같은 (소수)÷(소수)의 계산 ①

분수의 나눗셈으로

$61.1\div4.7=\frac{611}{10}\div\frac{47}{10}$

$6.11\div0.47=\frac{611}{100}\div\frac{47}{100}$

나누는 수와 나누어지는 수를 분수로 바꾸어 분수의 나눗셈으로 계산할 수 있습니다.

자릿수가 같은 (소수)÷(소수)의 계산 ②

4.7)6 1.1

↓

47)611

나누는 수와 나누어지는 수의 소수점을 똑같이 옮겨서 자연수의 나눗셈으로 계산할 수 있습니다.

스스로 풀어내는 도전 10 문제

막힐 땐 힌트북

1 16쪽

계산

□ 안에 알맞은 수를 써넣으세요.

```
            □
0.21)1.68
     □
     ----
        0
```

2

계산

빈칸에 알맞은 수를 써넣으세요.

÷

1.75	0.25	

3

적용

계산 결과를 찾아 이어 보세요.

$3.96 \div 0.36$ •	• 9
$11.7 \div 1.3$ •	• 11
	• 35

4 16쪽

문제 해결

잘못 계산한 곳을 찾아 바르게 계산해 보세요.

```
     1.6
0.4)6.4
    4
    ---
    2 4
    2 4
    ---
      0
```

→

```
0.4)6.4
```

5 16쪽

적용

가장 큰 수를 가장 작은 수로 나눈 몫을 구하세요.

1.84 0.46 12.88

(　　　　　　　)

6 16쪽

문제 해결

주스 13.5 L가 있습니다. 주스를 병 한 개에 0.5 L씩 담는다면 병이 몇 개 필요할까요?

〔식〕 ______________________

〔답〕 ______________

조금 더 **어려운 문제**에 도전해 볼까요?

7 17쪽 문제 해결

집에서 병원까지의 거리는 11.8 km이고, 집에서 서점까지의 거리는 5.9 km입니다. 집에서 병원까지의 거리는 집에서 서점까지의 거리의 몇 배일까요?

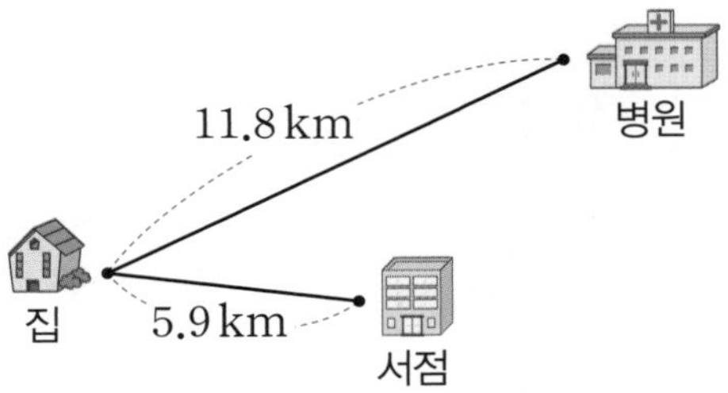

(　　　　　　　)

8 17쪽 추론

계산 결과가 큰 것부터 차례로 ◯ 안에 1, 2, 3을 써 넣으세요.

◯ $0.6\overline{)33.6}$　　◯ $0.07\overline{)5.67}$

◯ $1.3\overline{)97.5}$

+9 17쪽 수학적 독해력

설탕 2.58 kg은 한 봉지에 0.43 kg씩 담고, 소금 6.4 kg은 한 봉지에 0.8 kg씩 담았습니다. 설탕과 소금 중에서 어느 것을 담은 봉지 수가 몇 봉지 더 많은지 차례로 구하세요.

(　　　　　　), (　　　　　　)

+10 17쪽 수학적 표현력

5.78÷0.34를 계산한 후 계산 방법을 쓰세요.

$0.34\overline{)5.78}$

[계산 방법] ______________________

____

____

오늘 공부 어땠나요?　10개 중 맞힌 문제 ☐ 개 > **틀린 문제**는 힌트를 보고 다시 도전해 보세요. > **맞힌 문제**는 힌트를 보고 자신의 생각과 비교해 보세요.

09일 (소수)÷(소수) (3)

① 자릿수가 다른 (소수)÷(소수)

나누는 수가 자연수가 되도록 나누는 수와 나누어지는 수의 소수점을 똑같이 옮겨서 계산합니다.

예 5.52÷2.4의 계산

방법 1 나누어지는 수와 나누는 수를 모두 자연수로 바꾸어 계산하기

100배
5.52÷2.4=2.3 → 552÷240=2.3
100배

```
           2 . 3
2.4 0 ) 5 . 5 2 0
        4   8 0
        -------
          7 2 0
          7 2 0
          -----
              0
```

나누는 수와 나누어지는 수가 모두 자연수가 되도록 소수점을 오른쪽으로 두 자리씩 옮겨서 계산합니다.

방법 2 나누는 수를 자연수로 바꾸어 계산하기

10배
5.52÷2.4=2.3 → 55.2÷24=2.3
10배

```
         2 . 3
2.4 ) 5 . 5 2
      4   8
      -----
        7 2
        7 2
        ---
          0
```

나누는 수가 자연수가 되도록 소수점을 오른쪽으로 한 자리씩 옮겨서 계산합니다.

◐ 5.52÷2.4를 분수의 나눗셈으로 계산하기

(1) 분모가 100인 분수의 나눗셈으로 계산하기

$5.52 \div 2.4 = \frac{552}{100} \div \frac{240}{100}$

$= 552 \div 240$

$= 2.3$

(2) 분모가 10인 분수의 나눗셈으로 계산하기

$5.52 \div 2.4 = \frac{55.2}{10} \div \frac{24}{10}$

$= 55.2 \div 24$

$= 2.3$

◐ 몫을 쓸 때 옮긴 소수점의 위치에서 소수점을 찍어 주어야 합니다.

확인 1 2.24÷1.6을 계산하려고 합니다. □ 안에 알맞은 수를 써넣으세요.

(1) 224÷160을 이용하여 계산하기

100배
2.24÷1.6=□ → 224÷160=□
□배

```
              □
1.6 0 ) 2 . 2 4 0
        1   6 0
        -------
          6 4 0
            □
        -------
              0
```

(2) 22.4÷16을 이용하여 계산하기

10배
2.24÷1.6=□ → 22.4÷16=□
□배

```
            □
1.6 ) 2 . 2 4
      1   6
      -----
        6 4
          □
      -----
          0
```

기본기 다지는 교과서 문제

» 정답 · 풀이 13쪽

1 □ 안에 알맞은 수를 써넣으세요.

(1) 5.76÷3.2는 5.76과 3.2를 □배씩 하여 계산하면 576÷□=□입니다.

(2) 6.65÷1.9는 6.65와 1.9를 □배씩 하여 계산하면 □÷19=□입니다.

2 나눗셈을 할 때 소수점을 바르게 옮긴 것을 찾아 ○표 하세요.

$3.9\overline{)8.97}$ (　　)　$3.9\overline{)8.97}$ (　　)　$3.9\overline{)8.97}$ (　　)

3 계산해 보세요.

(1) $5.7\overline{)7.41}$

(2) $0.4\overline{)2.24}$

(3) $1.8\overline{)8.46}$

(4) $6.2\overline{)20.46}$

개념 따라쓰기

자릿수가 다른 (소수)÷(소수)의 계산 ①

$3.60\overline{)4.32}$

↓

$360\overline{)432}$

모두 자연수로

나누는 수와 나누어지는 수가 모두 자연수가 되도록 소수점을 똑같이 옮겨서 계산합니다.

자릿수가 다른 (소수)÷(소수)의 계산 ②

$3.6\overline{)4.32}$

↓

$36\overline{)43.2}$

나누는 수를 자연수로

나누는 수가 자연수가 되도록 소수점을 똑같이 옮겨서 계산합니다.

스스로 풀어내는 도전 10 문제

막힐 땐 힌트북

1 18쪽

계산

□ 안에 알맞은 수를 써넣으세요.

```
              [    ]
2.6 0 ) 4.6 8 0
        [     ]
        -------
        2 0 8 0
        [     ]
        -------
              0
```

2

계산

□ 안에 알맞은 수를 써넣으세요.

$$8.28 \div 4.6 = \frac{\square}{100} \div \frac{\square}{100}$$

$$= \square \div \square = \square$$

3 18쪽

적용

소수 두 자리 수를 소수 한 자리 수로 나눈 몫을 구하세요.

0.6	0.51

(　　　　　　　)

4

적용

계산 결과를 비교하여 ○ 안에 >, =, <를 알맞게 써넣으세요.

$$9.45 \div 2.7 \bigcirc 3.8$$

5 18쪽

문제 해결

사과의 무게는 딸기의 무게의 몇 배일까요?

5.12 kg

1.6 kg

(　　　　　　　)

6 18쪽

적용

빈칸에 알맞은 수를 써넣으세요.

2.04 → (÷0.8) → □ → (÷0.5) → □

» 정답 · 풀이 13쪽

조금 더 어려운 문제에 도전해 볼까요?

7 19쪽 추론

넓이가 19.76 cm^2인 평행사변형이 있습니다. 이 평행사변형의 밑변의 길이가 5.2 cm라면 높이는 몇 cm일까요?

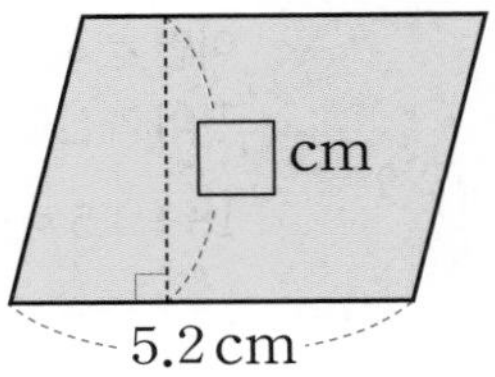

(   )

8 19쪽 문제 해결

현수가 자전거를 타고 일정한 빠르기로 1시간 30분 동안 7.95 km를 갔습니다. 현수가 한 시간 동안 간 거리는 몇 km일까요?

(   )

+9 19쪽 수학적 독해력

어떤 수를 2.5로 나누어야 할 것을 잘못하여 곱했더니 8.75가 되었습니다. 바르게 계산하면 얼마인지 구하세요.

(   )

+10 19쪽 수학적 표현력

잘못 계산한 곳을 찾아 바르게 계산하고, 이유를 쓰세요.

$$\begin{array}{r} 0.89 \\ 0.7\overline{)6.23} \\ 56 \\ \hline 63 \\ 63 \\ \hline 0 \end{array} \rightarrow \quad 0.7\overline{)6.23}$$

[이유] ______________________

오늘 공부 어땠나요? 10개 중 맞힌 문제 □ 개 > 틀린 문제는 힌트를 보고 다시 도전해 보세요. > 맞힌 문제는 힌트를 보고 자신의 생각과 비교해 보세요.

10일 (자연수)÷(소수)

❶ (자연수)÷(소수)

예 $9 \div 2.25$의 계산

방법 1 분수의 나눗셈으로 계산하기

$$9 \div 2.25 = \frac{900}{100} \div \frac{225}{100} = 900 \div 225 = 4$$

• 나누는 수가 소수 두 자리 수이면 분모가 100인 분수로 바꾸어 계산합니다.

방법 2 세로로 계산하기

나누는 수와 나누어지는 수의 소수점을 똑같이 옮겨서 자연수의 나눗셈으로 계산합니다.

100배

$9 \div 2.25 = 4$ → $900 \div 225 = 4$

100배

$2.25\overline{)9}$ → $2.25\overline{)9.00}$ → $225\overline{)900}$

$$\begin{array}{r} 4 \\ 225\overline{)900} \\ 900 \\ \hline 0 \end{array}$$

소수는 필요한 경우 오른쪽 끝자리에 0을 붙여 나타낼 수 있습니다.

$18 \div 4.5$를 분수의 나눗셈으로 계산하기

나누는 수가 소수 한 자리 수이면 분모가 10인 분수로 바꾸어 계산합니다.

$$18 \div 4.5 = \frac{180}{10} \div \frac{45}{10} = 180 \div 45 = 4$$

몫을 쓸 때는
옮긴 소수점의 위치에서
소수점을 찍어 주어야 해.

확인 1 $14 \div 1.75$를 계산하려고 합니다. □ 안에 알맞은 수를 써넣으세요.

방법 1 분수의 나눗셈으로 계산하기

$$14 \div 1.75 = \frac{1400}{100} \div \frac{\square}{100} = 1400 \div \square = \square$$

방법 2 세로로 계산하기

$1.75\overline{)14}$ → $1.75\overline{)14.00}$ →

$$\begin{array}{r} \square \\ 175\overline{)1400} \\ \square \\ \hline 0 \end{array}$$

기본기 다지는 교과서 문제

» 정답 · 풀이 14쪽

1 〈보기〉와 같은 방법으로 계산하려고 합니다. □ 안에 알맞은 수를 써넣으세요.

〈보기〉

$39 \div 1.3 = \frac{390}{10} \div \frac{13}{10} = 390 \div 13 = 30$

(1) $48 \div 1.2 = \frac{\square}{10} \div \frac{\square}{10} = \square \div \square = \square$

(2) $7 \div 0.25 = \frac{\square}{100} \div \frac{\square}{100} = \square \div \square = \square$

2 □ 안에 알맞은 수를 써넣으세요.

$18 \div 9 = \square$

$18 \div 0.9 = \square$

$18 \div 0.09 = \square$

$2.88 \div 0.08 = \square$

$28.8 \div 0.08 = \square$

$288 \div 0.08 = \square$

3 계산해 보세요.

(1) $4.8\overline{)2\ 4}$

(2) $1.2\ 5\overline{)5}$

(3) $0.6\overline{)5\ 1}$

(4) $0.3\ 6\overline{)9}$

개념 따라쓰기

(자연수)÷(소수)의 계산 ①

분수의 나눗셈으로

$28 \div 3.5 = \frac{280}{10} \div \frac{35}{10}$

$25 \div 1.25 = \frac{2500}{100} \div \frac{125}{100}$

나누는 수와 나누어지는 수를 분수로 바꾸어 분수의 나눗셈으로 계산합니다.

(자연수)÷(소수)의 계산 ②

$3.5\overline{)2\ 8.0}$

↓

$35\overline{)280}$

나누는 수와 나누어지는 수의 소수점을 똑같이 옮겨서 자연수의 나눗셈으로 계산합니다.

1 20쪽

계산

□ 안에 알맞은 수를 써넣으세요.

```
          □
2.5)3 0.0
    □
    ───
      5 0
      □
      ───
        0
```

2

이해

㉠과 ㉡에 알맞은 수를 각각 구하세요.

$27 \div 0.6 = \frac{㉠}{10} \div \frac{6}{10} = 270 \div 6 = ㉡$

㉠ (   )

㉡ (   )

3 20쪽

적용

자연수를 소수로 나눈 몫을 빈칸에 써넣으세요.

48	0.32

4

이해

몫이 큰 것부터 차례대로 ( ) 안에 1, 2, 3을 쓰세요.

$114 \div 0.6$ (   )

$114 \div 0.06$ (   )

$114 \div 6$ (   )

5 20쪽

추론

□ 안에 알맞은 수를 구하세요.

$1.7 \times \square = 85$

(   )

6 20쪽

문제 해결

철사 13 m를 한 사람에게 3.25 m씩 나누어 주려고 합니다. 철사를 몇 명에게 나누어 줄 수 있을까요?

식 ______________________

답 ____________

» 정답 · 풀이 15쪽

조금 더 어려운 문제에 도전해 볼까요?

7 21쪽 적용

몫이 30보다 큰 나눗셈을 찾아 기호를 쓰세요.

㉠ $26 \div 1.04$
㉡ $56 \div 3.5$
㉢ $8 \div 0.16$

(　　　　　　)

8 21쪽 창의 융합

수 카드 2, 5, 9를 □ 안에 한 번씩만 써넣어 몫이 가장 작은 나눗셈식을 완성하고, 나눗셈식의 몫을 구하세요.

□□□ $\div 7.4$

(　　　　　　)

+9 21쪽 수학적 독해력

민우는 주스를 사기 위해 가게에 갔습니다. 가 주스와 나 주스 중 같은 양을 살 때 더 저렴한 것은 어느 것인지 구하세요.

가 주스 0.5 L에 3800원

나 주스 0.4 L에 3000원

(　　　　　　)

+10 21쪽 수학적 표현력

빵 1개를 만드는 데 소금 3.6 g이 필요합니다. 소금 90 g으로 빵을 몇 개 만들 수 있는지 두 가지 방법으로 구하세요.

방법 1

답 ______

방법 2

답 ______

오늘 공부 어땠나요? 10개 중 맞힌 문제 □ 개 > 틀린 문제는 힌트를 보고 다시 도전해 보세요. > 맞힌 문제는 힌트를 보고 자신의 생각과 비교해 보세요.

11일 몫을 반올림하여 나타내기

① 몫을 반올림하여 나타내기

나눗셈에서 몫이 간단한 소수로 구해지지 않을 경우 몫을 반올림하여 나타낸 수 있습니다.

◐ 반올림은 구하려는 자리 바로 아래 자리의 숫자가 0, 1, 2, 3, 4이면 버리고, 5, 6, 7, 8, 9이면 올려서 어림하는 방법입니다.

예 $2.3 \div 0.7$의 몫을 반올림하여 나타내기

```
       3.2 8 5
0.7)2.3 0 0 0
    2 1
    2 0
    1 4
      6 0
      5 6
        4 0
        3 5
          5
```

• 몫을 반올림하여 일의 자리까지 나타내기

$2.3 \div 0.7 = 3.2\cdots\cdots$ → 3

소수 첫째 자리 숫자가 2이므로 버립니다.

• 몫을 반올림하여 소수 첫째 자리까지 나타내기

$2.3 \div 0.7 = 3.28\cdots\cdots$ → 3.3

소수 둘째 자리 숫자가 8이므로 올립니다.

• 몫을 반올림하여 소수 둘째 자리까지 나타내기

$2.3 \div 0.7 = 3.285\cdots\cdots$ → 3.29

소수 셋째 자리 숫자가 5이므로 올립니다.

몫을 반올림하여 나타낼 때에는 구하려는 자리의 바로 아래 자리에서 반올림해.

확인 1 나눗셈식을 보고 □ 안에 알맞은 수를 써넣으세요.

```
    1.8 3
6)1 1.0 0
  6
  5 0
  4 8
    2 0
    1 8
      2
```

(1) 몫의 소수 첫째 자리 숫자가 □이므로 몫을 반올림하여 일의 자리까지 나타내면 □입니다.

(2) 몫의 소수 둘째 자리 숫자가 □이므로 몫을 반올림하여 소수 첫째 자리까지 나타내면 □입니다.

확인 2 나눗셈을 하고 □ 안에 알맞은 수를 써넣으세요.

```
  0.3 5 □
7)2.5 0 0
  □
    4 0
    □
      5 0
      □
        1
```

→ 몫을 반올림하여 소수 첫째 자리까지 나타내면 □이고, 반올림하여 소수 둘째 자리까지 나타내면 □입니다.

기본기 다지는 교과서 문제

» 정답 · 풀이 16쪽

1 14÷9의 몫을 소수 셋째 자리까지 계산하고, 물음에 답하세요.

$9\overline{)\,1\ 4}$

(1) 몫을 반올림하여 일의 자리까지 나타내어 보세요.
(　　　　　　　　)

(2) 몫을 반올림하여 소수 첫째 자리까지 나타내어 보세요.
(　　　　　　　　)

(3) 몫을 반올림하여 소수 둘째 자리까지 나타내어 보세요.
(　　　　　　　　)

2 몫을 반올림하여 소수 첫째 자리까지 나타내어 보세요.

(1) $9\overline{)\,3.8}$

(2) $3\overline{)\,1\ 9.7}$

3 몫을 반올림하여 소수 둘째 자리까지 나타내어 보세요.

4.1÷0.6

(　　　　　　　　)

개념 따라쓰기

몫을 반올림하여 나타내기

37÷6=6.166……

- 몫을 반올림하여 일의 자리까지 나타내기
  6.1…… → 6
  소수 첫째 자리에서 반올림
- 몫을 반올림하여 소수 첫째 자리까지 나타내기
  6.16…… → 6.2
  소수 둘째 자리에서 반올림

몫을 반올림하여 나타낼 때에는 구하려는 자리의 바로 아래 자리에서 반올림합니다.

스스로 풀어내는 도전 10 문제

막힐 땐 힌트북

1

계산

나눗셈을 하고, 몫을 반올림하여 소수 첫째 자리까지 나타내어 보세요.

$6\overline{)2}$ → □

2

22쪽

계산

$5.4 \div 0.7$의 몫을 반올림하여 주어진 자리까지 나타내어 보세요.

일의 자리	소수 첫째 자리	소수 둘째 자리

3

적용

큰 수를 작은 수로 나눈 몫을 반올림하여 소수 둘째 자리까지 나타내어 보세요.

18 11

(　　　　　　)

4

22쪽

적용

계산 결과를 비교하여 ◯ 안에 $>$, $=$, $<$를 알맞게 써넣으세요.

$47 \div 9$의 몫을 반올림하여 일의 자리까지 나타낸 수 ◯ $47 \div 9$

5

22쪽

문제 해결

빨간색 털실의 길이는 초록색 털실의 길이의 몇 배인지 반올림하여 일의 자리까지 나타내어 보세요.

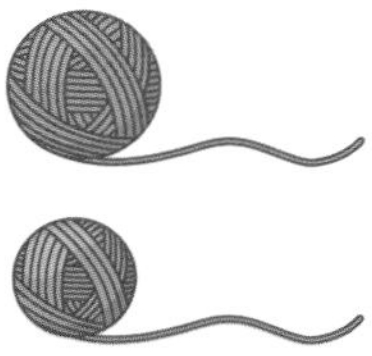

빨간색 털실 8.5 m

초록색 털실 4.3 m

(　　　　　　)

6

22쪽

추론

수현이가 말한 나눗셈식의 몫을 반올림하여 소수 첫째 자리까지 나타낸 수와 소수 둘째 자리까지 나타낸 수의 차를 구하세요.

$2.5 \div 7$

수현

(　　　　　　)

» 정답 · 풀이 16쪽

조금 더 어려운 문제에 도전해 볼까요?

7 23쪽 문제 해결

어떤 자동차는 1 km를 달리는 데 휘발유가 0.6 L 필요합니다. 이 자동차가 50 L의 휘발유로 달릴 수 있는 거리는 몇 km인지 반올림하여 소수 둘째 자리까지 나타내어 보세요.

(　　　　　　　)

8 23쪽 추론

몫의 소수 열째 자리 숫자를 구하세요.

$3 \div 11$

(　　　　　　　)

+9 23쪽 수학적 독해력

번개가 친 곳에서 21 km 떨어진 곳에서는 번개가 친 지 약 1분 뒤에 천둥소리를 들을 수 있습니다. 번개가 친 곳에서 8 km 떨어진 곳에서는 번개가 친 지 몇 분 뒤에 천둥소리를 들을 수 있는지 반올림하여 소수 첫째 자리까지 나타내어 보세요.

식 ______________________

답 ______________________

+10 23쪽 수학적 표현력

〈보기〉와 같이 몫을 반올림하여 나타내야 하는 식을 쓰고, 몫을 반올림하여 소수 둘째 자리까지 나타내어 보세요.

〈보기〉
$20 \div 3$

식 ______________________

답 ______________________

오늘 공부 어땠나요? 10개 중 맞힌 문제 [　　] 개 > 틀린 문제는 힌트를 보고 다시 도전해 보세요. > 맞힌 문제는 힌트를 보고 자신의 생각과 비교해 보세요.

12일 나누어 주고 남는 양 알아보기

① 나누어 주고 남는 양 알아보기

예 물 6.5 L를 한 사람에게 2 L씩 나누어 줄 때 나누어 줄 수 있는 사람 수와 남는 물의 양 구하기

방법 1 뺄셈식을 이용하여 구하기

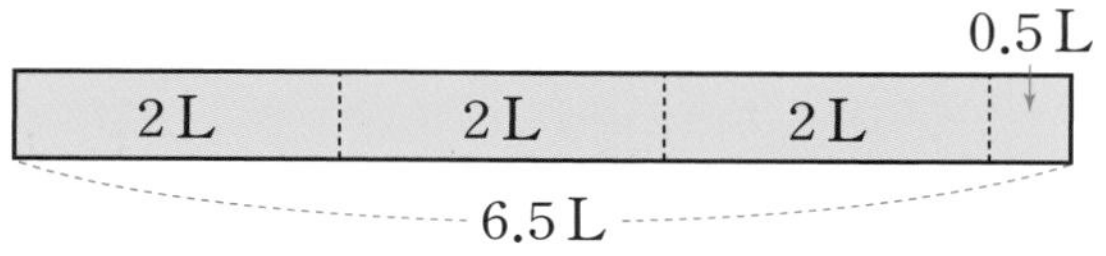

$6.5-2-2-2=0.5$ (3번)

● 6.5에서 2를 3번 뺄 수 있으므로 3명에게 나누어 줄 수 있고, 0.5가 남으므로 남는 물의 양은 0.5 L입니다.

→ 3명에게 나누어 줄 수 있고 0.5 L가 남습니다.

사람 수는 소수가 아닌 자연수이므로 몫을 자연수까지만 구해야 해.

방법 2 세로로 계산하여 구하기

```
                         3  → 나누어 줄 수 있는 사람 수
한 사람이 가지는 물의 양 ← ②)6.5
나누어 주는 물의 양 ←      6
                         0.5 → 남는 물의 양
```

→ 3명에게 나누어 줄 수 있고 0.5 L가 남습니다.

◐ 남는 양의 소수점은 나누어지는 수의 소수점의 위치에 맞게 찍습니다.

```
    3
 2)6.5
   6
   0.5
```

개념+ 계산 결과가 맞는지 확인하기

(나누어 주는 물의 양)+(남는 물의 양)=(처음 물의 양)이 되는지 확인합니다.

→ 6+0.5=6.5 (L)이므로 계산 결과가 맞습니다.

확인 1 철사 8.7 m를 한 사람에게 4 m씩 나누어 줄 때 나누어 줄 수 있는 사람 수와 남는 철사의 길이를 알아보기 위해 다음과 같이 계산했습니다. □ 안에 알맞은 수를 써넣으세요.

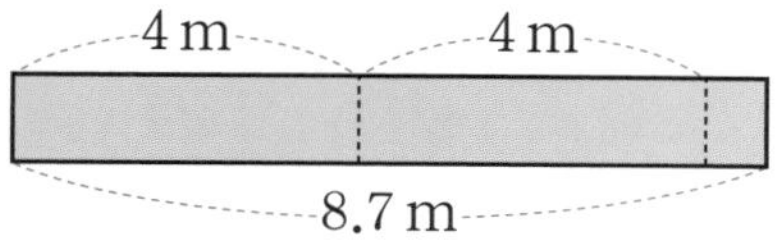

8.7−4−4=□

→ □명에게 나누어 줄 수 있고 □m가 남습니다.

확인 2 설탕 12.3 kg을 한 봉지에 5 kg씩 나누어 담을 때 나누어 담을 수 있는 봉지 수와 남는 설탕의 양을 알아보기 위해 다음과 같이 계산했습니다. □ 안에 알맞은 수를 써넣으세요.

```
     2
 5)12.3
   10
    2.3
```

나누어 담을 수 있는 봉지 수: □봉지

남는 설탕의 양: □kg

기본기 다지는 교과서 문제

[1~4] 리본 28.9 cm를 한 사람에게 7 cm씩 나누어 주려고 합니다. 나누어 줄 수 있는 사람 수와 남는 리본의 길이는 몇 cm인지 알아보려고 다음과 같이 계산했습니다. 물음에 답하세요.

$28.9-7-7-7-7=\square$

1 □ 안에 알맞은 수를 구하세요.

(   )

2 계산식을 보고 리본을 몇 명에게 나누어 줄 수 있는지 구하세요.

(   )

3 계산식을 보고 나누어 주고 남는 리본의 길이는 몇 cm인지 구하세요.

(   )

4 나누어 줄 수 있는 사람 수와 남는 리본의 길이를 알아보려고 다음과 같이 계산했습니다. □ 안에 알맞은 수를 구하세요.

$$\begin{array}{r} \square \\ 7\overline{)\,2\;8.9} \\ \square \\ \hline \square \end{array}$$

나누어 줄 수 있는 사람 수: □명

남는 리본의 길이: □ cm

개념 따라쓰기

털실 19.2 m를 한 사람에게 6 m씩 나누어 줄 때 나누어 줄 수 있는 사람 수와 남는 털실의 길이 구하기

나누어 주고 남는 양 알아보기 ①

$19.2-6-6-6=1.2$ (3번)

↓

나누어 줄 수 있는 사람 수: 3명

남는 털실의 길이: 1.2 m

어떤 수에서 같은 수를 ■번 뺄 수 있으면 나누어 줄 수 있는 사람 수는 ■명입니다.

나누어 주고 남는 양 알아보기 ②

$$\begin{array}{r} 3 \\ 6\overline{)\,1\;9.2} \\ 1\;8 \\ \hline 1.2 \end{array}$$

나누어 줄 수 있는 사람 수: 3명

남는 털실의 길이: 1.2 m

세로로 계산할 때 남는 양의 소수점은 나누어지는 수의 소수점의 위치에 맞게 찍습니다.

[1~2] 딸기 15.6 kg을 한 상자에 3 kg씩 나누어 담을 때 나누어 담을 수 있는 상자 수와 남는 딸기의 양을 구하려고 합니다. 물음에 답하세요.

1
24쪽
계산

다음과 같이 두 가지 방법으로 구하세요.

빼셈식을 이용하여 구하기

$15.6-3-3-\square-\square-\square=\square$

세로로 계산하여 구하기

$$\begin{array}{r} \square \\ 3\overline{)\,1\ 5.6} \\ \square \\ \hline \square \end{array}$$

2
문제 해결

딸기를 나누어 담을 수 있는 상자 수와 남는 딸기의 양을 구하세요.

나누어 담을 수 있는 상자 수: $\square$상자

남는 딸기의 양: $\square$ kg

3
계산

나눗셈의 몫을 자연수까지 구했을 때의 몫과 얼마가 남는지 차례로 쓰세요.

$5\overline{)\,3\ 1.1}$

(　　　　　　　　), (　　　　　　　　)

[4~5] 노끈 7 m로 상자 한 개를 묶을 수 있습니다. 노끈 42.2 m로 묶을 수 있는 상자 수와 남는 노끈의 길이를 구하려고 합니다. 물음에 답하세요.

4
24쪽
적용

문제를 해결하기 위해 바르게 계산한 사람의 이름을 쓰세요.

슬기: $42.2-7-7-7-7-7=7.2$

민호:

$$\begin{array}{r} 6 \\ 7\overline{)\,4\ 2.2} \\ 4\ 2 \\ \hline 0.2 \end{array}$$

(　　　　　　　　)

5
24쪽
문제 해결

묶을 수 있는 상자 수와 남는 노끈의 길이를 구하세요.

묶을 수 있는 상자 수: $\square$상자

남는 노끈의 길이: $\square$ m

6
24쪽
문제 해결

페인트 4 L로 벽 한 개를 칠할 수 있습니다. 페인트 58.4 L로 칠할 수 있는 벽 수와 남는 페인트의 양을 구하세요.

칠할 수 있는 벽 수 (　　　　　　　　)

남는 페인트의 양 (　　　　　　　　)

» 정답 · 풀이 17쪽

7 25쪽

문제 해결

크림빵 한 개를 만드는 데 버터가 3 g 필요합니다. 6.3 g짜리 버터 2개로 만들 수 있는 크림빵 수와 남는 버터의 양을 구하세요.

만들 수 있는 크림빵 수 (　　　　　　)

남는 버터의 양 (　　　　　　)

8 25쪽

창의 융합

감자 126.8 kg을 한 가구당 8 kg씩 나누어 주려고 합니다. 이 감자를 남김없이 모두 나누어 주려면 감자는 적어도 몇 kg 더 필요한지 구하세요.

(　　　　　　)

+9 25쪽

수학적 독해력

식용유 20.9 L를 한 병에 9 L씩 나누어 담으려고 합니다. 나누어 담을 수 있는 병 수와 남는 식용유의 양을 두 가지 방법으로 구하세요.

방법 1

나누어 담을 수 있는 병 수: □병

남는 식용유의 양: □ L

방법 2

나누어 담을 수 있는 병 수: □병

남는 식용유의 양: □ L

+10 25쪽

수학적 표현력

찰흙 17.4 kg을 한 사람당 2 kg씩 나누어 줄 때 나누어 줄 수 있는 사람 수와 남는 찰흙은 몇 kg인지 알기 위해 다음과 같이 계산했습니다. 잘못 계산한 곳을 찾아 바르게 계산하고, 이유를 쓰세요.

```
      8.7
   ┌─────
  2)1 7.4
    1 6
   ─────
      1 4
      1 4
   ─────
        0
```

나누어 줄 수 있는 사람 수: 8명

남는 찰흙의 양: 0.7 kg

→

나누어 줄 수 있는 사람 수: □명

남는 찰흙의 양: □ kg

이유 ____________________

____

오늘 공부 어땠나요?

10개 중 맞힌 문제 □ 개

틀린 문제는 힌트를 보고 다시 도전해 보세요.

맞힌 문제는 힌트를 보고 자신의 생각과 비교해 보세요.

01 자연수의 나눗셈을 이용하여 $1.32 \div 0.04$를 계산하려고 합니다. □ 안에 알맞은 수를 써넣으세요.

$1.32 \div 0.04$ (100배, □배)

$132 \div \square = \square$

➜ $1.32 \div 0.04 = \square$

02 □ 안에 알맞은 수를 써넣으세요.

$$5.6 \div 0.8 = \frac{56}{10} \div \frac{\square}{10}$$

$$= \square \div \square = \square$$

03 계산해 보세요.

(1) $0.27 \overline{)6.48}$

(2) $0.4 \overline{)0.26}$

04 잘못 계산한 곳을 찾아 바르게 계산해 보세요.

```
      3.5
0.8)2 8
    2 4
    ---
      4 0
      4 0
      ---
        0
```

➜ $0.8 \overline{)2\ 8}$

05 □ 안에 알맞은 수를 써넣으세요.

$24 \div 3 = \square$

$24 \div 0.3 = \square$

$24 \div 0.03 = \square$

$3.64 \div 0.07 = \square$

$36.4 \div 0.07 = \square$

$364 \div 0.07 = \square$

06 토마토주스의 양은 딸기주스의 양의 몇 배인지 반올림하여 소수 둘째 자리까지 나타내어 보세요.

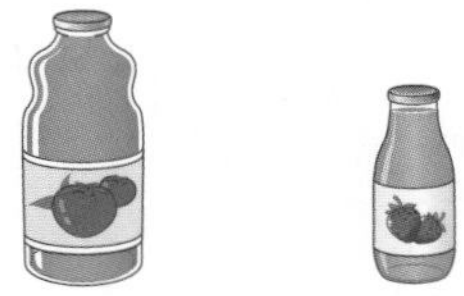

토마토주스 2.3 L　　딸기주스 0.9 L

(　　　　　　　)

07 $1\,m^2$의 벽을 칠하는 데 페인트가 6.2 L 필요합니다. 775 L의 페인트로 칠할 수 있는 벽의 넓이는 몇 m^2일까요?

(　　　　　　　)

08 □ 안에 알맞은 수가 더 큰 것을 찾아 기호를 쓰세요.

㉠ 1.13×□=13.56
㉡ □×5.2=67.6

(　　　　　　　)

09 넓이가 $2.47\,cm^2$인 삼각형이 있습니다. 이 삼각형의 높이가 2.6 cm일 때 밑변의 길이는 몇 cm일까요?

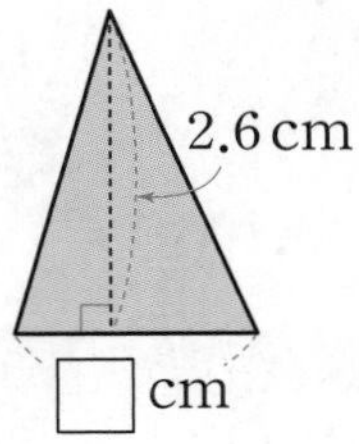

(　　　　　　　)

서술형

10 콩 38.5 kg을 한 자루에 4 kg씩 나누어 담을 때 나누어 담을 수 있는 자루 수와 남는 콩의 양을 구하려고 합니다. 풀이 과정을 쓰고, 답을 구하세요.

[풀이] ______________________

____

____

[답] 나누어 담을 수 있는 자루 수: □자루
남는 콩의 양: □ kg

13일 어느 방향에서 보았을까?

❶ 사진을 보고 찍은 장소 알아보기

①  ②  ③ 

◐ 사진을 찍는 위치와 방향에 따라 보이는 모습이 달라집니다.

◐ 사진에서 보이는 주변 사람이나 사물의 위치 등 사진 속 정보를 살펴보면 어느 위치와 방향에서 찍은 것인지 알 수 있습니다.

- 사진 ①은 나무와 의자가 보이고 앞으로 자전거를 타는 사람이 보이므로 가 보트에서 찍은 것입니다.
- 사진 ②는 공 놀이를 하는 사람들이 마주 보고 있으므로 나 보트에서 찍은 것입니다.
- 사진 ③은 공 놀이를 하는 사람이 왼쪽에, 텐트의 일부가 오른쪽에 보이므로 다 보트에서 찍은 것입니다.

확인 1 여러 방향에서 사진을 찍었습니다. 사진을 보고 □ 안에 알맞은 기호를 써넣으세요.

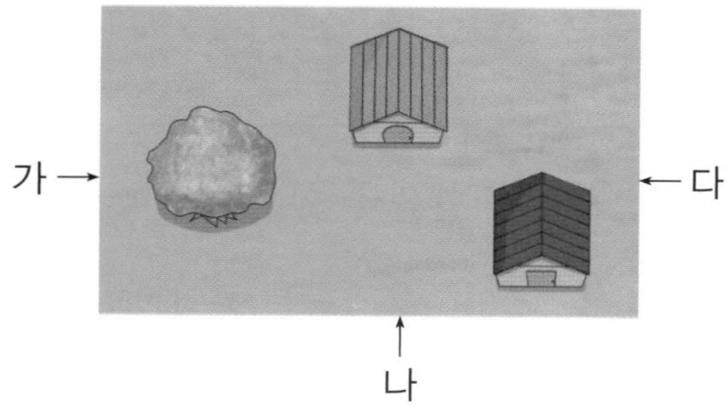

(1) 

나무가 왼쪽에 보이므로 □에서 찍은 사진입니다.

(2) 

나무의 왼쪽에 파란색 지붕의 집, 오른쪽에 빨간색 지붕의 집이 보이므로 □에서 찍은 사진입니다.

기본기 다지는 교과서 문제

» 정답 · 풀이 20쪽

1 각각 어느 방향에서 찍은 사진인지 〈보기〉에서 찾아 쓰세요.

〈보기〉
위쪽　　앞쪽　　오른쪽

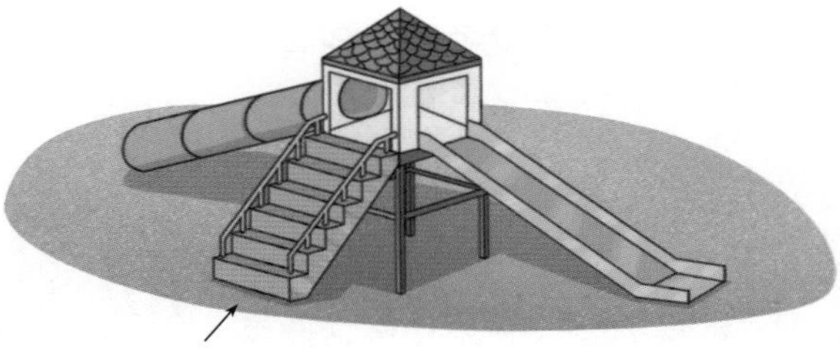
앞

(1) 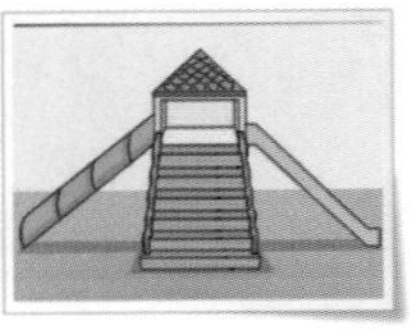

(　　　　)

(2) 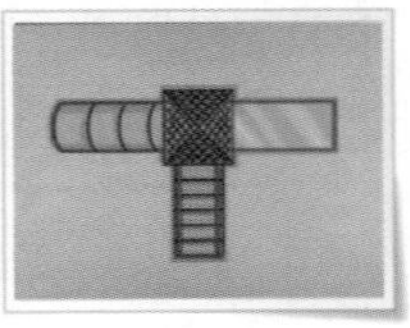

(　　　　)

2 〈보기〉와 같이 컵을 놓았을 때 찍을 수 없는 사진을 찾아 기호를 쓰세요.

〈보기〉
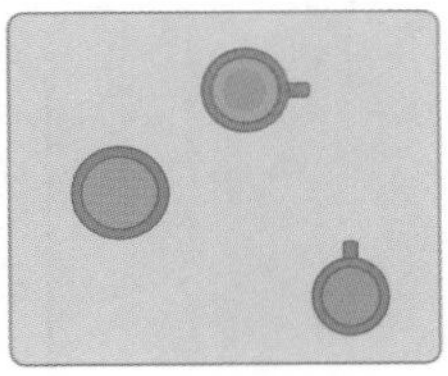

가 

나 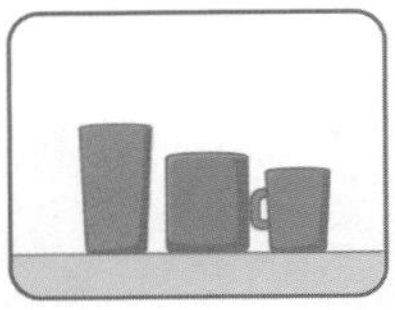

다 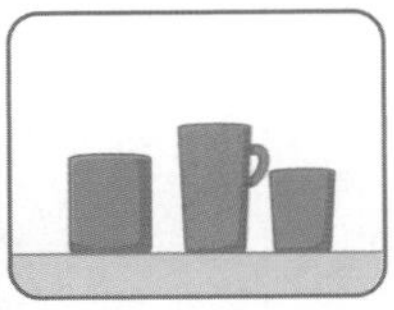

라 

마 

(　　　　　　)

개념 따라쓰기

어느 방향에서 본 것인지 알아보기

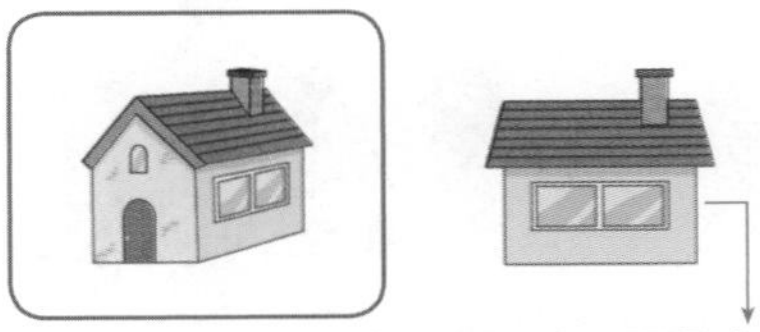

창문이 보이고 굴뚝이 오른쪽에 보이므로 오른쪽에서 본 모양입니다.

보는 위치와 방향에 따라 보이는 모습이 달라집니다.

어느 방향에서 찍은 것인지 알아보기

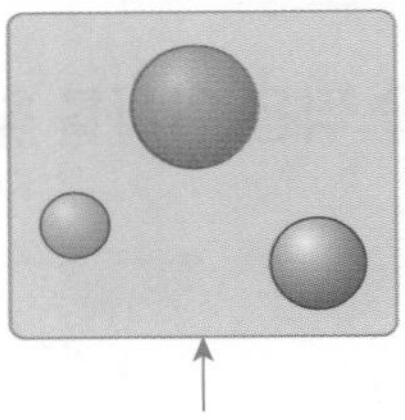
가

〈가에서 찍은 모양〉

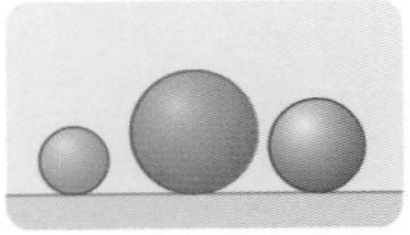

사진을 가에서 찍으면 왼쪽에서부터 초록색, 빨간색, 파란색 공이 보입니다.

사진 속 정보를 살펴보면 어느 위치와 방향에서 찍은 것인지 알 수 있습니다.

3단원

스스로 풀어내는 도전 10 문제

[1~3] 공원에 있는 조형물 사진을 찍었습니다. 물음에 답하세요.

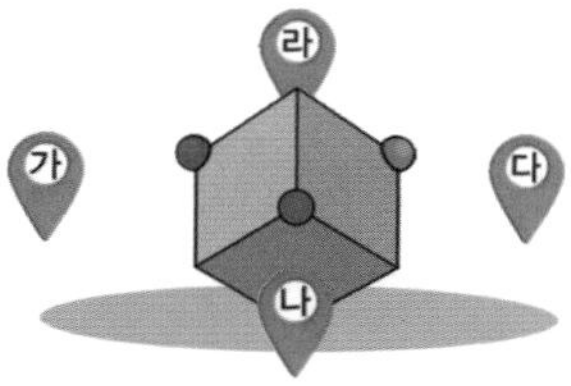

1

추론

나 방향에서 찍은 사진에 ○표 하세요.

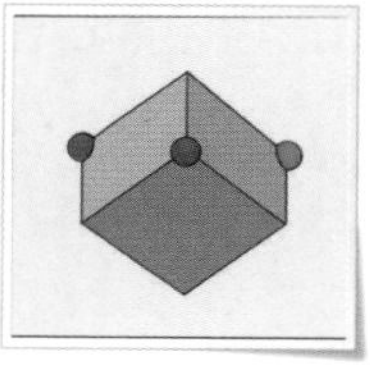
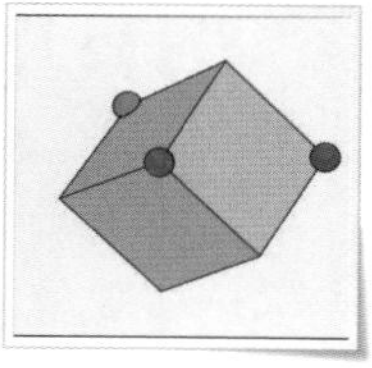

(　　　　) (　　　　)

2

26쪽

추론

다음 사진을 찍은 위치를 찾아 기호를 쓰세요.

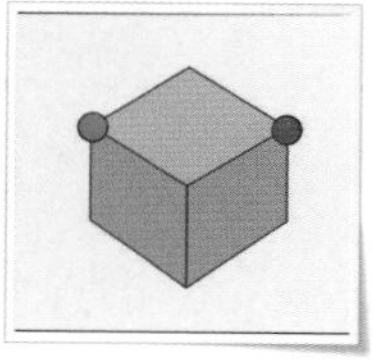

(　　　　)

3

26쪽

추론

다음 사진을 찍은 위치를 찾아 기호를 쓰세요.

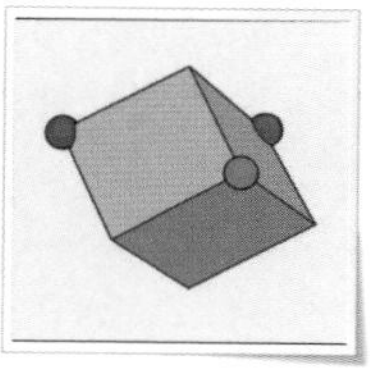

(　　　　)

[4~6] 블록을 여러 방향에서 찍은 것입니다. 각각 어느 방향에서 찍은 사진인지 찾아 기호를 쓰세요.

〈보기〉

앞쪽　　위쪽　　뒤쪽　　오른쪽

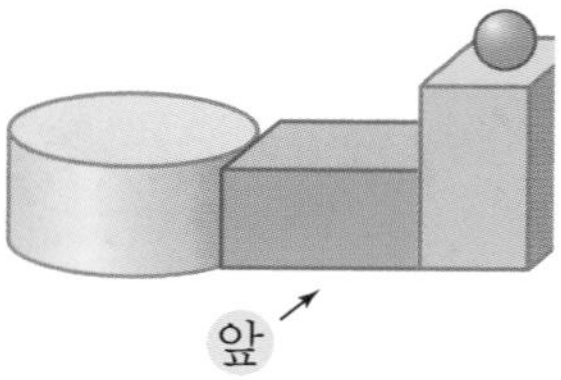

4

26쪽

추론

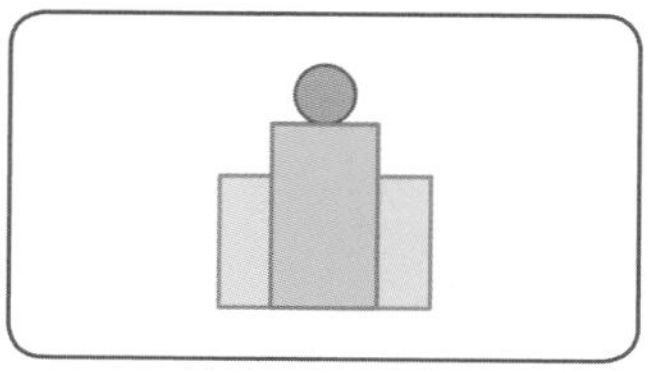

(　　　　)

5

추론

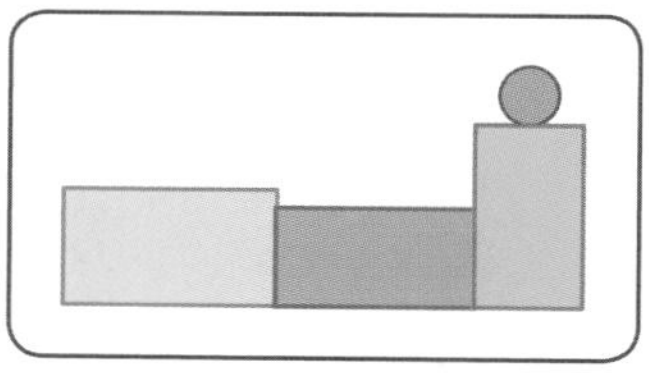

(　　　　)

6

26쪽

추론

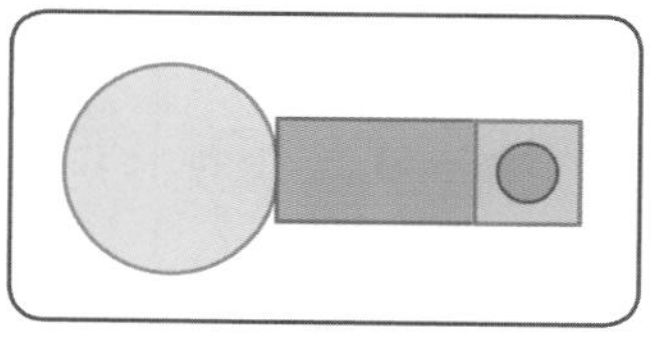

(　　　　)

» 정답 · 풀이 20쪽

조금 더 어려운 문제에 도전해 볼까요?

7 27쪽

창의 융합

모델을 촬영하고 있습니다. ①번 카메라에서 촬영하고 있는 장면을 찾아 기호를 쓰세요.

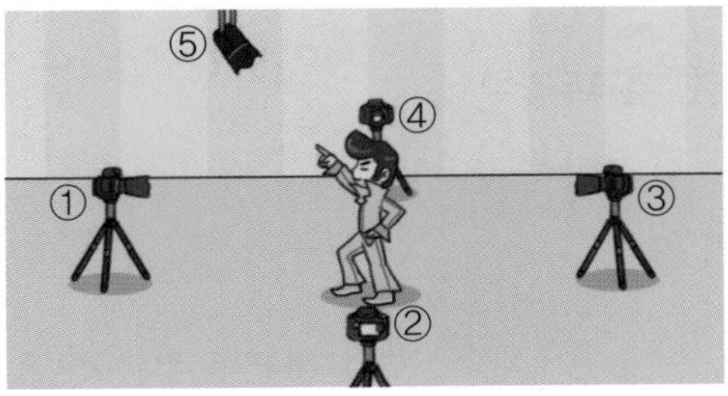

가

나

다

(   )

8 27쪽

의사 소통

오른쪽 그림은 7에서 촬영한 장면입니다. 장면을 보고 바르게 말한 사람의 이름을 쓰세요.

오른쪽 팔을 들고 있으므로 ④번 카메라에서 촬영했어.

뒷모습이 보이므로 ③번 카메라에서 촬영했어.

슬기

종수

(   )

+9 27쪽

수학적 독해력

공원을 여러 방향에서 찍은 사진입니다. 각각 어느 방향에서 찍은 사진인지 찾아 기호를 쓰세요.

라

가

다

나

(   ) (   ) (   )

+10 27쪽

수학적 표현력

움집을 여러 방향에서 바라보았습니다. 오른쪽 그림은 어느 방향에서 본 모습인지 기호를 쓰고, 이유를 설명해 보세요.

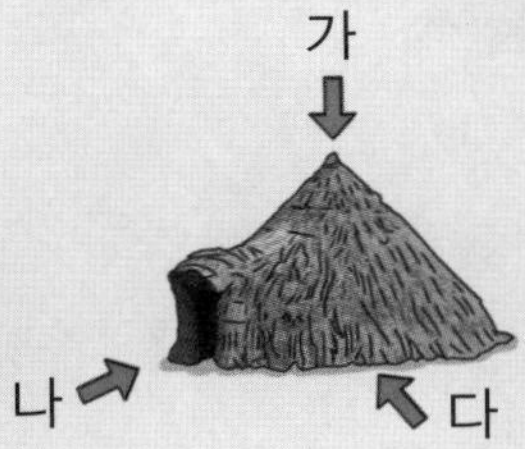

(   )

[이유] ______________________

____

오늘 공부 어땠나요?

10개 중 맞힌 문제 ☐ 개 > **틀린 문제**는 힌트를 보고 다시 도전해 보세요. > **맞힌 문제**는 힌트를 보고 자신의 생각과 비교해 보세요.

14일 쌓은 모양과 쌓기나무의 개수 알아보기 (1), (2)

❶ 쌓은 모양과 쌓기나무의 개수 알아보기 (1)

(1) 쌓기나무로 쌓은 모양과 위에서 본 모양을 보고 쌓기나무의 개수 구하기

예

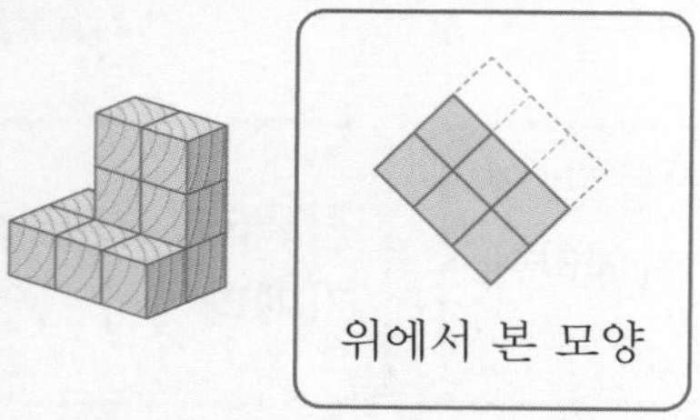

숨겨진 쌓기나무가 없으므로 똑같은 모양으로 쌓는 데 필요한 쌓기나무는 10개입니다.

◐ 위에서 본 모양을 보고 보이지 않는 부분에 숨겨진 쌓기나무가 있는지 없는지 알 수 있습니다.

(2) 쌓기나무로 쌓은 모양과 위에서 본 모양을 보고 쌓은 모양 추측하기

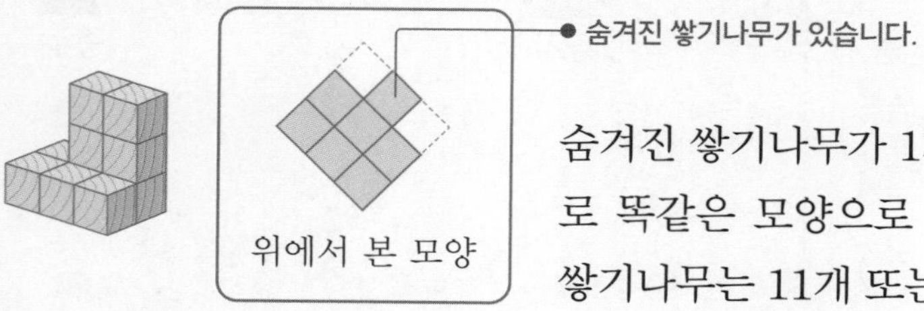

숨겨진 쌓기나무가 1개 또는 2개이므로 똑같은 모양으로 쌓는 데 필요한 쌓기나무는 11개 또는 12개입니다.

◐ 쌓기나무를 쌓은 모양을 뒤에서 보면 각각 다음과 같습니다.

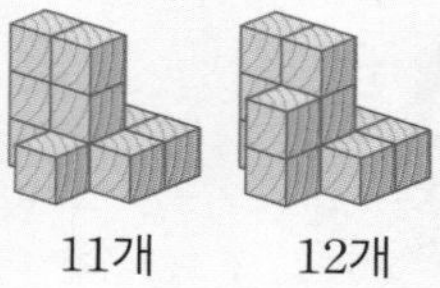

❷ 쌓은 모양과 쌓기나무의 개수 알아보기 (2)

(1) 쌓은 모양을 보고 위, 앞, 옆에서 본 모양 그리기

예

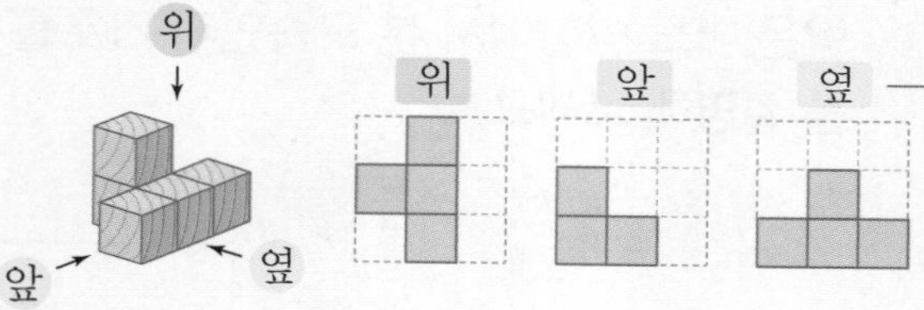

위와 아래, 앞과 뒤, 오른쪽과 왼쪽의 모양이 서로 대칭이므로 쌓은 모양을 나타낼 때 위, 앞, 옆에서 본 모양만 나타내도 됩니다.

- 위에서 본 모양: 1층에 쌓은 모양과 같습니다.
- 앞과 옆에서 본 모양: 각 방향에서 가장 높은 층의 모양과 같습니다.

◐ 옆에서 본 모양은 오른쪽에서 본 모양으로 약속합니다.

(2) 위, 앞, 옆에서 본 모양을 보고 쌓기나무의 개수 구하기

예

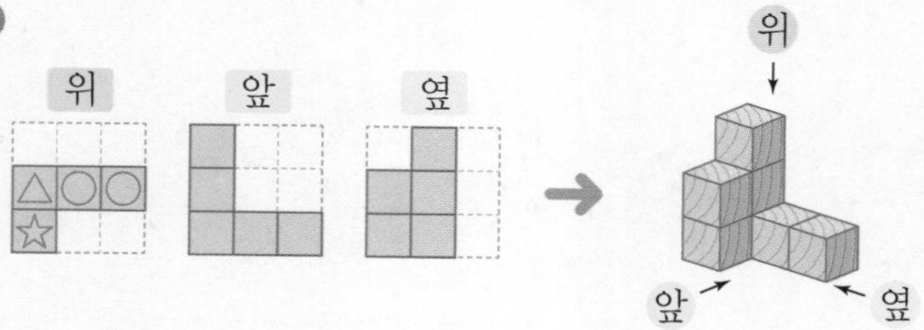

- 앞에서 본 모양을 보면 ○ 부분은 쌓기나무가 각각 1개입니다.
- 옆에서 본 모양을 보면 ☆ 부분은 쌓기나무가 2개이고, △ 부분은 쌓기나무가 3개입니다.

→ (쌓기나무의 개수)$=3+1+1+2=7$(개)

» 정답 · 풀이 21쪽

기본기 다지는 교과서 문제

1 쌓기나무를 오른쪽과 같은 모양으로 쌓았습니다. 돌렸을 때 오른쪽 그림과 같은 모양을 만들 수 없는 것을 찾아 ○표 하세요.

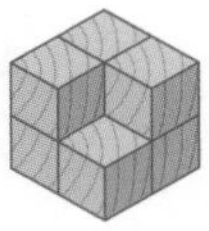

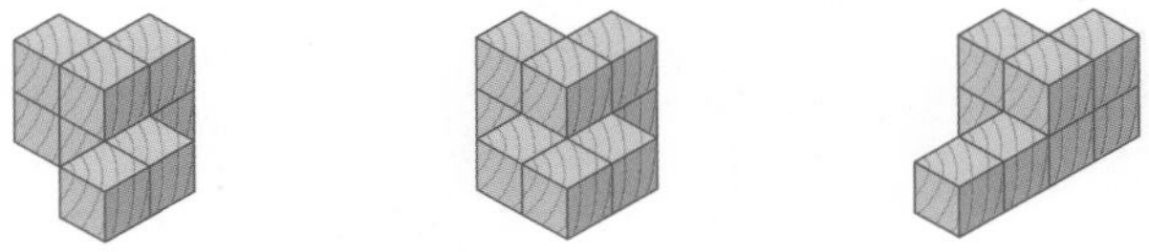

(　　　) (　　　) (　　　)

2 주어진 모양과 똑같이 쌓는 데 필요한 쌓기나무의 개수를 알아보려고 합니다. □ 안에 알맞은 수를 써넣으세요.

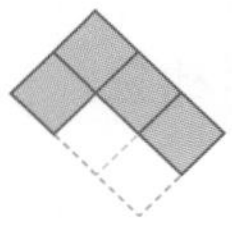
위에서 본 모양

1층: 4개, 2층: □개, 3층: □개

➜ (필요한 쌓기나무의 개수) $=4+\square+\square=\square$(개)

3 쌓기나무로 쌓은 모양과 위에서 본 모양입니다. 앞과 옆에서 본 모양을 각각 그려 보세요.

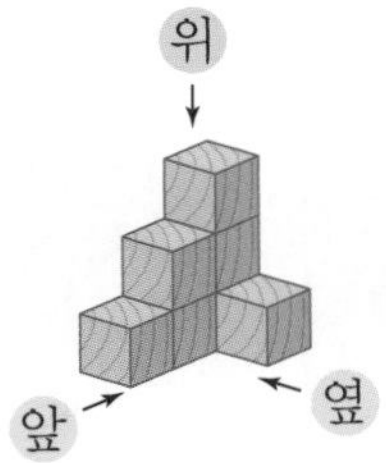

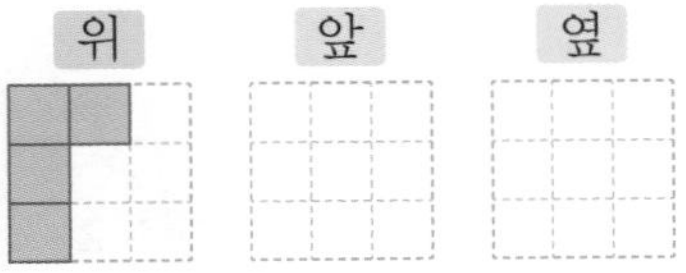

개념 따라쓰기

숨겨진 쌓기나무 알아보기

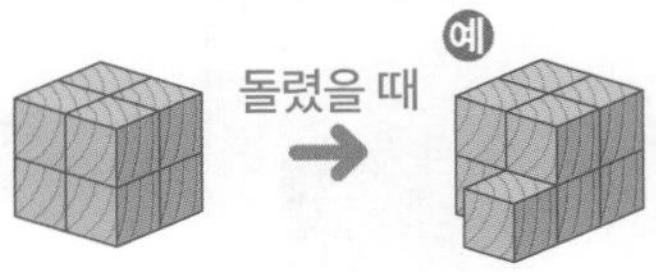

보이지 않는 부분에 숨겨진 쌓기나무가 있을 수 있습니다.

쌓은 모양을 보고 위, 앞, 옆에서 본 모양 그리기

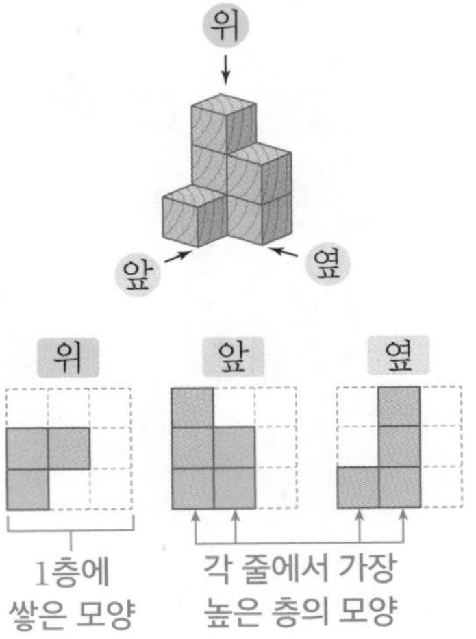

① 위에서 본 모양은 1층에 쌓은 모양과 같습니다.
② 앞과 옆에서 본 모양은 각 방향에서 가장 높은 층의 모양과 같습니다.

1

추론

□ 안에 알맞은 수를 써넣으세요.

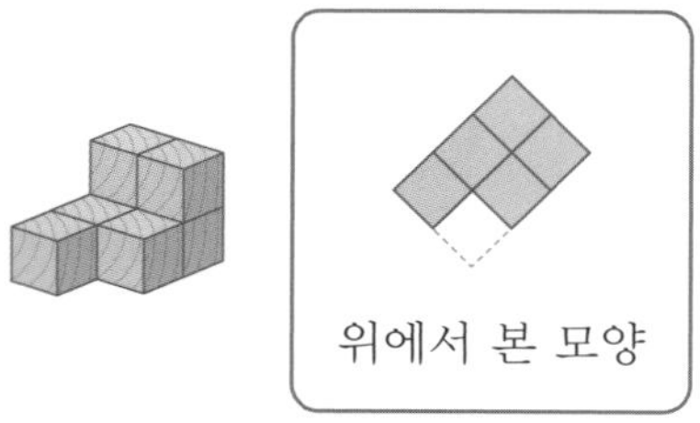

1층에 □개, 2층에 □개이므로 주어진 모양과 똑같이 쌓는 데 필요한 쌓기나무는 □개입니다.

2

28쪽

이해

쌓기나무로 쌓은 모양을 위, 앞, 옆에서 본 모양입니다. 쌓은 모양을 찾아 ○표 하세요.

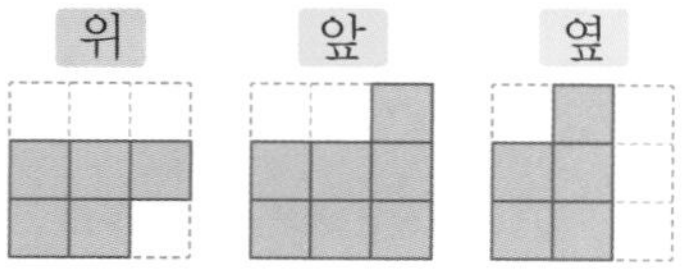

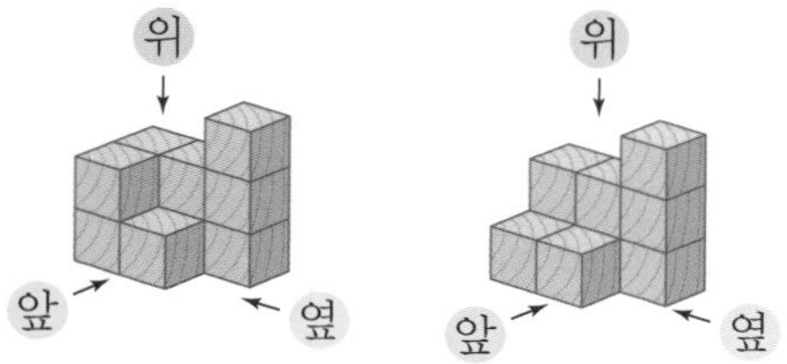

( ) ( )

3

적용

쌓기나무로 쌓은 모양을 보고 위에서 본 모양을 그렸습니다. 관계있는 것끼리 이어 보세요.

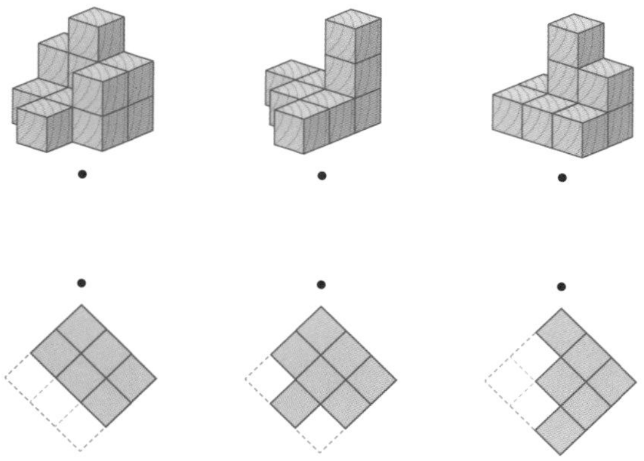

4

28쪽

추론

원기둥 위에 빨대로 만든 모양을 위에서 내려다보면 어떤 모양인지 찾아 ○표 하세요.

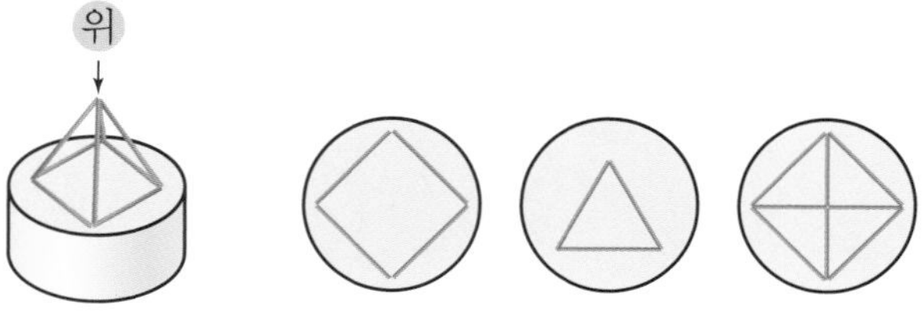

( ) ( ) ( )

5

28쪽

창의 융합

쌓기나무를 이용하여 상품 진열대를 만들었습니다. 진열대를 만드는 데 사용한 쌓기나무는 몇 개인지 구하세요.

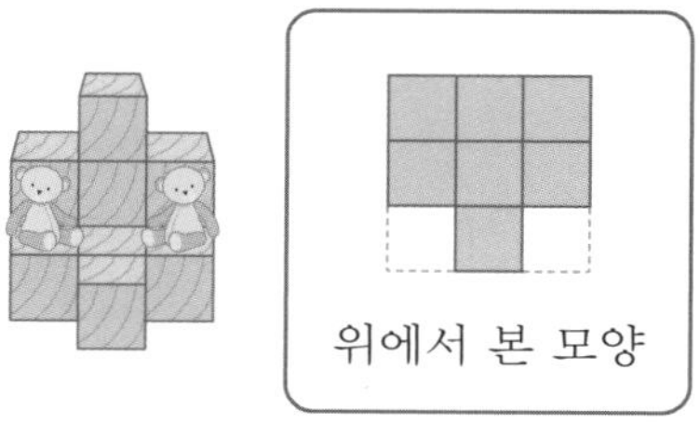

( )

6

28쪽

추론

주어진 모양과 똑같이 쌓는 데 필요한 쌓기나무는 몇 개인지 구하세요.

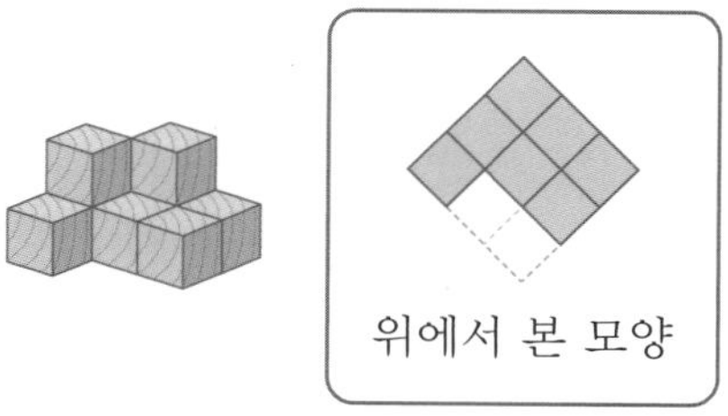

( )

» 정답 · 풀이 21쪽

7 29쪽 추론

쌓기나무로 쌓은 모양을 위, 앞, 옆에서 본 모양입니다. 똑같은 모양으로 쌓는 데 필요한 쌓기나무는 몇 개인지 구하세요.

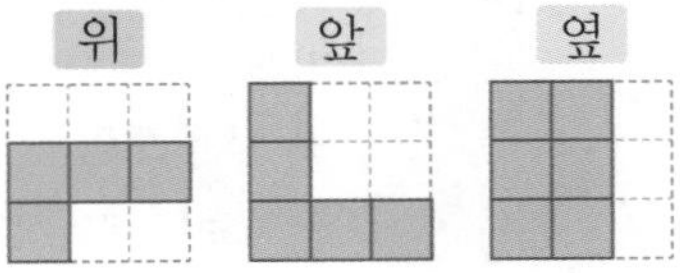

( )

8 29쪽 문제 해결

쌓기나무 9개로 쌓은 모양을 위, 앞, 옆에서 본 모양입니다. 쌓은 모양으로 가능한 모양을 모두 찾아 기호를 쓰세요.

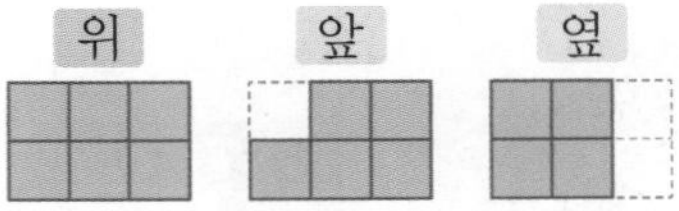

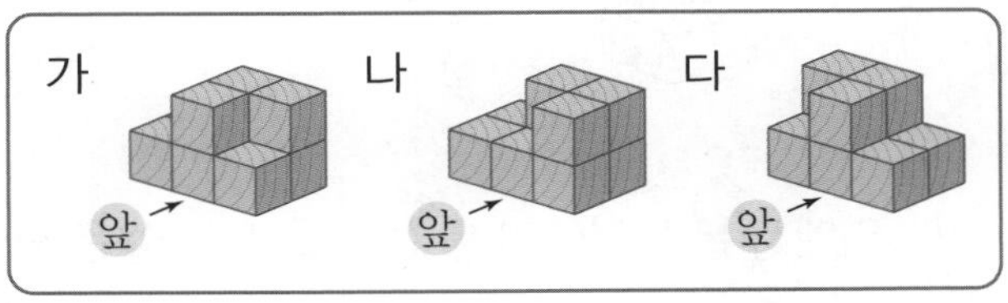

( )

+9 29쪽 수학적 독해력

쌓기나무 7개로 쌓은 모양을 위와 앞에서 본 모양입니다. 옆에서 본 모양을 그려 보세요.

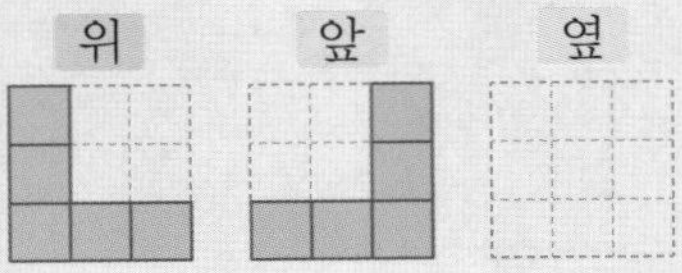

+10 29쪽 수학적 표현력

지훈이는 쌓기나무 15개를 가지고 있습니다. 다음 모양과 똑같이 쌓고 남은 쌓기나무는 몇 개인지 풀이 과정을 쓰고, 답을 구하세요.

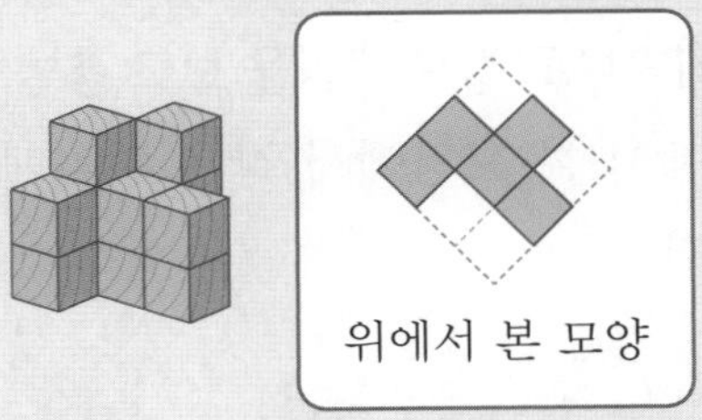

[풀이]

[답]

3단원

오늘 공부 어땠나요? 10개 중 맞힌 문제 [ ] 개 〉 틀린 문제는 힌트를 보고 다시 도전해 보세요. 〉 맞힌 문제는 힌트를 보고 자신의 생각과 비교해 보세요.

15일 쌓은 모양과 쌓기나무의 개수 알아보기 (3), (4)

❶ 쌓은 모양과 쌓기나무의 개수 알아보기(3)

(1) 쌓기나무로 쌓은 모양을 위에서 본 모양에 수를 써서 나타내기

각 자리에 쌓은 쌓기나무의 개수를 세어 위에서 본 모양에 씁니다.

예

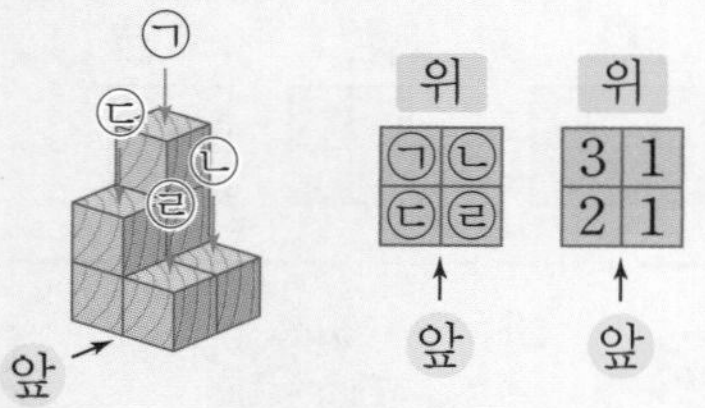

㉠ 3개, ㉡ 1개, ㉢ 2개, ㉣ 1개

➜ (쌓기나무의 개수)

$=3+1+2+1=7$(개)

> 위에서 본 모양에 수를 쓰면 사용한 쌓기나무의 개수를 한 가지 경우로만 알 수 있으므로 쌓은 모양을 정확하게 알 수 있습니다.

> 똑같은 모양으로 쌓는 데 필요한 쌓기나무의 개수는 위에서 본 모양에 쓰인 수를 모두 더하면 됩니다.

(2) 위에서 본 모양에 수를 쓴 것을 보고 쌓은 모양 알아보기

예

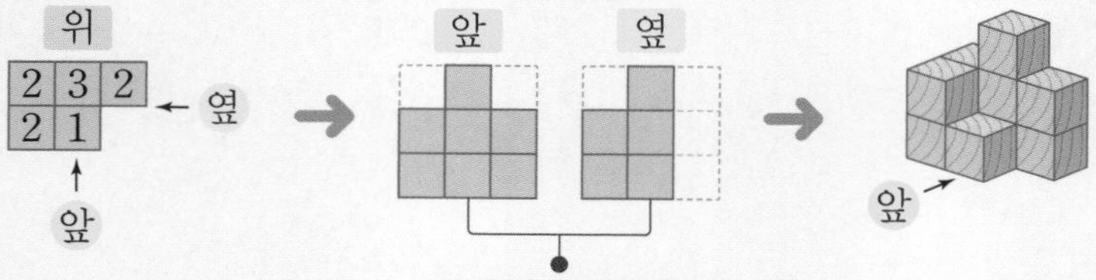

앞과 옆에서 본 모양은 줄별로 가장 큰 수의 층만큼 그립니다.

❷ 쌓은 모양과 쌓기나무의 개수 알아보기(4)

(1) 쌓기나무로 쌓은 모양을 보고 층별로 나타내기

위에서 본 모양에서 같은 위치에 있는 층은 같은 위치에 그림을 그립니다.

예

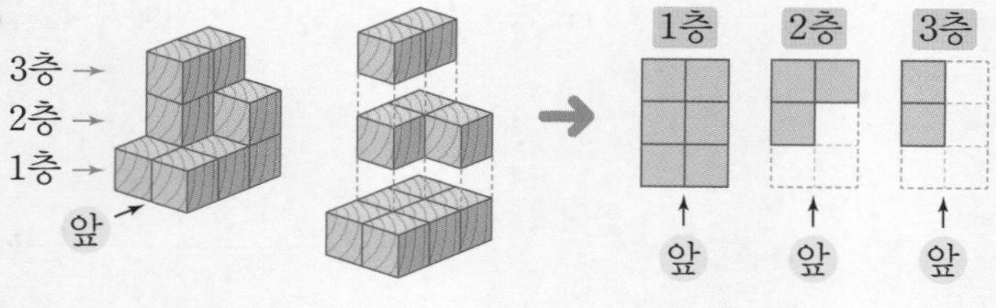

> 쌓기나무를 위에서 본 모양과 1층의 모양은 같습니다.

(2) 층별로 나타낸 모양을 보고 쌓기나무의 개수 구하기

예

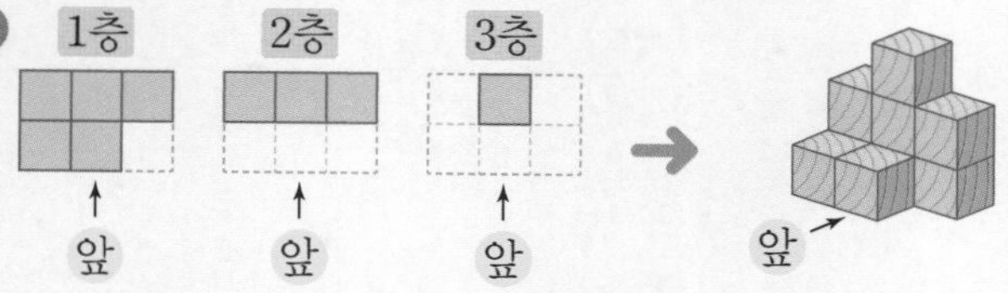

> 층별로 나타낸 모양대로 쌓기나무를 쌓으면 쌓은 모양이 하나로 만들어지므로 쌓은 모양을 정확하게 알 수 있습니다.

1층에 5개, 2층에 3개, 3층에 1개

➜ (쌓기나무의 개수)$=5+3+1=9$(개)

각 층에 사용된 쌓기나무의 개수는 층별로 나타낸 모양에서 각 층의 색칠된 칸 수와 같습니다.

» 정답 · 풀이 22쪽

1 쌓기나무로 쌓은 모양을 보고 위에서 본 모양의 각 자리에 수를 써넣으세요.

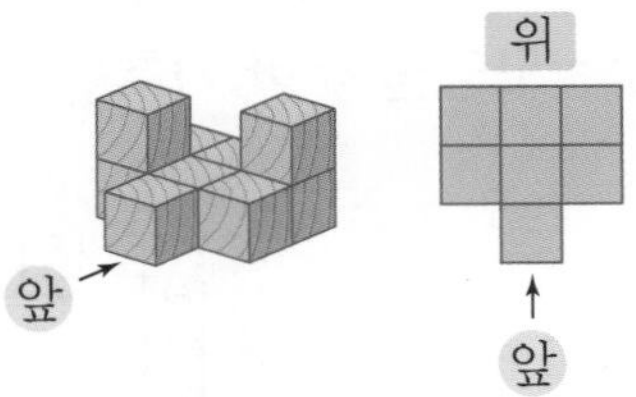

2 쌓기나무로 쌓은 모양을 보고 위에서 본 모양에 수를 쓴 것입니다. 앞에서 본 모양을 찾아 기호를 쓰세요.

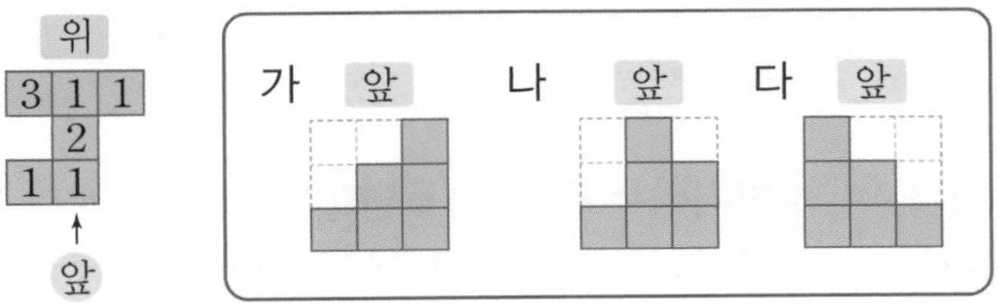

(　　　　　　　　)

3 쌓기나무로 쌓은 모양과 1층 모양을 보고 2층과 3층 모양을 각각 그려 보세요.

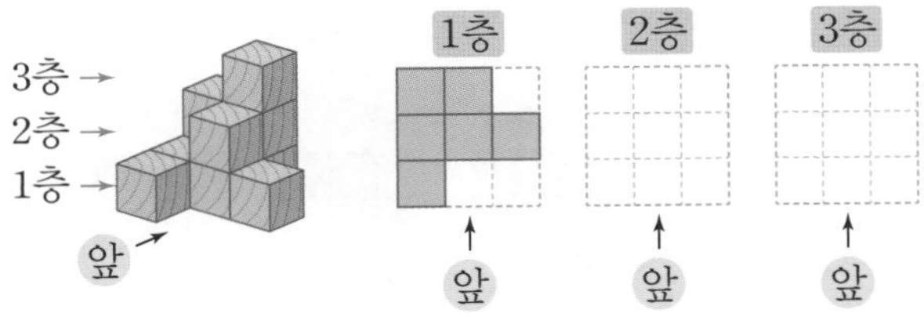

개념 따라쓰기

쌓은 모양을 위에서 본 모양에 수를 써서 나타내기

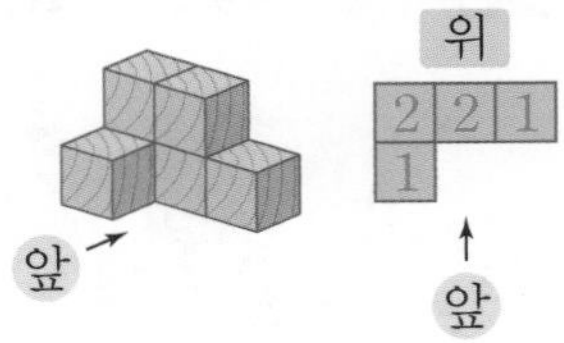

각 자리에 쌓은 쌓기나무의 개수를 세어 위에서 본 모양에 쓰면 쌓은 모양을 정확하게 알 수 있습니다.

위에서 본 모양에 수를 쓴 것을 보고 쌓은 모양 알아보기

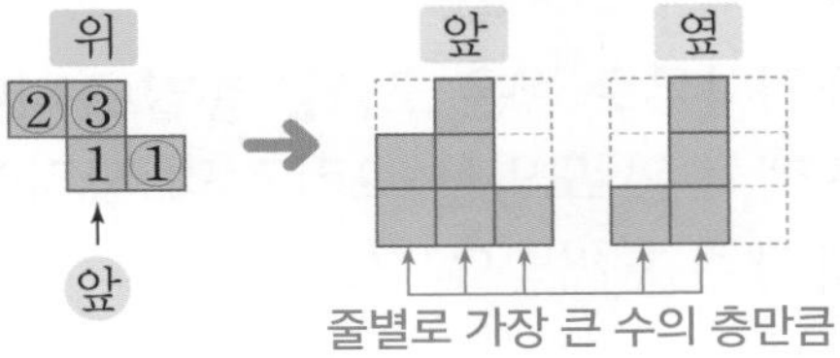

앞과 옆에서 본 모양은 줄별로 가장 큰 수의 층만큼 그립니다.

쌓기나무로 쌓은 모양을 보고 층별로 나타내기

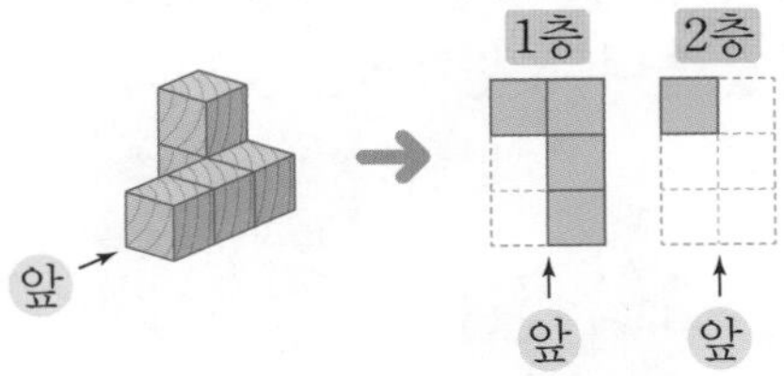

위에서 본 모양에서 같은 위치에 있는 층은 같은 위치에 그림을 그립니다.

스스로 풀어내는 도전 10 문제

1

이해

쌓기나무로 쌓은 모양과 위에서 본 모양을 보고 □ 안에 알맞은 수를 써넣으세요.

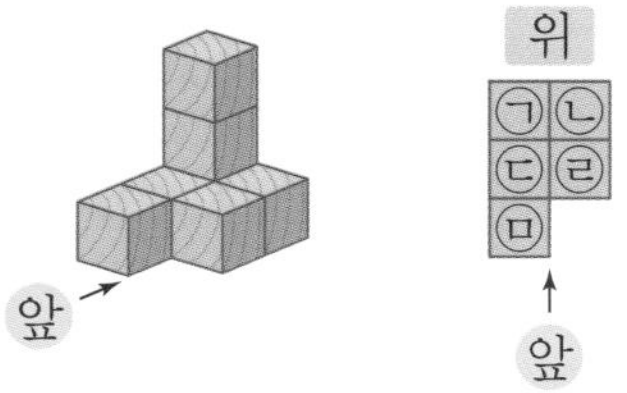

위에서 본 모양에 수를 쓰면 ㉠에 □개, ㉡에 □개, ㉢에 □개, ㉣에 1개, ㉤에 1개이므로 모두 □개를 사용했습니다.

2

30쪽

적용

쌓기나무로 쌓은 모양을 층별로 나타낸 모양입니다. 위에서 본 모양을 그리고 각 자리에 쌓은 쌓기나무의 개수를 써넣으세요.

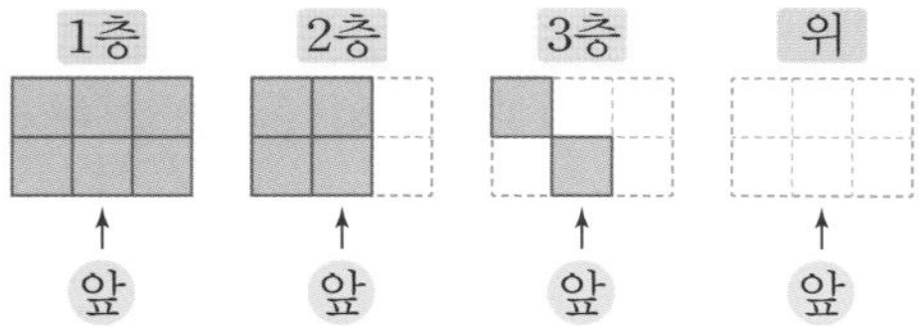

3

적용

쌓기나무를 쌓은 모양을 보고 위에서 본 모양에 수를 썼습니다. 관계있는 것끼리 이어 보세요.

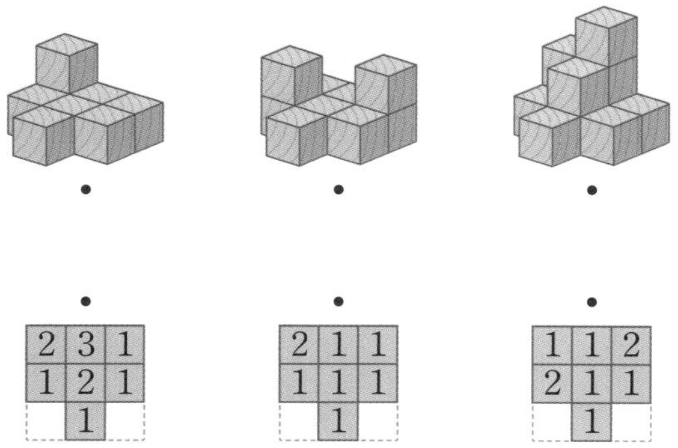

4

30쪽

추론

쌓기나무로 쌓은 모양을 층별로 나타낸 모양을 보고 쌓은 모양을 찾아 기호를 쓰세요.

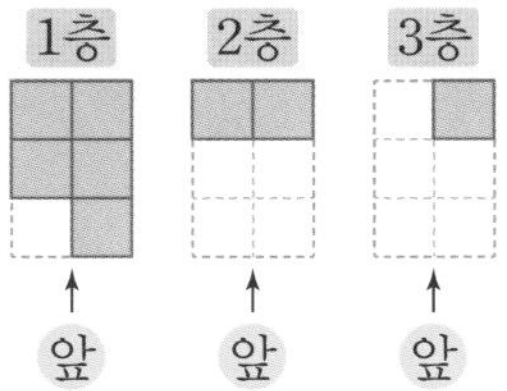

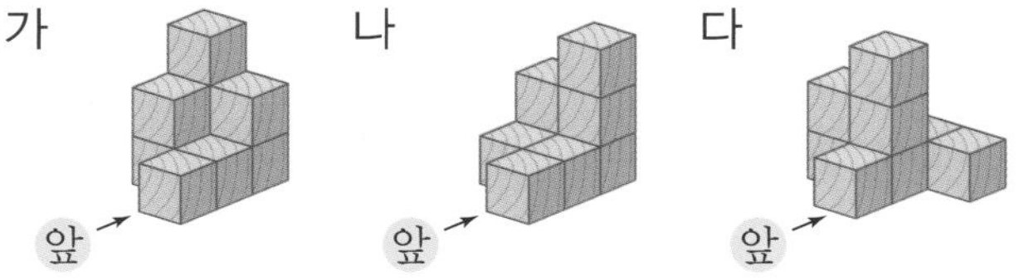

(   )

5

30쪽

추론

쌓기나무로 쌓은 모양을 위, 앞, 옆에서 본 모양입니다. 똑같은 모양으로 쌓는 데 필요한 쌓기나무는 몇 개인지 구하세요.

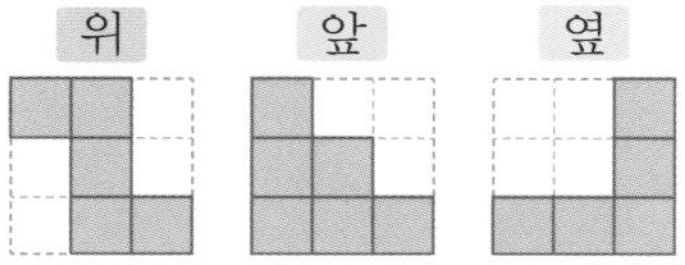

(   )

6

30쪽

의사 소통

쌓기나무로 쌓은 모양을 층별로 나타낸 모양입니다. 앞에서 본 모양을 그려 보세요.

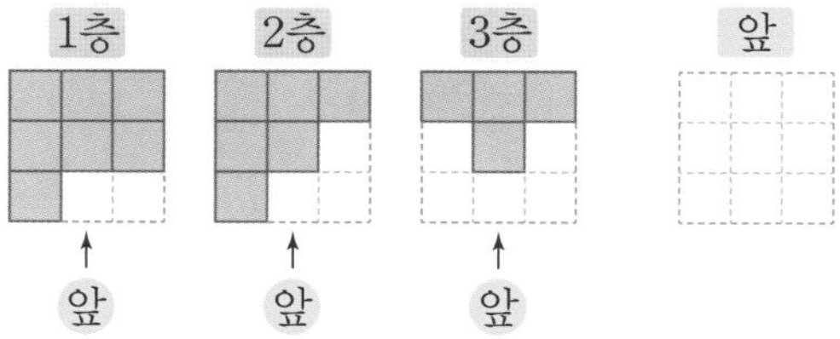

» 정답 · 풀이 22쪽

조금 더 **어려운 문제**에 도전해 볼까요?

7 31쪽 문제 해결

쌓기나무로 쌓은 모양을 위, 앞, 옆에서 본 모양입니다. 2층에 사용된 쌓기나무는 몇 개인지 구하세요.

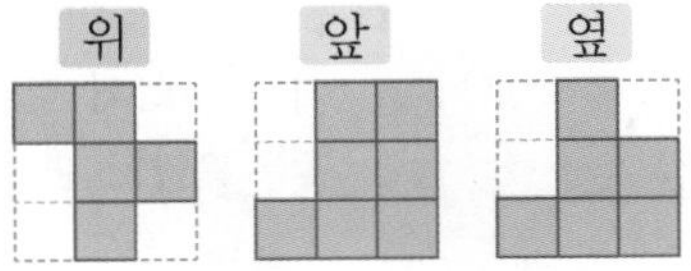

( )

8 31쪽 문제 해결

쌓기나무 7개로 〈조건〉을 만족하는 모양을 쌓았습니다. 이 모양을 위에서 본 모양을 그리고 각 자리에 쌓인 쌓기나무의 개수를 써넣으세요.

〈조건〉
- 1층에는 쌓기나무가 4개 있습니다.
- 위에서 본 모양은 정사각형입니다.
- 앞과 옆에서 본 모양이 서로 같습니다.
- 3층짜리 모양입니다.

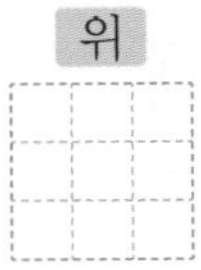

+9 31쪽 수학적 독해력

쌓기나무로 1층 위에 서로 다른 모양으로 2층과 3층을 쌓으려고 합니다. 1층 모양을 보고 2층과 3층으로 쌓을 수 있는 알맞은 모양을 각각 찾아 기호를 쓰세요.

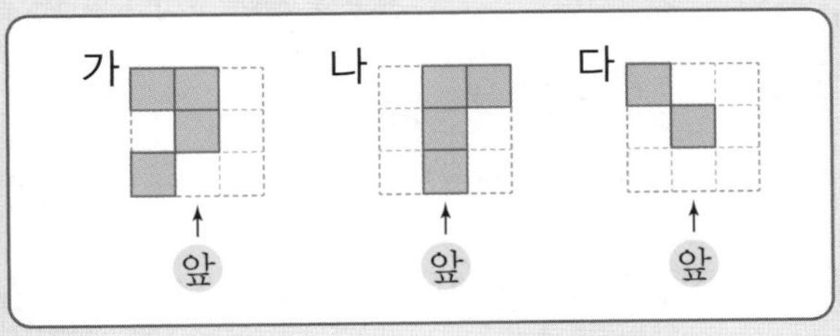

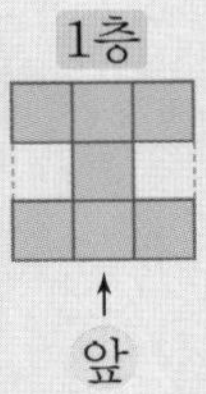

2층 ( ) 3층 ( )

+10 31쪽 수학적 표현력

가는 쌓기나무로 쌓은 모양을 층별로 나타내고, 나는 위에서 본 모양에 수를 써서 나타낸 것입니다. 똑같은 모양으로 쌓는 데 필요한 쌓기나무의 개수의 차는 몇 개인지 풀이 과정을 쓰고, 답을 구하세요.

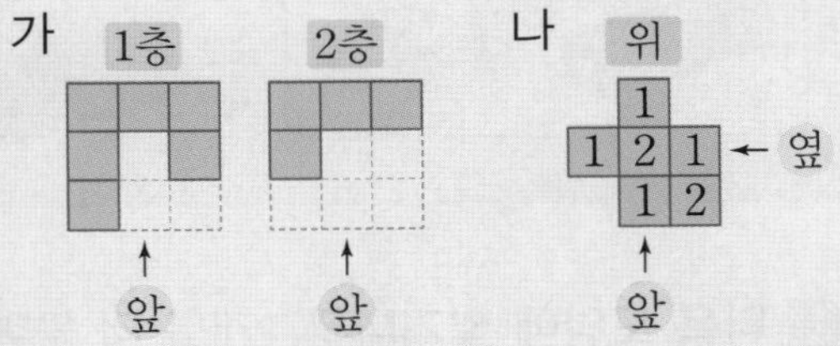

〔풀이〕 ______________________

____

〔답〕 ______________________

오늘 공부 어땠나요? 10개 중 맞힌 문제 [ ] 개 › **틀린 문제**는 힌트를 보고 다시 도전해 보세요. › **맞힌 문제**는 힌트를 보고 자신의 생각과 비교해 보세요.

16일 여러 가지 모양 만들기

❶ 만들 수 있는 서로 다른 모양 찾기

예 쌓기나무 4개로 만들 수 있는 서로 다른 모양 찾기

쌓기나무 3개로 만들 수 있는 모양에 1개를 더 붙여서 찾습니다.

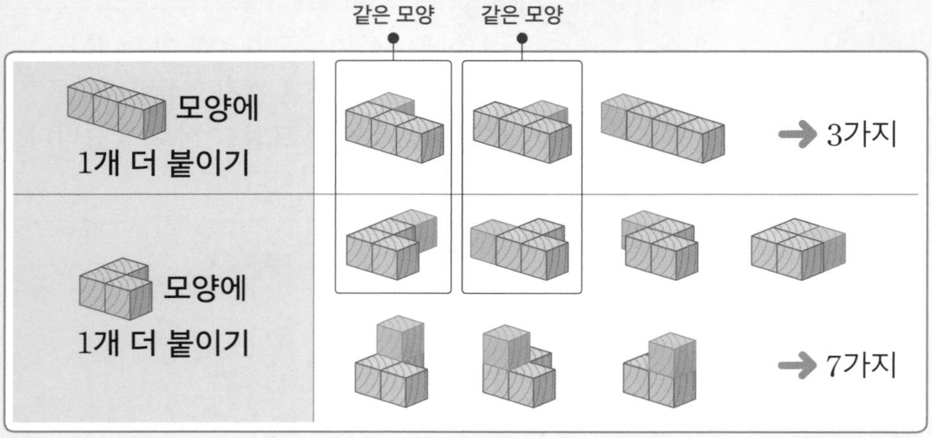

→ 중복되는 모양을 제외하면 쌓기나무 4개로 만들 수 있는 서로 다른 모양은 모두 8가지입니다.

쌓기나무로 만든 모양을 뒤집거나 돌려서 모양이 같으면 같은 모양입니다.

예 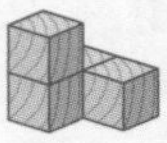 와  은 같은 모양입니다.

❷ 두 가지 모양을 사용하여 여러 가지 모양 만들기

예 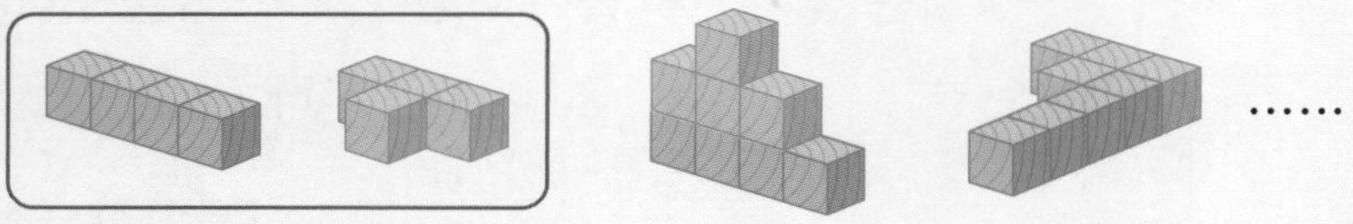

만들 수 있는 모양을 찾을 때 하나의 모양이 들어갈 수 있는 곳을 찾아 고정한 다음 나머지 모양이 들어갈 수 있는지 확인합니다.

확인 1 다음 모양에 쌓기나무 1개를 더 붙여서 만들 수 있는 모양을 찾아 ○표 하세요.

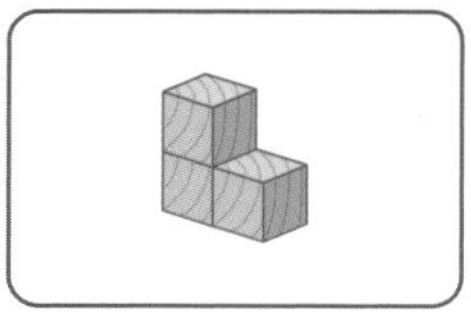

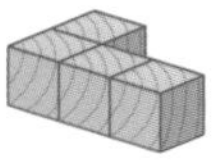 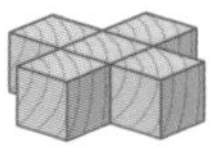 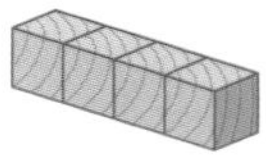

(　　　) (　　　) (　　　)

확인 2 뒤집거나 돌렸을 때 〈보기〉와 같은 모양이 되는 것을 찾아 ○표 하세요.

〈보기〉

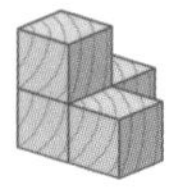

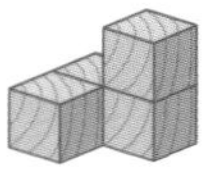 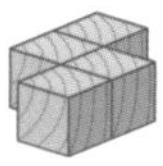 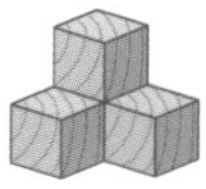

(　　　) (　　　) (　　　)

기본기 다지는 교과서 문제

» 정답 · 풀이 23쪽

1 쌓기나무 3개로 만들 수 있는 서로 다른 모양은 몇 가지일까요?

(　　　　　　)

2 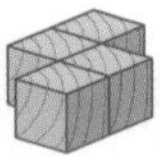 모양에 쌓기나무 1개를 더 붙여서 만들 수 있는 모양을 찾아 기호를 쓰세요.

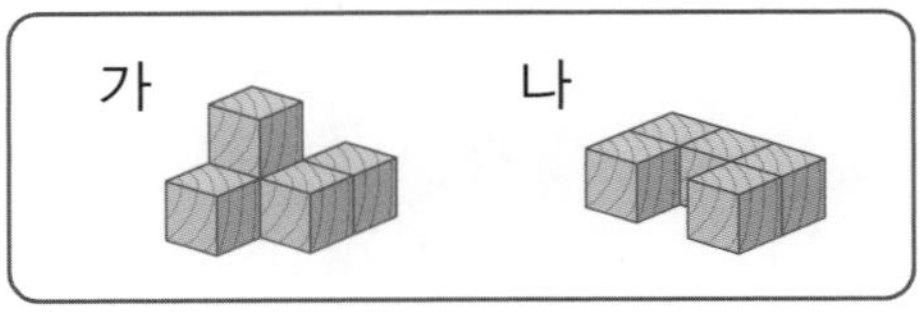

(　　　　　　)

3 두 쌓기나무 모양을 연결하여 만들 수 있는 모양에 ○표, 만들 수 없는 모양에 ×표 하세요.

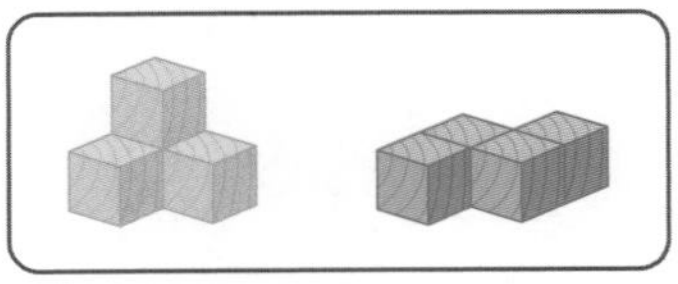

(1) 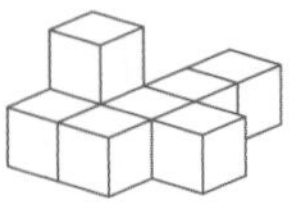 (　　)

(2) 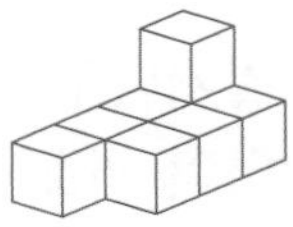 (　　)

(3) 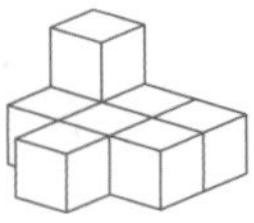 (　　)

(4) 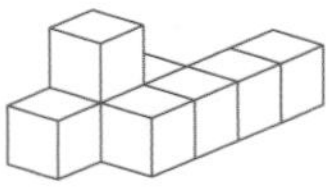 (　　)

개념 따라쓰기

서로 다른 모양 찾기

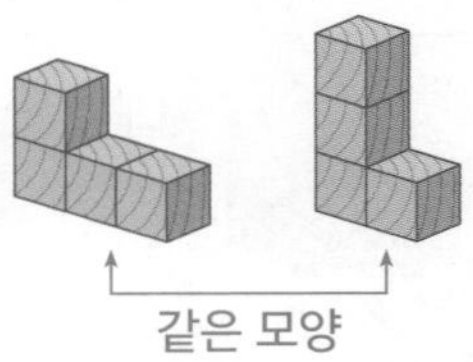

같은 모양

쌓기나무로 만든 모양을 뒤집거나 돌려서 모양이 같으면 같은 모양입니다.

쌓기나무 4개로 만들 수 있는 서로 다른 모양 찾기

쌓기나무 3개로 만들 수 있는 모양에 쌓기나무 1개를 더 붙여서 찾습니다.

두 가지 모양을 사용하여 만들 수 있는 모양 찾기

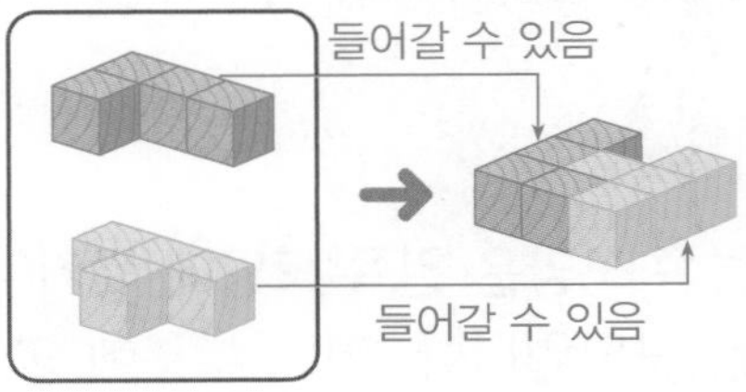

두 모양 중 하나의 모양이 들어갈 수 있는 곳을 찾고 나머지 모양이 들어갈 수 있는지 확인합니다.

[1~2] 쌓기나무 4개로 쌓은 모양에 1개를 더 붙여서 만들 수 있는 모양을 찾으려고 합니다. □ 안에 알맞은 기호를 써넣으세요.

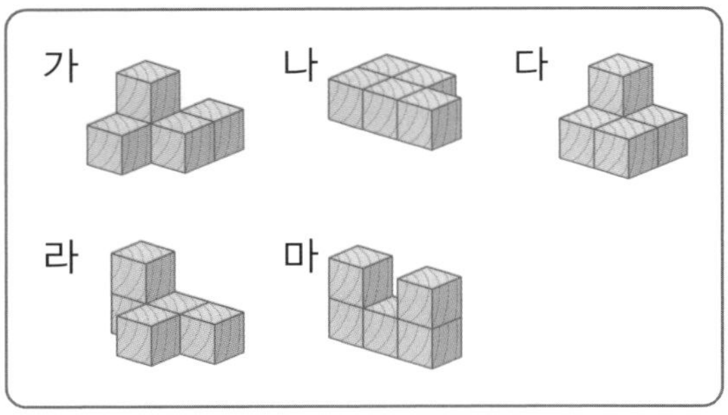

1

이해

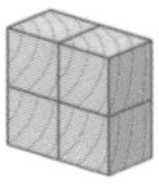 모양에 쌓기나무 1개를 더 붙여서 만들 수 있는 모양은 □, □입니다.

2 32쪽

이해

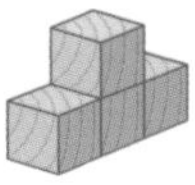 모양에 쌓기나무 1개를 더 붙여서 만들 수 있는 모양은 □, □입니다.

3 32쪽

적용

오른쪽 모양은 왼쪽 모양에 쌓기나무 1개를 붙여서 만든 모양입니다. 어느 부분에 붙여서 만든 모양인지 찾아 기호를 쓰세요.

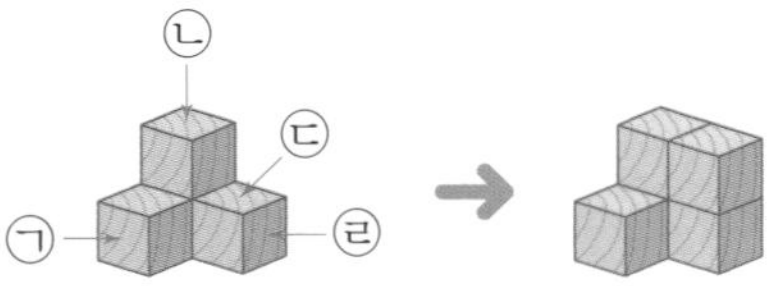

( )

4

추론

쌓기나무 4개로 만든 모양입니다. 서로 같은 모양을 찾아 기호를 쓰세요.

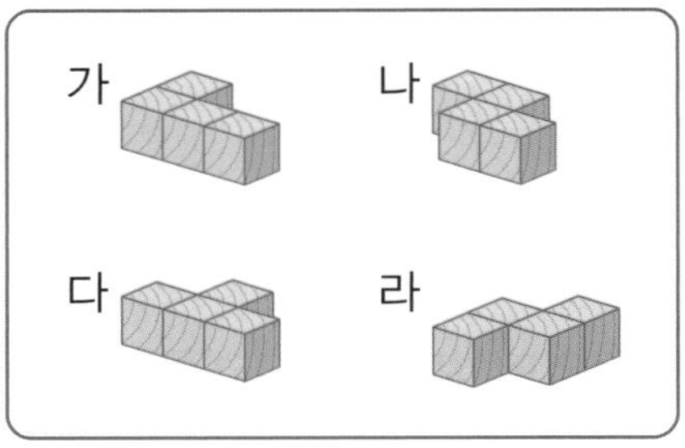

( )

5 32쪽

정보 처리

가, 나, 다 모양 중에서 두 가지를 사용하여 새로운 모양을 만들었습니다. 사용한 두 가지 모양을 찾아 기호를 쓰세요.

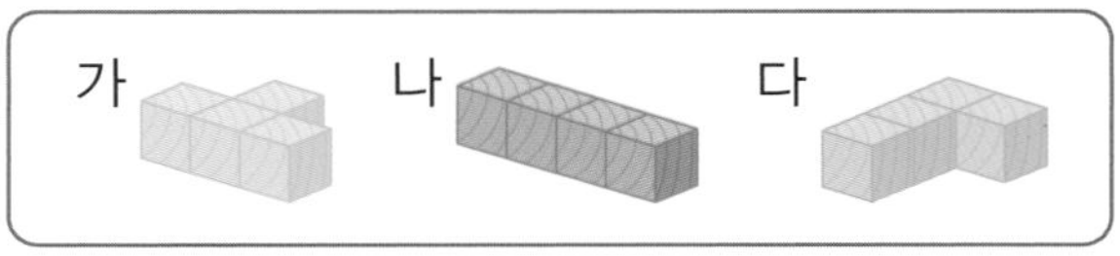

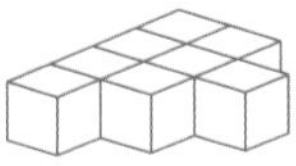

( )

6 32쪽

창의 융합

쌓기나무를 4개씩 붙여서 만든 두 가지 모양을 사용하여 새로운 모양을 만들었습니다. 어떻게 만들었는지 구분하여 색칠해 보세요.

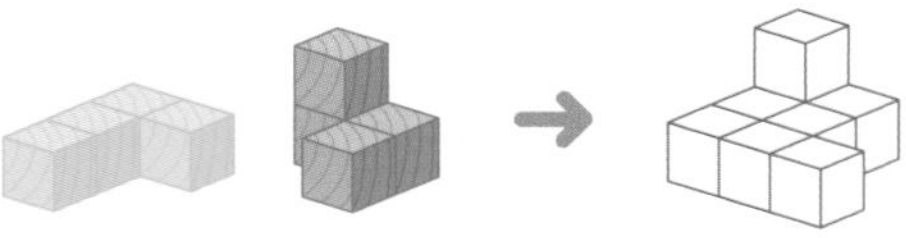

7 33쪽 추론

오른쪽 모양은 쌓기나무 4개로 만든 것입니다. 오른쪽 모양에 쌓기나무 1개를 더 붙여서 만들 수 <u>없는</u> 모양을 찾아 기호를 쓰세요.

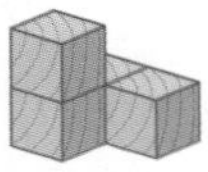

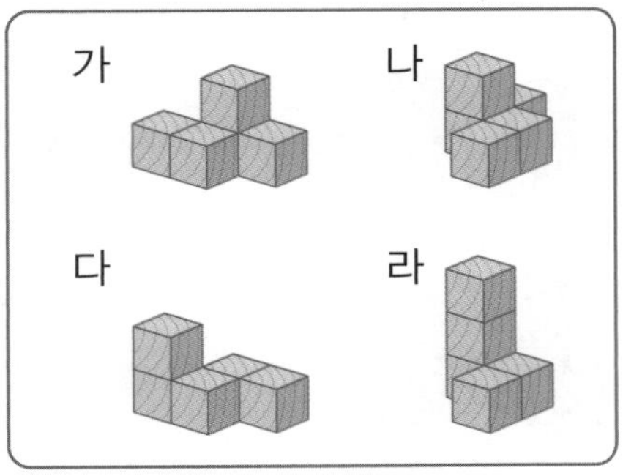

(　　　　　　　　)

8 33쪽 문제 해결

쌓기나무를 각각 4개씩 붙여서 만든 왼쪽 모양 두 가지를 사용하여 만들 수 있는 새로운 모양을 찾아 기호를 쓰세요.

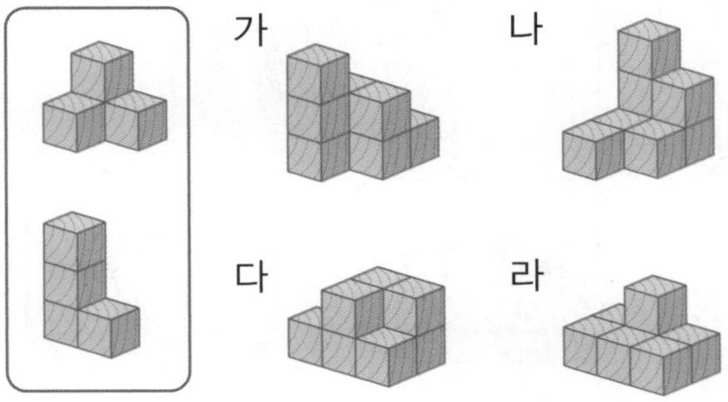

(　　　　　　　　)

+9 33쪽 수학적 독해력

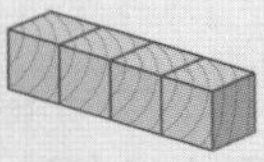 모양에 쌓기나무 1개를 더 붙여서 만들 수 있는 서로 다른 모양은 모두 몇 가지일까요?

(　　　　　　　　)

+10 33쪽 수학적 표현력

서준이가 쌓기나무 4개로 만든 모양입니다. 알맞은 말에 ○표 하고, 그 이유를 쓰세요.

내가 만든 세 모양은 서로 다른 모양이야.

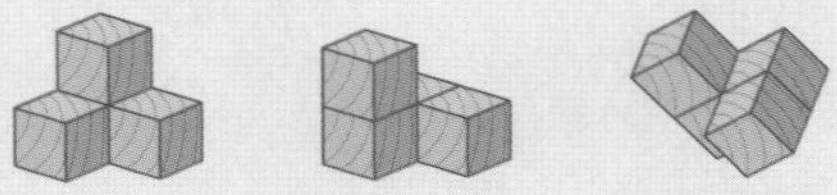

서준이의 말은 (맞습니다 , 틀립니다).

이유 ______________________________

____

오늘 공부 어땠나요? | 10개 중 맞힌 문제 ☐ 개 > **틀린 문제**는 힌트를 보고 다시 도전해 보세요. > **맞힌 문제**는 힌트를 보고 자신의 생각과 비교해 보세요.

01 책상 위에 놓인 물통을 화살표(↓) 방향에서 보았을 때 보이는 모양에 ○표 하세요.

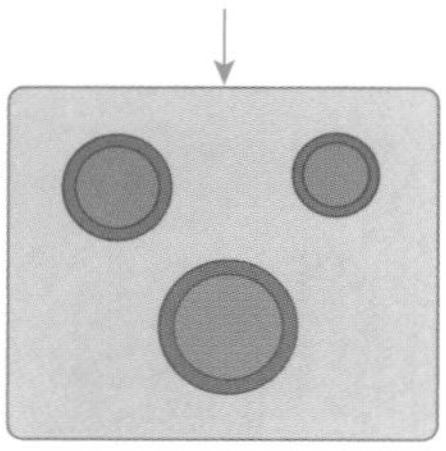

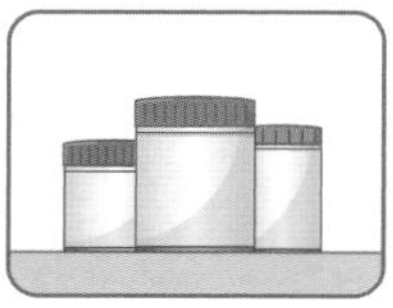

(　　　　)

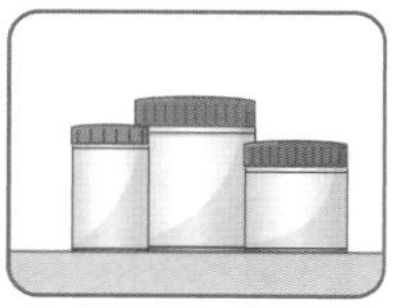

(　　　　)

02 주어진 모양과 똑같이 쌓는 데 필요한 쌓기나무는 몇 개인지 구하세요.

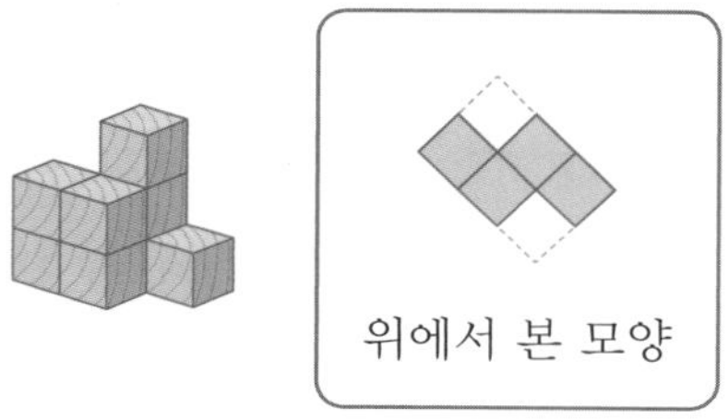

(　　　　　　)

03 쌓기나무로 쌓은 모양을 보고 위에서 본 모양의 각 자리에 수를 써넣으세요.

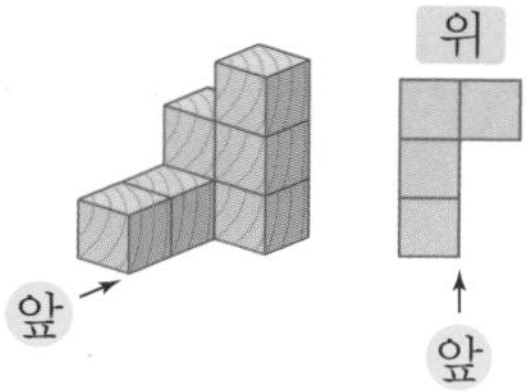

04 쌓기나무로 쌓은 모양을 보고 위에서 본 모양을 그렸습니다. 관계있는 것끼리 이어 보세요.

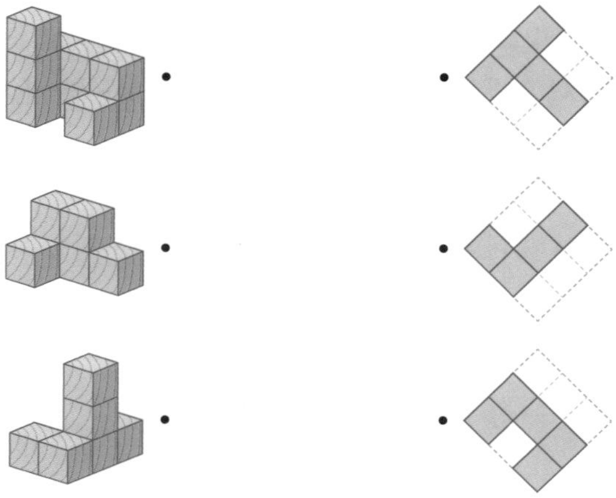

05 쌓기나무 10개로 쌓은 모양과 위에서 본 모양입니다. 앞과 옆에서 본 모양을 각각 그려 보세요.

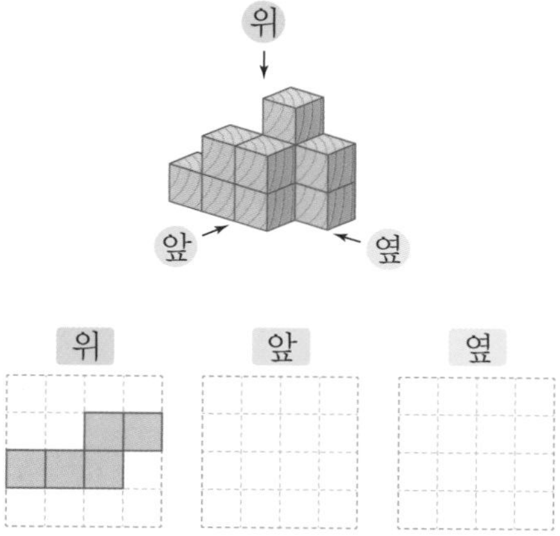

» 정답 · 풀이 24쪽

06 쌓기나무로 쌓은 모양을 위, 앞, 옆에서 본 모양입니다. 똑같은 모양으로 쌓는 데 필요한 쌓기나무는 몇 개인지 구하세요.

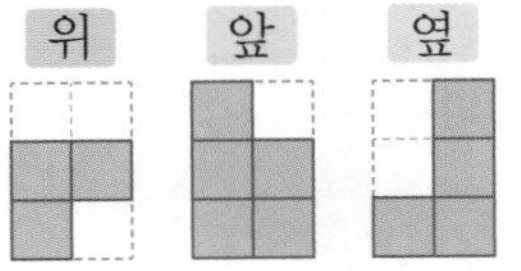

(　　　　　　　　)

07 쌓기나무 8개로 쌓은 모양을 위와 앞에서 본 모양입니다. 옆에서 본 모양을 그려 보세요.

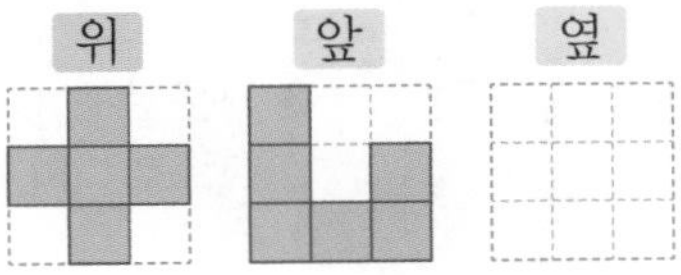

08 쌓기나무로 쌓은 모양을 층별로 나타낸 모양입니다. 위에서 본 모양에 수를 쓰는 방법으로 나타내고, 똑같은 모양으로 쌓는 데 필요한 쌓기나무는 몇 개인지 구하세요.

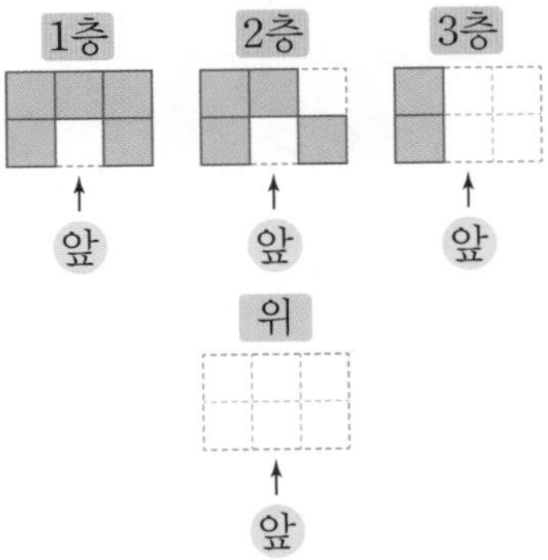

(　　　　　　　　)

09 쌓기나무를 각각 4개씩 붙여서 만든 두 가지 모양을 사용하여 만들 수 있는 새로운 모양을 모두 찾아 기호를 쓰세요.

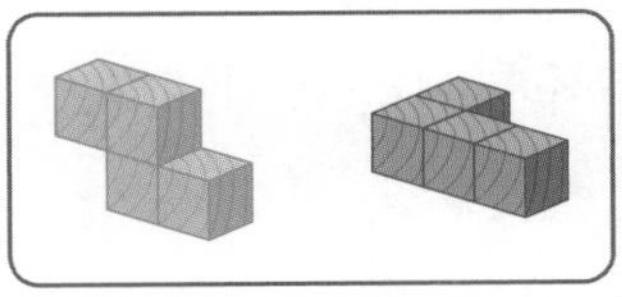

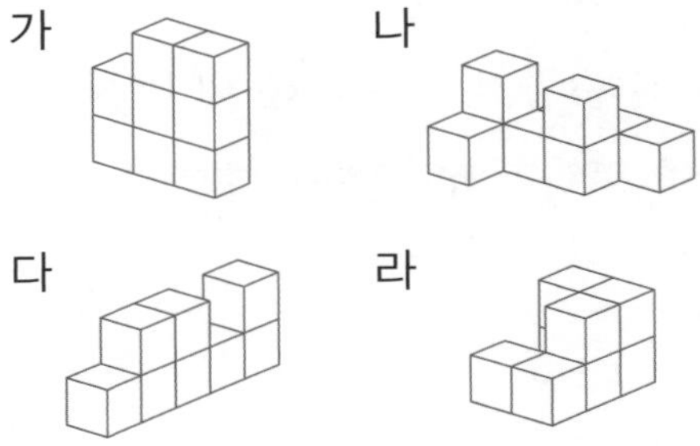

(　　　　　　　　)

서술형

10 진우는 쌓기나무로 모양을 만들고 위에서 본 모양에 수를 쓰는 방법으로 나타냈습니다. 처음에 10개의 쌓기나무를 가지고 있었다면 만들고 남은 쌓기나무는 몇 개인지 풀이 과정을 쓰고, 답을 구하세요.

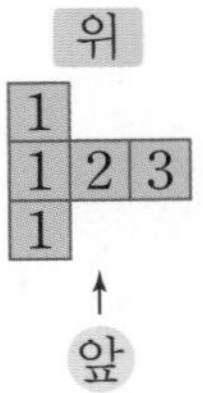

[풀이] ______________________

____

____

[답] ______________________

17일 비의 성질 알아보기

① 비의 전항과 후항

비 4 : 5에서 기호 ':' 앞에 있는 4를 **전항**, 뒤에 있는 5를 **후항**이라고 합니다.

4 : 5
전항 후항

◐ 비 ■ : ▲에서 (비율)$=\frac{■}{▲}$입니다.

② 비의 성질

예 6 : 8과 비율이 같은 비 만들기

비의 성질 1 비의 전항과 후항에 0이 아닌 같은 수를 곱하여도 비율은 같습니다.

6 : 8 —(×2)→ 12 : 16

6 : 8의 비율 → $\frac{6}{8}\left(=\frac{3}{4}\right)$

12 : 16의 비율 → $\frac{12}{16}\left(=\frac{3}{4}\right)$

비율이 같습니다.

◐ 비의 전항과 후항에 0을 곱하면 0 : 0이 되므로 0을 곱할 수 없습니다.

비의 성질 2 비의 전항과 후항을 0이 아닌 같은 수로 나누어도 비율은 같습니다.

6 : 8 —(÷2)→ 3 : 4

6 : 8의 비율 → $\frac{6}{8}\left(=\frac{3}{4}\right)$

3 : 4의 비율 → $\frac{3}{4}$

비율이 같습니다.

◐ 모든 수는 0으로 나눌 수 없으므로 비의 전항과 후항을 0으로 나눌 수 없습니다.

확인 1 전항에 △표, 후항에 ○표 하세요.

(1) 9 : 5

(2) 10 : 3

(3) 4 : 13

(4) 2 : 7

확인 2 비의 전항과 후항에 같은 수를 곱하거나 같은 수로 나누어 6 : 9와 비율이 같은 비를 만들어 보세요.

(1) 전항과 후항에 각각 5를 곱하기

6 : 9 → □ : 45

(2) 전항과 후항을 각각 3으로 나누기

6 : 9 → 2 : □

» 정답 · 풀이 25쪽

1 비를 보고 물음에 답하세요.

19 : 7

(1) 전항은 얼마인가요?

(　　　　　　　)

(2) 후항은 얼마인가요?

(　　　　　　　)

2 비의 성질을 이용하여 □ 안에 알맞은 수를 써넣으세요.

(1) 4 : 5 —(×3)→ □ : 15, ×□

(2) 12 : 28 —(÷4)→ 3 : □, ÷□

3 비의 성질을 이용하여 비율이 같은 비를 찾아 이어 보세요.

2 : 9 •	• 9 : 12
3 : 4 •	• 9 : 11
18 : 22 •	• 10 : 45

개념 따라쓰기

전항과 후항 알아보기

■ : ▲ (■ 전항, ▲ 후항)

비에서 기호 ' : ' 앞에 있는 수를 전항, 뒤에 있는 수를 후항이라고 합니다.

비의 성질 ①

2 : 3 (×2, ×2) → 4 : 6 비율이 $\frac{2}{3}$로 같습니다.

비의 전항과 후항에 0이 아닌 같은 수를 곱하여도 비율은 같습니다.

비의 성질 ②

10 : 8 (÷2, ÷2) → 5 : 4 비율이 $\frac{5}{4}$로 같습니다.

비의 전항과 후항을 0이 아닌 같은 수로 나누어도 비율은 같습니다.

1 34쪽 이해

전항이 8인 비를 찾아 ○표 하세요.

9 : 8	6 : 8	8 : 7
(　　　)	(　　　)	(　　　)

2 이해

비의 성질을 이용하여 7 : 6과 비율이 같은 비를 만들려고 합니다. □ 안에 알맞은 수를 써넣으세요.

×8

7 : 6 → □ : □

×□

3 34쪽 의사 소통

지혜가 한 말을 보고 5 : 12와 비율이 같은 비를 만들어 보세요.

지혜: 5 : 12의 전항과 후항에 4를 곱하면 비율이 같은 비를 만들 수 있어.

5 : 12 → □ : □

4 적용

비의 성질을 이용하여 4 : 15와 비율이 같은 비를 찾아 기호를 쓰세요.

㉠ 8 : 20　　㉡ 12 : 45　　㉢ 40 : 100

(　　　　　)

[5~6] 주어진 비의 성질을 이용하여 다음 비와 비율이 같은 비를 2개 쓰세요.

10 : 20

5 34쪽 적용

비의 전항과 후항에 0이 아닌 같은 수를 곱하여도 비율은 같습니다.

(　　　　　)

6 34쪽 적용

비의 전항과 후항을 0이 아닌 같은 수로 나누어도 비율은 같습니다.

(　　　　　)

» 정답 · 풀이 25쪽

조금 더 어려운 문제에 도전해 볼까요?

7 35쪽 · 문제 해결

두 비의 비율이 같습니다. 비의 성질을 이용하여 ★에 알맞은 수를 구하세요.

3 : 5　　　★ : 35

(　　　　　　　　)

8 35쪽 · 창의 융합

비의 성질을 이용하여 비율이 $\frac{36}{16}$인 비를 2개 쓰세요.

(　　　　　　　　)

+9 35쪽 · 수학적 독해력

가로와 세로의 비가 3 : 4가 아닌 책을 찾아 기호를 쓰세요.

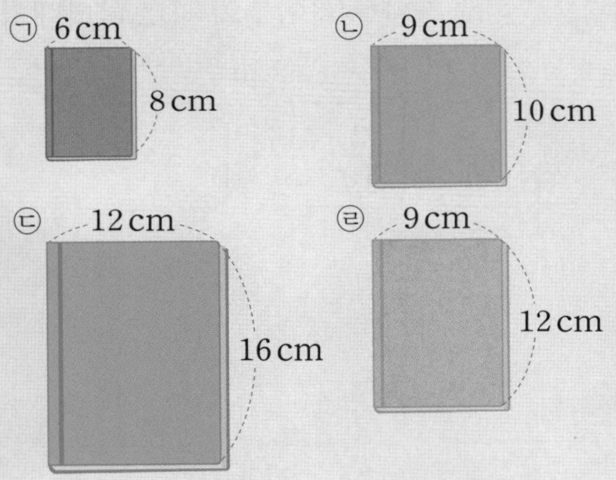

(　　　　　　　　)

+10 35쪽 · 수학적 표현력

건물을 보며 말한 종욱이의 생각이 옳은지 쓰고, 그렇게 생각한 이유를 쓰세요.

[답] ______________________

[이유] ______________________

____

오늘 공부 어땠나요? 10개 중 맞힌 문제 ☐ 개 > **틀린 문제**는 힌트를 보고 다시 도전해 보세요. > **맞힌 문제**는 힌트를 보고 자신의 생각과 비교해 보세요.

18일 간단한 자연수의 비로 나타내기

① 간단한 자연수의 비로 나타내기

(1) 자연수의 비

전항과 후항을 두 수의 최대공약수로 나누어 간단한 자연수의 비로 나타냅니다.

예 14 : 8을 간단한 자연수의 비로 나타내기

$14:8 \xrightarrow{\div 2} 7:4$

14와 8의 최대공약수인 2로 나눕니다.

(2) 소수의 비

전항과 후항에 10, 100, 1000……을 곱하여 간단한 자연수의 비로 나타냅니다.

예 0.5 : 0.7을 간단한 자연수의 비로 나타내기

$0.5:0.7 \xrightarrow{\times 10} 5:7$

소수 한 자리 수이므로 전항과 후항에 각각 10을 곱합니다.

(3) 분수의 비

전항과 후항에 두 분모의 최소공배수를 곱하여 간단한 자연수의 비로 나타냅니다.

예 $\frac{5}{6}:\frac{2}{9}$를 간단한 자연수의 비로 나타내기

$\frac{5}{6}:\frac{2}{9} \xrightarrow{\times 18} 15:4$

6과 9의 최소공배수인 18을 곱합니다.

(4) 분수와 소수의 비

분수를 소수로 바꾸거나 소수를 분수로 바꾼 후 간단한 자연수의 비로 나타냅니다.

예 $0.3:\frac{1}{5}$을 간단한 자연수의 비로 나타내기

$0.3:\frac{1}{5} \xrightarrow{\text{소수} \to \text{분수}} \frac{3}{10}:\frac{1}{5} \xrightarrow{\times 10} 3:2$

개념+ $2.1:1\frac{3}{5}$을 간단한 자연수의 비로 나타내기

방법 1

$2.1:1\frac{3}{5} \xrightarrow{\text{분수} \to \text{소수}} 2.1:1.6 \xrightarrow{\times 10} 21:16$

방법 2

$2.1:1\frac{3}{5} \xrightarrow{\text{소수} \to \text{분수, 대분수} \to \text{가분수}} \frac{21}{10}:\frac{8}{5} \xrightarrow{\times 10} 21:16$

확인 1 $\frac{3}{4}:\frac{2}{5}$를 간단한 자연수의 비로 나타내려고 합니다. □ 안에 알맞은 수를 써넣으세요.

전항과 후항에 4와 5의 최소공배수인 □을 곱합니다.

$\frac{3}{4}:\frac{2}{5} \xrightarrow{\times \square} 15:\square$

1 □ 안에 알맞은 수를 써넣어 간단한 자연수의 비로 나타내어 보세요.

(1) $\frac{1}{9} : \frac{1}{3}$ → (× □) → □ : 9 (× 27)

(2) 0.3 : 0.7 → 3 : □ (× □)

(3) 500 : 600 → (÷ □) → □ : 6 (÷ 100)

(4) 60 : 72 → 5 : □ (÷ □)

2 $0.7 : \frac{2}{5}$를 간단한 자연수의 비로 나타내려고 합니다. 물음에 답하세요.

(1) 후항을 소수로 바꾸어 나타내어 보세요.

후항을 소수로 바꾸면 0.7 : □입니다.

➔ 전항과 후항에 10을 곱하면 □ : □입니다.

(2) 전항을 분수로 바꾸어 나타내어 보세요.

전항을 분수로 바꾸면 $\frac{□}{10} : \frac{2}{5}$입니다.

➔ 전항과 후항에 10을 곱하면 □ : □입니다.

개념 따라쓰기

분수의 비를 간단한 자연수의 비로 나타내기

$\frac{1}{6} : \frac{5}{8}$ → (× 24) → 4 : 15

전항과 후항에 두 분모의 최소공배수를 곱하여 간단한 자연수의 비로 나타냅니다.

소수의 비를 간단한 자연수의 비로 나타내기

1.2 : 2.3 → (× 10) → 12 : 23

전항과 후항에 소수의 자릿수에 따라 10, 100, 1000 ……을 곱하여 간단한 자연수의 비로 나타냅니다.

분수와 소수의 비를 간단한 자연수의 비로 나타내기

$\frac{1}{2} : 0.8$ → $\frac{1}{2} : \frac{8}{10}$ (소수를 분수로)

$\frac{1}{2} : 0.8$ → $0.5 : 0.8$ (분수를 소수로)

분수를 소수로 바꾸거나 소수를 분수로 바꾼 후 간단한 자연수의 비로 나타냅니다.

스스로 풀어내는 도전 10 문제

막힐 땐 힌트북

1

이해

56 : 80을 간단한 자연수의 비로 나타내려고 합니다. 물음에 답하세요.

(1) 전항과 후항의 최대공약수를 구하세요.

( )

(2) 전항과 후항을 두 수의 최대공약수로 나누어 간단한 자연수의 비로 나타내어 보세요.

( )

2

36쪽

적용

간단한 자연수의 비로 나타내어 보세요.

(1) 1.1 : 0.6 ( )

(2) $\frac{1}{8} : \frac{5}{6}$ ( )

3

36쪽

적용

간단한 자연수의 비로 나타낸 것을 찾아 선으로 이어 보세요.

20 : 8 •	• 3 : 7
0.6 : 1.4 •	• 5 : 2
	• 4 : 9

4

36쪽

의사 소통

$1.7 : 1\frac{4}{5}$를 간단한 자연수의 비로 나타내려고 합니다. 다음 두 가지 방법으로 나타내어 보세요.

방법 1 후항을 소수로 바꾸어 나타내기

방법 2 전항을 분수로 바꾸어 나타내기

5

36쪽

적용

사과와 배의 무게의 비를 간단한 자연수의 비로 나타내어 보세요.

0.3 kg

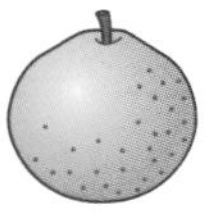

0.57 kg

( )

6

적용

비를 간단한 자연수의 비로 바르게 나타낸 것을 찾아 기호를 쓰세요.

㉠ $1\frac{1}{4} : \frac{1}{6}$ → 15 : 2

㉡ 1.2 : 0.26 → 20 : 13

( )

7 37쪽 추론

민수와 정호가 같은 책을 1시간 동안 읽었는데 민수는 전체의 $\frac{1}{3}$을, 정호는 전체의 $\frac{1}{4}$을 읽었습니다. 민수와 정호가 각각 1시간 동안 읽은 책의 양을 간단한 자연수의 비로 나타내어 보세요.

(　　　　　　　)

8 37쪽 창의 융합

높이가 4.8 m인 건물의 그림자의 길이를 재어 보니 $5\frac{1}{5}$ m였습니다. 건물의 높이와 그림자의 길이의 비를 간단한 자연수의 비로 나타내어 보세요.

(　　　　　　　)

+9 37쪽 수학적 독해력

슬기와 영민이가 레몬주스를 만들었습니다. 레몬주스를 만들 때 각각 사용한 레몬액의 양과 물양의 비를 간단한 자연수의 비로 나타내고, 두 레몬주스의 진하기를 비교해 보세요.

슬기: 나는 레몬액 0.2 L, 물 0.5 L를 넣었어.

영민: 나는 레몬액 $\frac{1}{5}$컵, 물 $\frac{1}{2}$컵을 넣었어.

슬기 (　　　　　　　)

영민 (　　　　　　　)

[비교] 두 레몬주스의 진하기는 (같습니다 , 다릅니다).

+10 37쪽 수학적 표현력

평행사변형 가와 나의 넓이의 비를 간단한 자연수의 비로 나타내는 풀이 과정을 쓰고, 답을 구하세요.

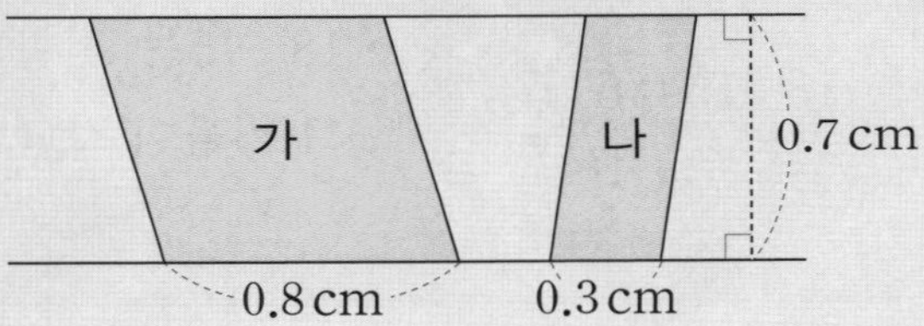

[풀이] ______________________

____

____

[답] ______________________

오늘 공부 어땠나요? 10개 중 맞힌 문제 □ 개 > 틀린 문제는 힌트를 보고 다시 도전해 보세요. > 맞힌 문제는 힌트를 보고 자신의 생각과 비교해 보세요.

19일 비례식 알아보기

① 비례식

• 비율이 같은 두 비를 기호 '='를 사용하여 3 : 5=6 : 10과 같이 나타낸 식을 **비례식**이라고 합니다.

• 비례식 3 : 5=6 : 10에서 바깥쪽에 있는 3과 10을 **외항**, 안쪽에 있는 5와 6을 **내항**이라고 합니다.

외항
3 : 5=6 : 10
내항

두 비율을 보고 비례식으로 나타낼 때에는 분자를 전항에, 분모를 후항에 씁니다.

▲/■ = ●/♥
→ ▲ : ■=● : ♥ 또는 ● : ♥=▲ : ■

② 비례식을 이용하여 비의 성질 나타내기

×2
2 : 6=4 : 12
×2

• 2 : 6은 전항과 후항에 2를 곱한 4 : 12와 그 비율이 같습니다.

비의 성질 ①
비의 전항과 후항에 0이 아닌 같은 수를 곱하여도 비율은 같습니다.

÷3
18 : 15=6 : 5
÷3

• 18 : 15는 전항과 후항을 3으로 나눈 6 : 5와 그 비율이 같습니다.

비의 성질 ②
비의 전항과 후항을 0이 아닌 같은 수로 나누어도 비율은 같습니다.

확인 1 두 비를 보고 물음에 답하세요.

2 : 3   6 : 9

(1) 비율을 각각 분수로 나타내어 보세요.

2 : 3의 비율 → □/□

6 : 9의 비율 → □/□

(2) 두 비를 비례식으로 나타내어 보세요.

□ : □=□ : □

확인 2 비례식을 이용하여 비의 성질을 나타내려고 합니다. 물음에 답하세요.

(1) 8 : 3은 전항과 후항에 2를 곱한 □ : □과 비율이 같습니다.

×2
8 : 3=□ : □
×2

(2) 28 : 21은 전항과 후항을 7로 나눈 □ : □과 비율이 같습니다.

÷7
28 : 21=□ : □
÷7

» 정답 · 풀이 27쪽

1 □ 안에 알맞은 말을 써넣으세요.

비율이 같은 두 비를 기호 '='를 사용하여 2 : 5=4 : 10과 같이 나타낼 수 있으며 이와 같은 식을 □(이)라고 합니다.

2 외항에 △표, 내항에 ○표 하세요.

(1) 3 : 9=12 : 36 (2) 2 : 13=8 : 52

3 비 4 : 5와 비율이 같은 비를 찾아 비례식으로 나타내려고 합니다. 물음에 답하세요.

8 : 12 16 : 20

(1) 비율을 각각 기약분수로 나타내어 보세요.

비	4 : 5	8 : 12	16 : 20
비율	$\frac{4}{5}$		

(2) 비 4 : 5와 비율이 같은 비를 찾아 비례식으로 나타내어 보세요.

4 : □=□ : □

개념 따라쓰기

비례식 알아보기

$2:3=4:6$

비율: $\frac{2}{3}$ 비율: $\frac{4}{6}\left(=\frac{2}{3}\right)$

비례식은 비율이 같은 두 비를 기호 '='를 사용하여 나타낸 식입니다.

외항과 내항 알아보기

외항

▲ : ■=● : ♥

내항

비례식에서 외항은 바깥쪽에 있는 ▲와 ♥이고, 내항은 안쪽에 있는 ■와 ●입니다.

4 단원

스스로 풀어내는 도전 10 문제

막힐 때 힌트북

1 이해

비례식인 것을 찾아 ○표 하세요.

$9:8$	(　　　)
$2:7=6:21$	(　　　)
$4+7=10+1$	(　　　)

2 38쪽 추론

다음 식이 비례식이 되도록 □ 안에 알맞은 비를 찾아 ○표 하세요.

$$3:5=\square$$

$6:10$　　$\frac{1}{6}:\frac{1}{7}$

3 38쪽 이해

$9:2=36:8$에 대하여 잘못 설명한 것을 모두 고르세요. .... (　　　)

① 비례식입니다.
② 외항은 9, 36입니다.
③ 후항은 2, 8입니다.
④ 전항은 2, 36입니다.
⑤ 내항은 2, 36입니다.

4 38쪽 이해

비례식에서 내항도 되고 전항도 되는 수를 찾아 쓰세요.

$$7:8=35:40$$

(　　　　　)

5 38쪽 추론

비율이 같은 두 비를 찾아 비례식을 세워 보세요.

$7:3$　　$5:6$　　$21:9$　　$14:5$

$$\square:\square=\square:\square$$

6 의사 소통

두 비율을 보고 비례식으로 나타내어 보세요.

$$\frac{5}{11}=\frac{15}{33}$$

(　　　　　)

» 정답 · 풀이 27쪽

조금 더 어려운 문제에 도전해 볼까요?

7 39쪽 의사 소통

윤하가 말하는 비례식을 세워 보세요.

윤하: 외항이 3과 8이고, 내항이 4와 6인 비례식이야.

(   )

8 39쪽 추론

각 비율이 $\frac{4}{9}$가 되도록 □ 안에 알맞은 수를 써넣으세요.

$8 : \square = 12 : \square$

+9 39쪽 수학적 독해력

〈조건〉에 맞게 비례식을 완성해 보세요.

〈조건〉
- 비율은 $\frac{5}{7}$입니다.
- 외항의 곱은 70입니다.

$10 : \square = \square : \square$

+10 39쪽 수학적 표현력

다음 식이 비례식이 아닌 이유를 설명해 보세요.

$12 : 7 = 20 : 14$

〔설명〕

오늘 공부 어땠나요? 10개 중 맞힌 문제 □ 개 > 틀린 문제는 힌트를 보고 다시 도전해 보세요. > 맞힌 문제는 힌트를 보고 자신의 생각과 비교해 보세요.

20일 비례식의 성질 알아보기

① 비례식의 성질

비례식에서 외항의 곱과 내항의 곱은 같습니다.

예

$5 \times 12 = 60$

$5 : 6 = 10 : 12$

$6 \times 10 = 60$

→ 외항의 곱과 내항의 곱은 60으로 같습니다.

② 비례식의 성질을 이용하여 □의 값 구하기

(외항의 곱)=(내항의 곱)임을 이용하여 □의 값을 구할 수 있습니다.

예 $9:6=3:\square$에서 □의 값 구하기

→ $9\times\square=6\times3$, $9\times\square=18$, $\square=18\div9$, $\square=2$

(외항의 곱)=(내항의 곱)

비의 성질을 이용하여 □의 값을 구할 수도 있습니다.

$\div3$

$9:6=3:\square$

$\div3$

→ $\square=6\div3=2$

③ 옳은 비례식인지 알아보기

예 $3:7=6:14$가 옳은 비례식인지 알아보기

방법 1 두 비의 비율이 같은지 확인하기

$3:7$의 비율 → $\frac{3}{7}$

$6:14$의 비율 → $\frac{6}{14}\left(=\frac{3}{7}\right)$

→ 두 비의 비율이 같으므로 옳은 비례식입니다.

방법 2 외항의 곱과 내항의 곱이 같은지 확인하기

(외항의 곱)$=3\times14=42$

(내항의 곱)$=7\times6=42$

→ 외항의 곱과 내항의 곱이 같으므로 옳은 비례식입니다.

확인 1 비례식을 보고 물음에 답하세요.

$2:17=6:51$

(1) 외항의 곱과 내항의 곱을 각각 구하세요.

(외항의 곱)$=2\times\square=\square$

(내항의 곱)$=17\times\square=\square$

(2) 알맞은 말에 ○표 하세요.

비례식에서 외항의 곱과 내항의 곱은 (같습니다 , 다릅니다).

확인 2 □ 안에 알맞은 수를 써넣고 비례식이면 ○표, 비례식이 아니면 ×표 하세요.

$8\times2=\square$

$8:1=16:2$

$1\times16=\square$

(　　　　)

기본기 다지는 교과서 문제

» 정답 · 풀이 28쪽

1 옳은 비례식을 찾아 ○표 하세요.

$4:7=\frac{1}{4}:\frac{1}{7}$	$5:11=10:22$
(　　　)	(　　　)

2 비례식의 성질을 이용하여 ♥의 값을 구하려고 합니다. □ 안에 알맞은 수를 써넣으세요.

$5\times♥$

$5:3=15:♥$

3×15

$5\times♥=3\times\square$

$5\times♥=\square$

$♥=\square\div5$

$♥=\square$

3 비례식의 성질을 이용하여 □ 안에 알맞은 수를 써넣으세요.

(1) $6:\square=30:25$

(2) $14:21=2:\square$

(3) $\square:39=1:13$

(4) $25:15=\square:3$

개념 따라쓰기

비례식의 성질

$3\times15=45$

$3:5=9:15$

$5\times9=45$

비례식에서 외항의 곱과 내항의 곱은 같습니다.

옳은 비례식 찾기

$2\times15=30$

$2:5=6:15$

$5\times6=30$

➜ 옳은 비례식입니다.

비례식에서 외항의 곱과 내항의 곱이 같으면 옳은 비례식입니다.

비례식의 성질을 이용하여 □의 값 구하기

$3:5=9:\square$ (외항의 곱)

➜ $3\times\square=5\times9$ ＝(내항의 곱)

비례식에서 (외항의 곱)＝(내항의 곱)임을 이용하여 □의 값을 구할 수 있습니다.

4 단원

1 이해

비례식의 성질을 이용하여 ㉠을 구하려고 합니다. □ 안에 알맞은 수를 써넣으세요.

$3 : ㉠ = 18 : 24$

$㉠ \times 18 = 3 \times \square$

$㉠ \times \square = \square$

$㉠ = \square$

2 40쪽 추론

옳은 비례식을 모두 찾아 기호를 쓰세요.

㉠ $7 : 8 = 14 : 16$
㉡ $0.2 : 1.6 = 4 : 34$
㉢ $20 : 16 = \frac{1}{4} : \frac{1}{5}$

(   )

3 40쪽 적용

비례식의 성질을 이용하여 □ 안에 알맞은 수를 써넣으세요.

(1) $\square : 2 = 75 : 30$

(2) $54 : 36 = \square : 2$

4 40쪽 적용

비례식에서 외항의 곱을 소수로 구하세요.

$\square : 1.8 = 2 : 5$

(   )

5 적용

비례식의 성질을 이용하여 ●에 알맞은 수를 구하세요.

$\frac{1}{9} : 0.3 = 10 : ●$

(   )

6 40쪽 문제 해결

비례식에서 내항의 곱이 144일 때 □ 안에 알맞은 수를 써넣으세요.

$12 : 9 = \square : \square$

조금 더 **어려운 문제**에 도전해 볼까요?

7 41쪽 문제 해결

두 비례식을 보고 ㉠과 ㉡에 알맞은 수의 합을 구하세요.

56 : ㉠＝7 : 6　　　8 : 3＝㉡ : 9

(　　　　　　　　)

8 41쪽 추론

□ 안에 들어갈 수가 다른 비례식을 찾아 기호를 쓰세요.

㉠ 2 : □＝12 : 36
㉡ 0.7 : 0.3＝14 : □
㉢ 15 : 24＝□ : 8

(　　　　　　　　)

+9 41쪽 수학적 독해력

문제를 해결하기 위해 서준이와 로운이가 대화를 나누었습니다. 옳게 말한 친구의 이름을 쓰세요.

[문제] 종이꽃 2개를 만들려면 색종이 5장이 필요합니다. 종이꽃 6개를 만들려면 색종이가 몇 장 필요한가요?

서준: 종이꽃 2개를 만드는 데 필요한 색종이 수는 종이꽃 수보다 셋 더 많아. 그래서 종이꽃 6개를 만들려면 색종이가 9장 필요해.

로운: 필요한 색종이 수를 □장이라 하면 2 : 5＝6 : □야. 외항의 곱과 내항의 곱이 같음을 이용하면 □의 값은 15이므로 색종이는 15장 필요해.

(　　　　　　　　)

+10 41쪽 수학적 표현력

수 카드 중에서 4장을 골라 한 번씩 사용하여 비례식을 세우고, 만든 방법을 쓰세요.

| 5 | 10 | 3 | 9 | 12 | 4 |

(비례식) ______________________

(방법) ______________________

____

____

오늘 공부 어땠나요?

10개 중 맞힌 문제 □ 개

틀린 문제는 힌트를 보고 다시 도전해 보세요.

맞힌 문제는 힌트를 보고 자신의 생각과 비교해 보세요.

공부한 날 월 일

21일 비례식 활용하기

① 비례식을 활용하여 문제 해결하기

예 연필 수와 필통 수의 비는 9 : 2입니다. 연필이 27자루일 때 필통은 몇 개일까요? (필통은 몇 개 — 구하려는 것)

① 구하려고 하는 것을 □개라 하고 비례식 세우기

(연필 수) : (필통 수) ➜ 9 : 2=27 : □

② □의 값 구하기

방법 1 비례식의 성질을 이용하여 구하기

9 : 2=27 : □ ➜ 9×□=2×27

9×□=54

□=6

방법 2 비의 성질을 이용하여 구하기

9 : 2=27 : □ (×3) ➜ □=2×3=6

③ 답 구하기

연필이 27자루일 때 필통은 6개입니다.

비례식을 활용하여 문제를 해결하는 방법

① 구하려고 하는 것을 □라 하고 비례식 세우기

↓

② 비례식의 성질이나 비의 성질을 이용하여 □의 값 구하기

↓

③ 답 구하기

구하려는 것을 □라 하고 비례식을 세워.

확인 1 사과 수와 참외 수의 비는 5 : 3입니다. 사과가 25개일 때 참외는 몇 개인지 알아보세요.

(1) 참외 수를 ■개라 하고 비례식을 완성해 보세요.

5 : 3=□ : ■

(2) 비례식의 성질을 이용하여 ■의 값을 구하세요.

5×■=3×□

5×■=□

■=□

(3) 참외는 몇 개일까요?

( )

확인 2 책상 한 대를 만드는 데 책상 다리가 4개 필요합니다. 책상 9개를 만들려면 책상 다리가 몇 개 필요한지 알아보세요.

(1) 책상 다리 수를 ■라 하고 비례식을 완성해 보세요.

1 : 4=□ : ■

(2) 비례식의 성질을 이용하여 ■의 값을 구하세요.

( )

(3) 필요한 책상 다리는 몇 개일까요?

( )

» 정답 · 풀이 29쪽

1 15분 동안 충전하면 120 km를 달릴 수 있는 전기 자동차가 있습니다. 이 전기 자동차가 600 km를 달리려면 몇 분 동안 충전해야 하는지 구하려고 합니다. 물음에 답하세요.

(1) 전기 자동차의 충전 시간과 달릴 수 있는 거리의 비를 구하세요.

15 : □

(2) 전기 자동차가 600 km를 달리는 데 필요한 충전 시간을 ▲분이라 하고 비례식을 세워 보세요.

15 : □ = ▲ : □

(3) 비례식의 성질을 이용하여 ▲의 값을 구하세요.

(　　　　　)

(4) 전기 자동차가 600 km를 달리려면 몇 분 동안 충전해야 하나요?

(　　　　　)

2 볶음밥 2인분을 만드는 데 밥이 360 g 필요합니다. 진규가 세운 비례식을 보고 가족 수에 맞게 볶음밥을 만들려면 밥을 몇 g 준비해야 하는지 구하려고 합니다. 물음에 답하세요.

2 : 360 = 5 : □

(1) 진규네 가족은 몇 명인가요?

(　　　　　)

(2) 진규가 가족 수에 맞게 볶음밥을 만들기 위해 준비해야 하는 밥의 양은 몇 g인가요?

(　　　　　)

개념 따라쓰기

비례식을 활용하여 문제를 해결하는 방법

① 구하려고 하는 것을 □라 하고 비례식 세우기

↓

② 비례식의 성질이나 비의 성질을 이용하여 □의 값 구하기

↓

③ 답 구하기

1
이해

밀가루와 설탕을 $10:3$으로 섞어서 쿠키 가루를 만들려고 합니다. 밀가루를 20컵 넣었다면 설탕은 몇 컵을 넣어야 하는지 알아보세요.

(1) 넣어야 할 설탕의 양을 ■컵이라 하고 비례식을 완성해 보세요.

$10:3=\square:■$

(2) 설탕은 몇 컵을 넣어야 할까요?

(   )

2
42쪽
적용

복사기로 8초에 5장을 복사할 수 있습니다. 35장을 복사하려면 시간이 몇 초가 걸리는지 구하려고 합니다. 걸리는 시간을 □초라 하여 비례식을 알맞게 세운 것을 찾아 기호를 쓰고, 답을 구하세요.

㉠ $8:5=\square:35$　　㉡ $8:5=35:\square$

(   ), (   )

3
42쪽
적용

노란 블록과 빨간 블록 수의 비는 $7:5$입니다. 노란 블록이 42개라면 빨간 블록은 몇 개일까요?

(   )

4
42쪽
적용

500 mL 우유 2통은 2700원입니다. 우유 6통을 사려면 얼마가 필요할까요?

(   )

[5~6] 그림으로 나타낸 꽃밭의 가로와 세로를 자로 재어 보고 물음에 답하세요.

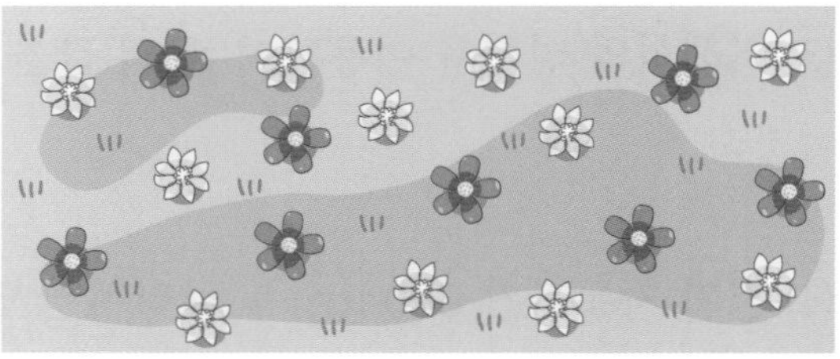

5
적용

그림으로 나타낸 꽃밭의 가로와 세로의 비를 구하세요.

(   )

6
42쪽
추론

실제 꽃밭의 세로가 12 m이면 가로는 몇 m인지 구하세요.

(   )

» 정답 · 풀이 29쪽

조금 더 **어려운 문제**에 도전해 볼까요?

7 43쪽 문제 해결

6분 동안 36 L의 물이 나오는 수도가 있습니다. 이 수도로 300 L 들이의 욕조에 물을 가득 채우려면 몇 분 동안 물을 받아야 할까요?

(　　　　　　　　)

8 43쪽 창의 융합

어느 염전에서 소금물 25 L를 증발시켜 소금 100 g을 얻을 수 있다고 합니다. 이 염전에서 소금물 400 L를 증발시켰을 때 얻을 수 있는 소금은 몇 g일까요?

(　　　　　　　　)

4단원

+9 43쪽 수학적 독해력

자동차가 일정한 빠르기로 6 km를 달리는 데 5분이 걸렸습니다. 같은 빠르기로 300 km를 달린다면 몇 시간 몇 분이 걸릴까요?

(　　　　　　　　)

+10 43쪽 수학적 표현력

똑같은 벽면 3개를 칠하려면 페인트 5통이 필요합니다. 똑같은 벽면 9개를 칠하는 데 필요한 페인트는 몇 통인지 비례식을 세워 구하는 풀이 과정을 쓰고, 답을 구하세요.

[풀이] ______________________

____

____

[답] ______________________

오늘 공부 어땠나요?

10개 중 맞힌 문제 ☐ 개 > **틀린 문제**는 힌트를 보고 다시 도전해 보세요. > **맞힌 문제**는 힌트를 보고 자신의 생각과 비교해 보세요.

22일 비례배분하기

① 비례배분

전체를 주어진 비로 배분하는 것을 **비례배분**이라고 합니다.

② 비례배분하기

전체 ■를 ●:▲로 비례배분하기

$■ \times \frac{●}{● + ▲}$, $■ \times \frac{▲}{● + ▲}$ → 전체에 대하여 각 부분이 차지하는 비율

주어진 비의 전항과 후항의 합을 분모로 하는 분수의 비로 나타내.

예 딸기 9개를 슬기와 로운이가 2 : 1로 나누어 가지려고 합니다. 딸기를 어떻게 나누어야 할까요?

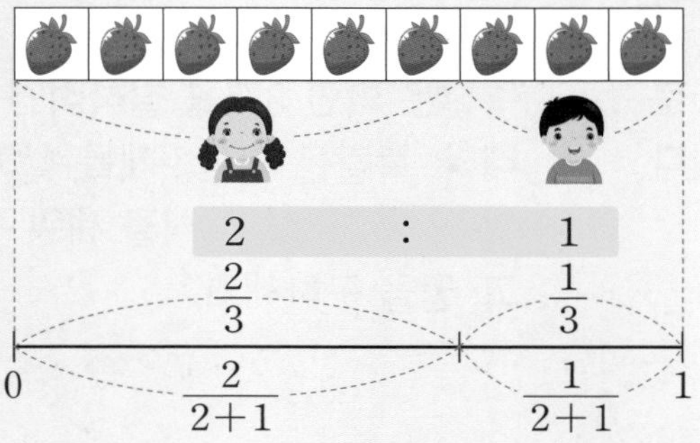

슬기 $9 \times \frac{2}{2+1} = 9 \times \frac{2}{3} = 6$(개)

로운 $9 \times \frac{1}{2+1} = 9 \times \frac{1}{3} = 3$(개)

◐ 비례배분한 수를 더하면 전체와 같습니다.

예 9를 2 : 1로 비례배분하기

$9 \times \frac{2}{3} = 6$, $9 \times \frac{1}{3} = 3$

→ $6 + 3 = 9$

확인 1 사탕 18개를 민서와 선재가 4 : 5로 나누어 가지려고 합니다. 물음에 답하세요.

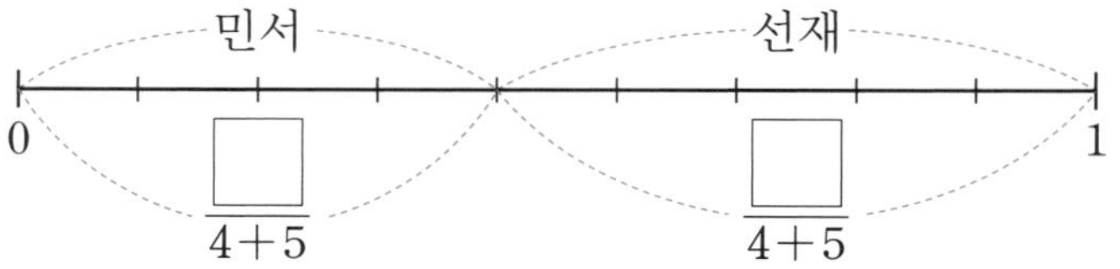

(1) 위 그림의 □ 안에 알맞은 수를 써넣고, 민서와 선재는 각각 전체의 몇 분의 몇을 가지게 되는지 구하세요.

민서 (　　　　), 선재 (　　　　)

(2) 민서와 선재는 각각 사탕을 몇 개 가지게 될까요?

민서: $18 \times \frac{\square}{9} = \square$(개)　　선재: $18 \times \frac{\square}{9} = \square$(개)

» 정답 · 풀이 30쪽

기본기 다지는 교과서 문제

1 지우개 10개를 선우와 미영이에게 3 : 2로 나누어 주려고 합니다. ○ 그림으로 나타내고 □ 안에 알맞은 수를 써넣으세요.

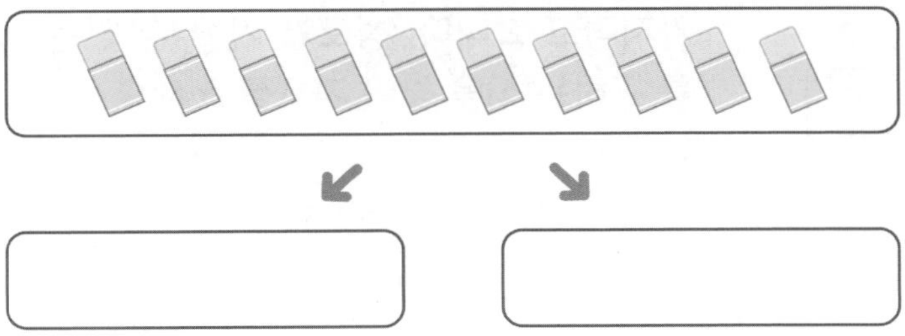

선우: □개　　　미영: □개

2 56을 4 : 3으로 나누려고 합니다. □ 안에 알맞은 수를 써넣으세요.

$$56 \times \frac{4}{\square + \square} = 56 \times \frac{\square}{\square} = \square$$

$$56 \times \frac{3}{\square + \square} = 56 \times \frac{\square}{\square} = \square$$

3 5000원을 미나와 은호에게 7 : 3으로 나누어 줄 때 미나와 은호가 각각 가지게 되는 금액을 구하세요.

미나: $5000 \times \frac{\square}{\square} = \square$(원)

은호: $5000 \times \frac{\square}{\square} = \square$(원)

개념 따라쓰기

비례배분 알아보기

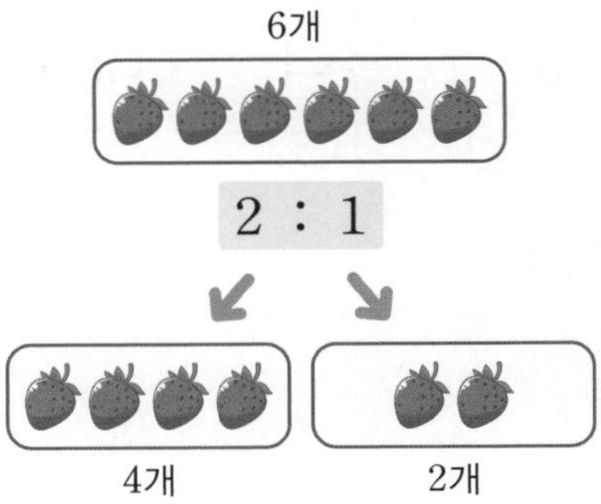

비례배분은 전체를 주어진 비로 배분하는 것입니다.

비례배분하기

전체 ■를 ● : ▲로 비례배분하기

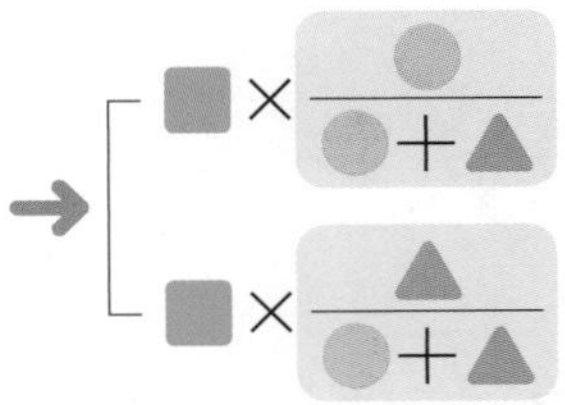

주어진 비의 전항과 후항의 합을 분모로 하는 분수의 비로 나타냅니다.

4단원

1

이해

90을 가 : 나 = 11 : 4로 나누어 보세요.

가: $90 \times \frac{\square}{\square} = \square$, 나: $90 \times \frac{\square}{\square} = \square$

2

44쪽

적용

□ 안의 수를 주어진 비로 나누어 [,] 안에 쓰세요.

(1) 72 3 : 5 → [,]

(2) 80 9 : 7 → [,]

3

적용

왼쪽 수를 2 : 5로 나눈 것을 오른쪽에서 찾아 이어 보세요.

왼쪽	오른쪽
49	14, 35
63	20, 29
	18, 45

4

44쪽

추론

색종이 66장을 성오와 희성이가 5 : 6으로 나누어 가지려고 합니다. 성오가 가질 수 있는 색종이의 수를 구하는 식을 찾아 기호를 쓰세요.

㉠ $66 \times \frac{5}{6}$　㉡ $66 \times \frac{5}{11}$　㉢ $66 \times \frac{6}{11}$

( )

[5~6] 가로와 세로의 비가 3 : 4이고 둘레가 56 cm인 직사각형이 있습니다. 이 직사각형의 가로가 몇 cm인지 두 친구의 방법으로 구하세요.

5

44쪽

의사 소통

전체를 주어진 비로 비례배분하여 해결해 보세요.

슬기: (가로)+(세로)=□(cm)야. 따라서

(가로)=□ × $\frac{3}{\square}$ = □(cm)야.

6

44쪽

의사 소통

비례식을 세운 다음, 비의 성질을 이용하여 해결해 보세요.

종욱: 직사각형의 가로를 ▲cm라 하고 비례식을 세우면 3 : □ = ▲ : 28이야.

비의 성질을 이용하면 28은 7의 □배이므로 ▲ = 3 × □ = □(cm)야.

» 정답 · 풀이 30쪽

조금 더 어려운 문제에 도전해 볼까요?

7 45쪽 문제 해결

지점토 40 kg을 가 모둠과 나 모둠에 2 : 3으로 나누어 주려고 합니다. 가 모둠과 나 모둠은 각각 지점토를 몇 kg씩 가지게 되는지 구하세요.

가 모둠 (   )
나 모둠 (   )

8 45쪽 문제 해결

길이가 32 m인 털실을 주어진 비로 나누려고 합니다. 나누어진 두 털실의 길이의 차는 몇 m일까요?

5 : 3

(   )

+9 45쪽 수학적 독해력

어느 날 낮과 밤의 길이의 비가 7 : 5라면 밤은 몇 시간인지 구하세요.

(   )

+10 45쪽 수학적 표현력

지혜네 학교 6학년 전체 학생은 210명이고, 남학생 수와 여학생 수의 비는 7 : 3입니다. 6학년 남학생이 몇 명인지 알아보기 위한 지혜의 풀이 과정에서 잘못 계산한 부분을 찾아 바르게 계산하고, 이유를 쓰세요.

$210 \times \frac{7}{7 \times 3} = 210 \times \frac{7}{21} = 70$(명)

↓

[이유]

오늘 공부 어땠나요?

10개 중 맞힌 문제 (   )개 > **틀린 문제**는 힌트를 보고 다시 도전해 보세요. > **맞힌 문제**는 힌트를 보고 자신의 생각과 비교해 보세요.

01 비의 성질을 이용하여 $9:6$과 비율이 같은 비를 만들려고 합니다. □ 안에 알맞은 수를 써넣으세요.

$9:6 \rightarrow 63:\square$ (×7, ×□)

02 다음 중 비례식은 어느 것일까요? ··· (　　　)

① $3\times4=4\times3$　② $10:9$

③ $2:5=\frac{2}{5}$　④ $1:4=3:12$

⑤ $\frac{2}{7}=\frac{10}{35}$

03 비례식에서 외항도 되고 후항도 되는 수를 찾아 쓰세요.

$64:20=16:5$

(　　　　　)

04 두 비의 비율이 같습니다. 비의 성질을 이용하여 ㉠에 알맞은 수를 구하세요.

$72:16$　　$9:$㉠

(　　　　　)

05 □ 안의 수를 주어진 비로 나누어 [　,　] 안에 쓰세요.

36　$1:5$ → [　　　,　　　]

06 간단한 자연수의 비로 나타내어 보세요.

$2.8:4\frac{9}{10}$

(　　　　　)

07 비례식에서 내항의 곱을 구하세요.

$$\frac{4}{5} : \frac{8}{9} = \square : 20$$

(　　　　　　　　)

08 가로와 세로의 비가 $4:5$인 직사각형을 모두 찾아 기호를 쓰세요.

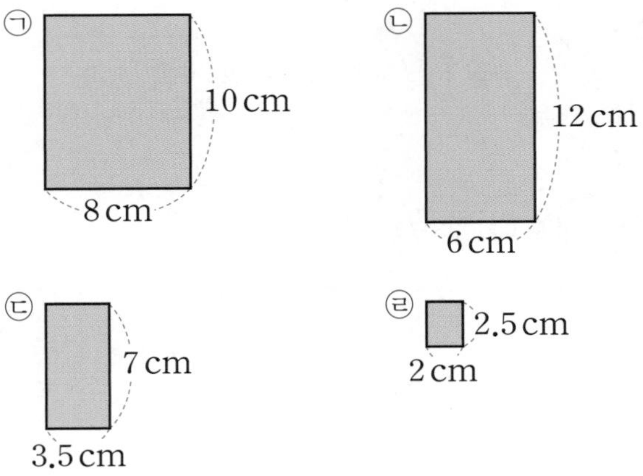

(　　　　　　　　)

09 3분 동안 39 L의 물이 나오는 수도가 있습니다. 이 수도로 156 L 들이의 빈 통에 물을 가득 채우려면 몇 분 동안 물을 받아야 할까요?

(　　　　　　　　)

서술형

10 진수와 형이 어머니 생신에 80000원짜리 목걸이를 사려고 합니다. 진수와 형이 $3:7$로 돈을 나누어 낸다면 진수는 얼마를 내야 하는지 풀이 과정을 쓰고, 답을 구하세요.

[풀이] ____________________

____

____

[답] ____________________

23일

공부한 날 월 일

원주와 지름의 관계

① 원주 알아보기

- 원의 둘레를 **원주**라고 합니다.
- 원의 지름이 길어지면 원주도 길어집니다.

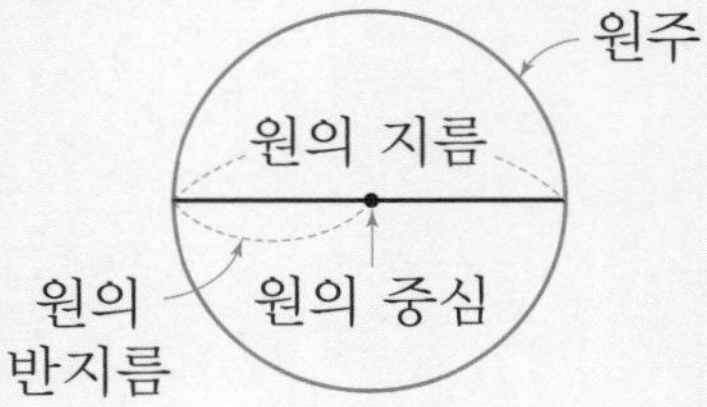

◐ 원의 지름이 길어지면 원주도 길어지고, 원주가 길어지면 원의 지름도 길어집니다.

② 원주는 지름의 약 몇 배인지 알아보기

→ (정육각형의 한 변)=(원의 반지름)

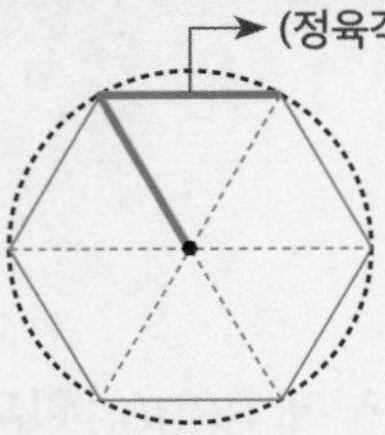

(정육각형의 둘레)=(원의 지름)×3
(원주)>(정육각형의 둘레)
→ (원주)>(원의 지름)×3

→ (정사각형의 한 변)=(원의 지름)

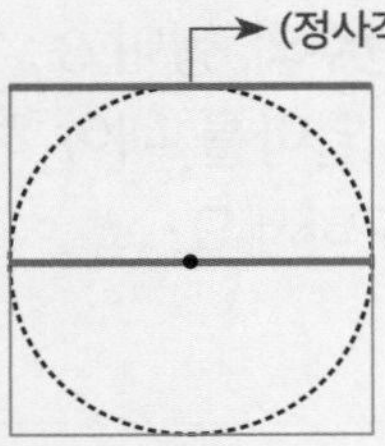

(정사각형의 둘레)=(원의 지름)×4
(원주)<(정사각형의 둘레)
→ (원주)<(원의 지름)×4

→ 원주는 원의 지름의 3배보다 길고, 원의 지름의 4배보다 짧습니다.

확인 1 그림을 보고 □ 안에 알맞은 수를 써넣으세요.

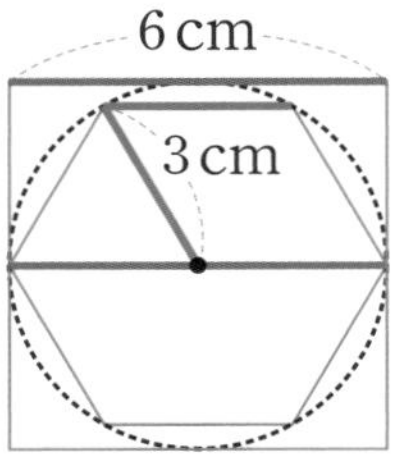

(정육각형의 둘레)=(원의 반지름)×6=□×6=□(cm)

(정사각형의 둘레)=(원의 지름)×4=□×4=□(cm)

→ 원주는 □ cm보다 길고 □ cm보다 짧습니다.

» 정답 · 풀이 32쪽

기본기 다지는 교과서 문제

1 원에 지름과 원주를 표시해 보세요.

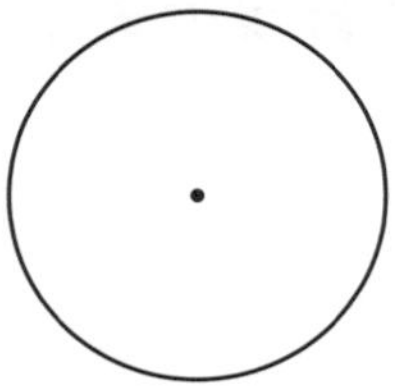

2 원주와 지름의 관계를 바르게 설명한 것에 ○표 하세요.

원주와 지름은 길이가 같습니다.	원주가 길어지면 원의 지름도 길어집니다.
( )	( )

3 한 변의 길이가 0.5 cm인 정육각형, 지름이 1 cm인 원, 한 변의 길이가 1 cm인 정사각형을 보고 물음에 답하세요.

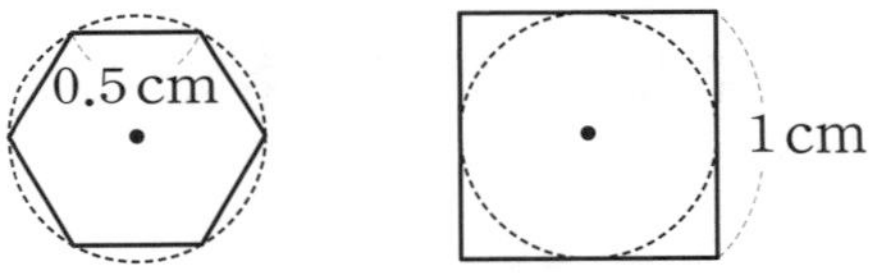

(1) 정육각형의 둘레, 정사각형의 둘레, 원주를 수직선에 표시해 보세요.

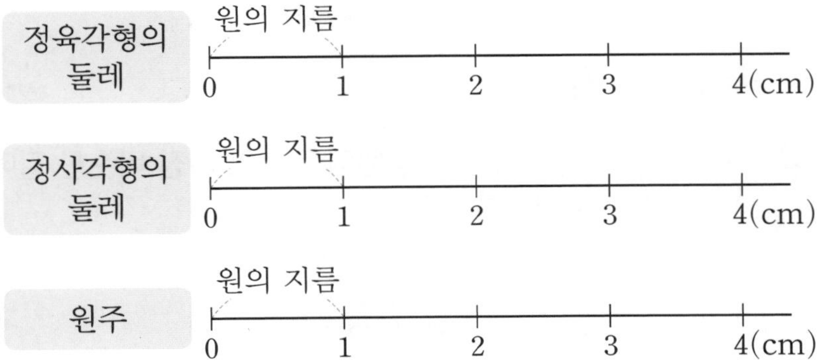

(2) ○ 안에 >, =, <를 알맞게 써넣으세요.

(원의 지름)×3 ○ (원주)

(원주) ○ (원의 지름)×4

개념 따라쓰기

원주 알아보기

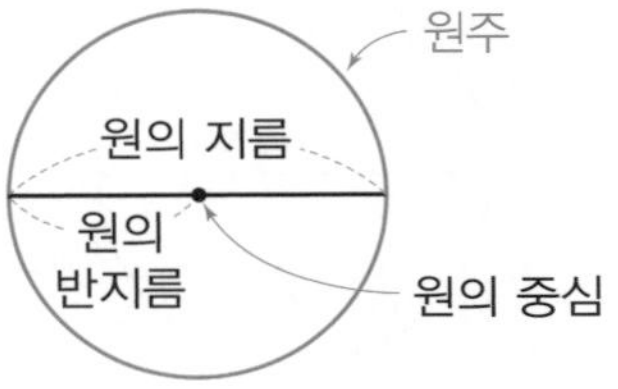

원주는 원의 둘레입니다. 원의 지름이 길어지면 원주도 길어집니다.

원주는 지름의 약 몇 배인지 알아보기

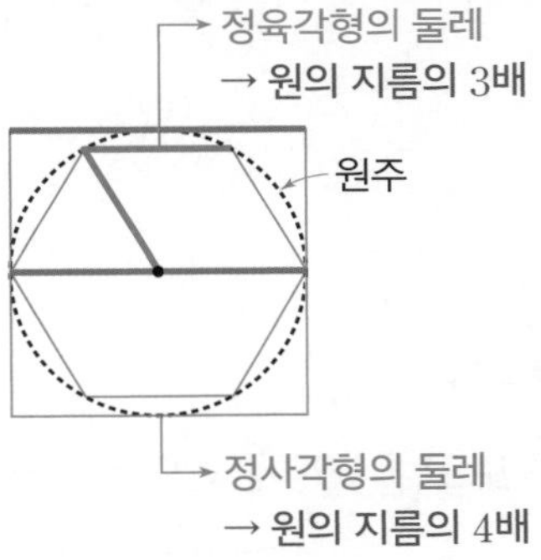

원주는 원의 지름의 3배보다 길고 원의 지름의 4배보다 짧습니다.

5 단원

1

이해

원을 보고 □ 안에 알맞은 말을 써넣으세요.

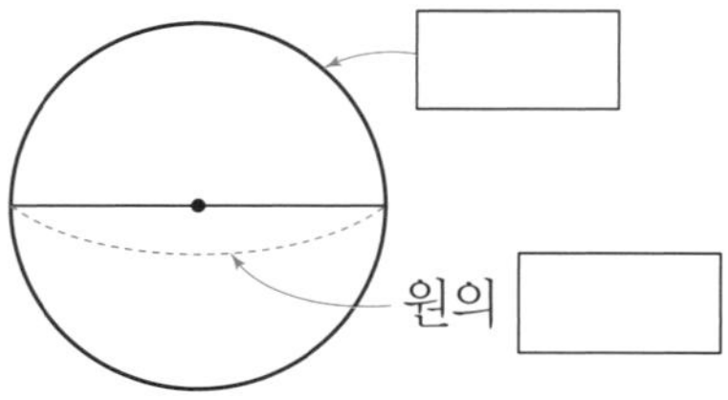

2

이해

오른쪽 원을 보고 설명이 맞으면 ○표, 틀리면 ×표 하세요.

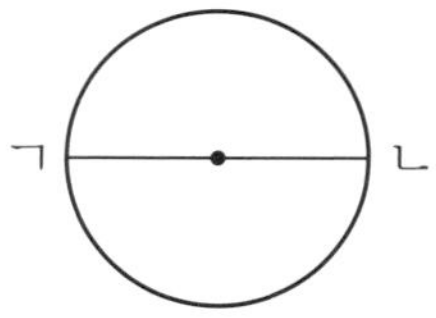

(1) 원의 중심을 지나는 선분 ㄱㄴ은 원의 지름입니다.
(　　　　　　)

(2) 원의 지름이 길어져도 원주는 변하지 않습니다.
(　　　　　　)

3

46쪽

적용

그림을 보고 □ 안에 알맞은 수를 써넣으세요.

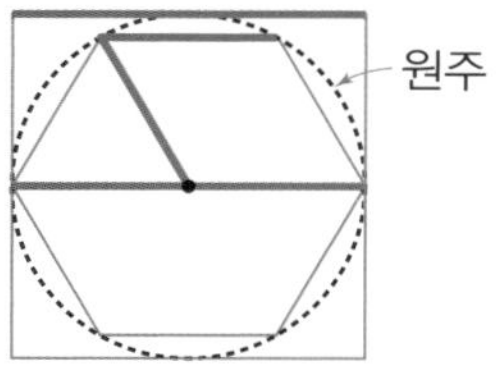

(원의 지름) × □ < (원주)

(원주) < (원의 지름) × □

[4~5] 지름이 2 cm인 원의 원주와 가장 비슷한 길이를 찾아보려고 합니다. 물음에 답하세요.

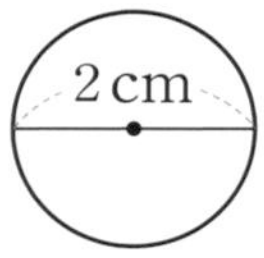

4

46쪽

적용

□ 안에 알맞은 수를 써넣으세요.

원주는 지름의 3배인 □ cm보다 길고,

지름의 4배인 □ cm보다 짧습니다.

5

46쪽

추론

원주가 얼마쯤 될지 수직선에 표시해 보세요.

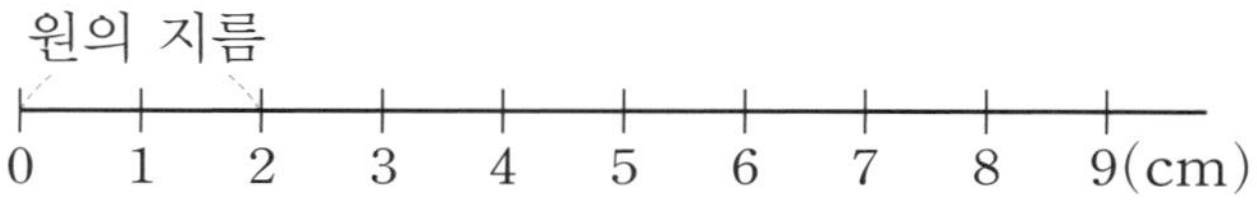

6

46쪽

문제 해결

지름이 3 cm인 원의 원주와 가장 비슷한 길이를 찾아 기호를 쓰세요.

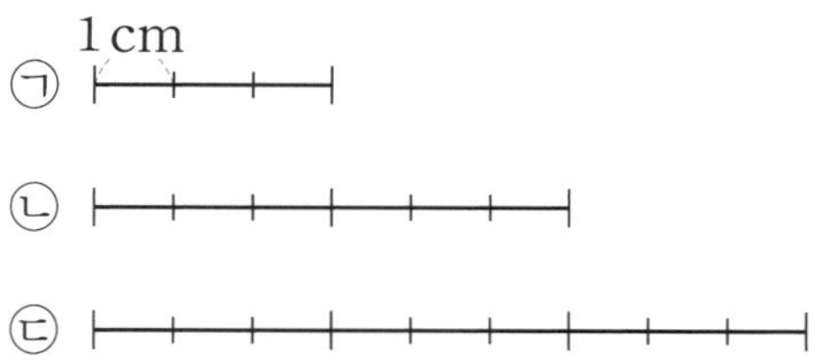

(　　　　　　)

조금 더 **어려운 문제**에 도전해 볼까요?

7 47쪽 추론

원주가 가장 짧은 원을 찾아 기호를 쓰세요.

㉠ 지름이 6 cm인 원
㉡ 지름이 9 cm인 원
㉢ 지름이 4 cm인 원

(   )

8 47쪽 창의 융합

징의 원주가 될 수 있는 길이를 모두 찾아 ○표 하세요.

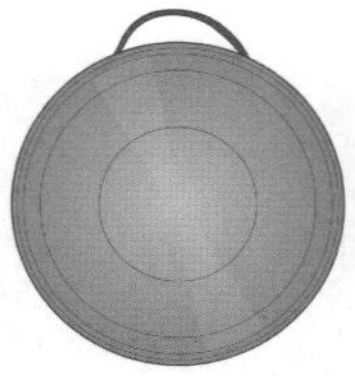

지름: 30 cm

39 cm	45 cm	60 cm
95 cm	112 cm	135 cm

+9 47쪽 수학적 독해력

한 변의 길이가 2 cm인 정육각형, 한 변의 길이가 4 cm인 정사각형을 보고 원주가 될 수 있는 길이의 범위를 나타낸 것입니다. ㉠과 ㉡에 알맞은 수를 구하세요.

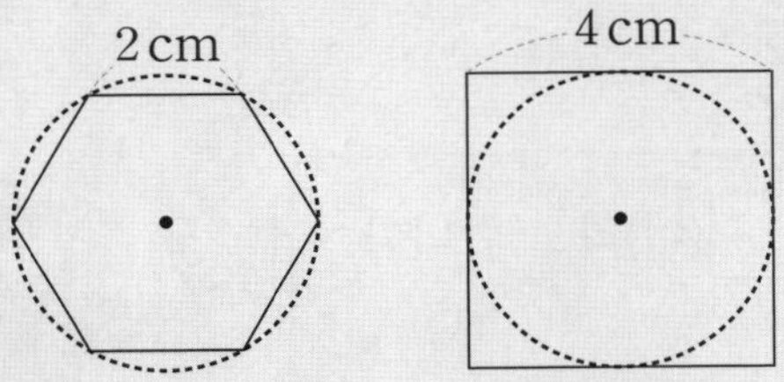

㉠ cm 초과 ㉡ cm 미만

㉠(   ), ㉡(   )

+10 47쪽 수학적 표현력

원 모양의 도화지에 중심이 같은 원을 그린 후 원의 중심에 막대를 꽂아 놓았습니다. 잘못 말한 사람의 이름을 쓰고, 그 이유를 설명해 보세요.

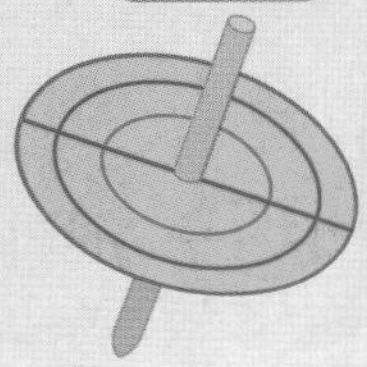

초록색 원은 빨간색 원보다 커.

서연

막대의 중심을 지나는 파란색 선은 원의 반지름이야.

영민

[잘못 말한 사람] ____________________

[이유] ____________________

____

오늘 공부 어땠나요? 10개 중 맞힌 문제 [ ]개 > **틀린 문제**는 힌트를 보고 다시 도전해 보세요. > **맞힌 문제**는 힌트를 보고 자신의 생각과 비교해 보세요.

24일 원주율 알아보기

① 원주율 알아보기

원의 지름에 대한 원주의 비율을 **원주율**이라고 합니다.

(원주율)=(원주)÷(지름)

원주율을 소수로 나타내면 3.1415926535897932……와 같이 끝없이 계속됩니다.
따라서 필요에 따라 3, 3.1, 3.14 등으로 어림하여 사용하기도 합니다.

예

원주(cm)	지름(cm)	(원주)÷(지름)		
		반올림하여 일의 자리까지	반올림하여 소수 첫째 자리까지	반올림하여 소수 둘째 자리까지
12.55	4	3	3.1	3.14
18.82	6	3	3.1	3.14
25.15	8	3	3.1	3.14

일정합니다.

원의 크기에 상관없이 원주율은 일정해.

➜ 원의 크기에 상관없이 (원주)÷(지름)의 값은 변하지 않습니다.

확인 1 □ 안에 알맞은 말을 써넣으세요.

원의 지름에 대한 원주의 비율을 □(이)라고 합니다.

➜ (원주율)=(□)÷(□)

확인 2 원주율을 소수로 나타내면 3.1415926535897932……와 같이 끝없이 계속됩니다. □ 안에 알맞은 수를 써넣으세요.

원주율을 반올림하여 일의 자리까지 나타내면 □이고, 소수 첫째 자리까지 나타내면 □이고, 소수 둘째 자리까지 나타내면 □입니다.

기본기 다지는 교과서 문제

» 정답 · 풀이 33쪽

1 바르게 설명한 것을 찾아 ○표 하세요.

원주율은 3.14로만 어림해서 사용합니다. (　　　)

원주는 지름의 약 3배입니다. (　　　)

2 크기가 다른 두 원이 있습니다. 물음에 답하세요.

원	원주(cm)	지름(cm)	(원주)÷(지름)
가	15.7	5	
나	21.98	7	

(1) 위 표의 빈칸에 알맞은 수를 써넣으세요.

(2) □ 안에 알맞은 수를 써넣고, 알맞은 말에 ○표 하세요.

가, 나의 원주율이 □(으)로 같으므로 원의 크기와 상관없이 원주율은 (일정합니다 , 변합니다).

3 원 모양인 피자의 원주율을 구하려고 합니다. □ 안에 알맞은 수를 써넣으세요.

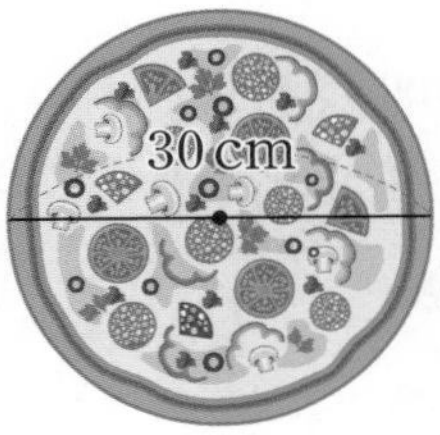

원주: 93 cm

(원주)÷(지름)=□÷□=□

개념 따라쓰기

원주율 알아보기

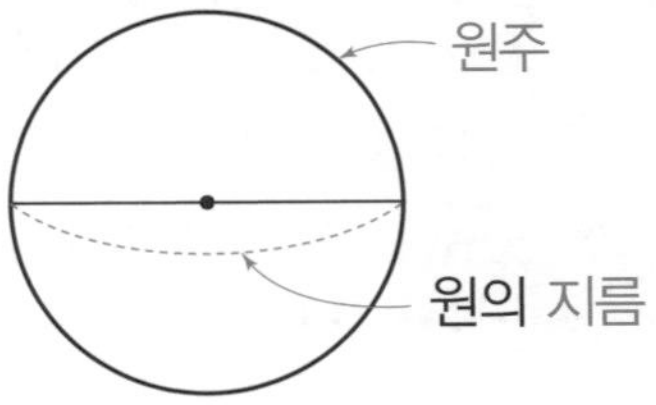

(원주율)=(원주)÷(지름)

원주율은 원의 지름에 대한 원주의 비율입니다.
(원주율)=(원주)÷(지름)

(원주)÷(지름)의 값

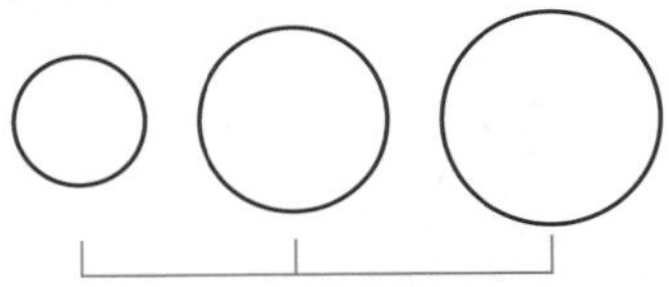

원의 크기에 상관없이 (원주)÷(지름)의 값은 변하지 않습니다.

5 단원

1

이해

원 모양이 있는 물건의 원주와 지름을 재며 말한 것입니다. 바르게 말한 것을 찾아 기호를 쓰세요.

㉠ (원주율)=(원주)÷(지름)입니다.
㉡ 원주는 지름의 약 2배입니다.

(　　　　　　)

2

계산

빈칸에 알맞은 수를 써넣으세요.

원주(cm)	지름(cm)	(원주)÷(지름)
18.84	6	
25.12	8	
31.4	10	

3

48쪽

추론

지름이 3 cm인 원판을 만들고 자 위에서 한 바퀴 굴렸습니다. 원판의 원주가 얼마쯤 될지 자에 ↓로 표시해 보세요.

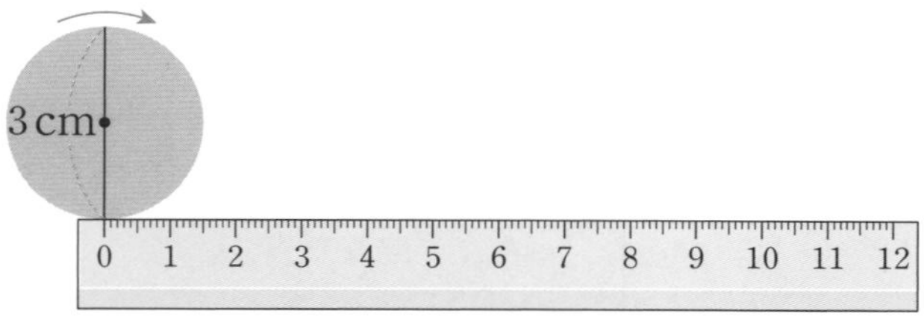

4

48쪽

적용

크기가 다른 원 모양의 천 조각이 있습니다. 각 천 조각의 (원주)÷(지름)을 비교하여 ◯ 안에 >, =, <를 알맞게 써넣으세요.

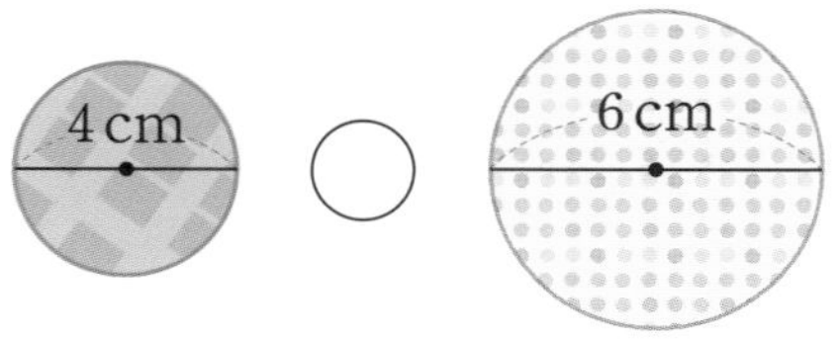

원주: 12.4 cm　　원주: 18.6 cm

5

48쪽

적용

원주율을 구하세요.

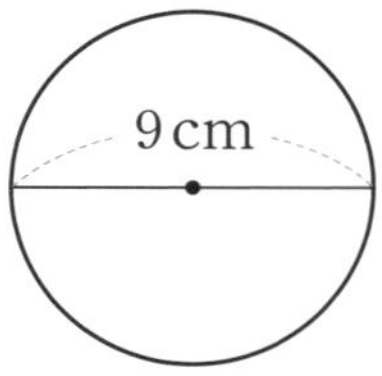

원주: 27.9 cm

(　　　　　　)

6

48쪽

추론

원주율에 대해 잘못 말한 친구를 찾아 이름을 쓰세요.

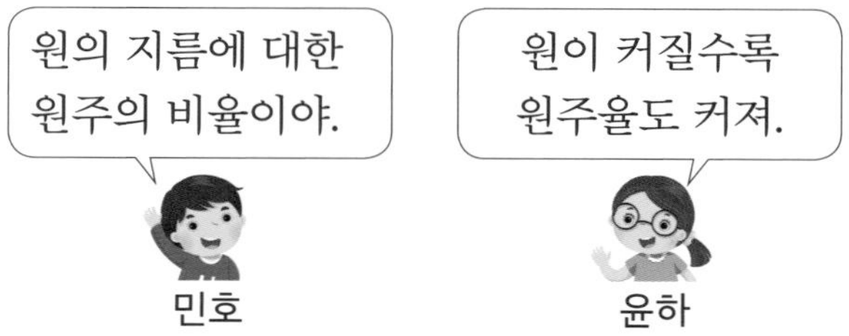

(　　　　　　)

» 정답 · 풀이 33쪽

조금 더 어려운 문제에 도전해 볼까요?

7 49쪽 추론

지름이 4 cm인 원판을 한 바퀴 굴렸습니다. 이 원판의 원주는 지름의 몇 배일까요?

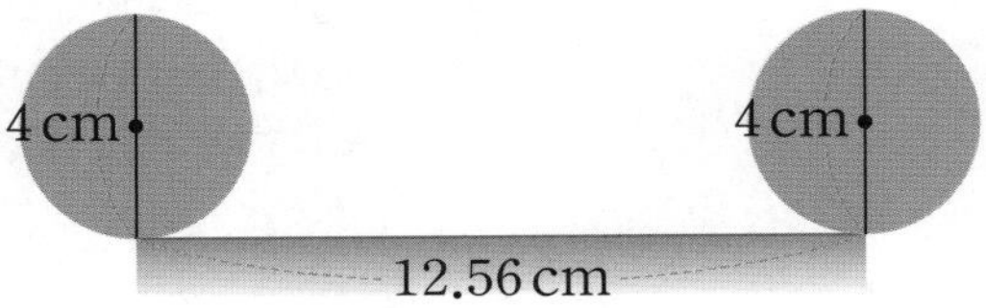

(　　　　　　)

8 49쪽 문제 해결

원주율을 구하세요.

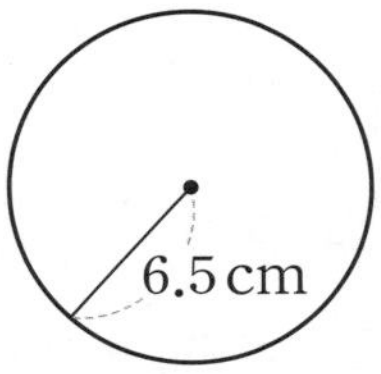

원주: 40.3 cm

(　　　　　　)

5단원

+9 49쪽 수학적 독해력

지름이 35 cm, 원주가 110 cm인 시계가 있습니다. (원주)÷(지름)을 반올림하여 주어진 자리까지 나타내어 표를 완성하고, 알맞은 말에 ○표 하세요.

반올림하여 소수 첫째 자리까지	반올림하여 소수 둘째 자리까지

➜ 원주율은 (나누어떨어지고 , 나누어떨어지지 않고) 끝없이 계속되기 때문에 어림하여 사용합니다.

+10 49쪽 수학적 표현력

원 모양의 접시가 있습니다. (원주)÷(지름)을 계산해 보고 원주율에 대해 알 수 있는 사실을 쓰세요.

가

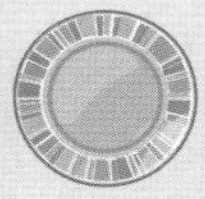

나

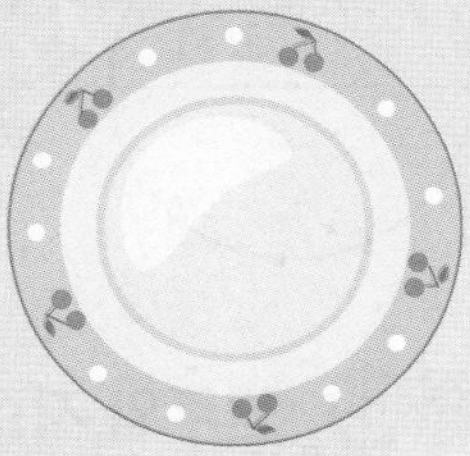

가	나
지름: 12 cm 원주: 37.2 cm	지름: 30 cm 원주: 93 cm

가: ☐ 나: ☐

[알 수 있는 사실] ______________________

____

오늘 공부 어땠나요? 10개 중 맞힌 문제 ☐ 개 > 틀린 문제는 힌트를 보고 다시 도전해 보세요. > 맞힌 문제는 힌트를 보고 자신의 생각과 비교해 보세요.

25일 원주와 지름 구하기

① 지름을 알 때 원주 구하기

(원주)÷(지름)=(원주율) ➜ (원주)=(지름)×(원주율)

예 지름이 6 cm인 원의 원주 구하기(원주율: 3)

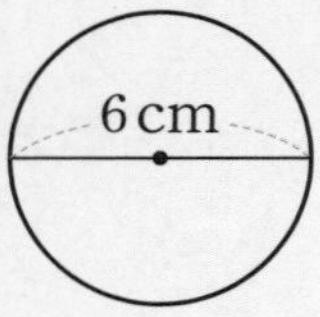

(원주)=(지름)×(원주율)
=6×3
=18 (cm)

◐ 반지름을 알 때 원주 구하기
지름은 반지름의 2배이므로
(원주)=(지름)×(원주율)
=(반지름)×2×(원주율)

② 원주를 알 때 지름 구하기

(원주)÷(지름)=(원주율) ➜ (지름)=(원주)÷(원주율)

예 원주가 31 cm인 원의 지름 구하기(원주율: 3.1)

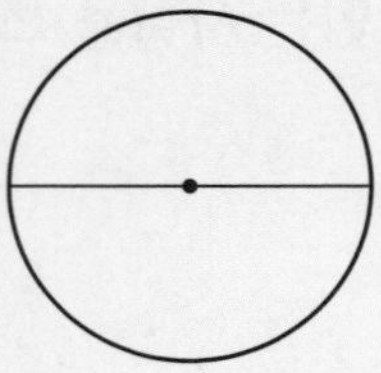

(지름)=(원주)÷(원주율)
=31÷3.1
=10 (cm)

◐ 원주를 알 때 반지름 구하기
지름은 반지름의 2배이므로
(지름)=(원주)÷(원주율)
(반지름)×2=(원주)÷(원주율)
➜ (반지름)
=(원주)÷(원주율)÷2

개념+ 원주와 지름의 관계

원주가 2배, 3배, 4배……가 되면 지름도 2배, 3배, 4배……가 됩니다.

예

원주(cm)	6	12	18	24
지름(cm)	2	4	6	8

(2배, 3배, 4배) (원주율: 3)

확인 1 원주를 구하려고 합니다. □ 안에 알맞은 수를 써넣으세요. (원주율: 3.1)

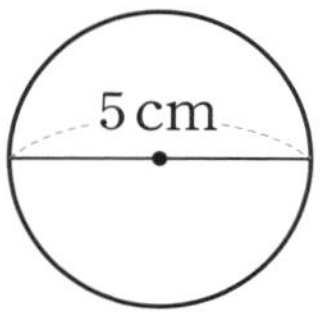

(원주)=□×3.1=□ (cm)

확인 2 원주가 다음과 같을 때 지름을 구하려고 합니다. □ 안에 알맞은 수를 써넣으세요. (원주율: 3)

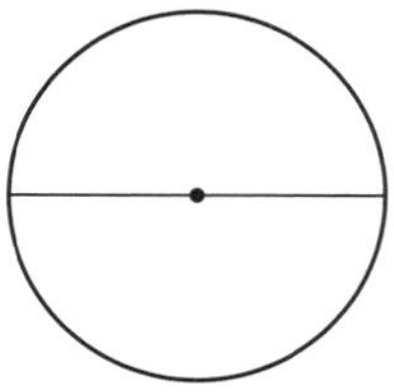

원주: 27 cm

(지름)=□÷3=□ (cm)

» 정답 · 풀이 34쪽

기본기 다지는 교과서 문제

1 원주를 구하려고 합니다. 표를 완성해 보세요. (원주율: 3.1)

지름(cm)	원주 구하는 식	원주(cm)
4	4×3.1	
10		

2 원주는 몇 cm일까요? (원주율: 3.14)

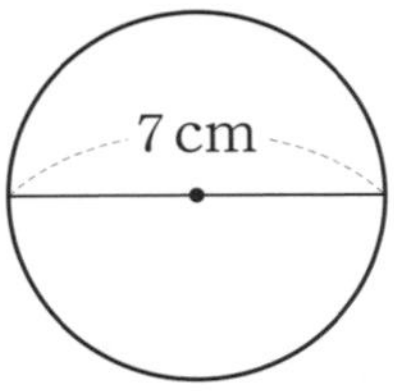

( )

3 지름을 구하려고 합니다. 표를 완성해 보세요. (원주율: 3)

원주(cm)	지름 구하는 식	지름(cm)
36	36÷3	
42		

4 □ 안에 알맞은 수를 써넣으세요. (원주율: 3.1)

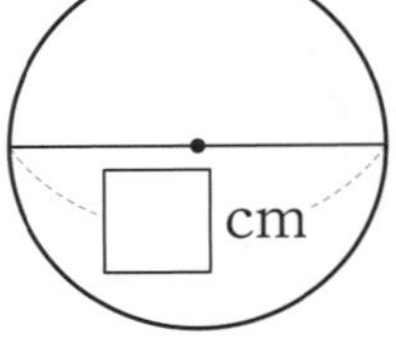

개념 따라쓰기

지름을 알 때 원주 구하기

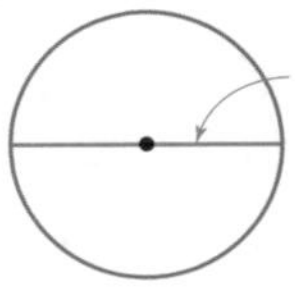

(원주율)=(원주)÷(지름)

→ (원주)=(지름)×(원주율)

(원주)=(지름)×(원주율)

원주를 알 때 지름 구하기

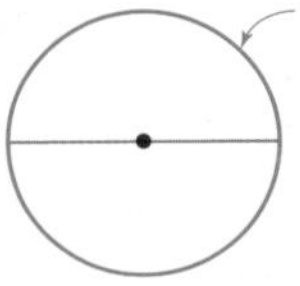

(원주율)=(원주)÷(지름)

→ (지름)=(원주)÷(원주율)

(지름)=(원주)÷(원주율)

1

적용

원주는 몇 cm일까요? (원주율: 3.1)

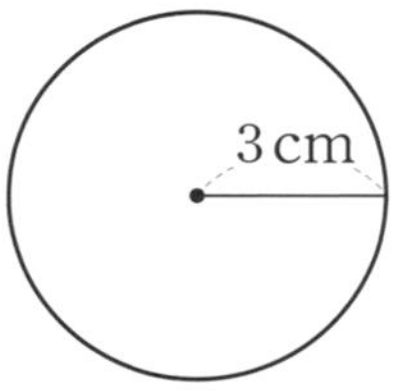

(　　　　　　　　)

2

적용

탬버린의 원 모양 부분의 원주를 재어 보니 75 cm 입니다. 탬버린의 원 모양 부분의 지름은 몇 cm일까요? (원주율: 3)

(　　　　　　　　)

3

50쪽

적용

□ 안에 알맞은 수를 써넣으세요. (원주율: 3.1)

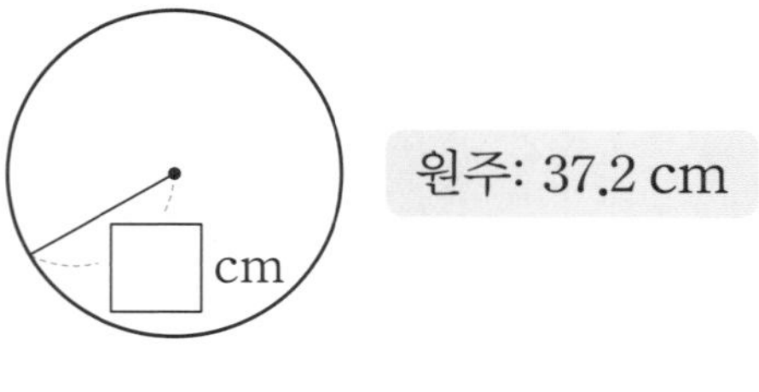

4

50쪽

창의 융합

프로펠러의 길이가 8 cm인 헬리콥터 장난감이 있습니다. 프로펠러가 돌 때 생기는 원의 원주는 몇 cm일까요? (원주율: 3.14)

(　　　　　　　　)

5

50쪽

추론

길이가 48 cm인 종이띠를 겹치지 않게 이어 붙여서 원을 만들었습니다. 만들어진 원의 지름은 몇 cm일까요? (원주율: 3)

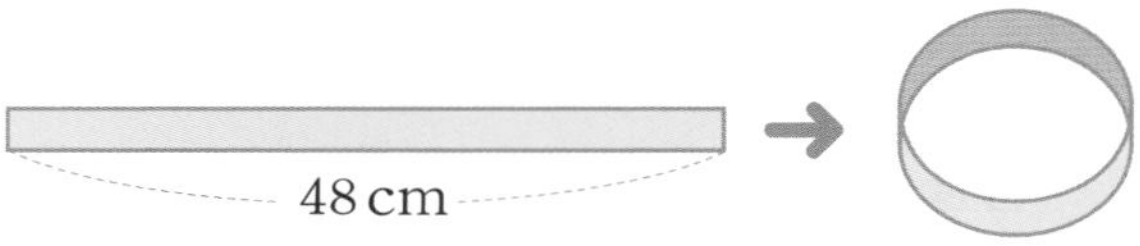

(　　　　　　　　)

6

50쪽

문제 해결

가와 나의 원주의 차는 몇 cm일까요? (원주율: 3)

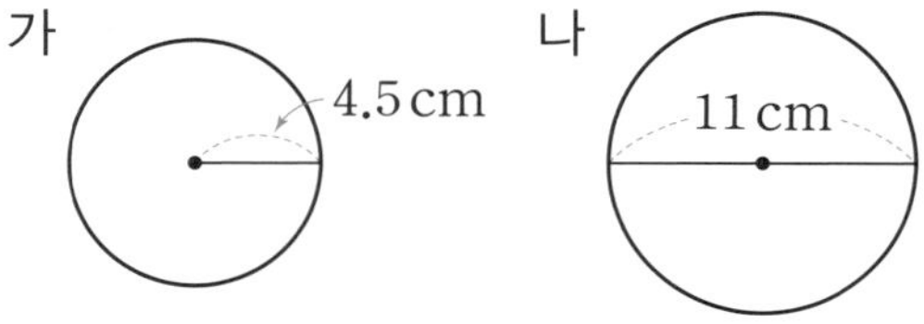

(　　　　　　　　)

» 정답 · 풀이 34쪽

조금 더 어려운 문제에 도전해 볼까요?

7 51쪽 문제 해결

지름이 20 cm인 바퀴를 4바퀴 굴렸을 때 바퀴가 굴러간 거리는 몇 cm일까요? (원주율: 3.14)

(　　　　　　　　)

8 51쪽 창의 융합

바퀴의 지름이 30 m인 대관람차에 5 m 간격으로 관람차가 매달려 있습니다. 관람차가 모두 몇 대 매달려 있을까요? (원주율: 3)

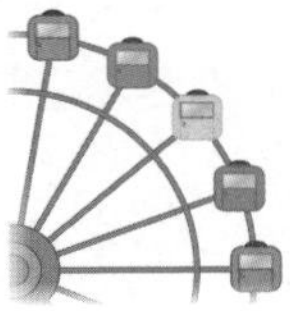

(　　　　　　　　)

5 단원

+9 51쪽 수학적 독해력

가장 큰 원부터 차례로 기호를 쓰세요. (원주율: 3.1)

㉠ 원주가 43.4 cm인 원
㉡ 반지름이 4 cm인 원
㉢ 지름이 10 cm인 원

☐—☐—☐

+10 51쪽 수학적 표현력

오른쪽 그림과 같이 컴퍼스를 벌려서 원을 그렸을 때 그린 원의 원주는 몇 cm인지 풀이 과정을 쓰고, 답을 구하세요. (원주율: 3.14)

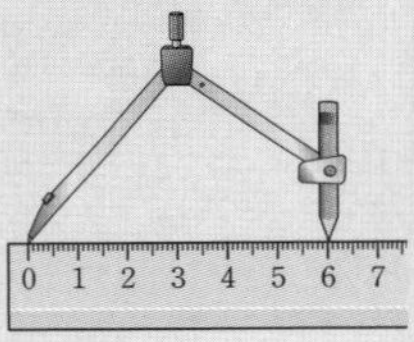

[풀이] ____________________

____

____

[답] ____________________

오늘 공부 어땠나요? 10개 중 맞힌 문제 ☐ 개 > 틀린 문제는 힌트를 보고 다시 도전해 보세요. > 맞힌 문제는 힌트를 보고 자신의 생각과 비교해 보세요.

26일 원의 넓이 어림하기

① 정사각형의 넓이를 이용하여 원의 넓이 어림하기

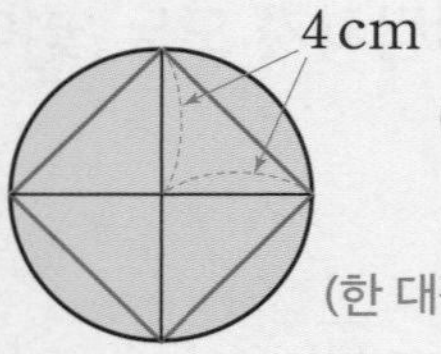

(원 안에 있는 정사각형의 넓이) ← 마름모

$=8\times8\div2=32\ (cm^2)$

(한 대각선의 길이)×(다른 대각선의 길이)÷2

➜ $32\ cm^2<$(원의 넓이)

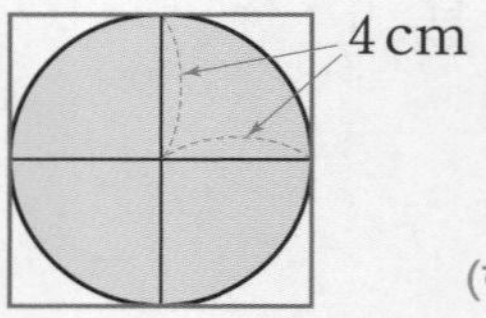

(원 밖에 있는 정사각형의 넓이)

$=8\times8=64\ (cm^2)$

(한 변의 길이)×(한 변의 길이)

➜ (원의 넓이)$<64\ cm^2$

원의 넓이는 $32\ cm^2$보다는 넓고, $64\ cm^2$보다는 좁습니다.

② 모눈종이를 이용하여 원의 넓이 어림하기

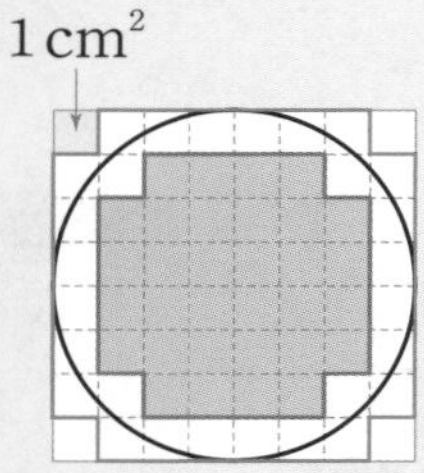

- 보라색 모눈의 수: 32칸 → $32\ cm^2$

  ➜ $32\ cm^2<$(원의 넓이)
- 빨간색 선 안쪽 모눈의 수: 60칸 → $60\ cm^2$

  ➜ (원의 넓이)$<60\ cm^2$

원의 넓이는 $32\ cm^2$보다는 넓고, $60\ cm^2$보다는 좁습니다.

확인 1 정사각형을 이용하여 원의 넓이를 어림하려고 합니다. □ 안에 알맞은 수를 써넣으세요.

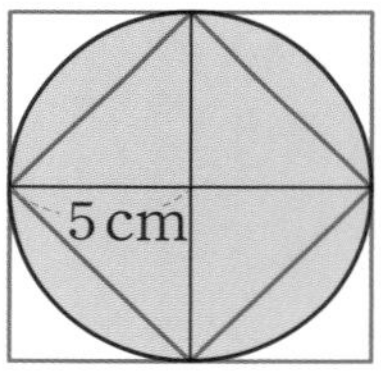

- (원 안에 있는 정사각형의 넓이)

  $=10\times10\div2=$□(cm^2)
- (원 밖에 있는 정사각형의 넓이)

  $=10\times10=$□(cm^2)

➜ □$cm^2<$(원의 넓이)

(원의 넓이) < □cm^2

확인 2 지름이 9 cm인 원의 넓이를 어림하려고 합니다. □ 안에 알맞은 수를 써넣으세요.

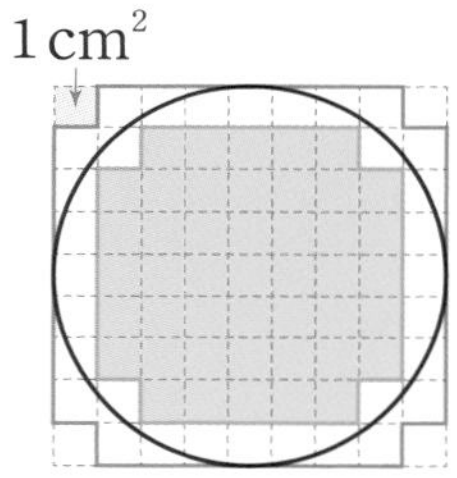

주황색 모눈의 수는 45칸이므로 넓이는 □cm^2이고, 빨간색 선 안쪽 모눈의 수는 77칸이므로 넓이는 □cm^2입니다.

➜ □$cm^2<$(원의 넓이)

(원의 넓이)$<$□cm^2

» 정답 · 풀이 35쪽

기본기 다지는 교과서 문제

[1~2] 반지름이 8 cm인 원의 넓이를 어림하려고 합니다. 물음에 답하세요.

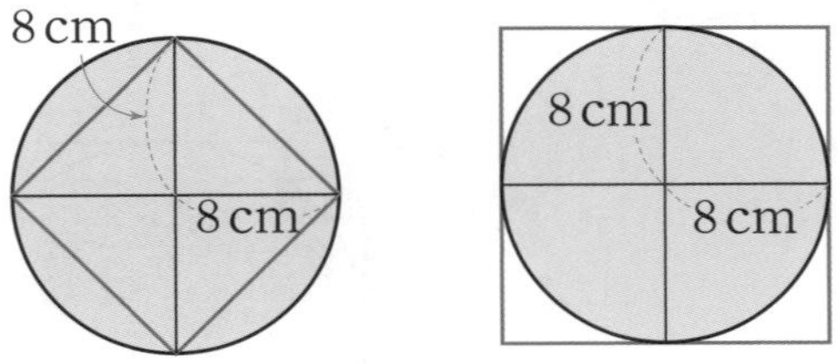

1 □ 안에 알맞은 수를 써넣으세요.

(원 안에 있는 정사각형의 넓이)
= □ × □ ÷ □
= □ (cm²)

(원 밖에 있는 정사각형의 넓이)
= □ × □
= □ (cm²)

2 원의 넓이를 어림해 보세요.

□ cm² < (원의 넓이)

(원의 넓이) < □ cm²

[3~4] 오른쪽 그림과 같이 한 변의 길이가 12 cm인 정사각형에 지름이 12 cm인 원을 그리고 1 cm 간격으로 모눈을 그렸습니다. 물음에 답하세요.

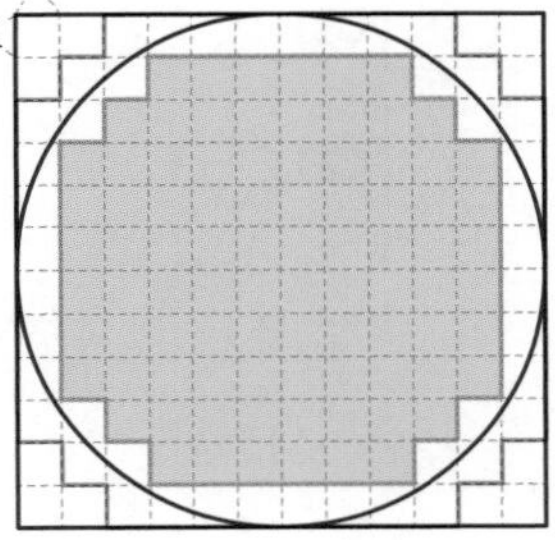

3 초록색 모눈의 넓이와 빨간색 선 안쪽 모눈의 넓이는 각각 몇 cm²일까요?

초록색 모눈의 넓이 (　　　　　　)

빨간색 선 안쪽 모눈의 넓이 (　　　　　　)

4 원의 넓이를 어림해 보세요.

□ cm² < (원의 넓이)

(원의 넓이) < □ cm²

개념 따라쓰기

정사각형의 넓이를 이용하여 원의 넓이 어림하기

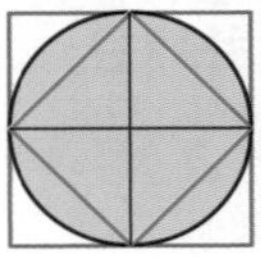

원의 넓이는 원 안에 있는 정사각형의 넓이보다 넓고, 원 밖에 있는 정사각형의 넓이보다 좁습니다.

모눈종이를 이용하여 원의 넓이 어림하기

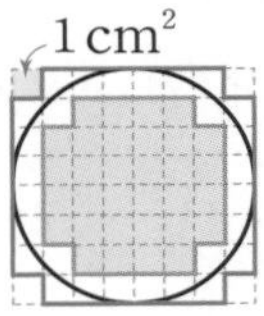

원의 넓이는 분홍색 모눈의 넓이보다 넓고, 초록색 선 안쪽 모눈의 넓이보다 좁습니다.

5 단원

[1~3] 반지름이 12 cm인 원의 넓이를 어림하려고 합니다. 물음에 답하세요.

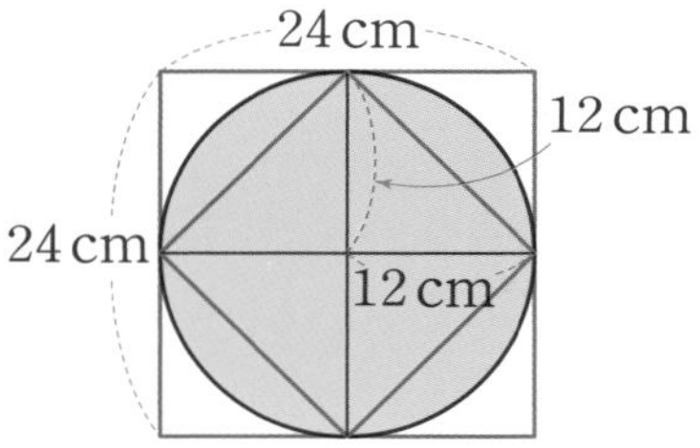

1

이해

◯ 안에 >, =, <를 알맞게 써넣으세요.

(원 안에 있는 정사각형의 넓이) ◯ (원의 넓이)

(원의 넓이) ◯ (원 밖에 있는 정사각형의 넓이)

2

52쪽

이해

원 안에 있는 정사각형의 넓이와 원 밖에 있는 정사각형의 넓이를 각각 구하여 □ 안에 알맞은 수를 써넣으세요.

원 안에 있는 정사각형의 넓이: □ cm^2

원 밖에 있는 정사각형의 넓이: □ cm^2

3

이해

원의 넓이를 어림해 보세요.

□ cm^2 < (원의 넓이)

(원의 넓이) < □ cm^2

[4~6] 그림과 같이 한 변의 길이가 10 cm인 정사각형에 지름이 10 cm인 원을 그리고 1 cm 간격으로 모눈을 그렸습니다. 물음에 답하세요.

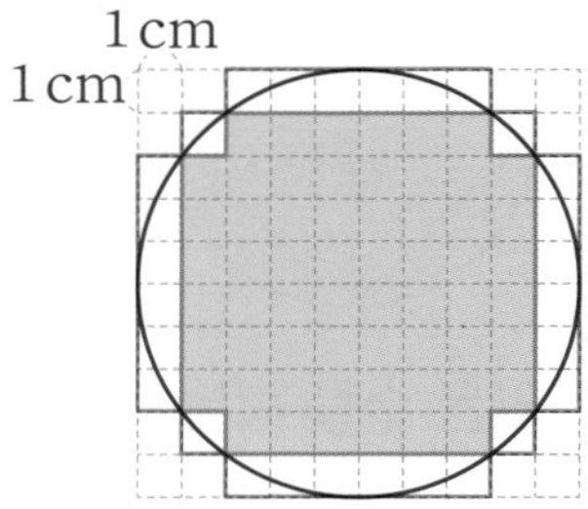

4

52쪽

이해

보라색 모눈의 넓이는 몇 cm^2인지 구하세요.

(　　　　　　)

5

52쪽

이해

빨간색 선 안쪽 모눈의 넓이는 몇 cm^2인지 구하세요.

(　　　　　　)

6

52쪽

추론

원의 넓이를 바르게 어림한 친구를 찾아 이름을 쓰세요.

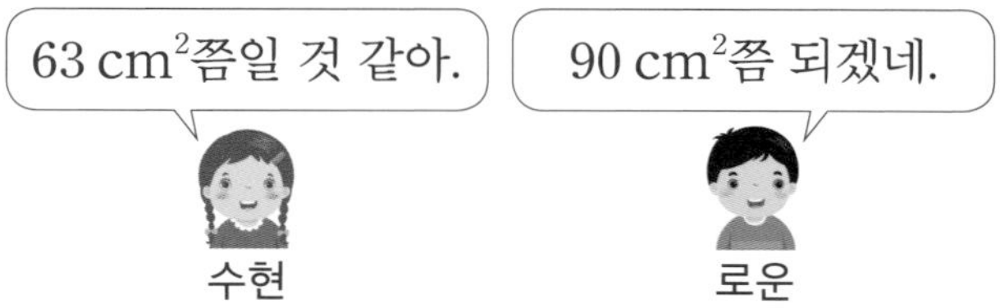

(　　　　　　)

조금 더 어려운 문제에 도전해 볼까요?

7 53쪽 추론

모눈의 수를 세어 원의 넓이는 몇 cm^2쯤 될지 어림해 보세요.

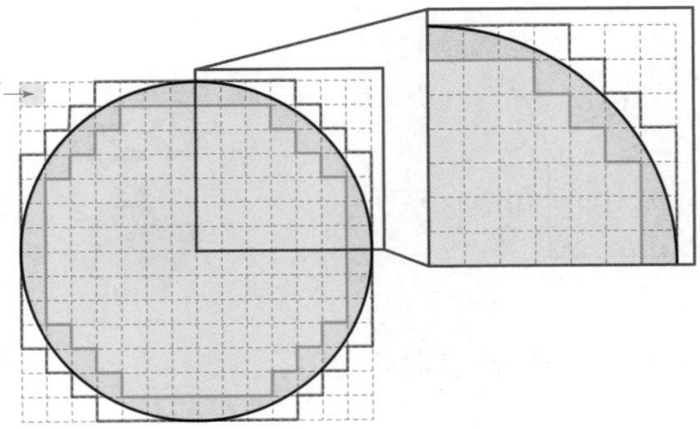

(　　　　　　　　)

8 53쪽 창의 융합

딸기잼을 만들어 병에 옮겨 담았습니다. 이 병을 원 모양의 뚜껑으로 닫을 때 뚜껑 윗부분의 넓이는 몇 cm^2쯤 될지 어림해 보세요.

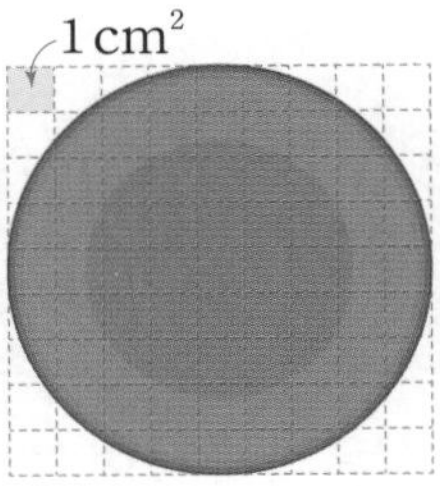

(　　　　　　　　)

+9 53쪽 수학적 독해력

정사각형의 넓이를 이용하여 원의 넓이는 몇 cm^2쯤 될지 어림하려고 합니다. 원의 넓이가 될 수 있는 것은 모두 몇 개인지 구하세요.

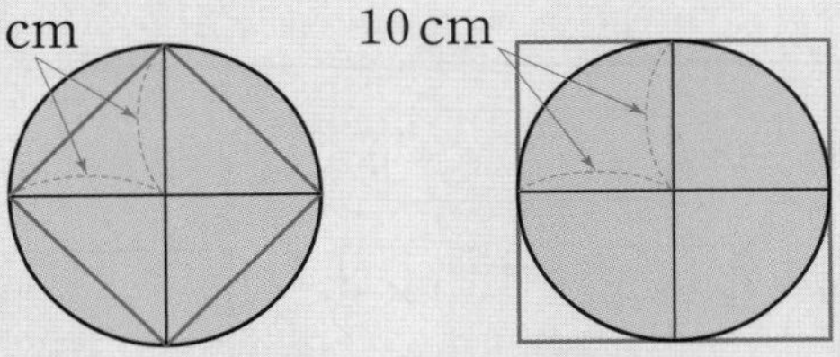

124 cm^2	185 cm^2	200 cm^2
270 cm^2	356 cm^2	400 cm^2

(　　　　　　　　)

+10 53쪽 수학적 표현력

정육각형의 넓이를 이용하여 원의 넓이를 어림하려고 합니다. 삼각형 ㄱㅇㄷ의 넓이가 32 cm^2, 삼각형 ㄹㅇㅂ의 넓이가 24 cm^2라면 원의 넓이는 몇 cm^2쯤 될지 어림하고, 그 이유를 쓰세요.

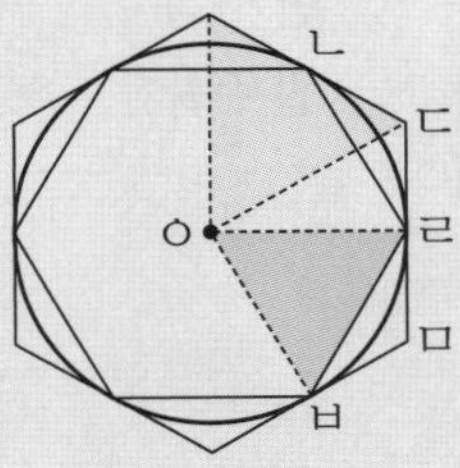

넓이 ____________________

이유 ____________________

____

5단원

오늘 공부 어땠나요? 10개 중 맞힌 문제 [　　] 개 > 틀린 문제는 힌트를 보고 다시 도전해 보세요. > 맞힌 문제는 힌트를 보고 자신의 생각과 비교해 보세요.

27일 원의 넓이 구하는 방법

❶ 원의 넓이 구하는 방법

원의 중심을 지나는 선분을 그어 원을 한없이 잘라서 이어 붙이면 점점 직사각형에 가까워집니다.

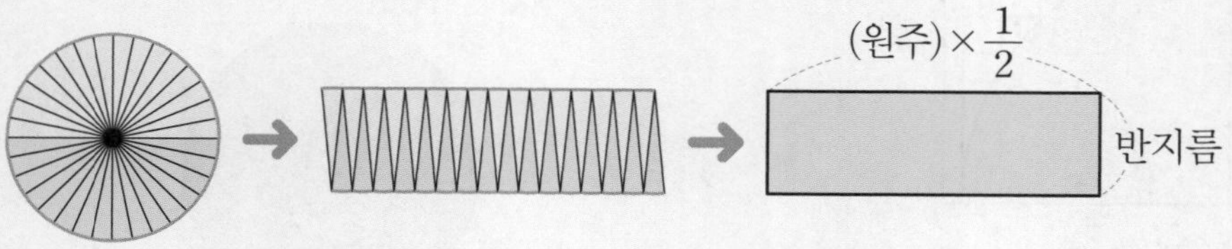

→ 원의 넓이는 직사각형의 넓이를 구하는 방법으로 구할 수 있습니다.
(직사각형의 넓이 → (가로)×(세로))

$$(\text{원의 넓이}) = (\text{원주}) \times \frac{1}{2} \times (\text{반지름})$$
$$= (\text{원주율}) \times (\text{지름}) \times \frac{1}{2} \times (\text{반지름})$$
$$= (\text{반지름}) \times (\text{반지름}) \times (\text{원주율})$$

◐ (원의 넓이)
$= (\text{가로}) \times (\text{세로})$
$= (\text{원주}) \times \frac{1}{2} \times (\text{반지름})$

확인 1 〈보기〉를 보고 □ 안에 알맞은 말을 골라 써넣으세요.

〈보기〉
원주 반지름
지름 원주율

$(\text{원의 넓이}) = (\text{원주}) \times \frac{1}{2} \times (\square)$
$= (\text{원주율}) \times (\square) \times \frac{1}{2} \times (\square)$
$= (\square) \times (\text{반지름}) \times (\text{원주율})$

확인 2 원의 넓이를 구하려고 합니다. □ 안에 알맞은 수를 써넣으세요. (원주율: 3)

(1)

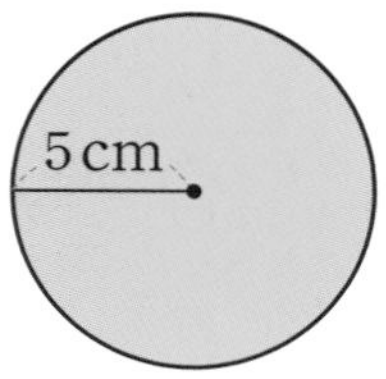

$(\text{원의 넓이}) = 5 \times \square \times \square$
$= \square\ (\text{cm}^2)$

(2)

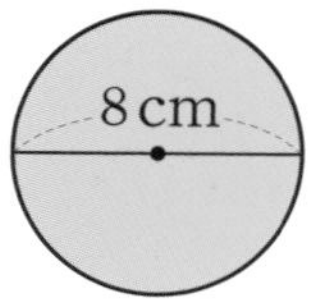

$(\text{원의 넓이}) = \square \times \square \times 3$
$= \square\ (\text{cm}^2)$

기본기 다지는 교과서 문제

» 정답 · 풀이 37쪽

[1~2] 원을 잘게 잘라 이어 붙여서 점점 직사각형에 가까워지는 도형으로 만들었습니다. 물음에 답하세요.(원주율: 3.1)

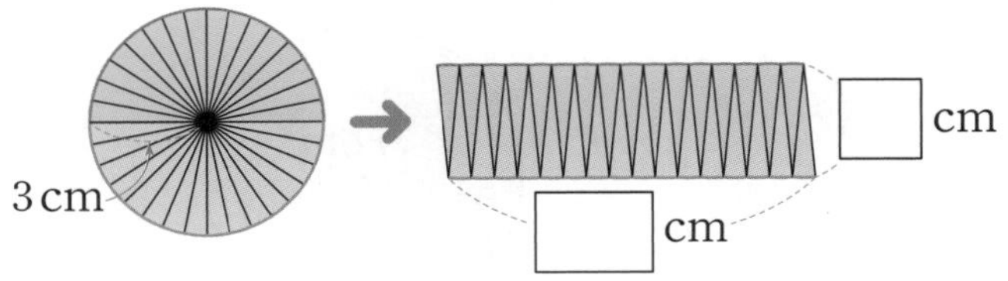

1 위 그림의 □ 안에 알맞은 수를 써넣으세요.

2 직사각형의 넓이를 이용하여 원의 넓이는 몇 cm^2인지 구하세요.

( )

3 원의 지름을 이용하여 원의 넓이는 몇 cm^2인지 구하세요.

(원주율: 3)

지름(cm)	반지름(cm)	원의 넓이 구하는 식	원의 넓이(cm^2)
4			
14			

4 원의 넓이는 몇 cm^2인지 구하세요. (원주율: 3.14)

(1)

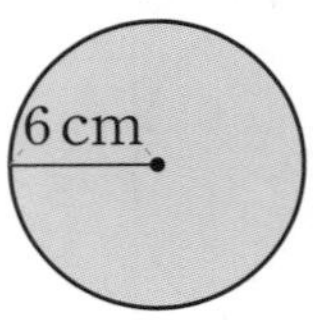

( )

(2)

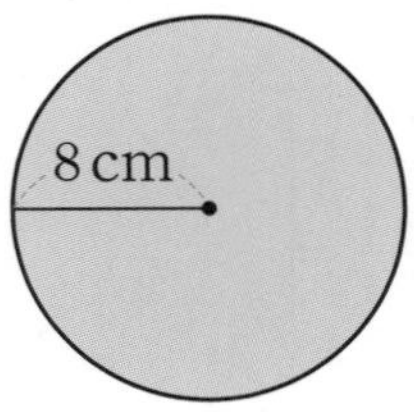

( )

개념 따라쓰기

원의 넓이 구하는 방법

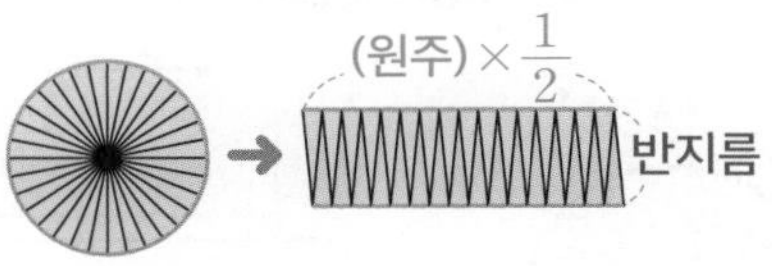

원을 한없이 잘라서 이어 붙이면 점점 직사각형에 가까워지므로 원의 넓이는 직사각형의 넓이를 구하는 방법으로 구할 수 있습니다.

원의 넓이 구하는 식

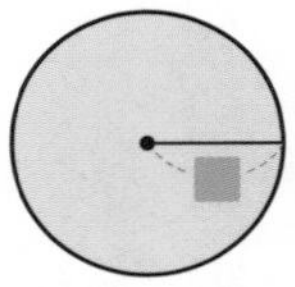

(원의 넓이)=■×■×(원주율)

원의 넓이는 (반지름) × (반지름) × (원주율)로 구할 수 있습니다.

5 단원

1
이해

원을 잘게 잘라서 다음과 같이 이어 붙였습니다. □ 안에 알맞게 써넣으세요.

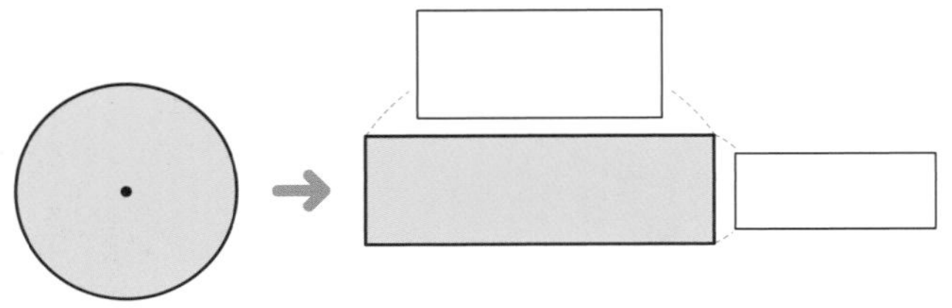

2
54쪽
이해

원의 넓이는 몇 cm^2일까요? (원주율: 3.14)

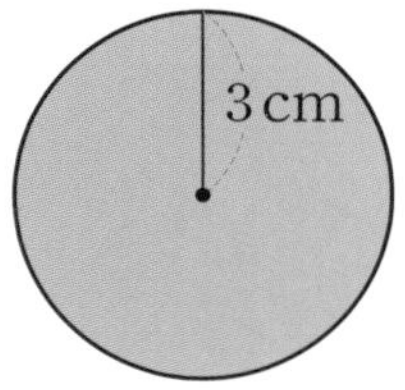

$\square \times \square \times 3.14 = \square$ (cm^2)

3
추론

원주율을 얼마로 하여 계산하는지에 따라 원의 넓이가 얼마나 달라지는지 알아보려고 합니다. 빈칸에 알맞은 수를 써넣으세요.

지름(cm)	원주율	원의 넓이(cm^2)
20	3	
20	3.1	
20	3.14	

4
54쪽
적용

원의 넓이는 몇 cm^2일까요? (원주율: 3.1)

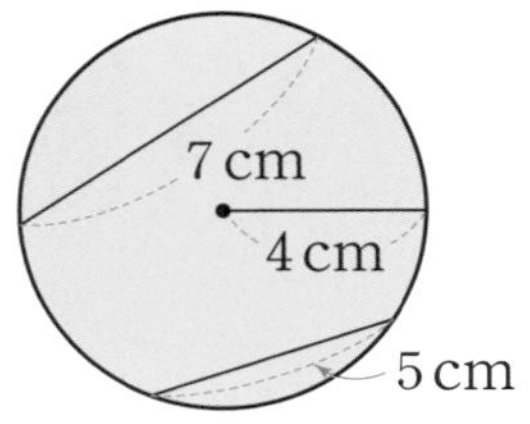

(　　　　　　　　)

5
54쪽
창의 융합

원 모양인 방석의 지름이 30 cm일 때 방석의 넓이는 몇 cm^2일까요? (원주율: 3.14)

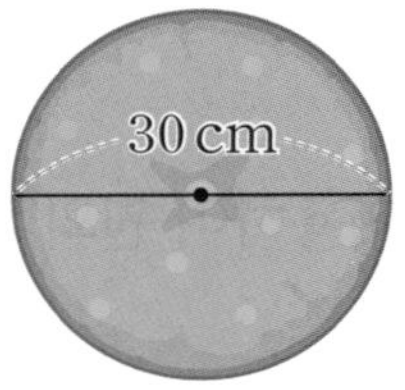

(　　　　　　　　)

6
54쪽
추론

한 변의 길이가 32 cm인 정사각형 안에 들어갈 수 있는 가장 큰 원의 넓이는 몇 cm^2일까요?
(원주율: 3)

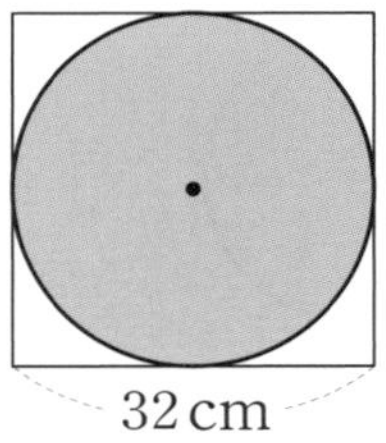

(　　　　　　　　)

» 정답 · 풀이 37쪽

7 55쪽 추론

원의 넓이가 446.4 cm^2일 때 □ 안에 알맞은 수를 써넣으세요. (원주율: 3.1)

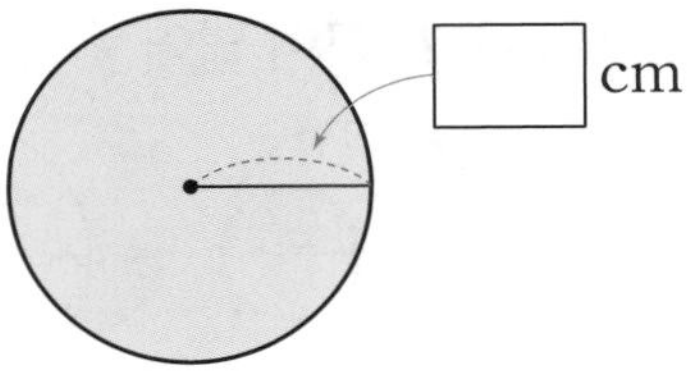

8 55쪽 문제 해결

가장 큰 원부터 차례로 기호를 쓰세요. (원주율: 3)

㉠ 넓이가 192 cm^2인 원
㉡ 반지름이 11 cm인 원
㉢ 원주가 60 cm인 원
㉣ 지름이 28 cm인 원

( )

5 단원

+9 55쪽 수학적 독해력

길이가 49.6 cm인 끈을 남김없이 사용하여 겹치지 않게 이어 붙여서 원을 한 개 만들었습니다. 만든 원의 넓이는 몇 cm^2일까요? (원주율: 3.1)

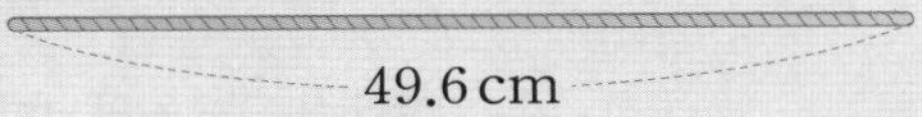

( )

+10 55쪽 수학적 표현력

가와 나의 넓이의 차는 몇 cm^2인지 구하려고 합니다. 풀이 과정을 쓰고, 답을 구하세요.

(원주율: 3.14)

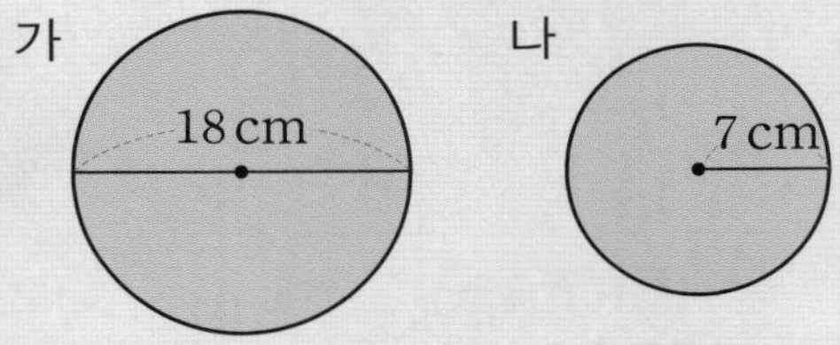

풀이

답

오늘 공부 어땠나요? 10개 중 맞힌 문제 □ 개 > 틀린 문제는 힌트를 보고 다시 도전해 보세요. > 맞힌 문제는 힌트를 보고 자신의 생각과 비교해 보세요.

28일 여러 가지 원의 넓이 구하기

① 여러 가지 원으로 이루어진 모양의 넓이 구하기

• 전체에서 부분을 빼서 넓이 구하기

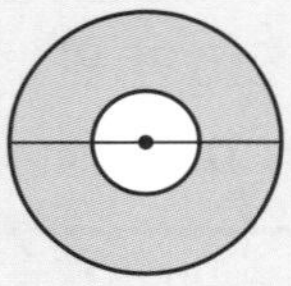

(색칠한 부분의 넓이)
=(큰 원의 넓이)
−(작은 원의 넓이)

• 도형을 나누어 각 부분의 넓이의 합으로 넓이 구하기

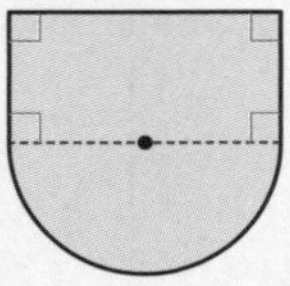

(전체 도형의 넓이)
=(직사각형의 넓이)
+(반원의 넓이)

• 도형을 옮겨서 간단한 모양으로 바꾸어 넓이 구하기

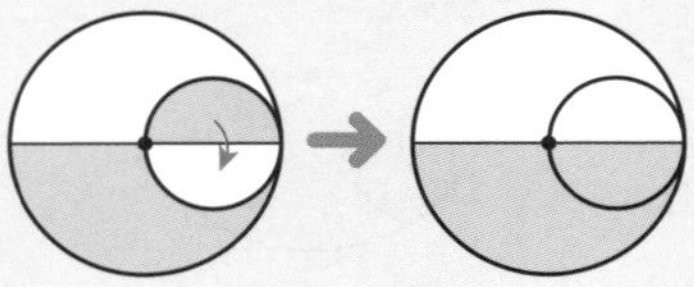

(색칠한 부분의 넓이)
=(큰 반원의 넓이)

개념+ 반지름과 원의 넓이의 관계

반지름이 2배, 3배……가 되면 원의 넓이는 4배, 9배……가 됩니다.

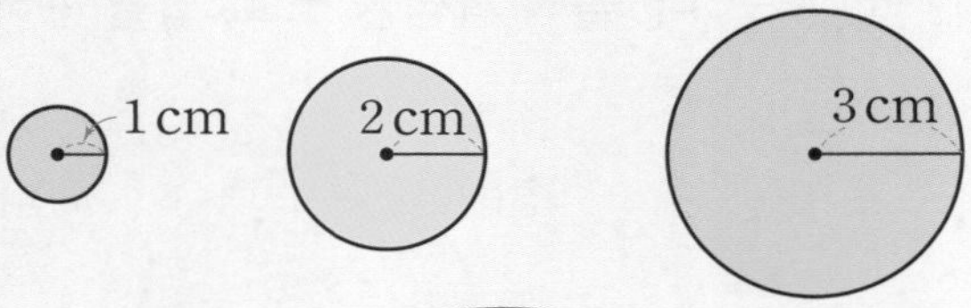

반지름(cm)	1	2	3
원의 넓이(cm^2)	3	12	27

(2배, 3배 / 4배, 9배)

(원주율: 3)

확인 1 색칠한 부분의 넓이를 구하려고 합니다. □ 안에 알맞은 수를 써넣으세요. (원주율: 3)

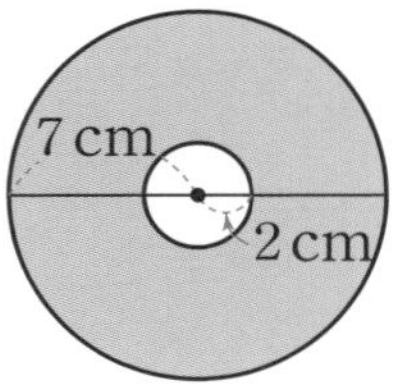

(색칠한 부분의 넓이)=(반지름이 7 cm인 원의 넓이)
−(반지름이 □ cm인 원의 넓이)
=7×7×3−□×□×3
=□−□=□ (cm^2)

기본기 다지는 교과서 문제

» 정답 · 풀이 38쪽

[1~2] 오른쪽 그림에서 색칠한 부분의 넓이를 구하려고 합니다. 물음에 답하세요.
(원주율: 3.1)

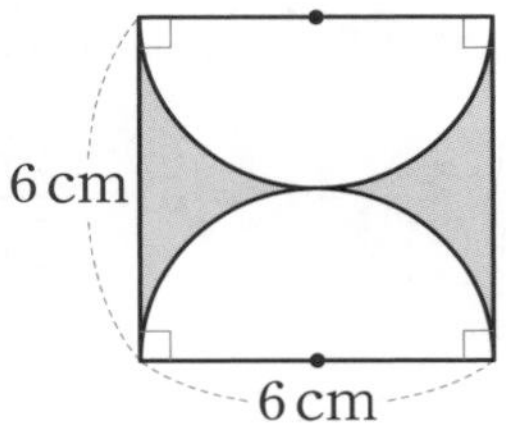

1 □ 안에 알맞은 수를 써넣으세요.

> 색칠하지 않은 부분의 넓이는 반지름이 □ cm인 원 1개의 넓이와 같습니다.

2 색칠한 부분의 넓이는 몇 cm^2인지 □ 안에 알맞은 수를 써넣으세요.

(색칠한 부분의 넓이)
=(정사각형의 넓이)−(원의 넓이)
=□×□−□×□×3.1
=□−□=□ (cm^2)

3 꽃밭의 넓이를 구하려고 합니다. □ 안에 알맞은 수를 써넣으세요. (원주율: 3)

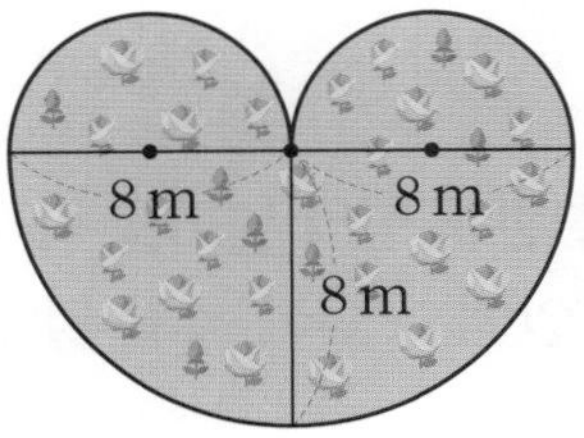

(꽃밭의 넓이)
=(큰 반원의 넓이)+(작은 반원의 넓이)×2
=□×□×3÷□+(□×□×3÷□)×2
=□+□=□ (m^2)

개념 따라쓰기

여러 가지 원으로 이루어진 모양의 넓이 구하기 ①

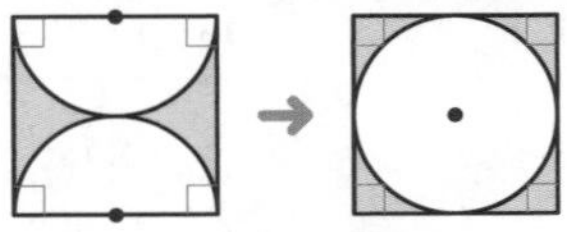

(색칠한 부분의 넓이)
=(정사각형의 넓이)−(원의 넓이)

① 도형을 옮겨서 간단한 모양으로 바꾸어 넓이를 구할 수 있습니다.

② 전체에서 부분을 빼서 색칠한 부분의 넓이를 구할 수 있습니다.

여러 가지 원으로 이루어진 모양의 넓이 구하기②

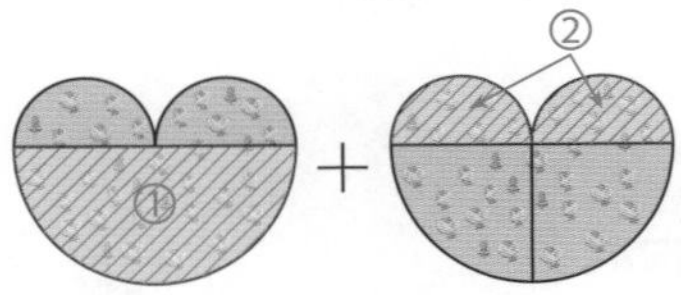

(색칠한 부분의 넓이)
=(①의 넓이)+(②의 넓이)

도형을 나누어 각 부분의 넓이의 합으로 넓이를 구할 수 있습니다.

5 단원

스스로 풀어내는 도전 10 문제

막힐 땐 힌트북

[1~2] 색칠한 부분의 넓이를 구하려고 합니다. 물음에 답하세요. (원주율: 3.1)

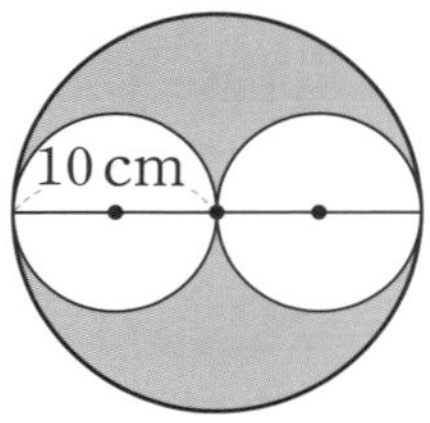

1 이해

큰 원의 넓이와 작은 원 한 개의 넓이는 각각 몇 cm^2인지 구하세요.

큰 원의 넓이 (　　　　　　)
작은 원 한 개의 넓이 (　　　　　　)

2 이해

색칠한 부분의 넓이는 몇 cm^2인지 구하세요.

(　　　　　　)

3 56쪽 적용

색칠한 부분의 넓이는 몇 cm^2일까요? (원주율: 3)

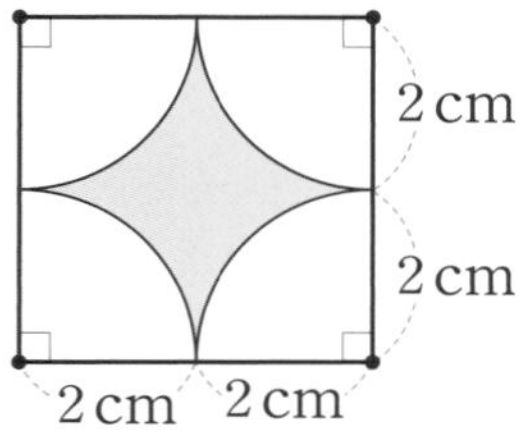

(　　　　　　)

4 56쪽 이해

오른쪽 그림에서 색칠한 부분의 넓이를 구하는 방법을 바르게 설명한 친구의 이름을 쓰고, 넓이를 구하세요. (원주율: 3.1)

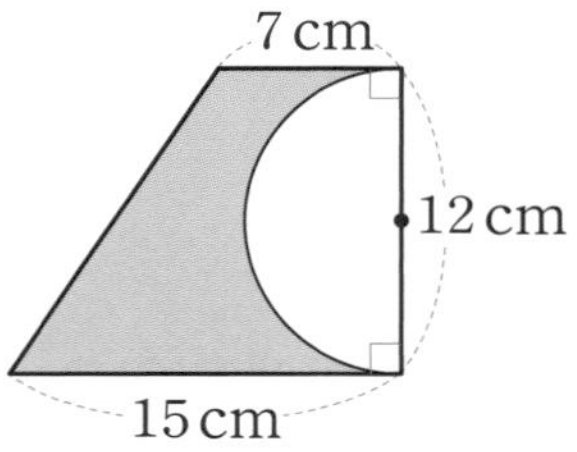

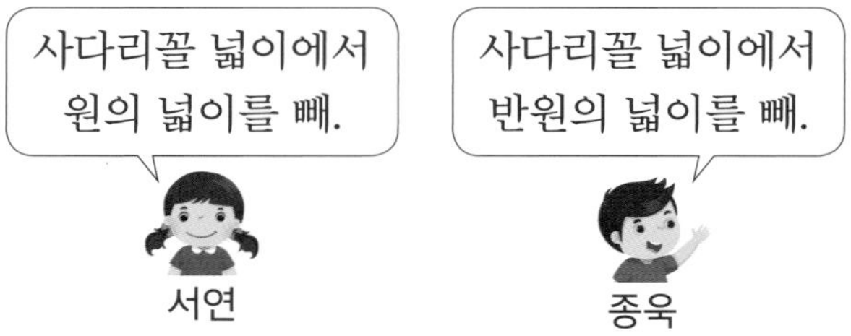

(　　　　　　), (　　　　　　)

5 56쪽 적용

도형의 넓이는 몇 cm^2일까요? (원주율: 3)

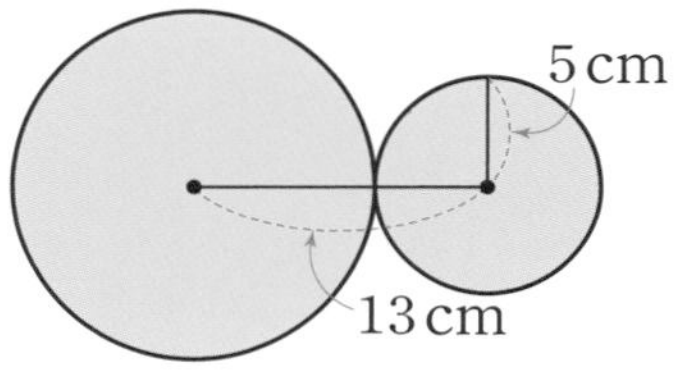

(　　　　　　)

6 56쪽 추론

색칠한 도형의 넓이를 각각 구하고 넓이를 비교하여 ◯ 안에 $>$, $=$, $<$를 알맞게 써넣으세요. (원주율: 3.1)

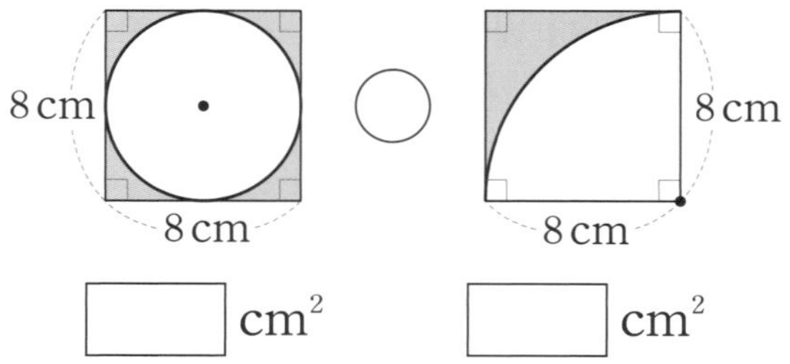

» 정답 · 풀이 38쪽

7 57쪽 문제 해결

도형의 넓이는 몇 cm^2일까요? (원주율: 3.14)

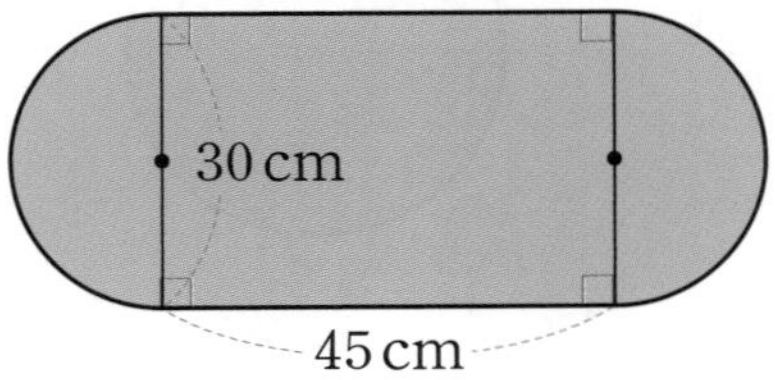

(　　　　　　)

8 57쪽 문제 해결

과녁 그림을 보고 각 색깔의 넓이를 구하세요.
(원주율: 3)

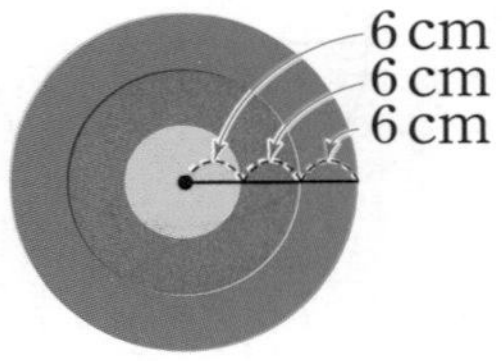

노란색 (　　　　　　)
빨간색 (　　　　　　)
초록색 (　　　　　　)

+9 57쪽 수학적 독해력

두꺼운 종이 두 장을 오려서 다음과 같이 만들었습니다. 가 종이와 나 종이를 만드는 데 사용한 종이의 넓이는 각각 몇 cm^2일까요? (원주율: 3.1)

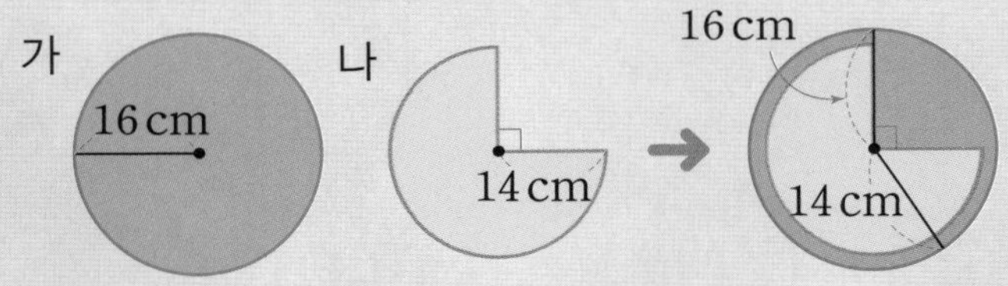

가 종이 (　　　　　　)
나 종이 (　　　　　　)

+10 57쪽 수학적 표현력

두 원의 넓이를 각각 구하여 반지름이 길어지면 원의 넓이는 어떻게 달라지는지 설명해 보세요.
(원주율: 3)

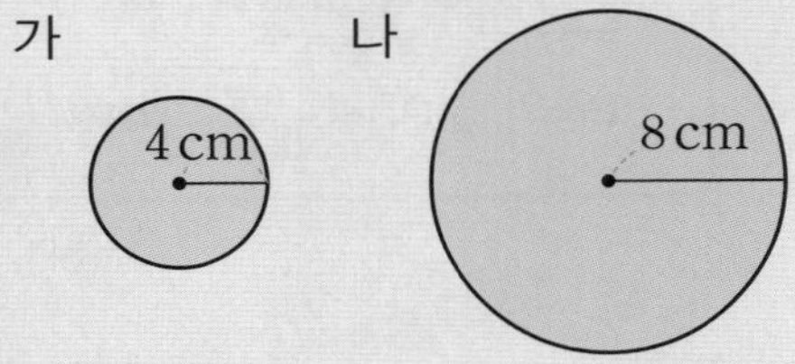

〔설명〕 ______________________________

____

____

오늘 공부 어땠나요?

10개 중 맞힌 문제 [　　] 개 › **틀린 문제**는 힌트를 보고 다시 도전해 보세요. › **맞힌 문제**는 힌트를 보고 자신의 생각과 비교해 보세요.

01 □ 안에 알맞은 수를 써넣으세요.

(원주율: 3.1)

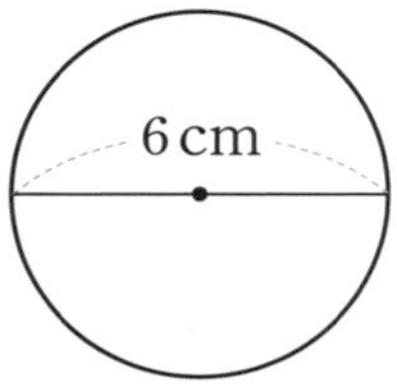

(원주)=□×3.1=□(cm)

02 모눈의 수를 세어 원의 넓이를 어림하려고 합니다. □ 안에 알맞은 수를 써넣으세요.

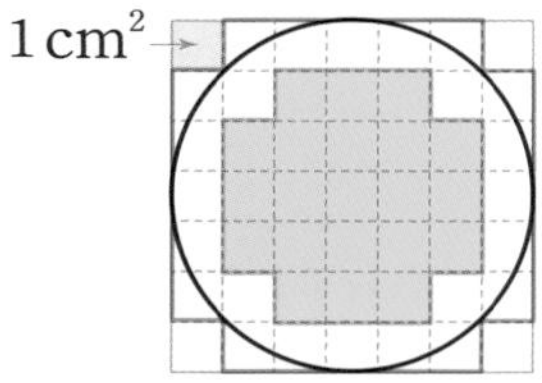

□ cm² < (원의 넓이)

(원의 넓이) < □ cm²

03 원주율을 구하세요.

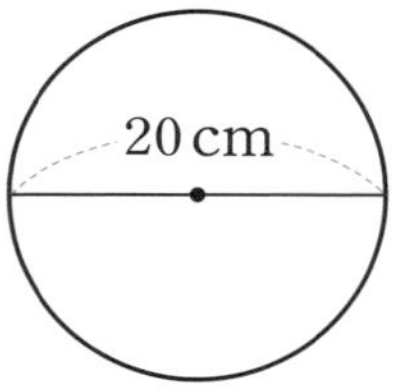

원주: 62.8 cm

(　　　　　)

04 원의 넓이를 구하세요. (원주율: 3.14)

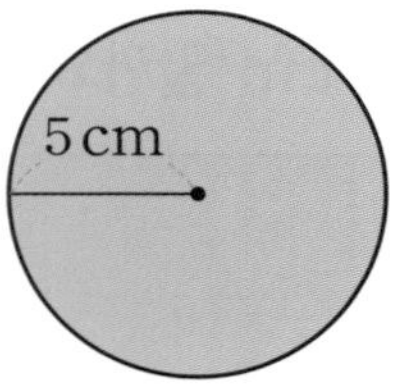

(　　　　　)

05 원주와 원주율에 대해 바르게 설명한 것을 찾아 기호를 쓰세요.

㉠ 원주율을 소수로 나타내면 끝없이 이어집니다.
㉡ 지름이 길어져도 원주는 변하지 않습니다.
㉢ 원주율은 원의 반지름에 대한 원주의 비율입니다.

(　　　　　)

06 원주가 48 cm인 원의 반지름은 몇 cm일까요?

(원주율: 3)

(　　　　　)

07 크기가 큰 원부터 차례로 기호를 쓰세요.

(원주율: 3.1)

㉠ 반지름이 9 cm인 원
㉡ 원주가 43.4 cm인 원
㉢ 지름이 11 cm인 원

☐—☐—☐

08 반지름이 15 cm인 원 모양의 굴렁쇠를 몇 바퀴 굴렸더니 앞으로 376.8 cm만큼 나아갔습니다. 굴렁쇠를 몇 바퀴 굴린 것인지 구하세요.

(원주율: 3.14)

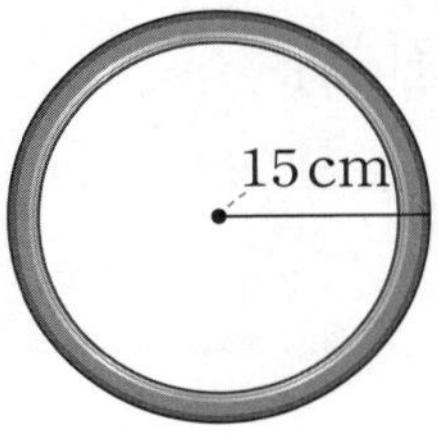

(　　　　　　　　)

09 넓이가 363 cm^2인 원 모양의 접시가 있습니다. 이 접시의 원주는 몇 cm일까요?

(원주율: 3)

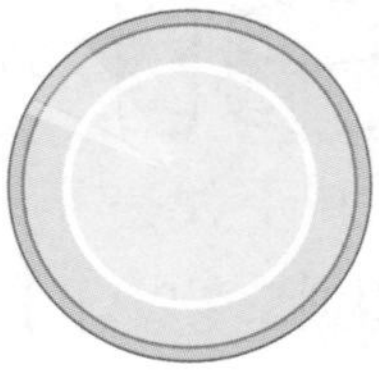

(　　　　　　　　)

서술형

10 색칠한 부분의 넓이는 몇 cm^2인지 구하려고 합니다. 풀이 과정을 쓰고, 답을 구하세요.

(원주율: 3.1)

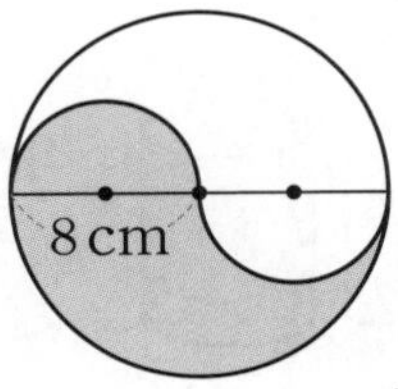

[풀이] ______________________

____

____

[답] ______________________

29일 원기둥 알아보기

① 원기둥 알아보기

- 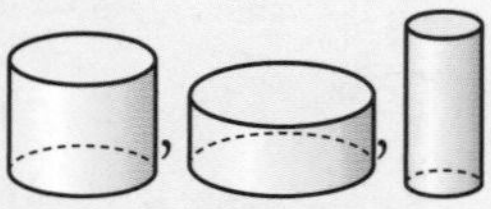 등과 같은 입체도형을 **원기둥**이라고 합니다.
- 원기둥은 마주 보는 두 면이 서로 평행하고 합동인 원으로 이루어진 기둥 모양의 입체도형입니다.

원기둥과 각기둥 비교하기

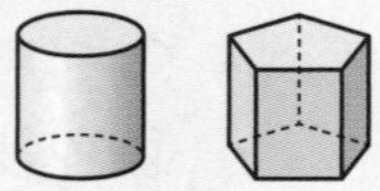

〔공통점〕
① 기둥 모양입니다.
② 두 밑면이 서로 평행하고 합동입니다.

〔차이점〕

도형	원기둥	각기둥
밑면의 모양	원	다각형
옆면의 모양	굽은 면	직사각형
모서리, 꼭짓점	없음	있음

② 원기둥의 구성 요소

- **밑면**: 서로 평행하고 합동인 두 면
- **옆면**: 두 밑면과 만나는 면(원기둥의 옆면은 굽은 면입니다.)
- **높이**: 두 밑면에 수직인 선분의 길이

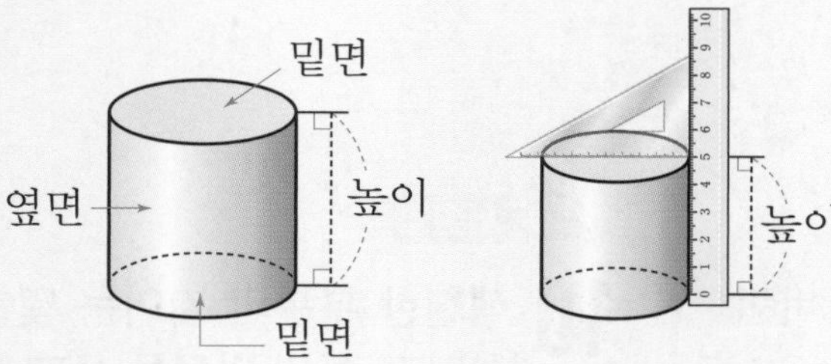

개념+ 원기둥 만들기

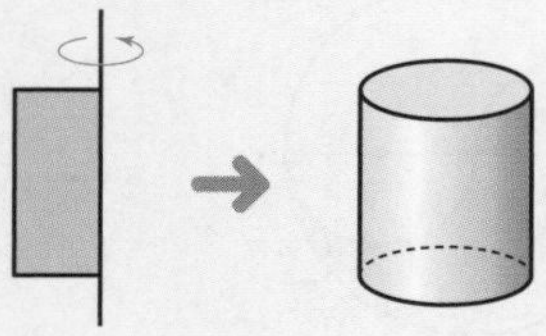

직사각형 모양의 종이를 한 변을 기준으로 돌리면 원기둥이 만들어집니다.

확인 1 도형을 보고 물음에 답하세요.

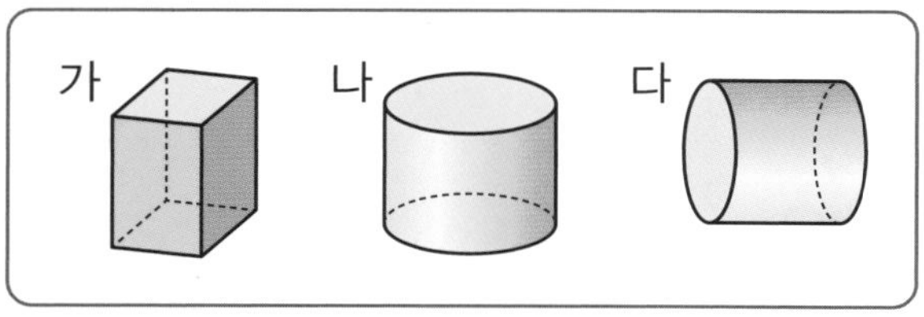

(1) 마주 보는 두 면이 서로 평행하고 합동인 원으로 이루어진 입체도형을 모두 찾아 기호를 쓰세요.
( )

(2) (1)에서 찾은 도형을 무엇이라고 하나요?
( )

확인 2 〈보기〉에서 □ 안에 알맞은 말을 찾아 써넣으세요.

〈보기〉
밑면 옆면 높이

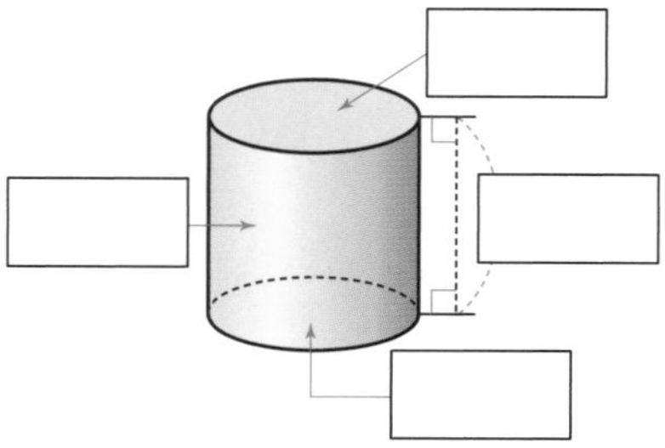

1 도형을 보고 물음에 답하세요.

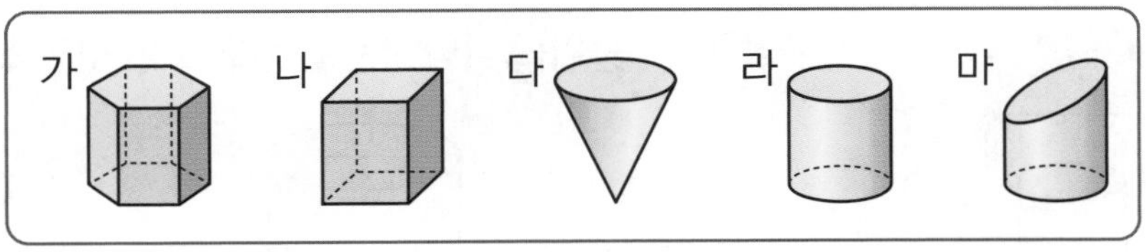

(1) 주어진 입체도형을 각기둥인 것과 각기둥이 아닌 것으로 분류하여 기호를 써넣으세요.

각기둥인 것	
각기둥이 아닌 것	

(2) 각기둥이 아닌 것 중 원기둥을 찾아 기호를 쓰세요.

( )

2 한 변을 기준으로 직사각형 모양의 종이를 돌리면 어떤 입체도형이 되는지 그려 보세요.

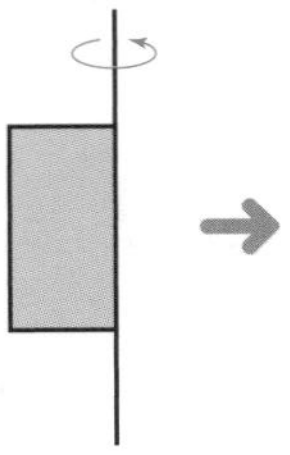

3 원기둥을 보고 물음에 답하세요.

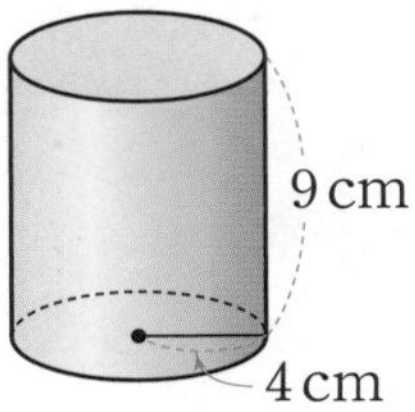

(1) 원기둥의 밑면의 지름은 몇 cm일까요?

( )

(2) 원기둥의 높이는 몇 cm일까요?

( )

개념 따라쓰기

원기둥 알아보기

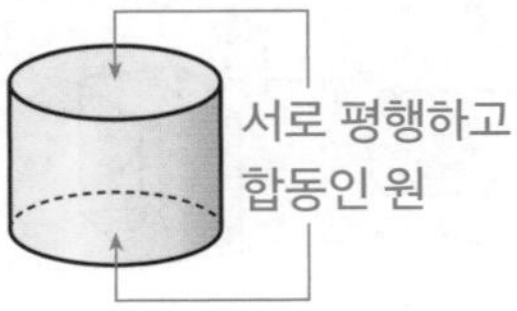

원기둥은 마주 보는 두 면이 서로 평행하고 합동인 원으로 이루어진 기둥 모양의 입체도형입니다.

원기둥의 구성 요소

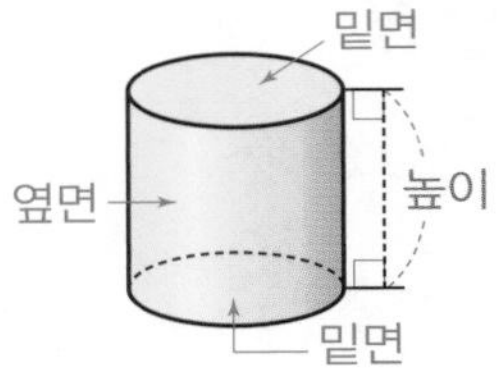

① 밑면: 서로 평행하고 합동인 두 면

② 옆면: 두 밑면과 만나는 면

③ 높이: 두 밑면에 수직인 선분의 길이

6 단원

막힐 땐 힌트북

1

이해

원기둥을 모두 찾아 기호를 쓰세요.

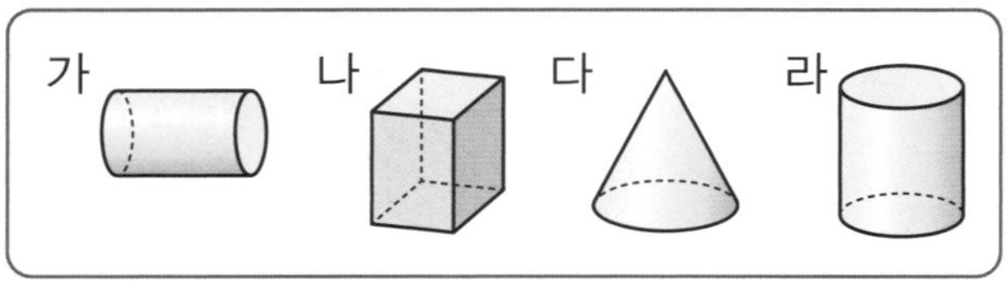

( )

2

58쪽

이해

원기둥의 밑면에 모두 색칠해 보세요.

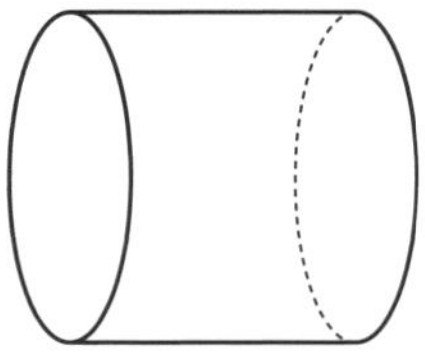

3

58쪽

추론

오른쪽 원기둥을 위, 앞, 옆에서 본 모양을 각각 그려 보세요.

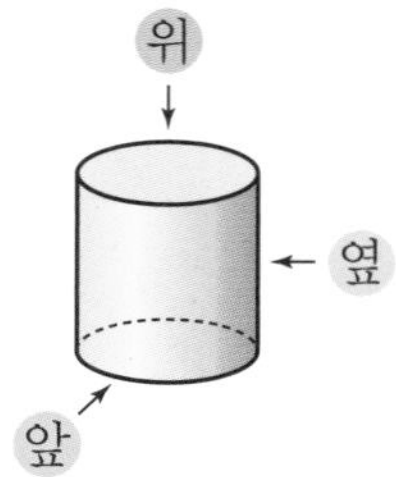

위	앞	옆

4

58쪽

적용

원기둥에서 높이를 나타내는 선분을 모두 찾아 쓰세요.

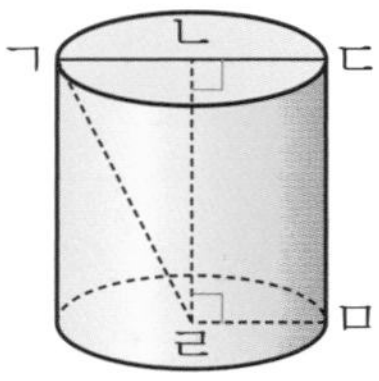

( )

5

의사 소통

원기둥에 대해 잘못 설명한 것을 찾아 기호를 쓰세요.

㉠ 밑면인 두 원은 서로 수직입니다.
㉡ 두 밑면에 수직인 선분의 길이를 높이라고 합니다.
㉢ 옆면은 두 밑면과 만나는 면입니다.

( )

6

58쪽

적용

원기둥과 삼각기둥의 밑면을 비교하여 빈칸에 알맞게 써넣으세요.

입체도형	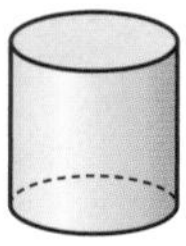	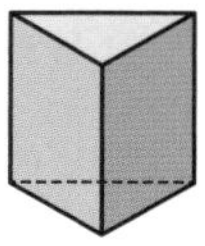
밑면의 모양		
밑면의 수		

» 정답 · 풀이 40쪽

조금 더 어려운 문제에 도전해 볼까요?

7 59쪽 추론

한 변을 기준으로 직사각형 모양의 종이를 돌려 만든 입체도형의 밑면의 지름과 높이는 각각 몇 cm일까요?

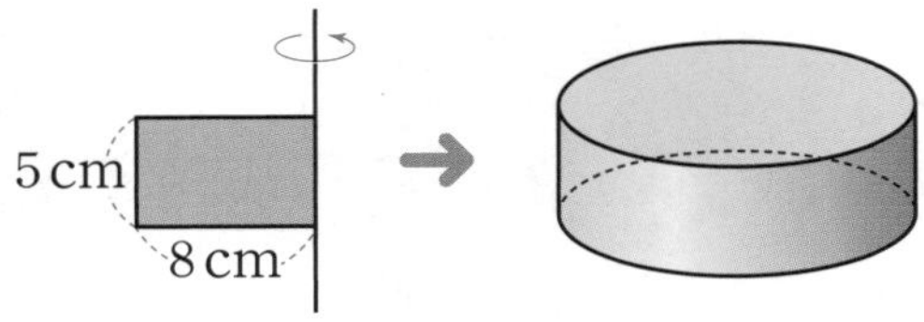

밑면의 지름 (　　　　　　　　)
높이 (　　　　　　　　)

8 59쪽 의사 소통

원기둥과 각기둥의 공통점을 잘못 말한 친구를 찾아 이름을 쓰세요.

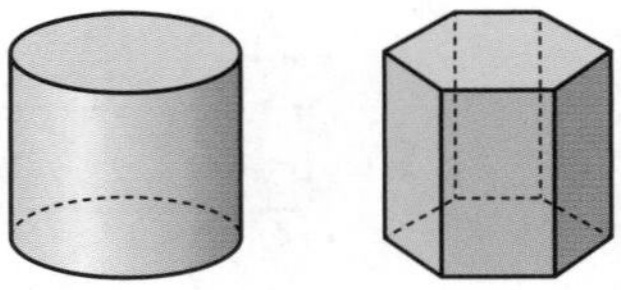

[영민] 원기둥과 각기둥 모두 옆에서 본 모양이 직사각형이야.
[서연] 원기둥과 각기둥은 모두 꼭짓점이 있어.

(　　　　　　　　)

6 단원

+9 59쪽 수학적 독해력

다음 원기둥 모양을 앞에서 본 모양은 한 변의 길이가 12 cm인 정사각형입니다. 밑면의 반지름은 몇 cm일까요?

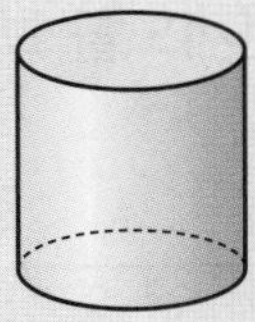

(　　　　　　　　)

+10 59쪽 수학적 표현력

다음 입체도형이 원기둥이 아닌 이유를 쓰세요.

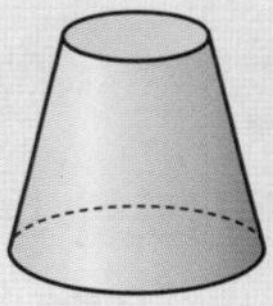

[이유] ________________________

____

____

오늘 공부 어땠나요?
10개 중 맞힌 문제 ☐ 개 > 틀린 문제는 힌트를 보고 다시 도전해 보세요. > 맞힌 문제는 힌트를 보고 자신의 생각과 비교해 보세요.

30일 원기둥의 전개도 알아보기

① 원기둥의 전개도

원기둥을 잘라서 펼쳐 놓은 그림을 원기둥의 **전개도**라고 합니다.

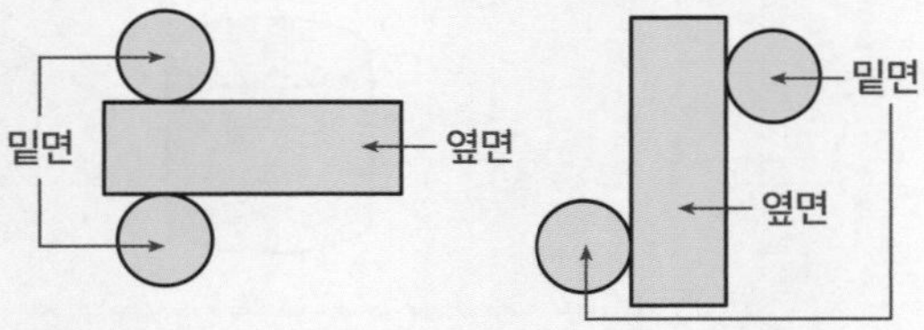

원기둥의 전개도의 특징
① 두 밑면은 서로 합동인 원 모양입니다.
② 옆면은 직사각형 모양이고, 1개입니다.

	밑면	옆면
수	2개	1개
모양	원	직사각형

② 원기둥의 전개도에서 각 부분의 길이

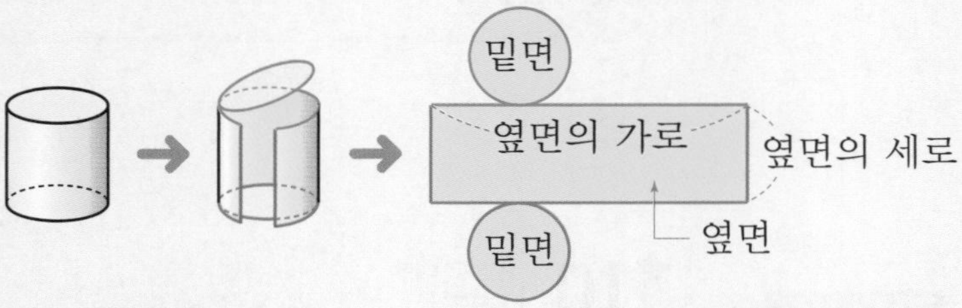

• 옆면의 가로는 밑면의 둘레와 같습니다.
• 옆면의 세로는 원기둥의 높이와 같습니다.

원기둥의 전개도에서 옆면의 가로 구하기
원기둥의 전개도에서 옆면의 가로는 밑면의 둘레와 같습니다.
(옆면의 가로)
=(밑면의 둘레)
=(밑면의 지름)×(원주율)

확인 1 원기둥의 전개도를 보고 알맞은 말에 ○표 하세요.

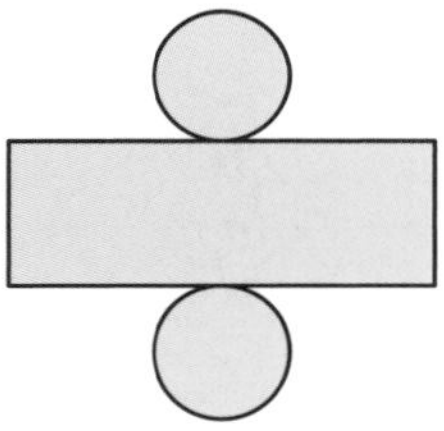

(1) 원기둥의 전개도에서 밑면의 모양은 (원 , 직사각형)입니다.

(2) 원기둥의 전개도에서 옆면의 모양은 (원 , 직사각형)입니다.

확인 2 원기둥의 전개도를 보고 물음에 답하세요.

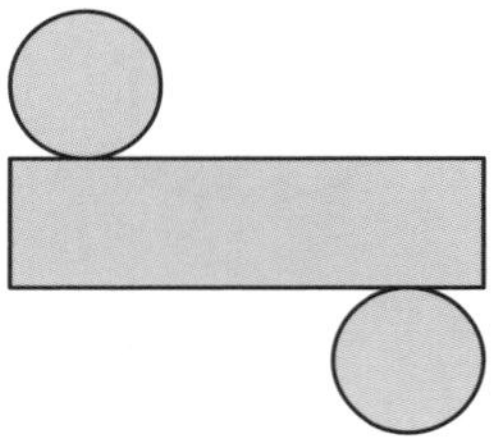

(1) 밑면의 둘레와 길이가 같은 선분을 모두 찾아 빨간색 선으로 표시해 보세요.

(2) 원기둥의 높이와 길이가 같은 선분을 모두 찾아 파란색 선으로 표시해 보세요.

기본기 다지는 교과서 문제

» 정답 · 풀이 41쪽

1 원기둥의 전개도를 찾아 ○표 하세요.

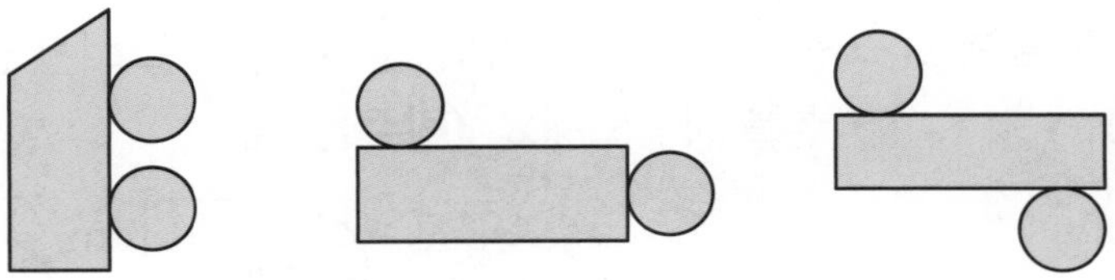

(   )   (   )   (   )

2 원기둥과 원기둥의 전개도를 보고 물음에 답하시오.

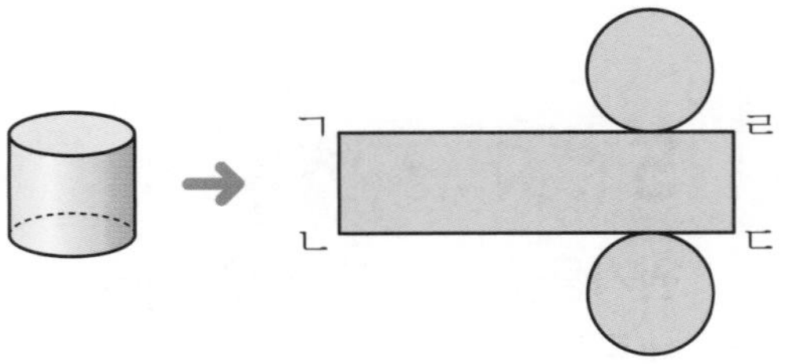

(1) 원기둥의 밑면의 둘레와 길이가 같은 선분을 모두 찾아 쓰세요.

(   )

(2) 선분 ㄹㄷ의 길이는 원기둥의 무엇과 같은가요?

(   )

3 원기둥과 원기둥의 전개도를 보고 물음에 답하세요.

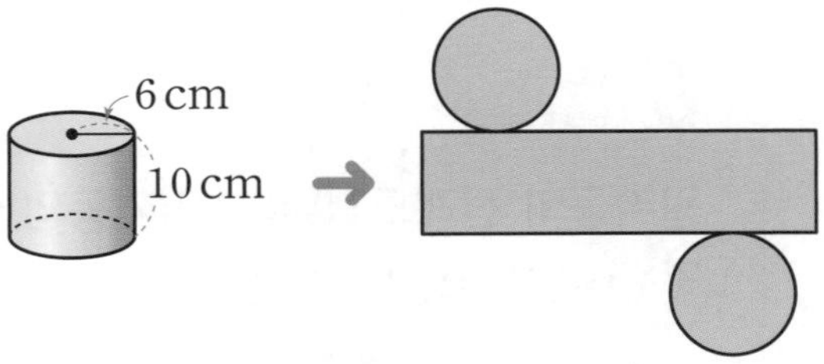

(1) 원기둥의 전개도에서 직사각형의 세로는 몇 cm일까요?

(   )

(2) 원기둥의 전개도의 직사각형의 가로는 몇 cm일까요?

(원주율 : 3)

(   )

개념 따라쓰기

원기둥의 전개도

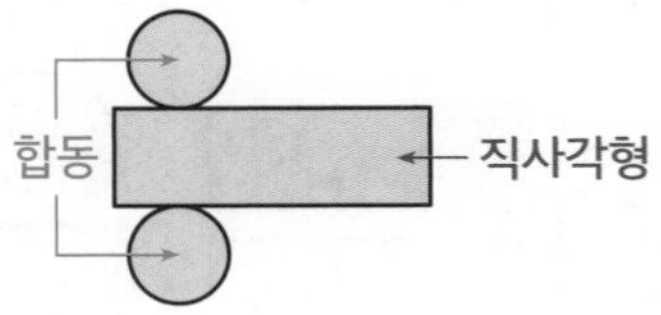

① 두 밑면은 서로 합동입니다.

② 옆면은 직사각형 모양입니다.

원기둥의 전개도에서 각 부분의 길이

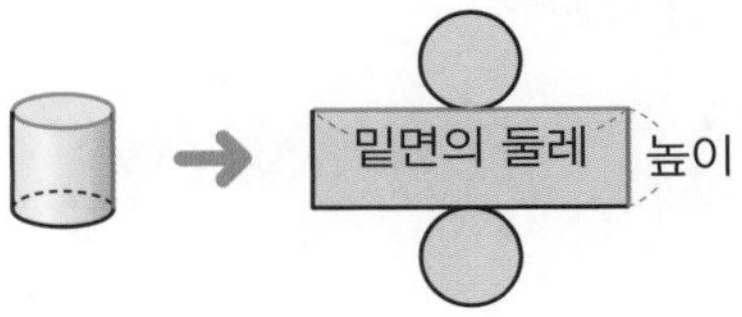

① 옆면의 가로는 밑면의 둘레와 같습니다.

② 옆면의 세로는 원기둥의 높이와 같습니다.

막힐 땐 힌트북

1

이해

원기둥과 원기둥의 전개도입니다. 각 부분의 이름을 □ 안에 써넣으세요.

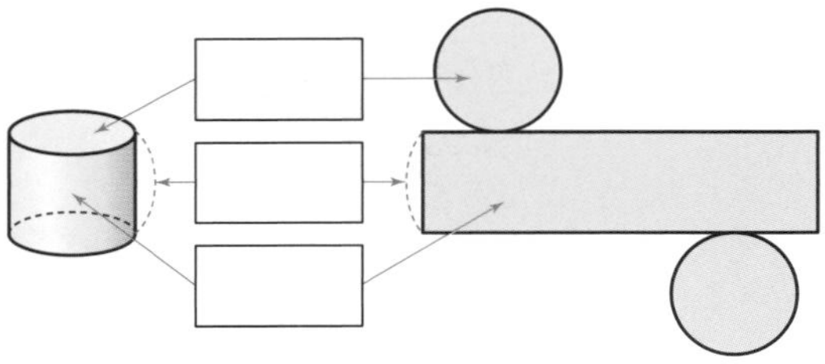

2

60쪽

적용

원기둥의 전개도를 완성해 보세요.

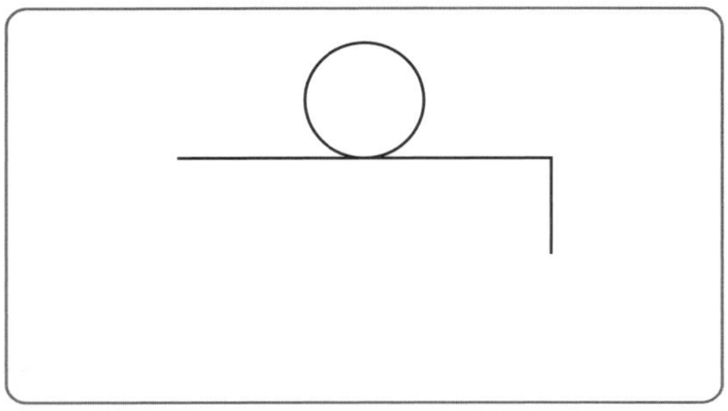

3

60쪽

적용

다음 중 오른쪽 그림에 대한 설명으로 틀린 것은 어느 것일까요? .... (　　　)

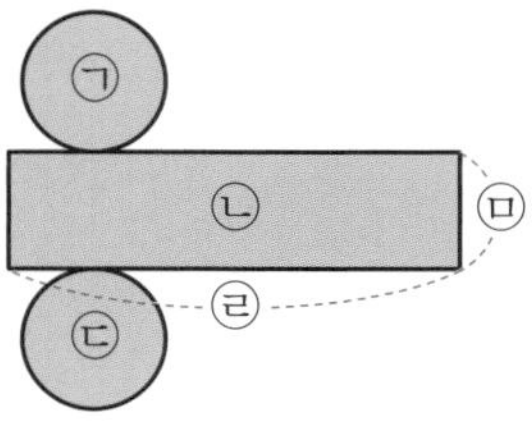

① 원기둥의 전개도입니다.
② 밑면은 ㉠과 ㉢입니다.
③ 옆면은 ㉡입니다.
④ ㉣의 길이는 밑면의 지름과 같습니다.
⑤ ㉤의 길이는 원기둥의 높이와 같습니다.

4

적용

원기둥과 원기둥의 전개도를 보고 □ 안에 알맞은 수를 써넣으세요. (원주율: 3)

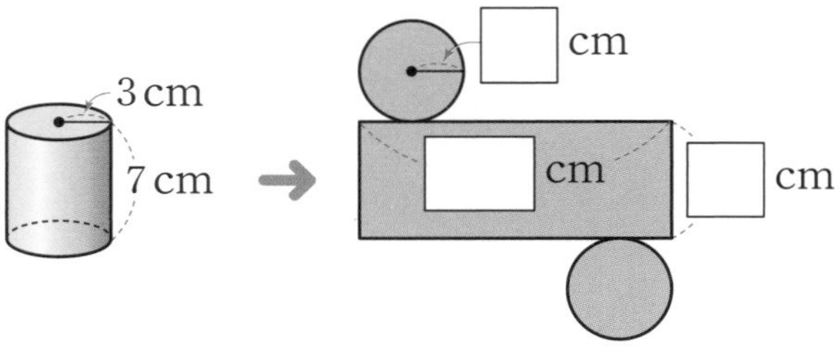

5

60쪽

적용

원기둥을 펼쳐 전개도를 만들었을 때 옆면의 가로와 세로는 각각 몇 cm인지 구하세요. (원주율: 3.14)

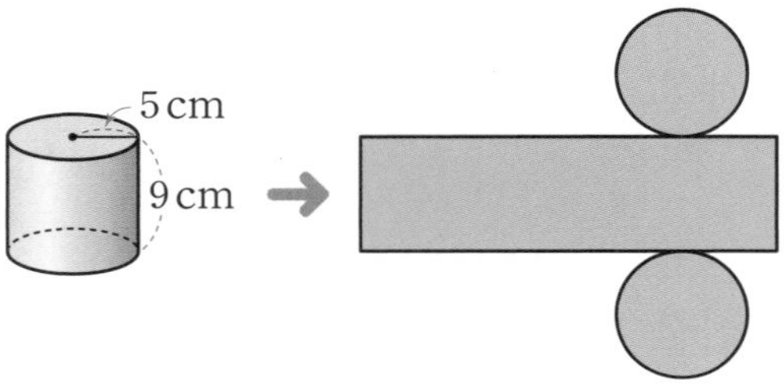

가로 (　　　　　　)
세로 (　　　　　　)

6

60쪽

추론

원기둥의 전개도입니다. 원기둥의 밑면의 반지름은 몇 cm일까요? (원주율: 3.1)

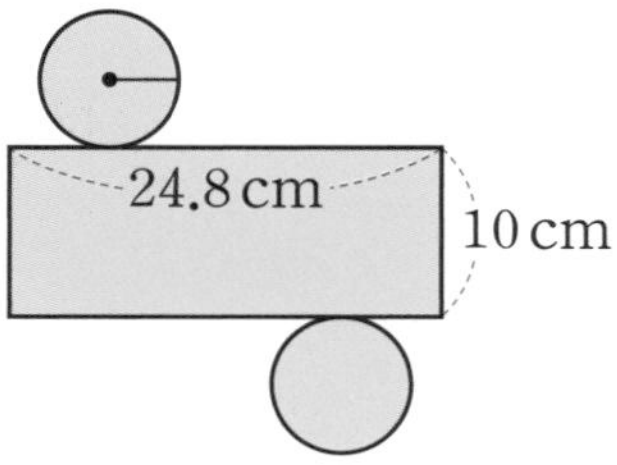

(　　　　　　)

» 정답 · 풀이 41쪽

7 61쪽 추론

원기둥의 전개도에서 옆면인 직사각형의 넓이는 몇 cm^2일까요? (원주율: 3.14)

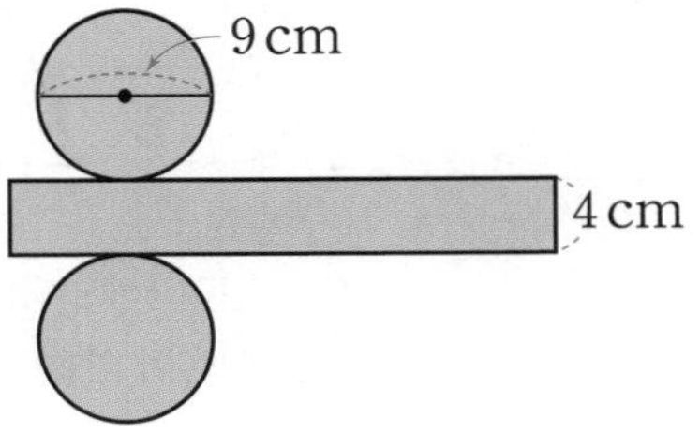

(　　　　　　　　)

8 61쪽 문제 해결

원기둥의 전개도의 둘레는 몇 cm일까요? (원주율: 3)

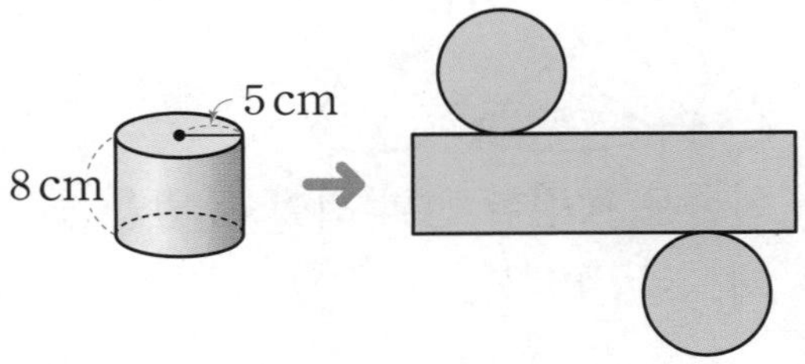

(　　　　　　　　)

+9 61쪽 수학적 독해력

다음 원기둥의 전개도에서 색칠한 부분은 정사각형입니다. 이 원기둥의 밑면의 반지름은 몇 cm일까요? (원주율: 3.1)

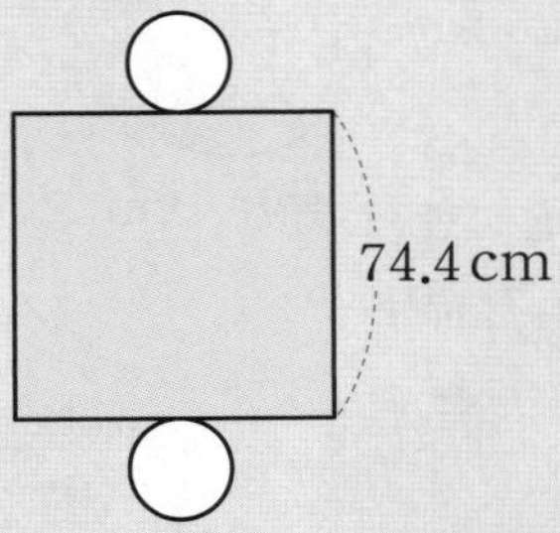

(　　　　　　　　)

+10 61쪽 수학적 표현력

다음 도형이 원기둥의 전개도가 아닌 이유를 쓰세요.

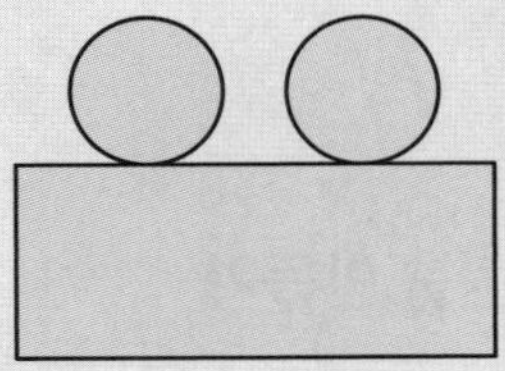

이유 ______________________

오늘 공부 어땠나요? 10개 중 맞힌 문제 [　] 개 > 틀린 문제는 힌트를 보고 다시 도전해 보세요. > 맞힌 문제는 힌트를 보고 자신의 생각과 비교해 보세요.

31일 원뿔 알아보기

① 원뿔 알아보기

• 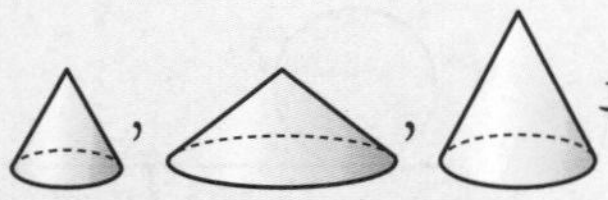 등과 같은 입체도형을 **원뿔**이라고 합니다.

• 원뿔은 평평한 면이 원이고, 옆을 둘러싼 면이 굽은 면인 뿔 모양의 입체도형입니다.

◐ 원뿔과 각뿔 비교하기

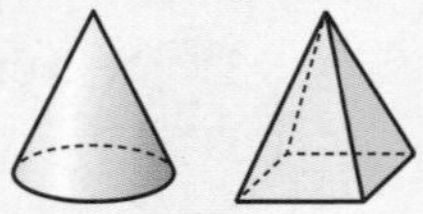

〔공통점〕
① 밑면이 1개입니다.
② 꼭짓점이 있습니다.

〔차이점〕

도형	원뿔	각뿔
밑면의 모양	원	다각형
옆면의 모양	굽은 면	삼각형

② 원뿔의 구성 요소

• **밑면**: 평평한 면
• **옆면**: 옆을 둘러싼 굽은 면
• **원뿔의 꼭짓점**: 뾰족한 부분의 점
• **모선**: 원뿔의 꼭짓점과 밑면인 원의 둘레의 한 점을 이은 선분
• **높이**: 원뿔의 꼭짓점에서 밑면에 수직인 선분의 길이

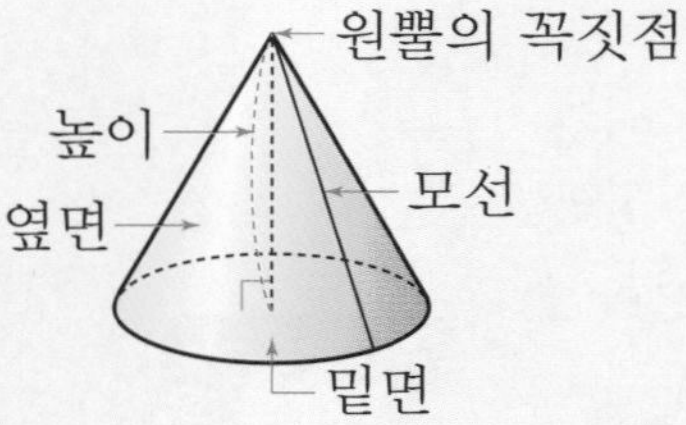

◐ 원뿔의 높이, 모선의 길이, 밑면의 지름 재기

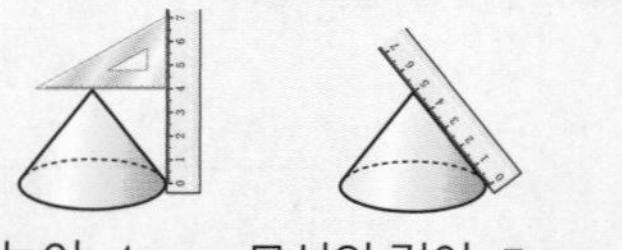

높이: 4 cm 모선의 길이: 5 cm

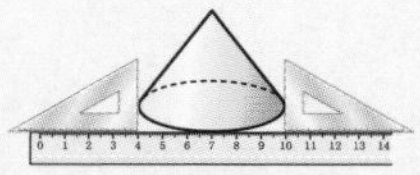

밑면의 지름: 6 cm

개념+ 원뿔 만들기

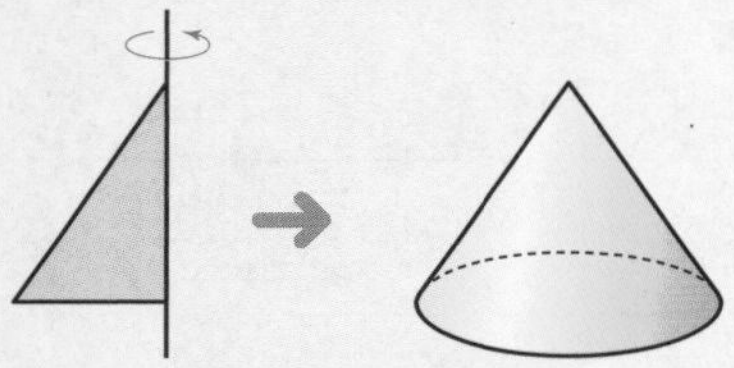

직각삼각형 모양의 종이를 한 변(직각을 낀 변)을 기준으로 돌리면 원뿔이 만들어집니다.

확인 1 도형을 보고 물음에 답하세요.

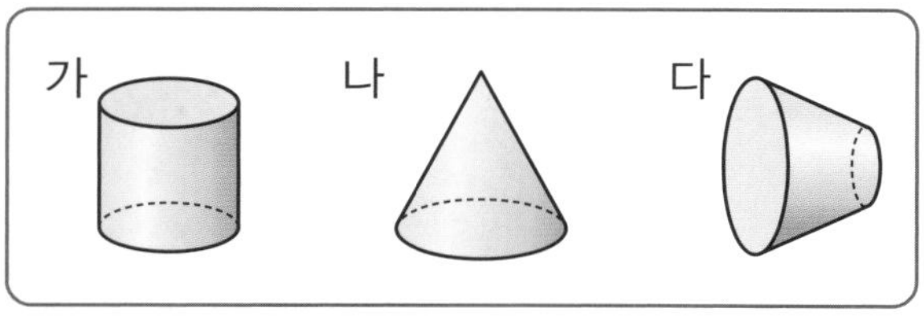

(1) 평평한 면이 원이고 옆으로 둘러싼 면이 굽은 면인 뿔 모양의 입체도형을 찾아 기호를 쓰세요.

( )

(2) (1)에서 찾은 도형을 무엇이라고 하나요?

( )

확인 2 〈보기〉에서 □ 안에 알맞은 말을 찾아 써넣으세요.

〈보기〉
밑면 옆면 모선
원뿔의 꼭짓점 높이

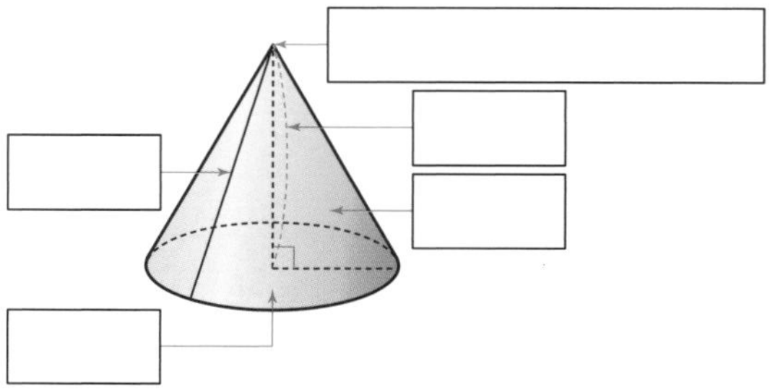

» 정답 · 풀이 42쪽

1 도형을 보고 물음에 답하세요.

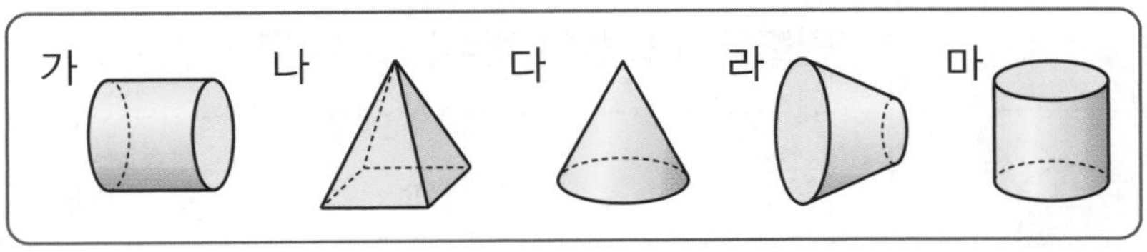

(1) 주어진 입체도형을 원기둥인 것과 원기둥이 아닌 것으로 분류하여 기호를 써넣으세요.

원기둥인 것	
원기둥이 아닌 것	

(2) 원기둥이 아닌 것 중 원뿔을 찾아 쓰세요.

(　　　　　　　)

2 한 변을 기준으로 직각삼각형 모양의 종이를 돌리면 어떤 입체도형이 되는지 그려 보세요.

3 원뿔을 보고 물음에 답하세요.

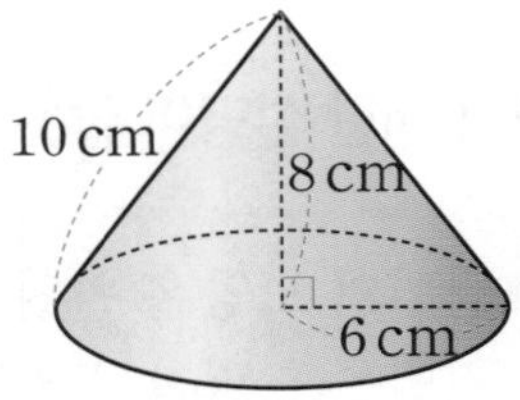

(1) 원뿔의 밑면의 지름은 몇 cm일까요?

(　　　　　　　)

(2) 원뿔의 높이는 몇 cm일까요?

(　　　　　　　)

(3) 원뿔의 모선은 몇 cm일까요?

(　　　　　　　)

개념 따라쓰기

원뿔 알아보기

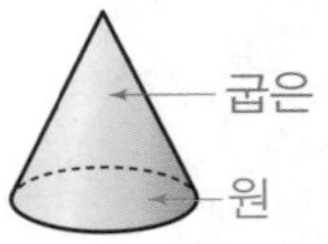

원뿔은 평평한 면이 원이고 옆을 둘러싼 면이 굽은 면인 뿔 모양의 입체도형입니다.

원뿔의 높이와 모선 알아보기

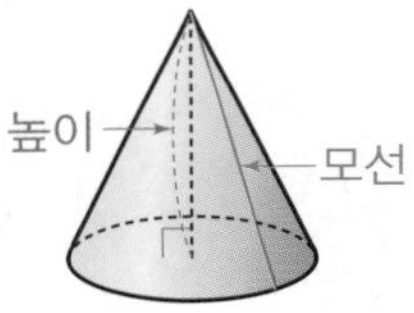

① 모선: 원뿔의 꼭짓점과 밑면인 원의 둘레의 한 점을 이은 선분

② 높이: 원뿔의 꼭짓점에서 밑면에 수직인 선분의 길이

6 단원

1

이해

원뿔을 모두 찾아 기호를 쓰세요.

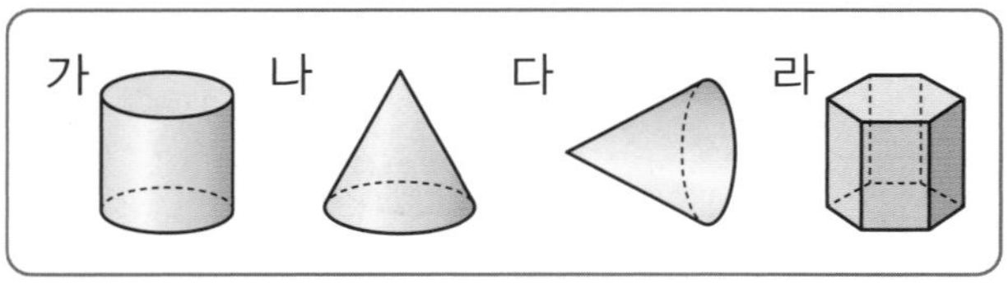

(   )

2

62쪽

이해

원뿔의 무엇의 길이를 재는 그림인지 〈보기〉에서 찾아 쓰세요.

〈보기〉
밑면의 지름   높이   모선의 길이

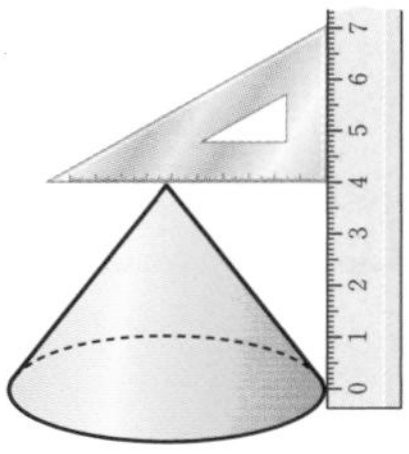

(   )

3

62쪽

추론

오른쪽 원뿔을 위, 앞, 옆에서 본 모양을 각각 그려 보세요.

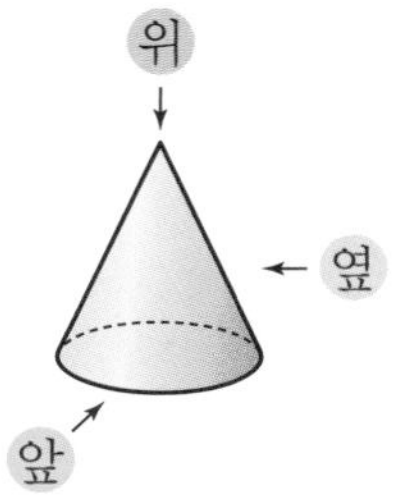

위	앞	옆

4

62쪽

이해

원뿔에서 모선의 개수는 모두 몇 개일까요? ····················(   )

① 1개   ② 5개   ③ 10개
④ 25개   ⑤ 셀 수 없이 많습니다.

5

62쪽

추론

원뿔에서 모선의 길이, 밑면의 반지름, 높이는 각각 몇 cm일까요?

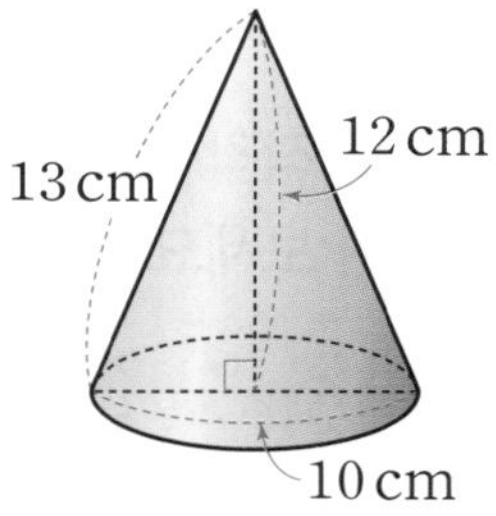

모선의 길이 (   )
밑면의 반지름 (   )
높이 (   )

6

의사 소통

원뿔에 대한 설명이 잘못된 것을 찾아 기호를 쓰세요.

㉠ 밑면의 모양은 원입니다.
㉡ 옆면은 평평한 면입니다.
㉢ 직각삼각형 모양의 종이를 한 변을 기준으로 돌려서 만들 수 있습니다.

(   )

조금 더 어려운 문제에 도전해 볼까요?

7 63쪽 추론

한 변을 기준으로 직각삼각형 모양의 종이를 돌려 만든 입체도형의 밑면의 지름과 높이는 각각 몇 cm일까요?

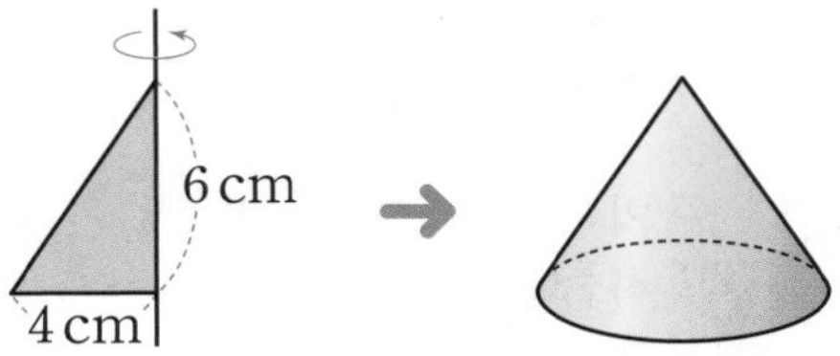

밑면의 지름 (　　　　　　)
높이 (　　　　　　)

8 63쪽 문제 해결

원뿔과 사각뿔을 보고 빈칸에 알맞은 수를 써넣으세요.

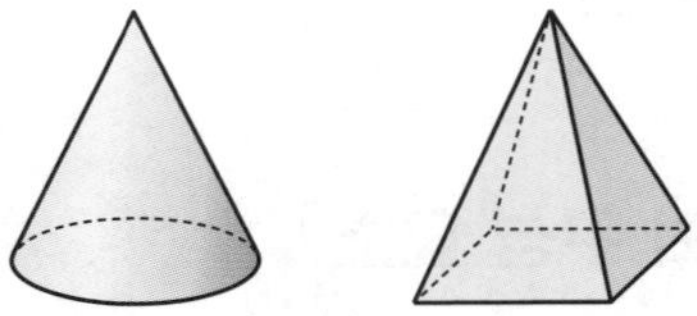

입체도형	꼭짓점의 수(개)	옆면의 수 (개)	밑면의 수 (개)
원뿔			
사각뿔			

+9 63쪽 수학적 독해력

원뿔을 앞에서 본 모양의 둘레는 몇 cm일까요?

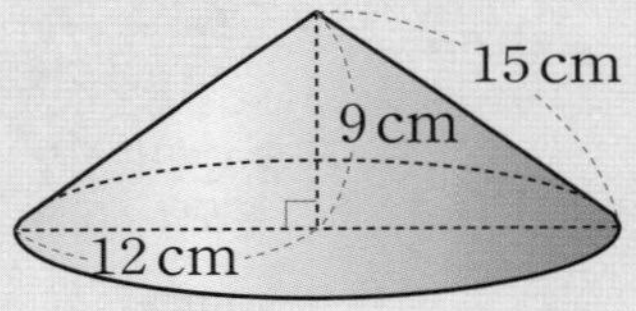

(　　　　　　)

+10 63쪽 수학적 표현력

원뿔과 각뿔에 대해 잘못 설명한 친구를 찾아 이름을 쓰고, 바르게 고쳐 보세요.

로운: 원뿔은 밑면이 1개이고, 각뿔은 밑면이 여러 개야.

수현: 원뿔의 옆면은 굽은 면이고, 각뿔의 옆면의 모양은 삼각형이야.

(이름) ____________________

(바르게 고치기) ____________________

____

오늘 공부 어땠나요? 10개 중 맞힌 문제 [　] 개 > 틀린 문제는 힌트를 보고 다시 도전해 보세요. > 맞힌 문제는 힌트를 보고 자신의 생각과 비교해 보세요.

구 알아보기 / 여러 가지 모양 만들기

① 구 알아보기

등과 같은 입체도형을 **구**라고 합니다.

구의 특징

① 어느 방향에서 보아도 항상 원 모양입니다.
② 굽은 면으로 둘러싸여 있습니다.
③ 반지름은 무수히 많고 길이가 모두 같습니다.

② 구의 구성 요소

- **구의 중심**: 구에서 가장 안쪽에 있는 점
- **구의 반지름**: 구의 중심에서 구의 겉면의 한 점을 이은 선분

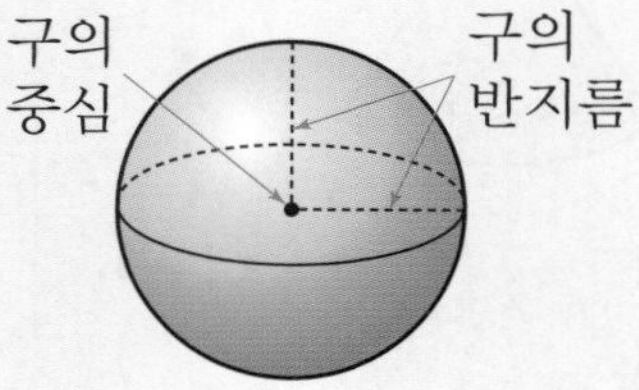

개념+ 구 만들기

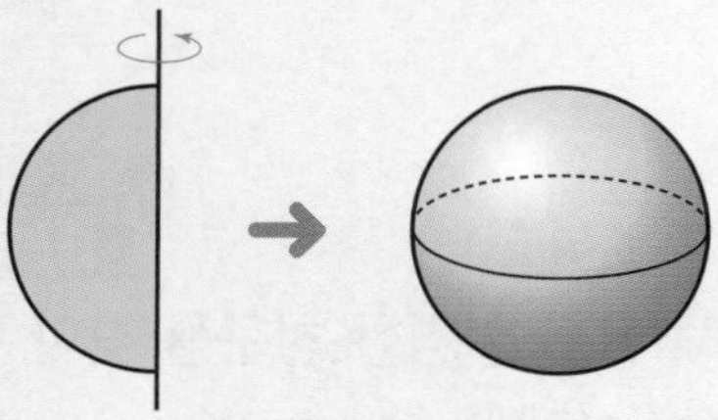

반원 모양의 종이를 지름을 기준으로 돌리면 구가 만들어집니다.

원기둥, 원뿔, 구 비교하기

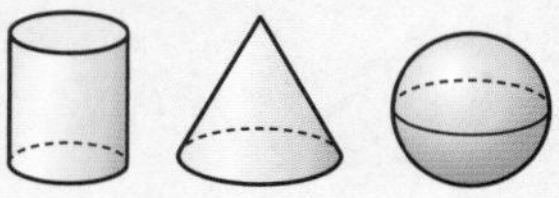

[공통점]

① 굽은 면이 있습니다.
② 위에서 본 모양이 모두 원입니다.

[차이점]

	원기둥	원뿔	구
앞, 옆에서 본 모양	직사각형	이등변 삼각형	원
밑면	원	원	없음
꼭짓점	없음	있음	없음

③ 여러 가지 모양 만들기

원기둥, 원뿔, 구를 사용하여 여러 가지 모양을 만들 수 있습니다.

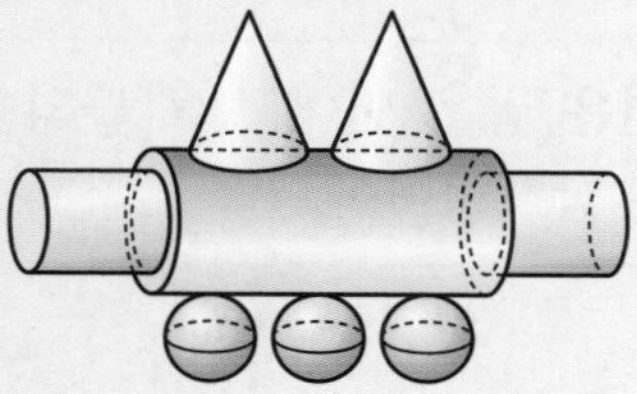

➜ 모양을 만드는 데 원기둥 3개, 원뿔 2개, 구 3개를 사용하였습니다.

확인 1 도형을 보고 물음에 답하세요.

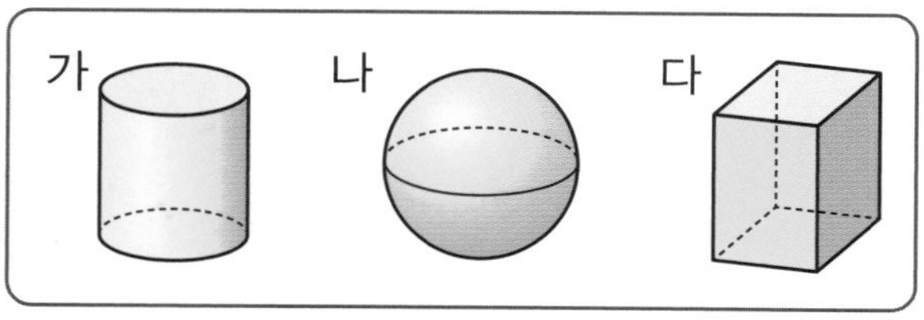

(1) 공 모양의 입체도형을 찾아 기호를 쓰세요.

( )

(2) (1)에서 찾은 입체도형을 무엇이라고 하나요?

( )

확인 2 〈보기〉에서 □ 안에 알맞은 말을 찾아 써넣으세요.

〈보기〉
구의 중심　　구의 반지름

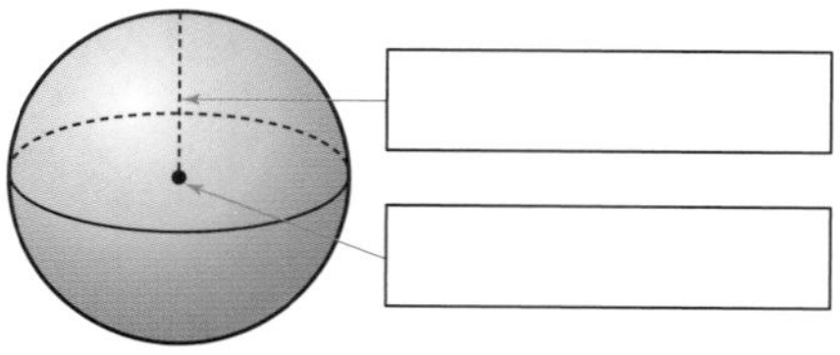

기본기 다지는 교과서 문제

» 정답 · 풀이 43쪽

1 다음 중 구 모양은 어느 것일까요? ································ (　　　　)

① ② ③ ④ ⑤

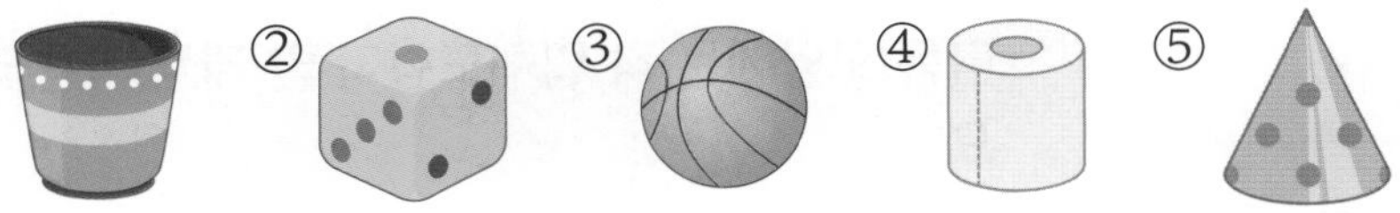

2 지름을 기준으로 반원 모양의 종이를 돌리면 어떤 입체도형이 되는지 그려 보세요.

3 구의 반지름은 몇 cm일까요?

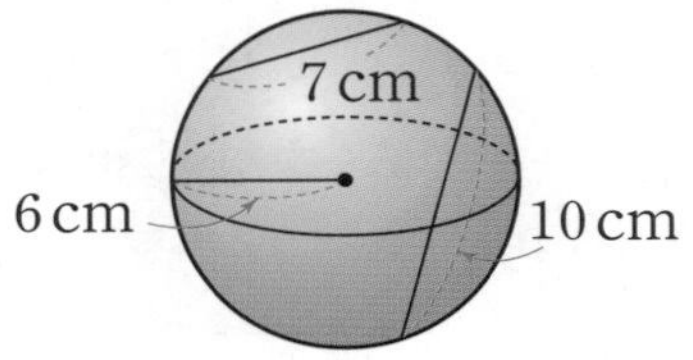

(　　　　　　　　)

4 주어진 모양을 만드는 데 사용한 입체도형의 이름을 모두 찾아 쓰세요.

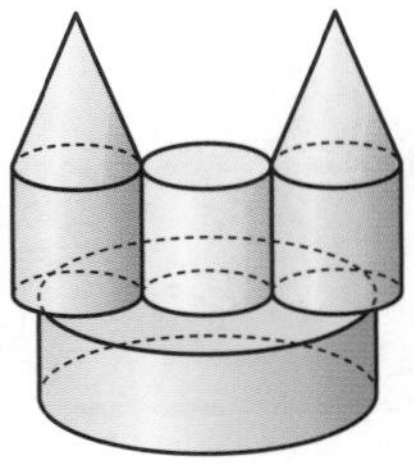

원기둥
원뿔
구

(　　　　　　　　)

개념 따라쓰기

구 알아보기

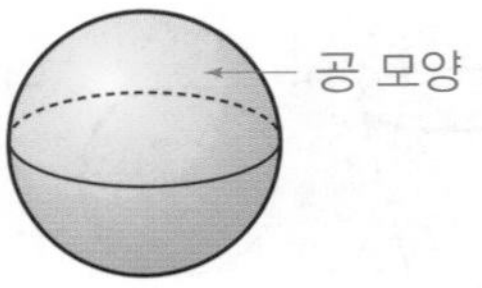

구는 공 모양의 입체도형입니다.

구의 구성 요소

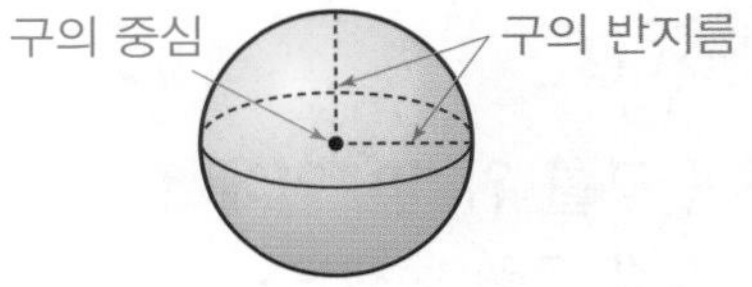

① 구의 중심: 구에서 가장 안쪽에 있는 점

② 구의 반지름: 구의 중심에서 구의 겉면의 한 점을 이은 선분

여러 가지 모양 만들기

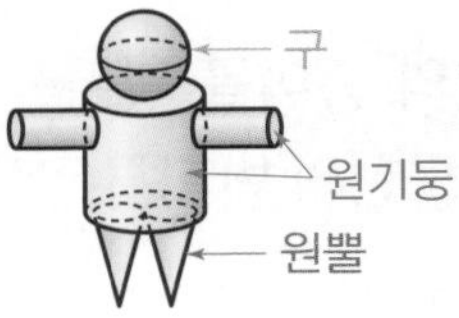

원기둥, 원뿔, 구를 사용하여 여러 가지 입체도형을 만들 수 있습니다.

6 단원

1 64쪽

이해

구를 모두 찾아 기호를 쓰세요.

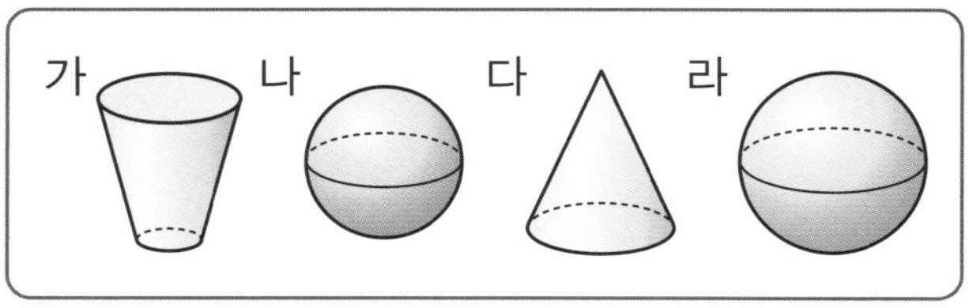

( )

2 64쪽

추론

오른쪽 구를 위, 앞, 옆에서 본 모양을 각각 그려 보세요.

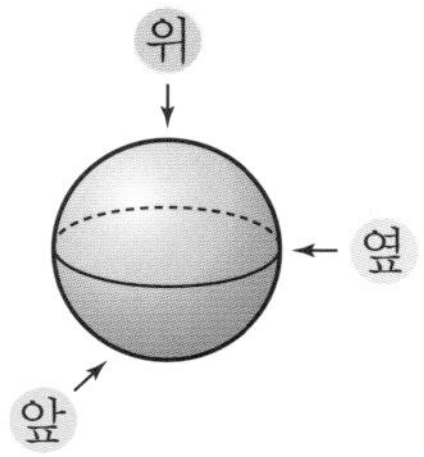

위	앞	옆

3 64쪽

적용

반원 모양의 종이를 지름을 기준으로 한 바퀴 돌려 만든 입체도형의 반지름은 몇 cm일까요?

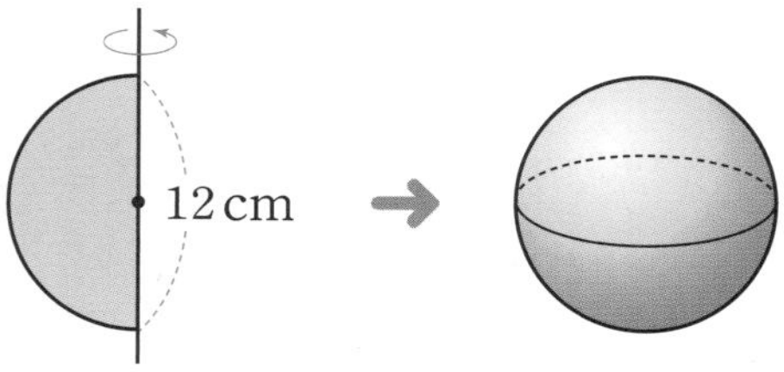

( )

4

적용

다음 모양에는 각 입체도형이 몇 개씩 사용되었을까요?

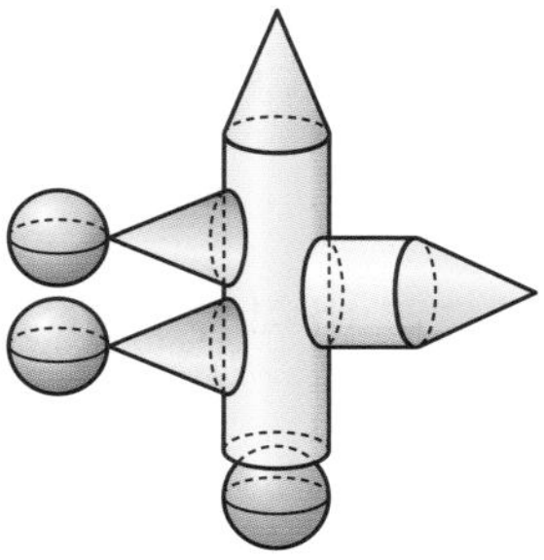

원기둥: □개, 원뿔: □개, 구: □개

5

의사 소통

구에 대한 설명이 잘못된 것을 찾아 기호를 쓰세요.

㉠ 반원 모양의 종이를 지름을 기준으로 돌려 만들 수 있습니다.
㉡ 구의 중심은 셀 수 없이 많습니다.
㉢ 구는 어느 방향에서 보아도 모양이 모두 원입니다.

( )

6 64쪽

적용

원뿔에는 있지만 원기둥에는 없는 것을 찾아 기호를 쓰세요.

㉠ 밑면 ㉡ 꼭짓점
㉢ 옆면 ㉣ 높이

( )

조금 더 어려운 문제에 도전해 볼까요?

7 65쪽 추론

원기둥, 원뿔, 구를 '원기둥과 구', '원뿔'로 분류하였습니다. 분류한 기준을 찾아 기호를 쓰세요.

㉠ 위에서 본 모양
㉡ 밑면이 있는 것과 없는 것
㉢ 꼭짓점이 있는 것과 없는 것

( )

8 65쪽 문제 해결

원기둥, 원뿔, 구 중에서 모양을 만드는 데 가장 많이 사용한 입체도형을 찾아 쓰세요.

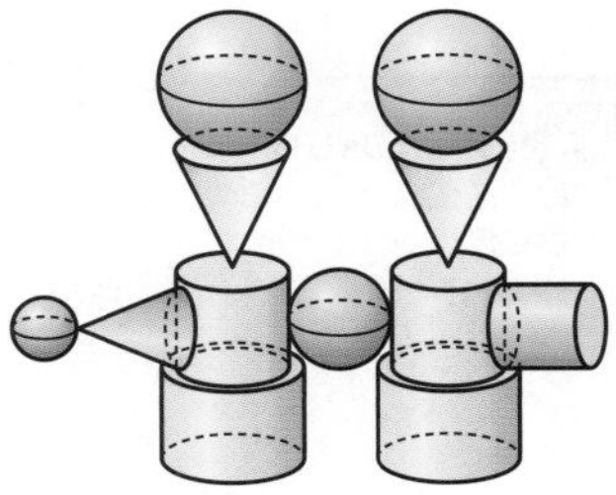

( )

+9 65쪽 수학적 독해력

구를 위에서 본 모양의 둘레는 몇 cm일까요?

(원주율: 3.14)

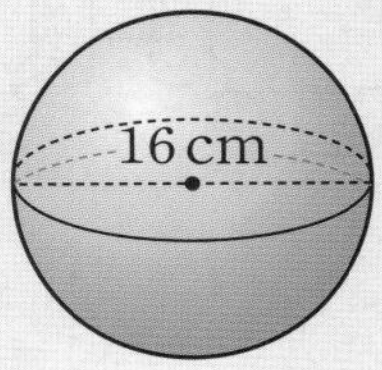

( )

+10 65쪽 수학적 표현력

두 입체도형의 공통점과 차이점을 한 가지씩 설명해 보세요.

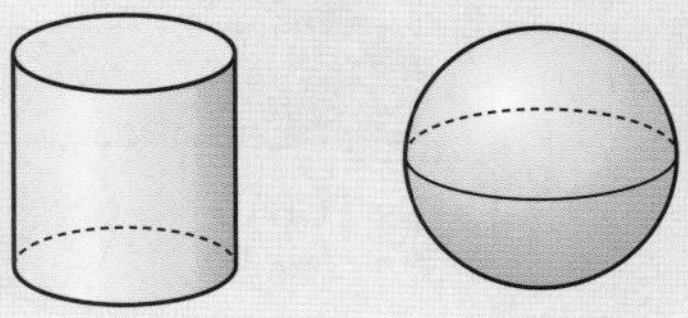

공통점 ______

차이점 ______

오늘 공부 어땠나요? 10개 중 맞힌 문제 [ ] 개 > 틀린 문제는 힌트를 보고 다시 도전해 보세요. > 맞힌 문제는 힌트를 보고 자신의 생각과 비교해 보세요.

01 한 변을 기준으로 직사각형 모양의 종이를 돌려 만든 입체도형의 밑면의 지름은 몇 cm일까요?

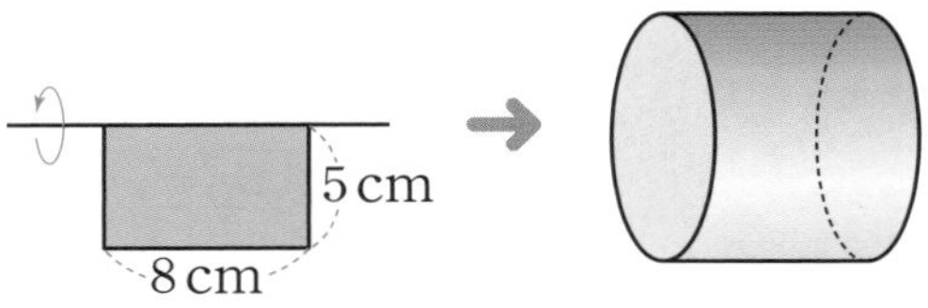

(　　　　　　　　)

02 원기둥과 원기둥의 전개도를 보고 □ 안에 알맞은 수를 써넣으세요. (원주율: 3)

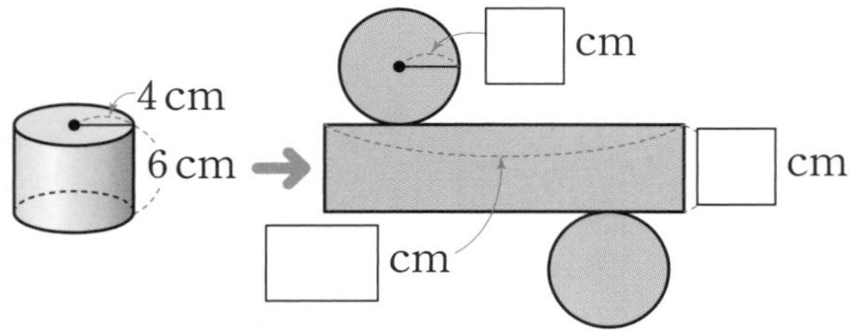

03 다음 원뿔에서 높이와 모선의 길이의 차는 몇 cm일까요?

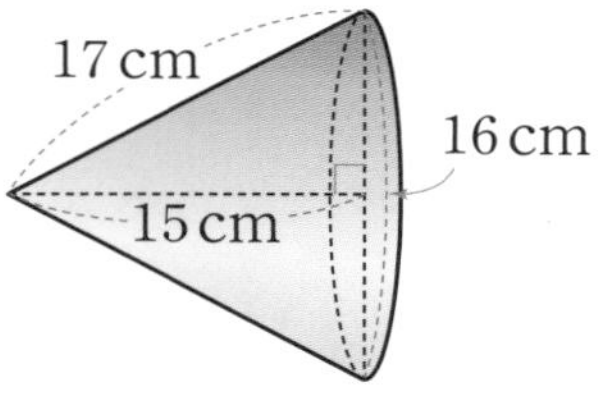

(　　　　　　　　)

04 반원의 종이를 오른쪽과 같이 돌려서 입체도형을 만들었습니다. 이 입체도형의 중심에서 겉면의 한 점까지의 거리는 몇 cm일까요?

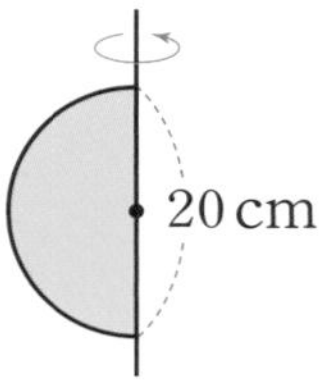

(　　　　　　　　)

05 원기둥, 원뿔, 구 중 다음 모양에서 찾을 수 있는 입체도형의 이름을 모두 쓰세요.

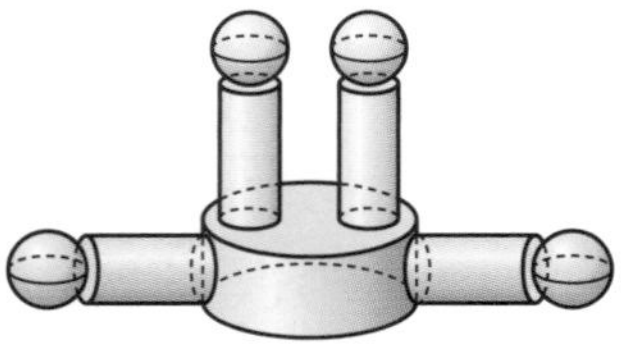

(　　　　　　　　)

06 원기둥에 대해 잘못 말한 친구를 찾아 이름을 쓰세요.

[지혜] 밑면은 서로 평행하고 합동인 두 원이야.
[종욱] 두 밑면에 수직인 선분의 길이를 높이라고 해.
[수현] 옆에서 본 모양은 정사각형이야.

(　　　　　　　　)

07 원기둥의 전개도입니다. 원기둥의 밑면의 반지름은 몇 cm일까요? (원주율: 3.14)

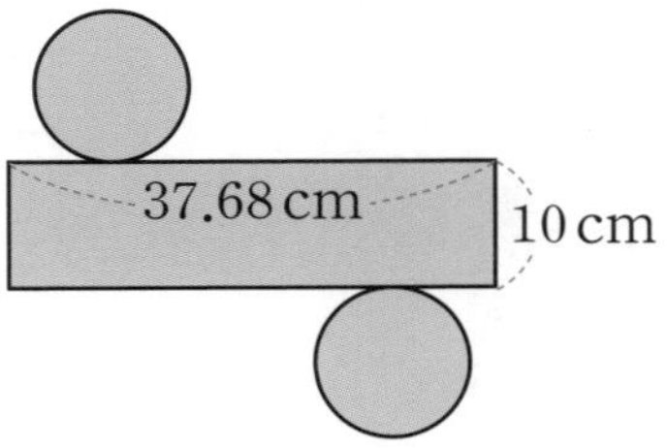

(　　　　　　　　)

08 원뿔을 앞에서 본 모양의 넓이는 몇 cm^2일까요?

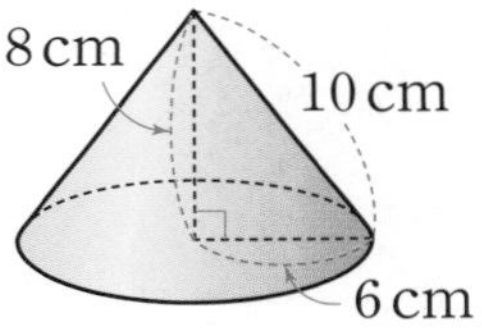

(　　　　　　　　)

09 다음 원기둥의 전개도를 그렸을 때 옆면의 넓이가 288 cm^2였습니다. 원기둥의 높이는 몇 cm일까요? (원주율: 3)

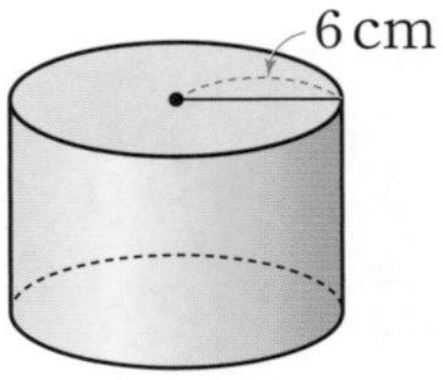

(　　　　　　　　)

서술형

10 직각삼각형 ㄱㄴㄷ을 변 ㄱㄷ을 기준으로 돌려 만든 입체도형의 밑면의 둘레는 몇 cm인지 풀이 과정을 쓰고, 답을 구하세요.

(원주율: 3.1)

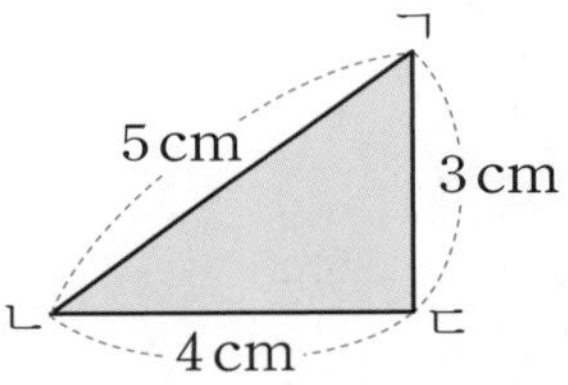

[풀이]

[답]

memo

memo

memo

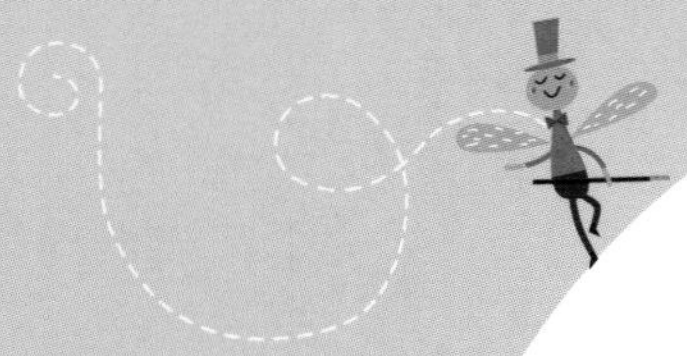

memo

memo

모든 문제의 첫 번째 힌트는
문제를 다시 읽는 것입니다.

새 교과서 분석 반영
초등 1등
공부 비법

막힐 땐

힌트북

초등수학 6-2

막힐 때 찾아보는 **힌트북**

슬기로운 공부

힌트 = 개념

막힐 땐 힌트북

초등수학 6-2

막힐 때 찾아보는 힌트북

01일 (분수)÷(분수) (1)

$\frac{▲}{■} \div \frac{●}{■} = ▲ \div ●$

분모가 같은 분수의 나눗셈은
분자끼리 나누어 계산해.

$\frac{6}{11} \div \frac{2}{11} = 6 \div 2$

$\frac{▲}{■} \div \frac{●}{■} = ▲ \div ●$

■는 ▲의 몇 배?

↓

■÷▲

3 빈칸에 알맞은 수를 써넣으세요.

$\frac{15}{17}$ → $\div \frac{5}{17}$ → □

4 계산 결과를 비교하여 ○ 안에 $>$, $=$, $<$를 알맞게 써넣으세요.

$\frac{6}{11} \div \frac{2}{11}$ ○ 4

5 몫이 다른 하나를 찾아 ○표 하세요.

$\frac{4}{8} \div \frac{1}{8}$	$\frac{12}{13} \div \frac{6}{13}$	$\frac{6}{9} \div \frac{3}{9}$
(　　)	(　　)	(　　)

6 우유를 선호는 $\frac{3}{10}$ L, 지윤이는 $\frac{1}{10}$ L 마셨습니다. 선호가 마신 우유의 양은 지윤이가 마신 우유의 양의 몇 배일까요?

7 그림에 알맞은 진분수끼리의 나눗셈식을 만들고 답을 구하세요.

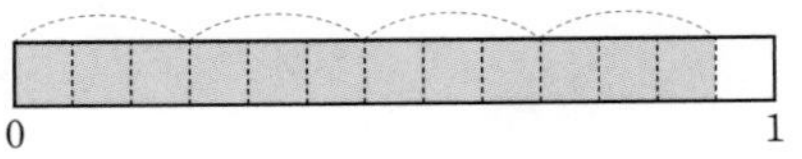

〔식〕 ______________________

〔답〕 ______________

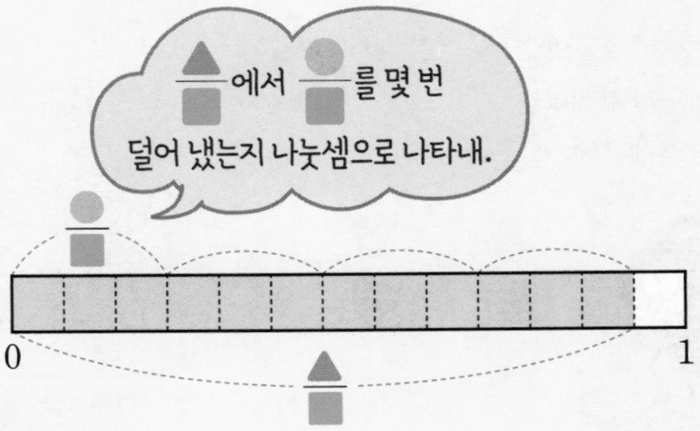

8 넓이가 $\frac{16}{17}$ cm²인 직사각형이 있습니다. 이 직사각형의 가로가 $\frac{4}{17}$ cm일 때 세로는 몇 cm일까요?

직사각형의 넓이 = 가로 × 세로

세로 = 직사각형의 넓이 ÷ 가로

수학적 독해력

+9 □ 안에 들어갈 수 있는 모든 자연수의 합을 구하세요.

$\frac{15}{16} \div \frac{3}{16} > □$

$\frac{15}{16} \div \frac{3}{16} > □$ → ★

□는 ★보다 작아.

수학적 표현력

+10 빵 1개를 만드는 데 밀가루 $\frac{4}{11}$ kg이 필요합니다. 밀가루 $\frac{8}{11}$ kg으로 만들 수 있는 빵은 몇 개인지 풀이 과정을 쓰고, 답을 구하세요.

빵 1개를 만드는 데 밀가루 $\frac{4}{11}$ kg이 필요**합니다**. 밀가루 $\frac{8}{11}$ kg**으로** 만들 수 있는 빵은 몇 개**인지 구하세요.**

만들 수 있는 빵의 수 = 전체 밀가루의 양 ÷ 빵 1개를 만드는 데 필요한 밀가루의 양

02일 (분수)÷(분수) (2)

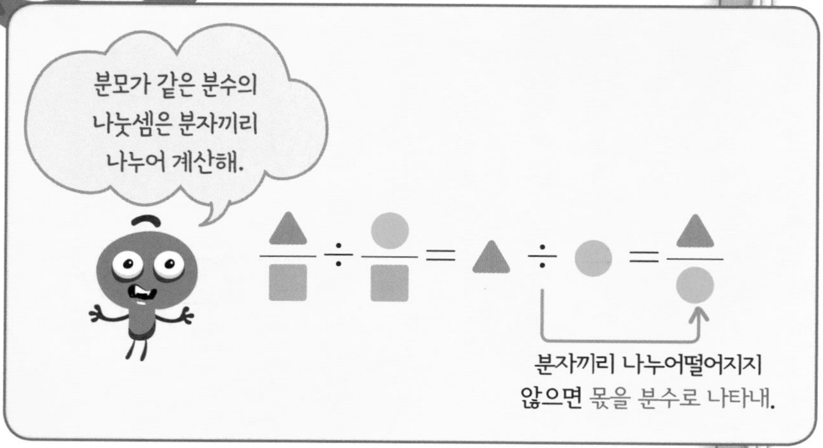

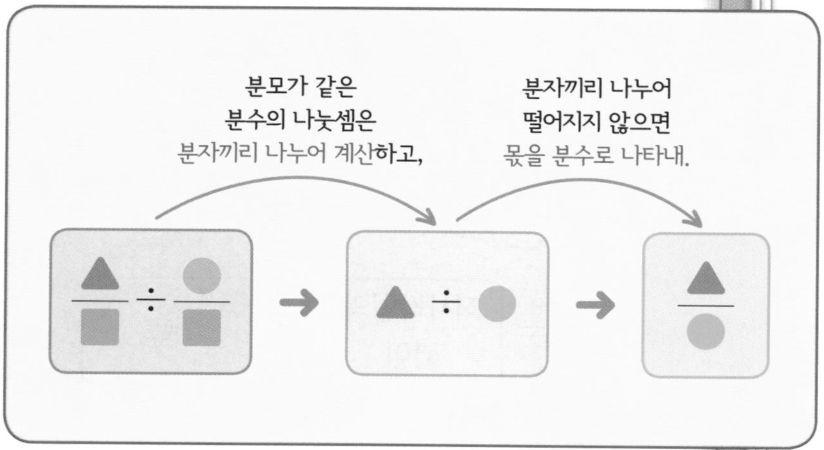

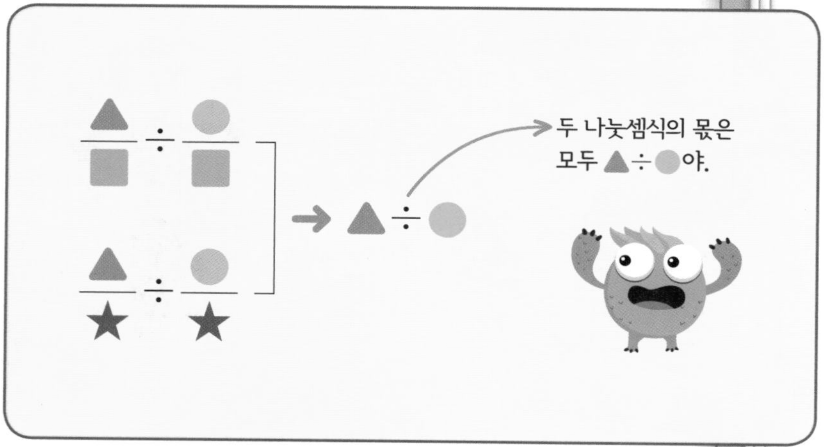

3 큰 수를 작은 수로 나눈 몫을 구하세요.

$\frac{11}{17}$ $\frac{4}{17}$

4 관계있는 것끼리 선으로 이어 보세요.

$\frac{6}{11}\div\frac{7}{11}$ •	• $6\div7$ •	• $2\frac{1}{4}$
$\frac{9}{13}\div\frac{4}{13}$ •	• $5\div3$ •	• $1\frac{2}{3}$
$\frac{5}{10}\div\frac{3}{10}$ •	• $9\div4$ •	• $\frac{6}{7}$

5 계산 결과를 비교하여 ◯ 안에 >, =, <를 알맞게 써넣으세요.

$\frac{7}{8}\div\frac{6}{8}$ ◯ $\frac{7}{9}\div\frac{6}{9}$

6 냉장고에 포도주스가 $\frac{8}{9}$ L, 사과주스가 $\frac{5}{9}$ L 있습니다. 포도주스의 양은 사과주스의 양의 몇 배일까요?

7 ★에 알맞은 수를 구하세요.

$$\frac{★}{10} \div \frac{7}{10} = \frac{3}{7}$$

$$\frac{★}{10} \div \frac{7}{10} = \frac{★}{7} = \frac{3}{7}$$

분모가 같은
분수의 나눗셈은 분자끼리
나누어 계산해.

8 수 카드 5, 9를 한 번씩 모두 사용하여 계산 결과가 더 큰 나눗셈식을 만들었을 때의 몫을 구하세요.

$$\frac{\square}{12} \div \frac{\square}{12}$$

계산 결과가 더
크려면 나누어지는 수가 나누는
수보다 더 커야 해.

더 큰 수 → $\frac{\square}{12} \div \frac{\square}{12}$

수학적 독해력

+9 〈조건〉을 만족하는 분수의 나눗셈식을 모두 쓰세요.

〈조건〉
- $5 \div 2$를 이용하여 계산할 수 있습니다.
- 분모가 8보다 작은 진분수의 나눗셈입니다.
- 두 분수의 분모는 같습니다.

분모가 같은 분수끼리의 나눗셈은
분자끼리 나누어 계산할 수 있어.

〈조건〉
- $5 \div 2$를 이용하여 계산할 수 있습니다.
- 분모가 8보다 작은 진분수의 나눗셈입니다.
- 두 분수의 분모는 같습니다.

진분수의 나눗셈이므로
분모는 5보다 크고 8보다 작아.

수학적 표현력

+10 넓이가 $\frac{5}{7}$ m^2인 평행사변형이 있습니다. 이 평행사변형의 밑변의 길이가 $\frac{6}{7}$ m일 때 높이는 몇 m인지 풀이 과정을 쓰고, 답을 구하세요.

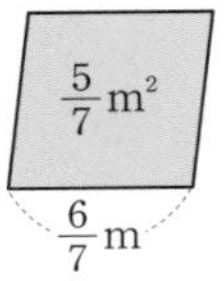

(평행사변형의 넓이)＝(밑변의 길이)×(높이)

(높이)＝(평행사변형의 넓이)÷(밑변의 길이)

03일 (분수)÷(분수) (3)

$\frac{9}{10} \div \frac{2}{5}$

↓ 통분

➜ $\frac{9}{10} \div \frac{4}{10}$

분모가 다른 (분수)÷(분수)는 두 분수를 통분한 후 분자끼리 나누어 계산해.

$\frac{3}{7} \div \frac{2}{5} = 3 \div 2 = \frac{3}{2} = 1\frac{1}{2}$

중요해!

분모가 다른 (분수)÷(분수)는 두 분수를 통분한 후 분자끼리 나누어 계산해.

계산 결과가 1보다 작으려면 계산 결과가 진분수가 되어야 해.

계산 결과가
- 진분수이면 ➜ 1보다 작아.
- 가분수이면 ➜ 1보다 크거나 같아.
- 대분수이면 ➜ 1보다 커.

밀가루 $\frac{2}{3}$ kg을 한 그릇에 $\frac{1}{9}$ kg씩 나누어 담으려고 합니다. 모두 몇 개의 그릇에 나누어 담을 수 있을까요?

나누어 담을 수 있는 그릇의 수 = 전체 밀가루의 양 ÷ 한 그릇에 나누어 담는 밀가루의 양

3 □ 안에 알맞은 수를 써넣으세요.

$\frac{9}{10}$ ➜ $\div \frac{2}{5}$ ➜ □

4 잘못 계산한 곳을 찾아 바르게 계산해 보세요.

$\frac{3}{7} \div \frac{2}{5} = 3 \div 2 = \frac{3}{2} = 1\frac{1}{2}$

↓

□

5 계산 결과가 1보다 작은 것을 찾아 기호를 쓰세요.

㉠ $\frac{1}{4} \div \frac{1}{6}$　㉡ $\frac{1}{2} \div \frac{3}{5}$　㉢ $\frac{5}{7} \div \frac{2}{9}$

6 밀가루 $\frac{2}{3}$ kg을 한 그릇에 $\frac{1}{9}$ kg씩 나누어 담으려고 합니다. 모두 몇 개의 그릇에 나누어 담을 수 있을까요?

7 □ 안에 알맞은 분수를 구하세요.

$$\square \times \frac{5}{8} = \frac{2}{5}$$

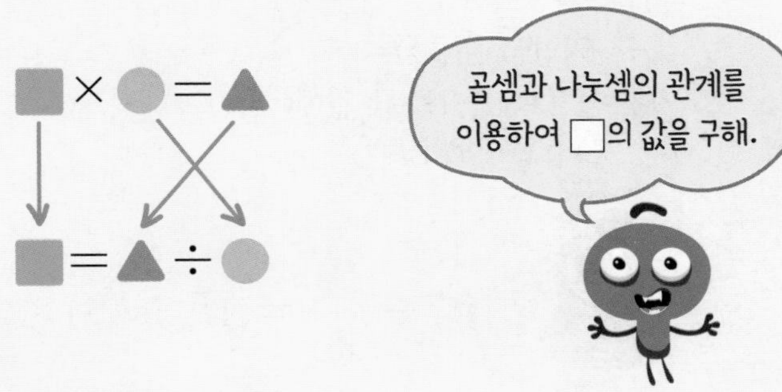

8 ㉮는 ㉯의 몇 배인지 구하세요.

㉮ $\frac{1}{12} \div \frac{1}{2}$ ㉯ $\frac{7}{18}$

수학적 독해력

9 어느 달팽이는 $\frac{6}{7}$ cm를 기어가는 데 $\frac{1}{15}$분이 걸립니다. 이 달팽이가 같은 빠르기로 기어간다면 1분 동안 갈 수 있는 거리는 몇 cm일까요?

어느 달팽이는 $\frac{6}{7}$ cm를 기어가는 데 $\frac{1}{15}$분이 걸립니다. 이 달팽이가 같은 빠르기로 기어간다면 1분 동안 갈 수 있는 거리는 몇 cm일까요?

(1분 동안 갈 수 있는 거리) = (기어간 거리) ÷ (걸린 시간)

수학적 표현력

10 어떤 수에 $\frac{5}{8}$를 곱했더니 $\frac{7}{9}$이 되었습니다. 어떤 수는 얼마인지 풀이 과정을 쓰고, 답을 구하세요.

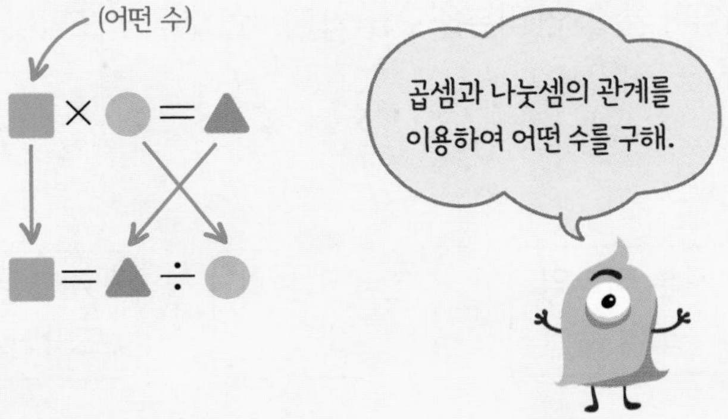

04일 (자연수)÷(분수)

3 바르게 계산한 것에 ○표 하세요.

$12 \div \frac{3}{4} = (12 \div 4) \times 3 = 9$ (　　　)

$12 \div \frac{3}{4} = (12 \div 3) \times 4 = 16$ (　　　)

(자연수)÷(분수)는
자연수를 분수의 분자로 나눈 값에
분모를 곱하여 계산해.

$■ \div \frac{●}{▲} = (■ \div ●) \times ▲$

4 $24 \div \frac{4}{5}$와 몫이 같은 것을 찾아 기호를 쓰세요.

㉠ $21 \div \frac{7}{8}$　　㉡ $18 \div \frac{3}{5}$

$■ \div \frac{●}{▲} = (■ \div ●) \times ▲$

세 나눗셈식의 몫을 각각 구해서
몫이 같은 것을 찾아봐.

5 계산 결과를 비교하여 ○ 안에 >, =, <를 알맞게 써넣으세요.

$10 \div \frac{2}{7}$ ○ $25 \div \frac{5}{7}$

$■ \div \frac{●}{▲} = (■ \div ●) \times ▲$

두 나눗셈식의 몫을
각각 구한 후 크기를
비교해.

6 길이가 20 m인 리본을 $\frac{5}{8}$ m씩 자르면 모두 몇 도막이 될까요?

길이가 20 m인 리본을 $\frac{5}{8}$ m씩 자르면 모두 몇 도막이 될까요?

자른 리본의 도막 수 = 전체 리본의 길이 ÷ 자르는 한 도막의 길이

7 ㉮와 ㉯의 차를 구하세요.

㉮ $7 \div \frac{7}{11}$ ㉯ $9 \div \frac{3}{7}$

먼저 ㉮와 ㉯를 계산한 다음 차를 구해 봐.

$■ \div \frac{●}{▲} = (■ \div ●) \times ▲$

8 □ 안에 들어갈 수 있는 자연수 중에서 가장 작은 수를 구하세요.

$32 \div \frac{8}{9} < □$

$32 \div \frac{8}{9} < □$ → ★

□는 ★보다 큰 수 중에서 가장 작은 자연수야.

수학적 독해력

+9 떨어진 높이의 $\frac{3}{5}$만큼 튀어 오르는 공이 있습니다. 이 공을 떨어뜨렸을 때 첫 번째로 튀어 오른 높이가 12 m라면 처음 공을 떨어뜨린 높이는 몇 m일까요?

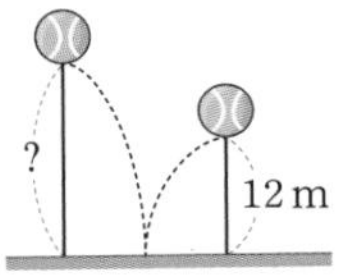

(튀어 오른 높이)=(떨어뜨린 높이)$\times \frac{3}{5}$

(떨어뜨린 높이)=(튀어 오른 높이)$\div \frac{3}{5}$

곱셈과 나눗셈의 관계를 이용하여 어떤 수를 구해.

수학적 표현력

+10 물 6 L를 한 컵에 $\frac{3}{7}$ L씩 담으려고 합니다. 물을 남김없이 모두 담으려면 컵은 몇 개 필요한지 풀이 과정을 쓰고, 답을 구하세요.

물 6 L를 한 컵에 $\frac{3}{7}$ L씩 담으려고 합니다. 물을 남김없이 모두 담으려면 컵은 몇 개 필요한지 구하세요.

필요한 컵의 수 = 전체 물의 양 ÷ 한 컵에 담는 물의 양

(분수)÷(분수)를 (분수)×(분수)로 나타내기

(분수)÷(분수)를 (분수)×(분수)로 나타낼 때에는 나눗셈을 곱셈으로 나타내고 나누는 수의 분모와 분자를 바꿔.

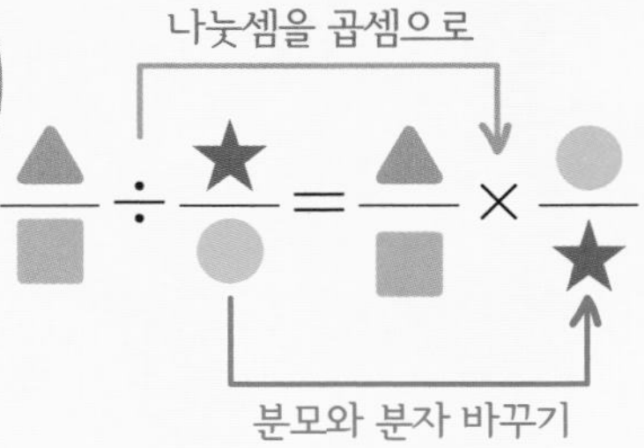

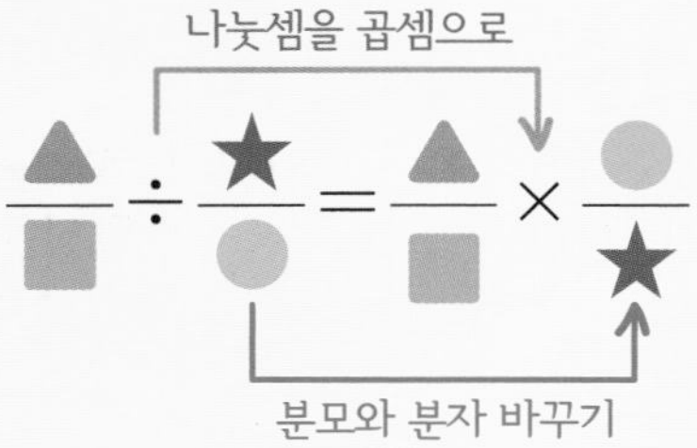

주의해!

(분수)÷(분수)를 (분수)×(분수)로 나타낼 때에는 나누는 수의 분모와 분자를 바꿔야 해.

먼저 두 식의 계산 결과를 각각 구한 후 크기를 비교해.

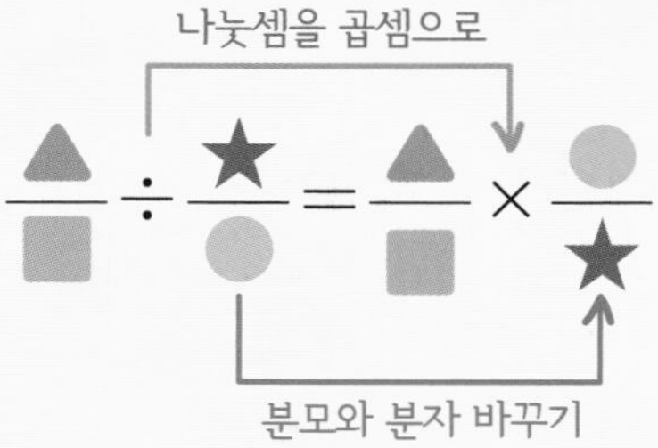

알아둬!

진분수보다 대분수가 더 큰 수야.

■는 ▲의 몇 배?

↓

■÷▲

1 나눗셈을 계산할 수 있는 곱셈식을 찾아 선으로 이어 보세요.

$\frac{2}{3}\div\frac{4}{9}$ •	• $\frac{5}{6}\times\frac{5}{4}$
$\frac{5}{6}\div\frac{4}{5}$ •	• $\frac{2}{3}\times\frac{9}{4}$

4 잘못 계산한 곳을 찾아 바르게 계산해 보세요.

$$\frac{3}{11}\div\frac{5}{9}=\frac{\overset{1}{\cancel{3}}}{11}\times\frac{5}{\underset{3}{\cancel{9}}}=\frac{5}{33}$$

↓

5 계산 결과가 더 큰 식을 쓴 사람은 누구인지 이름을 쓰세요.

영민: $\frac{2}{5}\div\frac{7}{8}$

서연: $\frac{4}{7}\div\frac{3}{8}$

6 학교에서 집까지의 거리는 집에서 공원까지의 거리의 몇 배인가요?

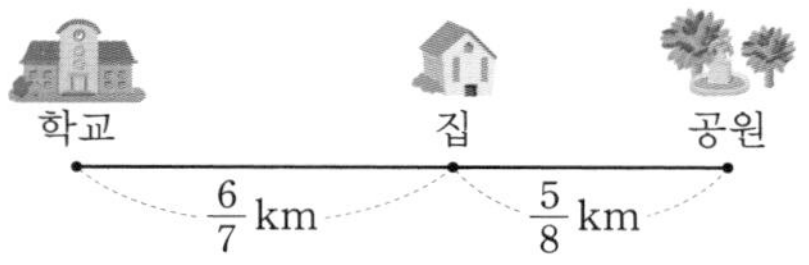

7 무게가 $\frac{3}{8}$ kg인 고무관 $\frac{2}{7}$ m가 있습니다. 이 고무관 1 m의 무게는 몇 kg일까요?

무게가 $\frac{3}{8}$ kg인 고무관 $\frac{2}{7}$ m가 있습니다. 이 고무관 1 m의 무게는 몇 kg일까요?

(고무관 1 m의 무게) = (전체 고무관의 무게) ÷ (전체 고무관의 길이)

8 □ 안에 알맞은 수를 써넣으세요.

$$\square \times \frac{3}{4} = \frac{2}{7} \div \frac{5}{6}$$

$$\square \times \frac{3}{4} = \frac{2}{7} \div \frac{5}{6} \rightarrow ★$$

★을 먼저 구한 다음, 곱셈과 나눗셈의 관계를 이용하여 □의 값을 구해.

수학적 독해력

9 그림의 전체 크기가 1이라고 할 때 색칠한 부분이 나타내는 분수를 $\frac{8}{9}$로 나눈 몫을 구하세요.

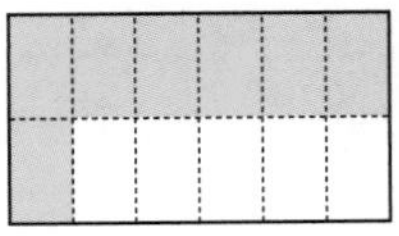

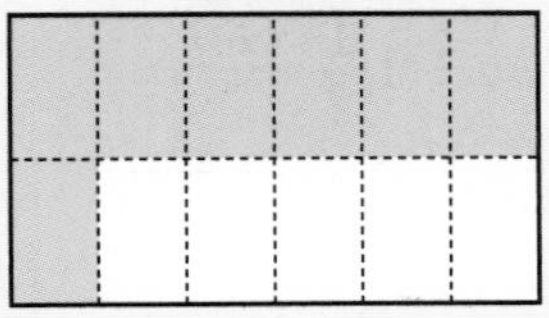 $\div \frac{8}{9}$

↓

$$\frac{(\text{색칠한 칸 수})}{(\text{전체 칸 수})} \div \frac{8}{9}$$

알아둬!

전체를 똑같이 ■로 나눈 것 중의 ▲는 $\frac{▲}{■}$야.

수학적 표현력

10 선물 1개를 포장하는 데 끈 $\frac{2}{7}$ m가 필요합니다. 끈 $\frac{3}{4}$ m로 선물을 몇 개까지 포장할 수 있는지 풀이 과정을 쓰고, 답을 구하세요.

선물 1개를 포장하는 데 끈 $\frac{2}{7}$ m가 필요합니다. 끈 $\frac{3}{4}$ m로 선물을 몇 개까지 포장할 수 있는지 구하세요.

(포장할 수 있는 선물의 수) = (전체 끈의 길이) ÷ (선물 1개를 포장하는 데 필요한 끈의 길이)

(분수)÷(분수) 계산하기

(자연수)÷(분수)는 나눗셈을
곱셈으로 바꾸고 나누는 수의
분모와 분자를 바꾸어 계산해.

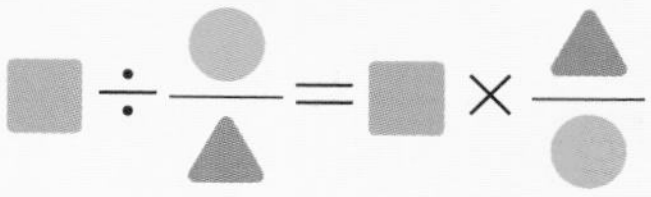

(가분수)÷(분수)는
두 분수를 통분하거나 분수의
곱셈으로 나타내어 계산해.

㉠ $\frac{7}{6} \div \frac{8}{9}$ ㉡ $\frac{3}{10} \div \frac{2}{5}$

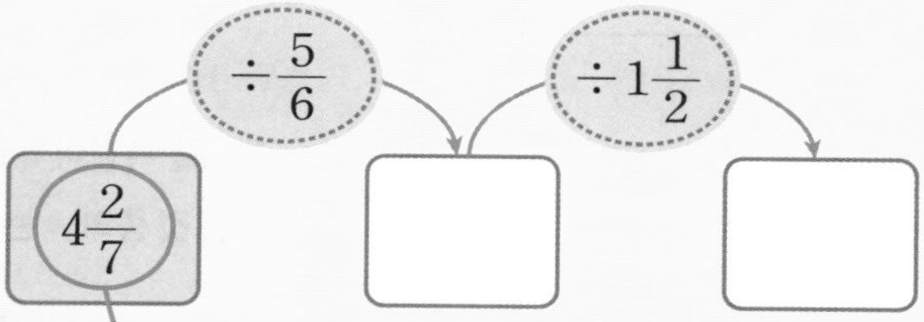

주의해!
(대분수)÷(분수)를 계산할 때에는 반드시 대분수를 가분수로 바꾼 후 계산해야 해.

냉장고에 주스가 3 L 있습니다. 주스를 하루에 $\frac{3}{7}$ L씩 마신다면 며칠 동안 마실 수 있을까요?

(마실 수 있는 날의 수) = (전체 주스의 양) ÷ (하루에 마시는 주스의 양)

3 자연수를 분수로 나눈 몫을 구하세요.

$\frac{3}{4}$ 10

4 계산 결과가 1보다 큰 것을 찾아 기호를 쓰세요.

㉠ $\frac{7}{6} \div \frac{8}{9}$ ㉡ $\frac{3}{10} \div \frac{2}{5}$

5 빈칸에 알맞은 수를 써넣으세요.

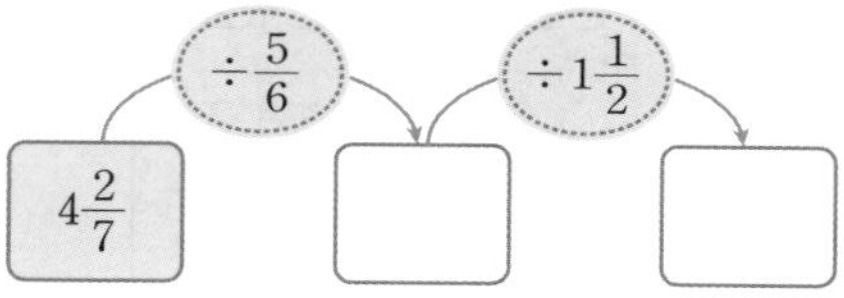

6 냉장고에 주스가 3 L 있습니다. 주스를 하루에 $\frac{3}{7}$ L씩 마신다면 며칠 동안 마실 수 있을까요?

7 휘발유 $\frac{5}{6}$ L로 $8\frac{1}{3}$ km를 가는 자동차가 있습니다. 이 자동차는 휘발유 1 L로 몇 km를 갈 수 있을까요?

(　　　　　　)

휘발유 $\frac{5}{6}$ L로 → $8\frac{1}{3}$ km

$\div\frac{5}{6}$ ↓　　　$\div\frac{5}{6}$ ↓

휘발유 1 L로 → □ km

8 ㉮보다 크고 ㉯보다 작은 자연수는 모두 몇 개일까요?

$12\div\frac{3}{8}=$㉮　$16\div\frac{4}{9}=$㉯

$12\div\frac{3}{8}=$㉮　$16\div\frac{4}{9}=$㉯

㉮ < □ < ㉯

주의해! ■보다 크고 ▲보다 작은 수에 ■와 ▲는 포함되지 않아.

수학적 독해력

+9 넓이가 $\frac{3}{10}$ m^2이고 밑변의 길이가 $\frac{4}{5}$ m인 삼각형이 있습니다. 이 삼각형의 높이는 몇 m일까요?

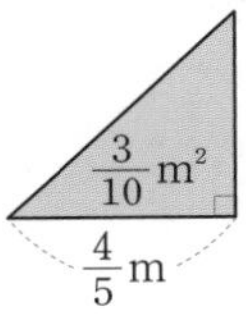

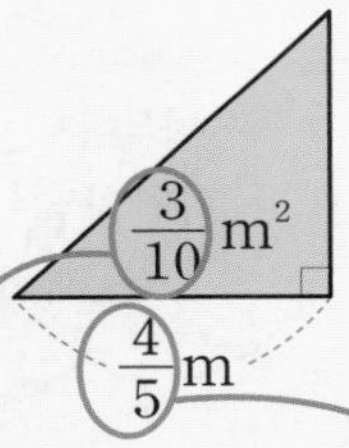

높이를 □로 놓고 곱셈과 나눗셈의 관계를 이용해서 구해.

(삼각형의 넓이)=(밑변의 길이)×(높이)÷2

수학적 표현력

+10 분수의 나눗셈을 잘못 계산한 것입니다. 계산이 잘못된 이유를 쓰고, 바르게 계산해 보세요.

$1\frac{3}{8}\div\frac{2}{3}=1\frac{3}{8}\times\frac{3}{2}=1\frac{9}{16}$

$1\frac{3}{8}\div\frac{2}{3}=1\frac{3}{8}\times\frac{3}{2}=1\frac{9}{16}$

주의해!

대분수는 반드시 가분수로 나타낸 후 계산해야 해.

07일 (소수)÷(소수) (1)

$1.08 \div 0.09$

100배 100배

$\square \div \square$

나누는 수와 나누어지는
수를 똑같이 100배 하여
(자연수)÷(자연수)로 계산해.

2 1.08÷0.09를 자연수의 나눗셈을 이용하여 계산해 보세요.

$1.08 \div 0.09 = \square$

100배 $\square$배

$\square \div \square = \square$

100배

$0.98 \div 0.14 = 98 \div 14 = 7$

100배

10배

$0.91 \div 0.07 = 9.1 \div 7 = 1.3$

100배

나누어지는 수와
나누는 수를 똑같이 ■배 해야
몫이 변하지 않아.

4 소수의 나눗셈을 자연수의 나눗셈을 이용하여 계산하려고 합니다. 잘못 계산한 사람의 이름을 쓰세요.

슬기: $0.98 \div 0.14 = 97 \div 4 = 7$

민호: $0.91 \div 0.07 = 9.1 \div 7 = 1.3$

▲배

$3.28 \div 0.04 = 328 \div ㉠ = ㉡$

▲배

나누어지는 수를 ▲배
하면 나누는 수도 똑같이
▲배 해야 해.

5 ㉠과 ㉡에 알맞은 수의 합을 구하세요.

$3.28 \div 0.04 = 328 \div ㉠ = ㉡$

철사 19.5 cm를 한 도막이 0.5 cm가 되게 자르려고 합니다. 철사를 모두 몇 도막으로 자를 수 있을까요?

도막의 수 = 전체 철사의 길이 ÷ 한 도막의 길이

6 철사 19.5 cm를 한 도막이 0.5 cm가 되게 자르려고 합니다. 철사를 모두 몇 도막으로 자를 수 있을까요?

7 가로가 $0.78\,\mathrm{cm}$, 세로가 $0.26\,\mathrm{cm}$인 직사각형이 있습니다. 이 직사각형의 가로는 세로의 몇 배일까요?

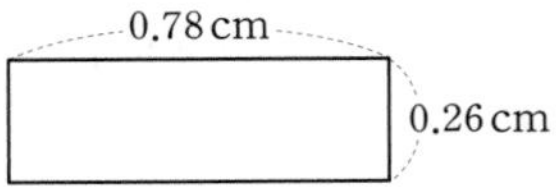

■는 ▲의 몇 배?

↓

■÷▲

몇 배인지 구하려면 나눗셈을 이용해.

8 진호는 땅콩 $6.95\,\mathrm{kg}$ 중에서 $0.5\,\mathrm{kg}$을 먹고, 남은 땅콩은 한 봉지에 $0.15\,\mathrm{kg}$씩 나누어 담았습니다. 땅콩을 담은 봉지는 몇 봉지일까요?

"땅콩 6.95 kg 중에서 0.5 kg을 먹고"

먹고 '남은 땅콩'의 무게를 먼저 구해.

봉지의 수 = 남은 땅콩의 무게 ÷ 한 봉지에 담는 땅콩의 무게

수학적 독해력

+9 〈조건〉을 만족하는 나눗셈식을 쓰고, 답을 구하세요.

〈조건〉
- $252 \div 6$을 이용하여 풀 수 있습니다.
- 나누는 수와 나누어지는 수를 각각 100배 하면 $252 \div 6$이 됩니다.

〔식〕 ______________________

〔답〕 ______________________

□ ÷ □

$\frac{1}{100}$배, 100배 ↓ 100배, $\frac{1}{100}$배

$252 \div 6$

거꾸로 $\frac{1}{100}$배 하면 100배 하기 전의 수를 구할 수 있어.

수학적 표현력

+10 $936 \div 3 = 312$를 이용하여 □ 안에 알맞은 수를 써넣은 후 계산 방법을 쓰세요.

$93.6 \div 0.3 =$ □

$93.6 \div 0.3 =$ □

▲배 ▲배 ↑

$936 \div 3 = 312$

나눗셈에서 나누는 수와 나누어지는 수를 똑같이 ▲배 하면 몫은 변하지 않아.

(소수)÷(소수) (2)

$0.21\overline{)1.68}$

나누는 수와 나누어지는 수의 소수점을 똑같이 오른쪽으로 두 자리씩 옮겨서 계산해.

$$\begin{array}{r} 1.6 \\ 0.4\overline{)6.4} \\ \underline{4} \\ 2\,4 \\ \underline{2\,4} \\ 0 \end{array}$$

주의해!

몫을 쓸 때 옮긴 소수점의 위치에서 소수점을 찍어 주어야 해.

자연수 부분이 클수록 더 큰 소수야.

1.84	0.46	12.88

↓

(가장 큰 수)÷(가장 작은 수)

주스 13.5 L가 있습니다. 주스를 병 한 개에 0.5 L씩 담는다면 병이 몇 개 필요할까요?

(필요한 병의 수) = (전체 주스의 양) ÷ (병 한 개에 담는 주스의 양)

1 □ 안에 알맞은 수를 써넣으세요.

$$\begin{array}{r} \square \\ 0.21\overline{)1.68} \\ \underline{\square\square\square} \\ 0 \end{array}$$

4 잘못 계산한 곳을 찾아 바르게 계산해 보세요.

$$\begin{array}{r} 1.6 \\ 0.4\overline{)6.4} \\ \underline{4} \\ 2\,4 \\ \underline{2\,4} \\ 0 \end{array} \rightarrow \quad 0.4\overline{)6.4}$$

5 가장 큰 수를 가장 작은 수로 나눈 몫을 구하세요.

1.84	0.46	12.88

6 주스 13.5 L가 있습니다. 주스를 병 한 개에 0.5 L씩 담는다면 병이 몇 개 필요할까요?

(식) ____________________

(답) ____________________

7 집에서 병원까지의 거리는 11.8 km이고, 집에서 서점까지의 거리는 5.9 km입니다. 집에서 병원까지의 거리는 집에서 서점까지의 거리의 몇 배일까요?

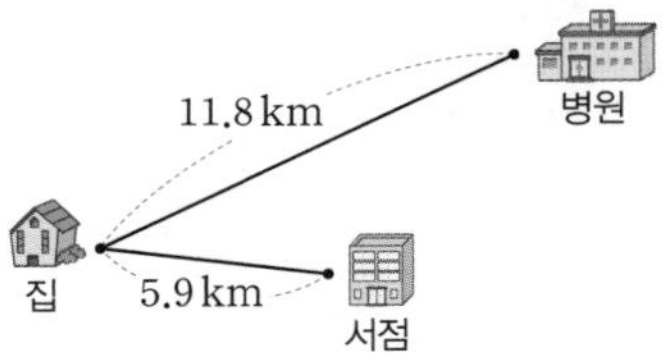

■는 ▲의 몇 배?

↓

■÷▲

8 계산 결과가 큰 것부터 차례로 ◯ 안에 1, 2, 3을 써넣으세요.

◯ $0.6\overline{)33.6}$ ◯ $0.07\overline{)5.67}$

◯ $1.3\overline{)97.5}$

◯ $0.6\overline{)33.6}$ ◯ $0.07\overline{)5.67}$

◯ $1.3\overline{)97.5}$

알아둬!

나누는 수와 나누어지는 수의 소수점을 똑같이 옮겨서 계산해.

수학적 독해력

+9 설탕 2.58 kg은 한 봉지에 0.43 kg씩 담고, 소금 6.4 kg은 한 봉지에 0.8 kg씩 담았습니다. 설탕과 소금 중에서 어느 것을 담은 봉지 수가 몇 봉지 더 많은지 차례로 구하세요.

"설탕과 소금 중에서 어느 것을 담은 봉지 수가 더 많은지"

소금을 담은 봉지의 수 − 설탕을 담은 봉지의 수

수학적 표현력

+10 5.78÷0.34를 계산한 후 계산 방법을 쓰세요.

$0.34\overline{)5.78}$

$0.34\overline{)5.78}$

중요해!

나누는 수와 나누어지는 수의 소수점을 똑같이 오른쪽으로 두 자리씩 옮겨서 계산해.

09일 (소수)÷(소수) (3)

$$2.60\overline{)4.680}$$

나누는 수와 나누어지는 수가 모두 자연수가 되도록 소수점을 똑같이 오른쪽으로 두 자리씩 옮겨서 계산해.

주의해!

몫을 쓸 때 옮긴 소수점의 위치에서 소수점을 찍어 주어야 해.

0.6	0.51

(소수 두 자리 수)÷(소수 한 자리 수)

■는 ▲의 몇 배?

↓

■÷▲

몇 배인지 구하려면 나눗셈을 이용해.

나누는 수가 자연수가 되도록 나누는 수와 나누어지는 수의 소수점을 똑같이 옮겨서 계산해.

2.04 → ÷0.8 → □ → ÷0.5 → □

1 □ 안에 알맞은 수를 써넣으세요.

$$2.60\overline{)4.680}$$

□

□

2 0 8 0

□

0

3 소수 두 자리 수를 소수 한 자리 수로 나눈 몫을 구하세요.

0.6	0.51

5 사과의 무게는 딸기의 무게의 몇 배일까요?

5.12 kg

1.6 kg

6 빈칸에 알맞은 수를 써넣으세요.

2.04 → ÷0.8 → □ → ÷0.5 → □

7 넓이가 $19.76\ \text{cm}^2$인 평행사변형이 있습니다. 이 평행사변형의 밑변의 길이가 $5.2\ \text{cm}$라면 높이는 몇 cm일까요?

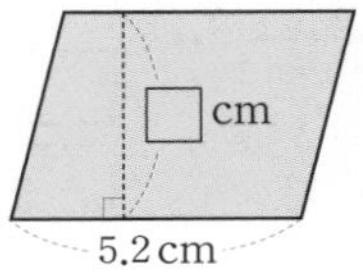

(평행사변형의 넓이)=(밑변의 길이)×(높이)

(높이)=(평행사변형의 넓이)÷(밑변의 길이)

8 현수가 자전거를 타고 일정한 빠르기로 1시간 30분 동안 7.95 km를 갔습니다. 현수가 한 시간 동안 간 거리는 몇 km일까요?

먼저 1시간 30분은 몇 시간인지 소수로 나타내.

1시간 30분$=1\frac{30}{60}$시간$=1.5$시간

한 시간 동안 간 거리	=	전체 거리	÷	걸린 시간

수학적 독해력

+9 어떤 수를 2.5로 나누어야 할 것을 잘못하여 곱했더니 8.75가 되었습니다. 바르게 계산하면 얼마인지 구하세요.

잘못 계산한 식을 이용해 어떤 수를 먼저 구해.

[잘못 계산한 식] (어떤 수)×2.5=8.75

↓

[바르게 계산한 식] (어떤 수)÷2.5=?

수학적 표현력

+10 잘못 계산한 곳을 찾아 바르게 계산하고, 이유를 쓰세요.

$$\begin{array}{r} 0.89 \\ 0.7\overline{)6.23} \\ \underline{56} \\ 63 \\ \underline{63} \\ 0 \end{array} \rightarrow 0.7\overline{)6.23}$$

$0.7\overline{)6.23}$

소수점을 옮겨서 계산한 경우, 몫의 소수점은 옮긴 소수점의 위치에서 찍어야 해.

10일 (자연수)÷(소수)

$2.5\overline{)30.0}$

소수는 필요한 경우 오른쪽 끝자리에 0을 붙여 나타낼 수 있어.

나누는 수와 나누어지는 수의 소수점을 똑같이 옮겨서 자연수의 나눗셈으로 계산해.

나누는 수와 나누어지는 수의 소수점을 똑같이 옮겨서 자연수의 나눗셈으로 계산해.

48	0.32

(자연수)÷(소수)

$1.7\times\square=85$

$\square=85\div1.7$

곱셈과 나눗셈의 관계를 이용하여 □의 값을 구해.

철사 13 m를 한 사람에게 3.25 m씩 나누어 주려고 합니다. 철사를 몇 명에게 나누어 줄 수 있을까요?

(나누어 줄 수 있는 사람 수) = (전체 철사의 길이) ÷ (한 사람에게 나누어 주는 철사의 길이)

1 □ 안에 알맞은 수를 써넣으세요.

$$
\begin{array}{r}
\square \\
2.5\overline{)30.0} \\
\square \\
\hline
50 \\
\square \\
\hline
0
\end{array}
$$

3 자연수를 소수로 나눈 몫을 빈칸에 써넣으세요.

48	0.32

5 □ 안에 알맞은 수를 구하세요.

$1.7\times\square=85$

6 철사 13 m를 한 사람에게 3.25 m씩 나누어 주려고 합니다. 철사를 몇 명에게 나누어 줄 수 있을까요?

식 ____________________

답 ____________________

7 몫이 30보다 큰 나눗셈을 찾아 기호를 쓰세요.

㉠ $26 \div 1.04$
㉡ $56 \div 3.5$
㉢ $8 \div 0.16$

㉠ $1.04\overline{)26.00}$

㉡ $3.5\overline{)56.0}$

㉢ $0.16\overline{)8.00}$

8 수 카드 [2], [5], [9]를 □ 안에 한 번씩만 써넣어 몫이 가장 작은 나눗셈식을 완성하고, 나눗셈식의 몫을 구하세요.

□□□ $\div 7.4$

[2] [5] [9]

[2] □ □ $\div 7.4$

작은 수부터 차례로

수학적 독해력

9 민우는 주스를 사기 위해 가게에 갔습니다. 가 주스와 나 주스 중 같은 양을 살 때 더 저렴한 것은 어느 것인지 구하세요.

가 주스
0.5 L에 3800원

나 주스
0.4 L에 3000원

(주스 1 L의 가격) = (주스 한 병의 가격) ÷ (한 병에 담긴 주스의 양)

수학적 표현력

10 빵 1개를 만드는 데 소금 3.6 g이 필요합니다. 소금 90 g으로 빵을 몇 개 만들 수 있는지 두 가지 방법으로 구하세요.

방법 1

〔답〕 ______________

방법 2

〔답〕 ______________

11일 몫을 반올림하여 나타내기

구하려는 자리의 바로 아래 자리에서 반올림해.

일의 자리	소수 첫째 자리	소수 둘째 자리
소수 첫째 자리에서 반올림	소수 둘째 자리에서 반올림	소수 셋째 자리에서 반올림

47 ÷9의 몫을 반올림하여 일의 자리까지 나타낸 수 ◯ 47 ÷9

일의 자리까지 나타내야 하므로 몫은 소수 첫째 자리에서 반올림해.

■는 ▲의 몇 배?

↓

■÷▲=?배

주의해! 몫을 반올림하여 일의 자리까지 나타내야 하므로 소수 첫째 자리에서 반올림해야 해.

차를 구하려면 큰 수에서 작은 수를 빼야 해.

몫을 반올림하여 소수 첫째 자리까지 나타낸 수 → 소수 둘째 자리에서 반올림

몫을 반올림하여 소수 둘째 자리까지 나타낸 수 → 소수 셋째 자리에서 반올림

2 $5.4 \div 0.7$의 몫을 반올림하여 주어진 자리까지 나타내어 보세요.

일의 자리	소수 첫째 자리	소수 둘째 자리

4 계산 결과를 비교하여 ◯ 안에 >, =, <를 알맞게 써넣으세요.

47 ÷9의 몫을 반올림하여 일의 자리까지 나타낸 수 ◯ 47 ÷9

5 빨간색 털실의 길이는 초록색 털실의 길이의 몇 배인지 반올림하여 일의 자리까지 나타내어 보세요.

6 수현이가 말한 나눗셈식의 몫을 반올림하여 소수 첫째 자리까지 나타낸 수와 소수 둘째 자리까지 나타낸 수의 차를 구하세요.

2.5 ÷7

수현

7 어떤 자동차는 1 km를 달리는 데 휘발유가 0.6 L 필요합니다. 이 자동차가 50 L의 휘발유로 달릴 수 있는 거리는 몇 km인지 반올림하여 소수 둘째 자리까지 나타내어 보세요.

자동차가 달릴 수 있는 거리 = 전체 휘발유의 양 ÷ 1 km를 달리는 데 필요한 휘발유의 양

반올림하여 소수 둘째 자리까지 나타내려면 소수 셋째 자리에서 반올림해야 해.

8 몫의 소수 열째 자리 숫자를 구하세요.

3 ÷ 11

$3 \div 11 = 0.272727\cdots\cdots$

숫자 2와 7이 반복돼.

3 ÷ 11의 몫을 구한 후 소수 첫째 자리부터 반복되는 숫자의 규칙을 찾아봐.

수학적 독해력

+9 번개가 친 곳에서 21 km 떨어진 곳에서는 번개가 친 지 약 1분 뒤에 천둥소리를 들을 수 있습니다. 번개가 친 곳에서 8 km 떨어진 곳에서는 번개가 친 지 몇 분 뒤에 천둥소리를 들을 수 있는지 반올림하여 소수 첫째 자리까지 나타내어 보세요.

〔식〕 ____________________

〔답〕 ____________________

21 km → ÷21 → 1분 뒤

8 km → ÷21 → ? 분 뒤

반올림하여 소수 첫째 자리까지 나타내려면 소수 둘째 자리에서 반올림해야 해.

수학적 표현력

+10 〈보기〉와 같이 몫을 반올림하여 나타내야 하는 식을 쓰고, 몫을 반올림하여 소수 둘째 자리까지 나타내어 보세요.

〈보기〉
20 ÷ 3

〔식〕 ____________________

〔답〕 ____________________

〈보기〉
$20 \div 3 = 6.666\cdots\cdots$

〈보기〉는 몫이 나누어떨어지지 않는 나눗셈식이야.

12일 나누어 주고 남는 양 알아보기

[뺄셈식 이용] 15.6−3−3−□−□−□=□

덜어 낸 횟수 / 남는 수

[세로로 계산]

```
      □   ← 자연수 몫
 3)1 5.6
   □
  ────
     □   ← 남는 수
```

1 다음과 같이 두 가지 방법으로 구하세요.

[뺄셈식을 이용하여 구하기]

15.6−3−3−□−□−□=□

[세로로 계산하여 구하기]

```
      □
 3)1 5.6
    □
  ────
      □
```

슬기: 42.2−7−7−7−7−7=7.2

7을 더 뺄 수 없는지 확인해.

민호:

```
      6
 7)4 2.2
   4 2
  ────
     0.2
```

남는 수가 맞는지 확인해.

4 문제를 해결하기 위해 바르게 계산한 사람의 이름을 쓰세요.

슬기: 42.2−7−7−7−7−7=7.2

민호:

```
      6
 7)4 2.2
   4 2
  ────
     0.2
```

(　　　　　　　)

7)4 2.2

몫 → 묶을 수 있는 상자 수

남는 수 → 남는 노끈의 길이

5 묶을 수 있는 상자 수와 남는 노끈의 길이를 구하세요.

묶을 수 있는 상자 수: □상자

남는 노끈의 길이: □m

4)5 8.4

몫 → 칠할 수 있는 벽 수

남는 수 → 남는 페인트의 양

주의해!

벽 수는 소수가 아닌 자연수이므로 몫을 자연수까지만 구해야 해.

6 페인트 4 L로 벽 한 개를 칠할 수 있습니다. 페인트 58.4 L로 칠할 수 있는 벽 수와 남는 페인트의 양을 구하세요.

칠할 수 있는 벽 수 (　　　　　　)

남는 페인트의 양 (　　　　　　)

7 크림빵 한 개를 만드는 데 버터가 3 g 필요합니다. 6.3 g짜리 버터 2개로 만들 수 있는 크림빵 수와 남는 버터의 양을 구하세요.

만들 수 있는 크림빵 수 (　　　　　　)
남는 버터의 양 (　　　　　　)

6.3×2 → [전체 버터의 양] $\div 3 =$ [만들 수 있는 크림빵 수] … [남는 버터의 양]

빵의 개수이니까 나눗셈식에서 몫을 자연수까지만 구해.

8 감자 126.8 kg을 한 가구당 8 kg씩 나누어 주려고 합니다. 이 감자를 남김없이 모두 나누어 주려면 감자는 적어도 몇 kg 더 필요한지 구하세요.

[전체 감자의 양] $\div 8 =$ [자연수 몫] … [남는 감자의 양]

중요해!

남은 감자를 한 가구에 더 나누어 주려면 감자가 8 kg이 되도록 만들어야 해.

수학적 독해력

+9 식용유 20.9 L를 한 병에 9 L씩 나누어 담으려고 합니다. 나누어 담을 수 있는 병 수와 남는 식용유의 양을 두 가지 방법으로 구하세요.

방법 1
나누어 담을 수 있는 병 수: □병
남는 식용유의 양: □L

방법 2
나누어 담을 수 있는 병 수: □병
남는 식용유의 양: □L

방법 1 20.9에서 9를 계속 빼는 뺄셈식을 이용해.

방법 2 20.9÷9의 몫을 자연수까지만 구해 봐.

수학적 표현력

+10 찰흙 17.4 kg을 한 사람당 2 kg씩 나누어 줄 때 나누어 줄 수 있는 사람 수와 남는 찰흙은 몇 kg인지 알기 위해 다음과 같이 계산했습니다. 잘못 계산한 곳을 찾아 바르게 계산하고, 이유를 쓰세요.

```
      8.7
  2)1 7.4
    1 6
      1 4
      1 4
        0
```

나누어 줄 수 있는 사람 수: 8명
남는 찰흙의 양: 0.7 kg

→ 나누어 줄 수 있는 사람 수: □명
남는 찰흙의 양: □kg

```
      8.7
  2)1 7.4
    1 6
      1 4
      1 4
        0
```

사람 수는 소수가 될 수 없어.

13일 어느 방향에서 보았을까?

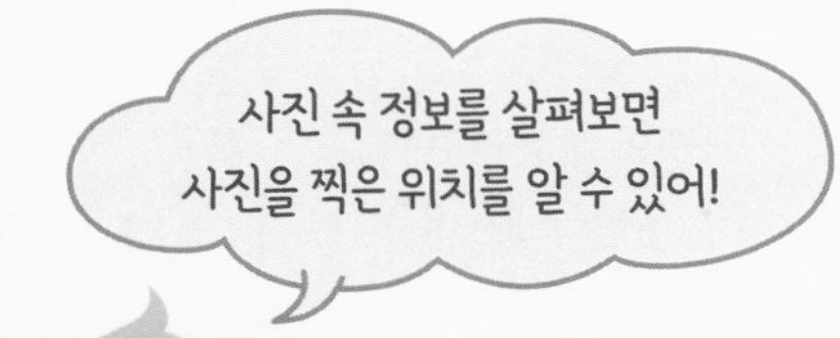

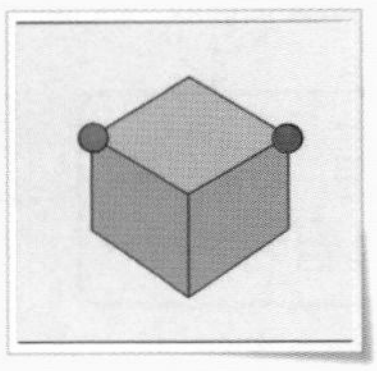

가운데에는 공이 보이지 않고 왼쪽에 초록색, 오른쪽에 빨간색 공이 보여.

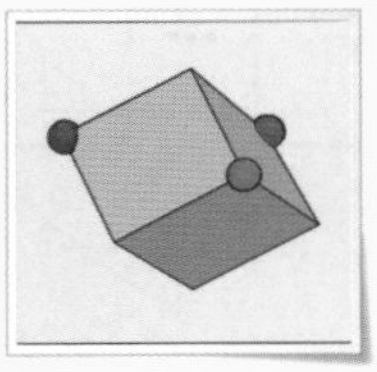

초록색 공이 가운데 있고, 파란색 공이 왼쪽, 빨간색 공이 오른쪽에 보이는 위치를 찾아봐.

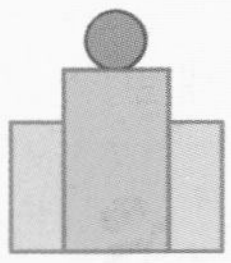

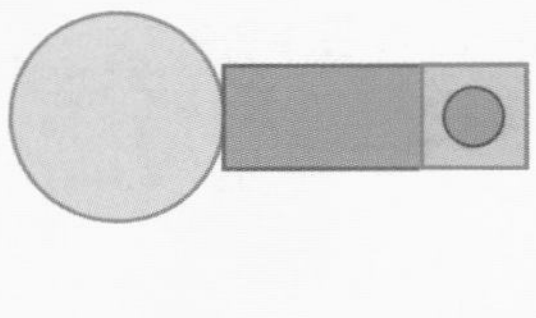

2 다음 사진을 찍은 위치를 찾아 기호를 쓰세요.

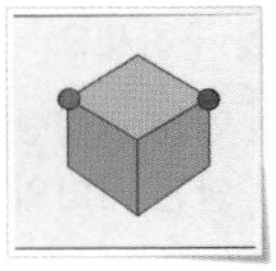

3 다음 사진을 찍은 위치를 찾아 기호를 쓰세요.

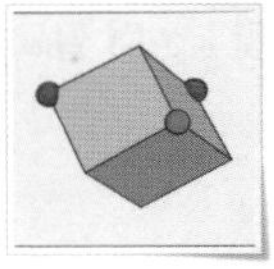

4 어느 방향에서 찍은 사진인지 찾아 기호를 쓰세요.

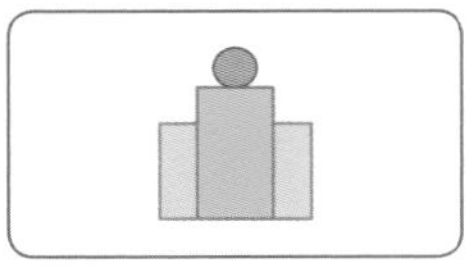

6 어느 방향에서 찍은 사진인지 찾아 기호를 쓰세요.

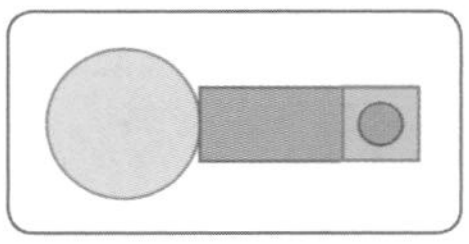

7 모델을 촬영하고 있습니다. ①번 카메라에서 촬영하고 있는 장면을 찾아 기호를 쓰세요.

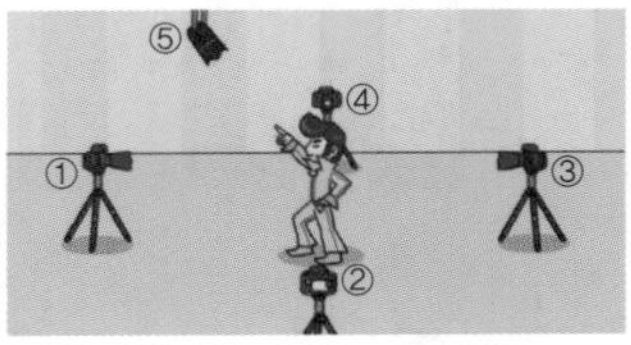

가  나  다 

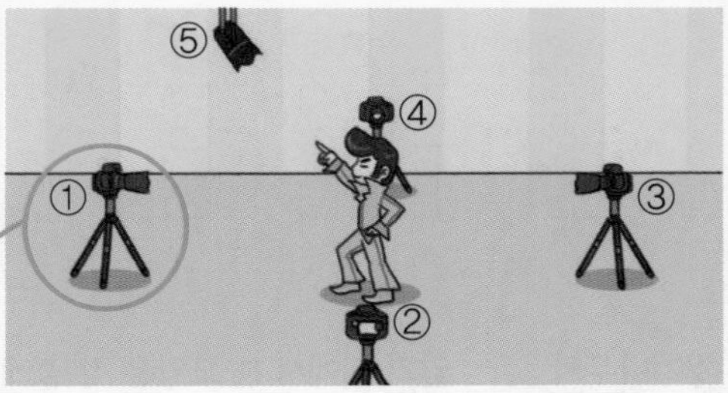

①번 카메라에서 촬영하면 모델의 얼굴이 정면으로 보여.

8 오른쪽 그림은 7에서 촬영한 장면입니다. 장면을 보고 바르게 말한 사람의 이름을 쓰세요.

오른쪽 팔을 들고 있으므로 ④번 카메라에서 촬영했어.

슬기

뒷모습이 보이므로 ③번 카메라에서 촬영했어.

종수

뒷모습이 보이므로 모델의 뒤에 있는 카메라에서 촬영한 장면이야.

수학적 독해력

+9 공원을 여러 방향에서 찍은 사진입니다. 각각 어느 방향에서 찍은 사진인지 찾아 기호를 쓰세요.

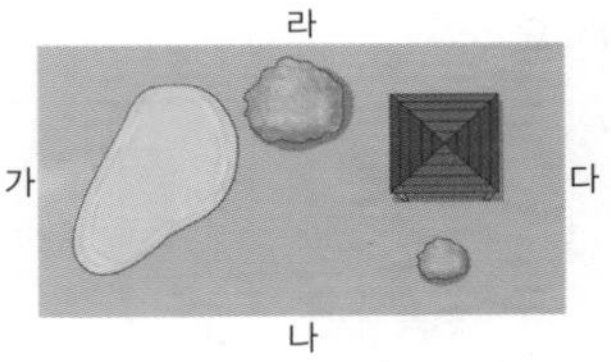

정자를 기준으로 양옆에 나무가 있어.

호수가 정자의 앞쪽에 있어.

각 사진의 나무, 정자, 호수를 기준으로 왼쪽과 오른쪽을 비교해 봐.

수학적 표현력

+10 움집을 여러 방향에서 바라보았습니다. 오른쪽 그림은 어느 방향에서 본 모습인지 기호를 쓰고, 이유를 설명해 보세요.

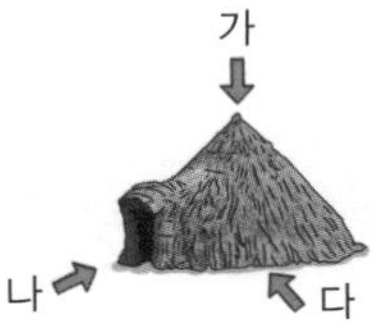

가에서 보면 윗부분이 보여.

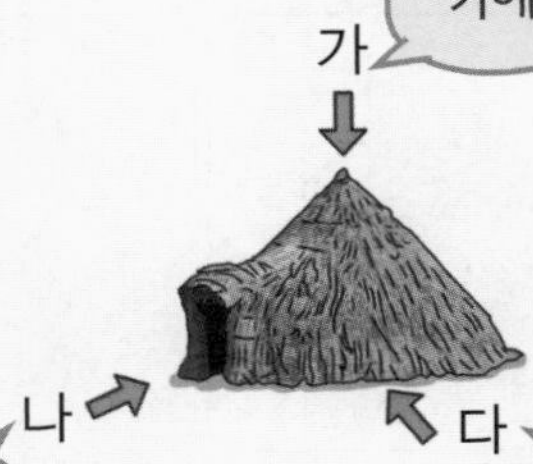

나에서 보면 입구가 정면으로 보여.

다에서 보면 입구가 왼쪽에 보여.

14일 쌓은 모양과 쌓기나무의 개수 알아보기 (1), (2)

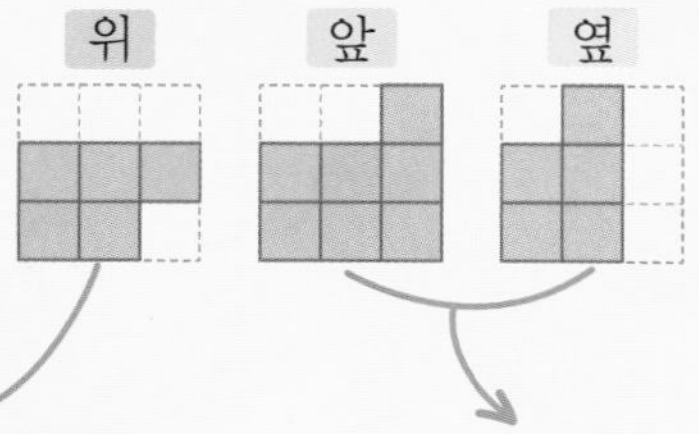

1층에 쌓은 쌓기나무의 모양과 같아.

앞과 옆에서 본 모양은 각 줄에서 가장 높은 층의 모양과 같아.

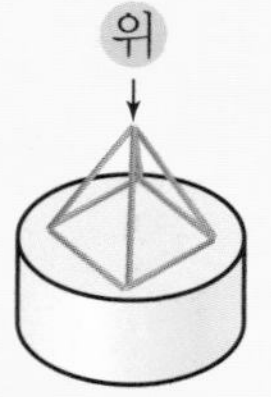

위에서 내려다보면 밑면인 사각형 모양이 보이고 빨대가 가운데에서 만나는 모양이 돼.

보이는 위의 면들과 위에서 본 모양이 같으므로 숨겨진 쌓기나무가 없어.

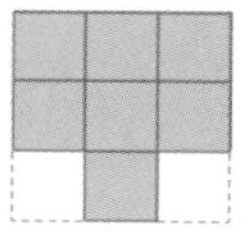

위에서 본 모양

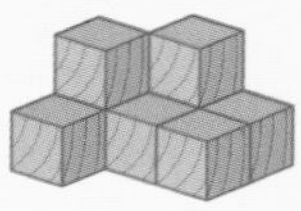

위에서 본 모양

위에서 본 모양은 1층에 쌓은 모양과 같아.

위에서 본 모양을 보고 숨겨진 쌓기나무가 있는지 살펴봐.

2 쌓기나무로 쌓은 모양을 위, 앞, 옆에서 본 모양입니다. 쌓은 모양을 찾아 ○표 하세요.

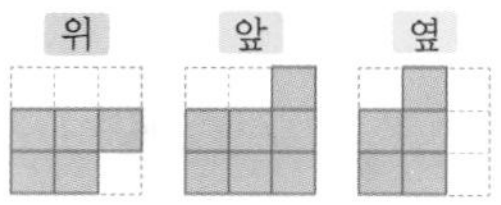

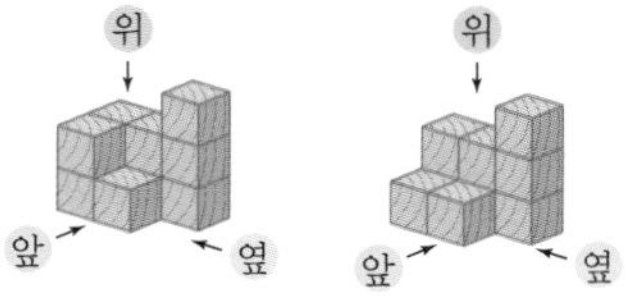

4 원기둥 위에 빨대로 만든 모양을 위에서 내려다보면 어떤 모양인지 찾아 ○표 하세요.

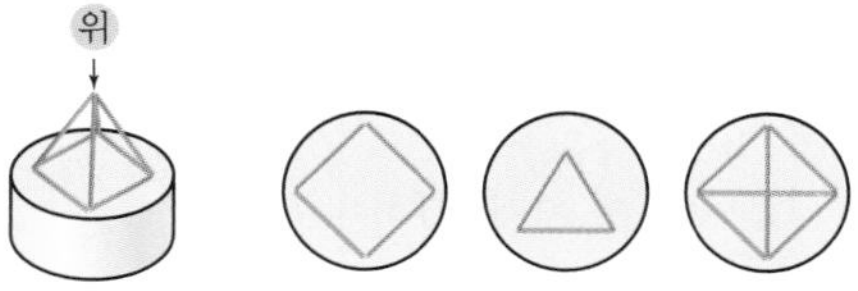

(　　) (　　) (　　)

5 쌓기나무를 이용하여 상품 진열대를 만들었습니다. 진열대를 만드는 데 사용한 쌓기나무는 몇 개인지 구하세요.

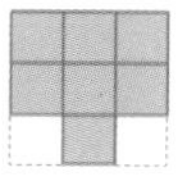

위에서 본 모양

6 주어진 모양과 똑같이 쌓는 데 필요한 쌓기나무는 몇 개인지 구하세요.

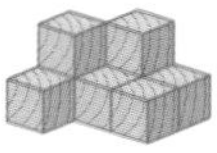

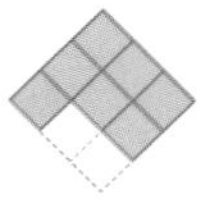

위에서 본 모양

7 쌓기나무로 쌓은 모양을 위, 앞, 옆에서 본 모양입니다. 똑같은 모양으로 쌓는 데 필요한 쌓기나무는 몇 개인지 구하세요.

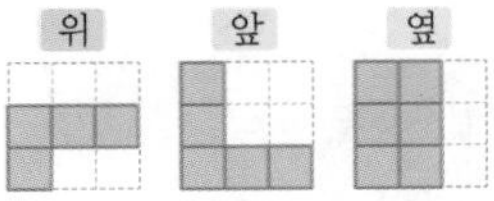

앞과 옆에서 본 모양은 각 줄에서 가장 높은 층의 모양과 같아.

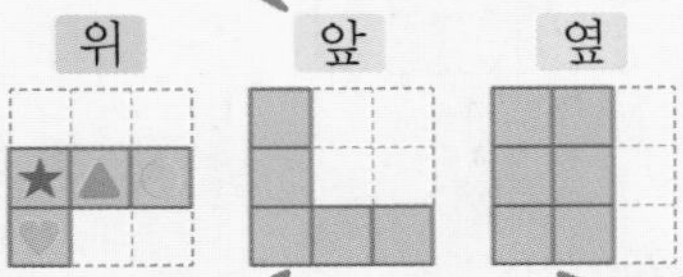

▲, ● 부분은 1개씩임을 알 수 있어.

★, ♥ 부분은 3개씩임을 알 수 있어.

8 쌓기나무 9개로 쌓은 모양을 위, 앞, 옆에서 본 모양입니다. 쌓은 모양으로 가능한 모양을 모두 찾아 기호를 쓰세요.

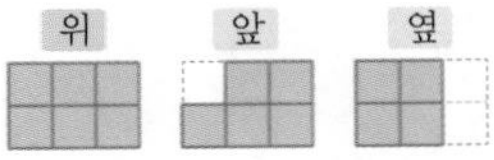

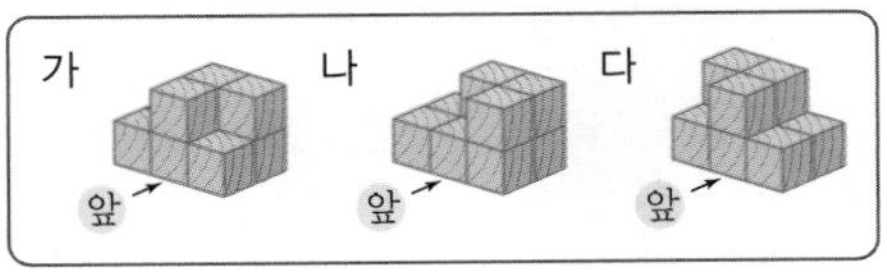

위에서 본 모양은 1층에 쌓은 모양과 같아.

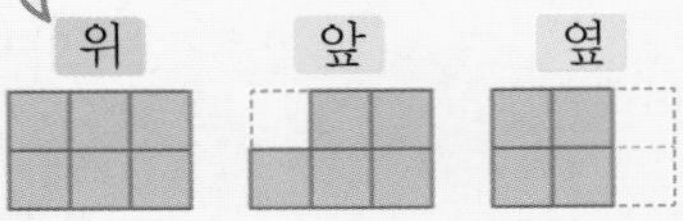

앞과 옆에서 본 모양은 각 줄에서 가장 높은 층의 모양과 같아.

수학적 독해력

+9 쌓기나무 7개로 쌓은 모양을 위와 앞에서 본 모양입니다. 옆에서 본 모양을 그려 보세요.

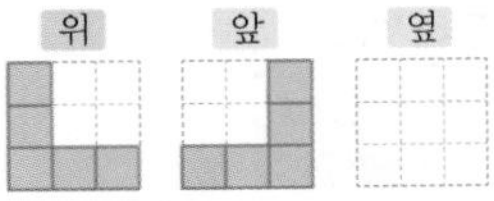

위에서 본 모양은 1층에 쌓은 모양과 같아.

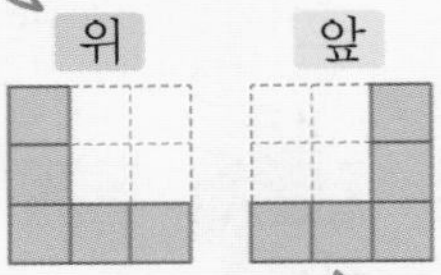

앞에서 본 모양은 각 줄에서 가장 높은 층의 모양과 같아.

수학적 표현력

+10 지훈이는 쌓기나무 15개를 가지고 있습니다. 다음 모양과 똑같이 쌓고 남은 쌓기나무는 몇 개인지 풀이 과정을 쓰고, 답을 구하세요.

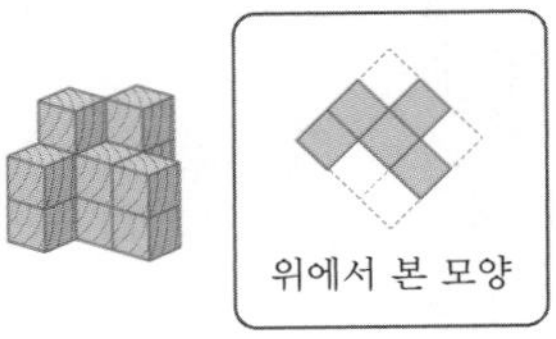

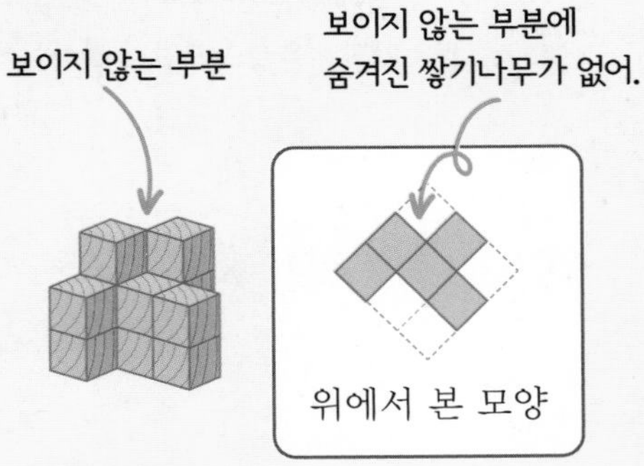

사용한 쌓기나무의 수를 먼저 구해 봐.

쌓은 모양과 쌓기나무의 개수 알아보기 (3), (4)

같은 자리에 3개가 겹쳐져.

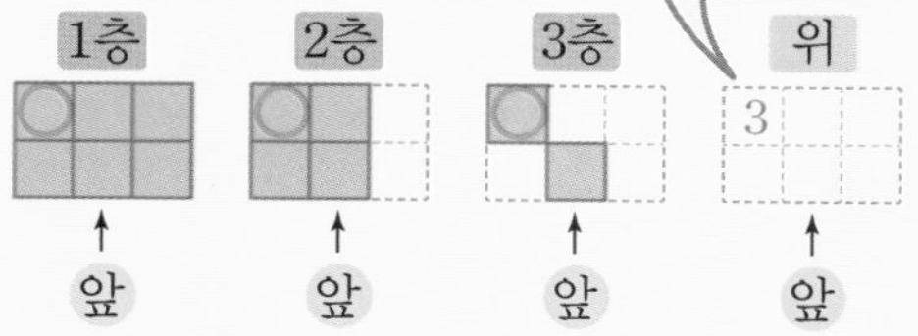

중요해!

위에서 본 모양에 수를 쓸 때에는 각 자리에서 겹쳐지는 부분의 개수만큼 더해야 해.

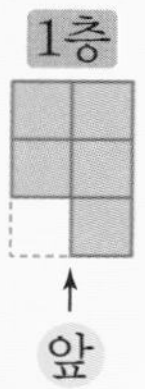

1층의 모양이 주어진 모양과 같은 것은 가와 나야.

위에서 본 모양은 1층의 모양과 같아.

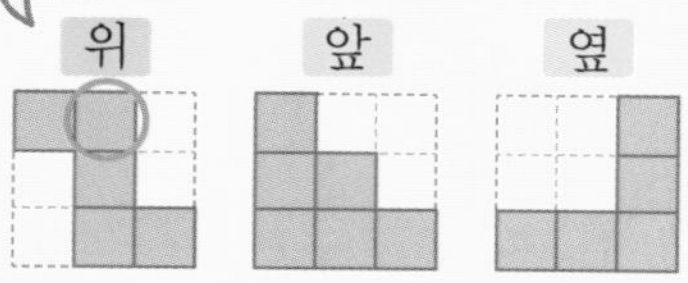

앞과 옆에서 본 모양은 각 줄에서 가장 높은 층의 모양과 같아.

앞에서 본 모양은 각 줄에서 가장 높은 층의 모양과 같아.

가장 높은 층

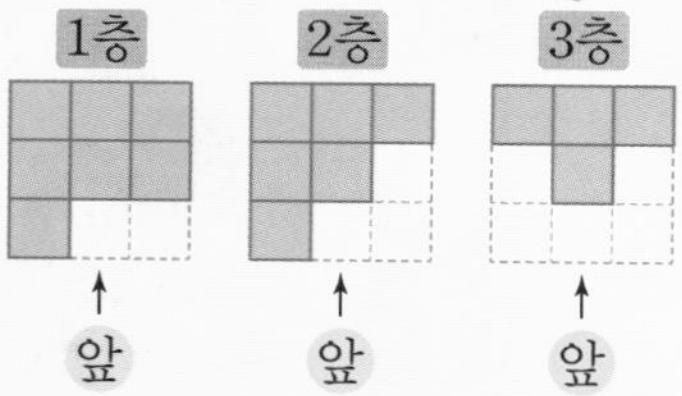

2 쌓기나무로 쌓은 모양을 층별로 나타낸 모양입니다. 위에서 본 모양을 그리고 각 자리에 쌓은 쌓기나무의 개수를 써넣으세요.

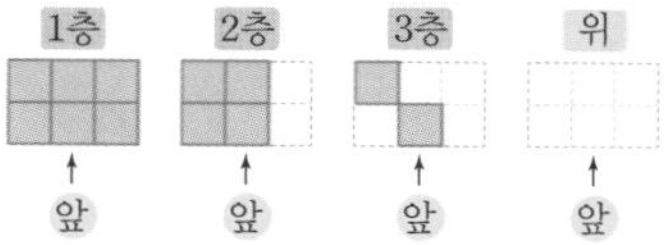

4 쌓기나무로 쌓은 모양을 층별로 나타낸 모양을 보고 쌓은 모양을 찾아 기호를 쓰세요.

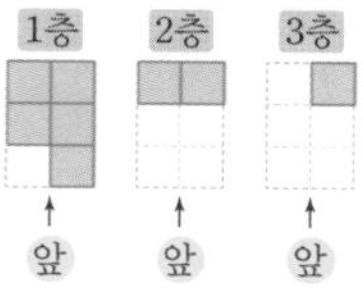

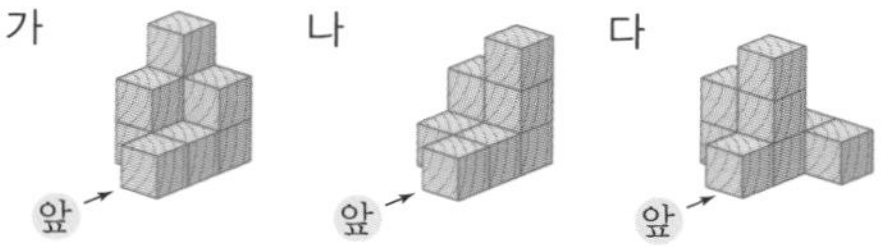

5 쌓기나무로 쌓은 모양을 위, 앞, 옆에서 본 모양입니다. 똑같은 모양으로 쌓는 데 필요한 쌓기나무는 몇 개인지 구하세요.

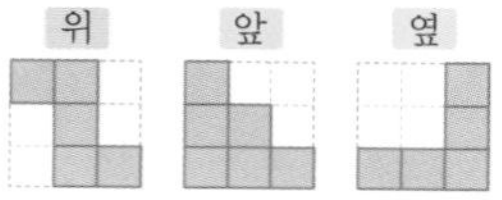

6 쌓기나무로 쌓은 모양을 층별로 나타낸 모양입니다. 앞에서 본 모양을 그려 보세요.

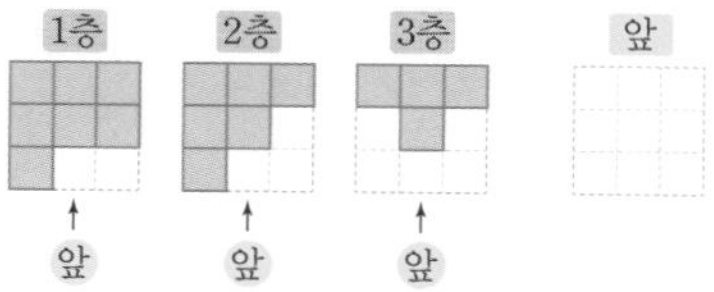

7 쌓기나무로 쌓은 모양을 위, 앞, 옆에서 본 모양입니다. 2층에 사용된 쌓기나무는 몇 개인지 구하세요.

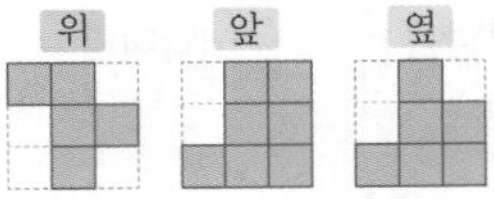

위에서 본 모양은 1층의 모양과 같으므로 각 자리에 쌓은 쌓기나무의 개수를 써 봐.

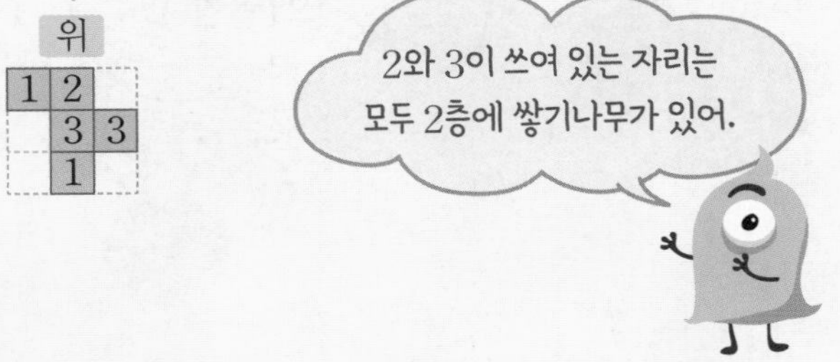

8 쌓기나무 7개로 〈조건〉을 만족하는 모양을 쌓았습니다. 이 모양을 위에서 본 모양을 그리고 각 자리에 쌓인 쌓기나무의 개수를 써넣으세요.

〈조건〉
- 1층에는 쌓기나무가 4개 있습니다.
- 위에서 본 모양은 정사각형입니다.
- 앞과 옆에서 본 모양이 서로 같습니다.
- 3층짜리 모양입니다.

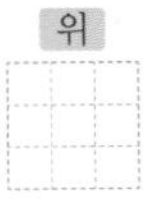

〈조건〉
- 1층에는 쌓기나무가 4개 있습니다.
- 위에서 본 모양은 정사각형입니다.
- 앞과 옆에서 본 모양이 서로 같습니다.
- 3층짜리 모양입니다.

위에서 본 모양은 1층의 모양과 같으므로 1층의 모양은 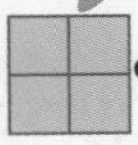 야.

수학적 독해력

9 쌓기나무로 1층 위에 서로 다른 모양으로 2층과 3층을 쌓으려고 합니다. 1층 모양을 보고 2층과 3층으로 쌓을 수 있는 알맞은 모양을 각각 찾아 기호를 쓰세요.

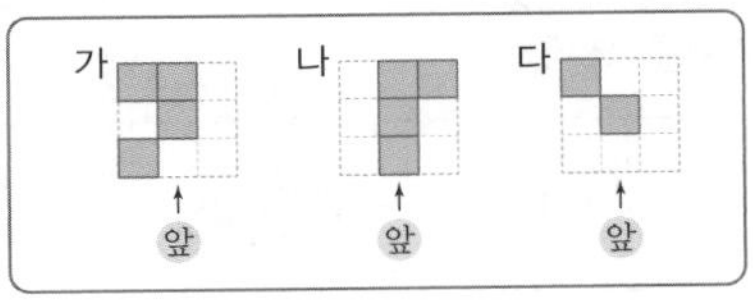

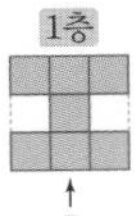

2층 (　　　) 3층 (　　　)

수학적 표현력

10 가는 쌓기나무로 쌓은 모양을 층별로 나타내고, 나는 위에서 본 모양에 수를 써서 나타낸 것입니다. 똑같은 모양으로 쌓는 데 필요한 쌓기나무의 개수의 차는 몇 개인지 풀이 과정을 쓰고, 답을 구하세요.

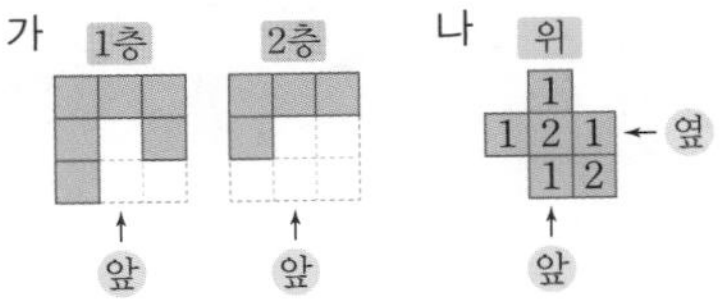

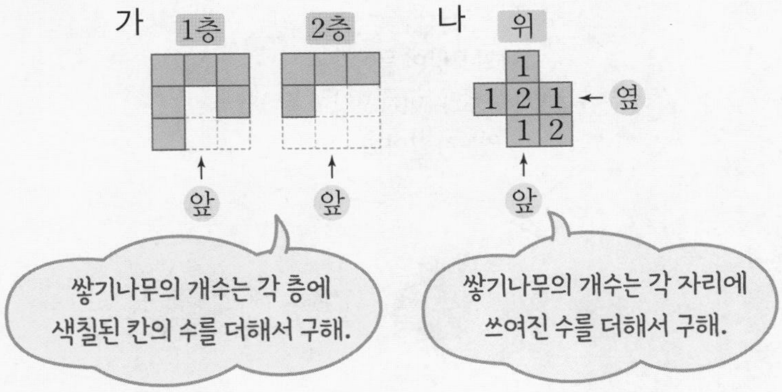

16일 여러 가지 모양 만들기

나

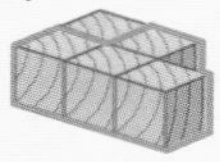

각 모양에서  모양을 찾아봐.

두 모양에서 다른 부분을 찾아봐.

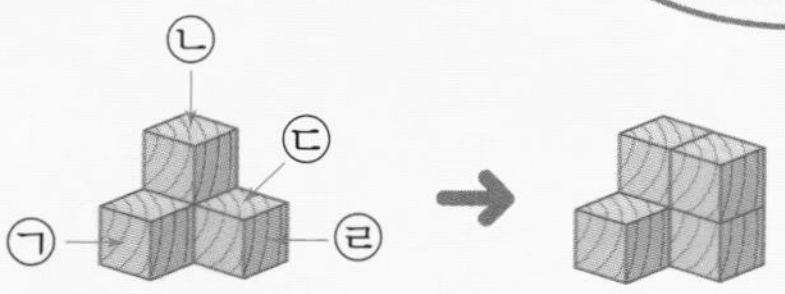

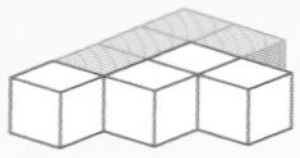

(×)

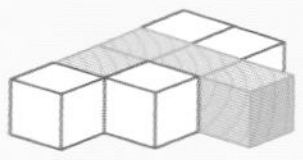

(×)

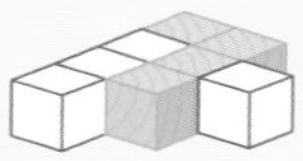

(×)

주의해!

두 가지 모양을 사용했으므로 모양을 떨어지게 나누면 안 돼.

하나의 모양이 들어갈 수 있는 곳을 먼저 찾고 나머지 모양이 들어갈 수 있는지 알아봐.

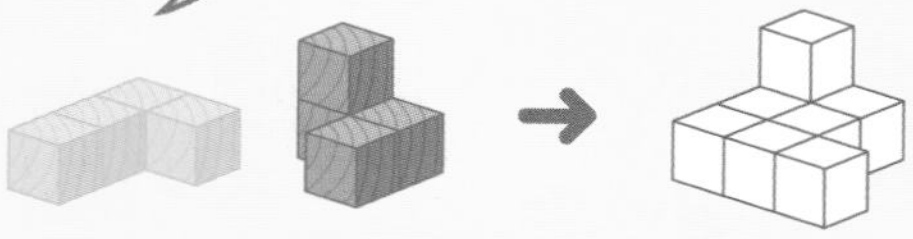

2  모양에 쌓기나무 1개를 더 붙여서 만들 수 있는 모양은 □, □입니다.

3 오른쪽 모양은 왼쪽 모양에 쌓기나무 1개를 붙여서 만든 모양입니다. 어느 부분에 붙여서 만든 모양인지 찾아 기호를 쓰세요.

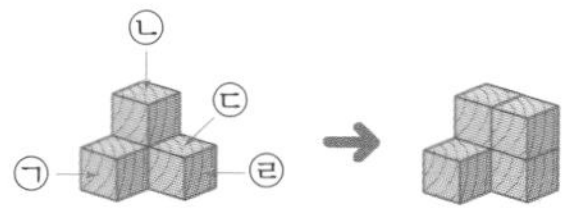

5 가, 나, 다 모양 중에서 두 가지를 사용하여 새로운 모양을 만들었습니다. 사용한 두 가지 모양을 찾아 기호를 쓰세요.

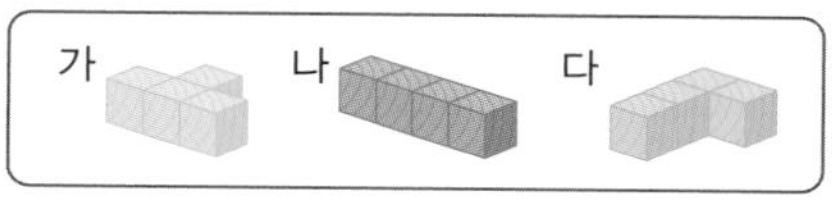

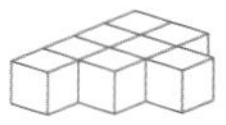

6 쌓기나무를 4개씩 붙여서 만든 두 가지 모양을 사용하여 새로운 모양을 만들었습니다. 어떻게 만들었는지 구분하여 색칠해 보세요.

7 오른쪽 모양은 쌓기나무 4개로 만든 것입니다. 오른쪽 모양에 쌓기나무 1개를 더 붙여서 만들 수 없는 모양을 찾아 기호를 쓰세요.

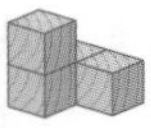

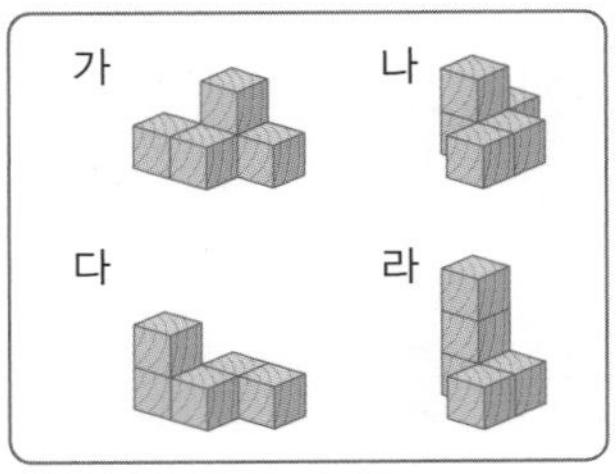

가

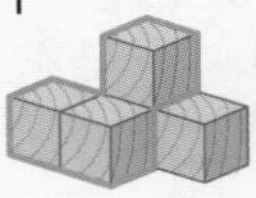

8 쌓기나무를 각각 4개씩 붙여서 만든 왼쪽 모양 두 가지를 사용하여 만들 수 있는 새로운 모양을 찾아 기호를 쓰세요.

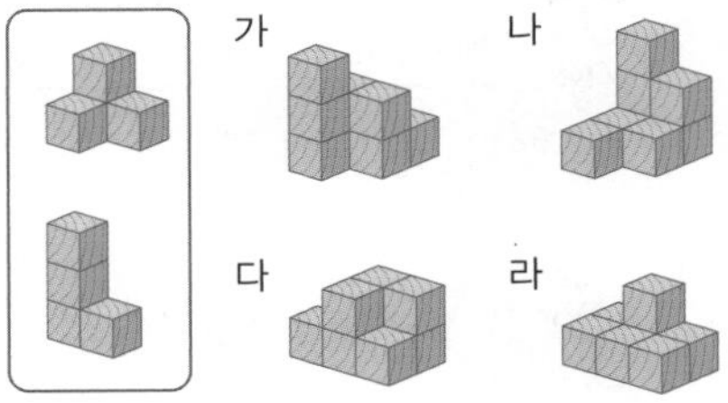

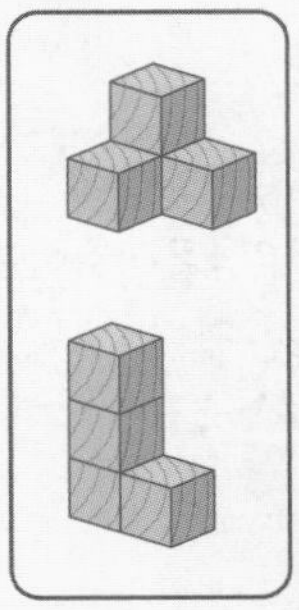

알아둬!

개수를 세어 맞는지 한 번 더 확인할 수 있어.

수학적 독해력

+9 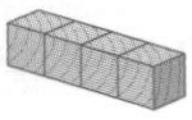 모양에 쌓기나무 1개를 더 붙여서 만들 수 있는 서로 다른 모양은 모두 몇 가지일까요?

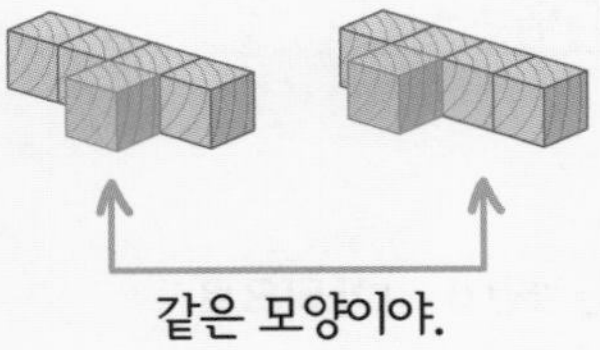

수학적 표현력

+10 서준이가 쌓기나무 4개로 만든 모양입니다. 알맞은 말에 ○표 하고, 그 이유를 쓰세요.

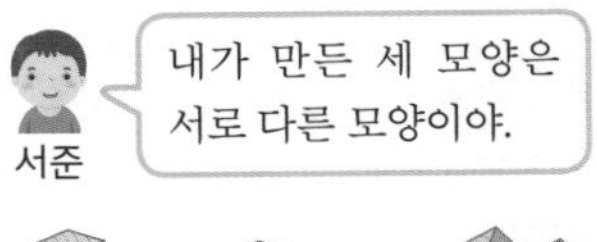

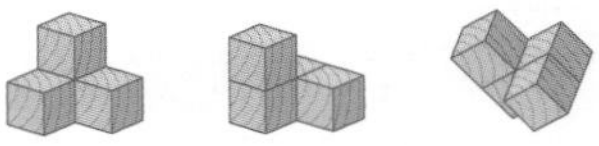

서준이의 말은 (맞습니다 , 틀립니다).

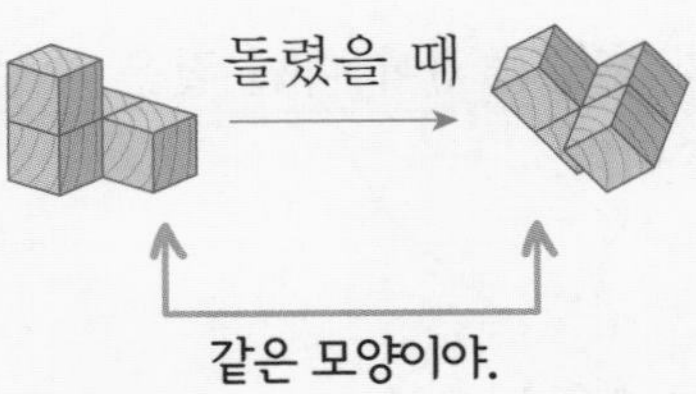

알아둬!

쌓기나무로 만든 모양을 뒤집거나 돌려서 모양이 같으면 같은 모양이야.

17 일

비의 성질 알아보기

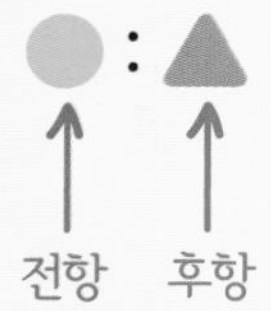

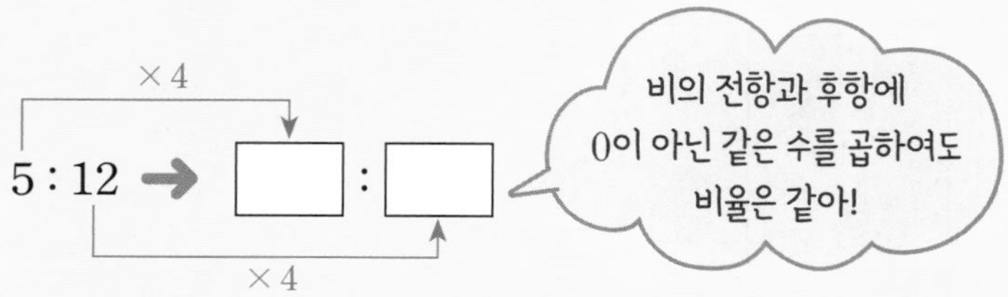

비의 전항과 후항에 0이 아닌 같은 수를 곱하여도 비율은 같습니다.

주의해!

비의 전항과 후항에 0을 곱하면 0 : 0이 되므로 0을 곱하면 안 돼.

예 10 : 20 = (10 × 0) : (20 × 0) = 0 : 0 (✖)

비의 전항과 후항을 0이 아닌 같은 수로 나누어도 비율은 같습니다.

주의해!

모든 수는 0으로 나눌 수 없으므로 비의 전항과 후항을 0으로 나누면 안 돼!

예 10 : 20 = (10 ÷ 0) : (20 ÷ 0) (✖)

1 전항이 8인 비를 찾아 ○표 하세요.

9 : 8	6 : 8	8 : 7
(　　　)	(　　　)	(　　　)

3 지혜가 한 말을 보고 5 : 12와 비율이 같은 비를 만들어 보세요.

5 : 12의 전항과 후항에 4를 곱하면 비율이 같은 비를 만들 수 있어.

5 : 12 → □ : □

5 주어진 비의 성질을 이용하여 다음 비와 비율이 같은 비를 2개 쓰세요.

비의 전항과 후항에 0이 아닌 같은 수를 곱하여도 비율은 같습니다.

6 주어진 비의 성질을 이용하여 다음 비와 비율이 같은 비를 2개 쓰세요.

비의 전항과 후항을 0이 아닌 같은 수로 나누어도 비율은 같습니다.

7 두 비의 비율이 같습니다. 비의 성질을 이용하여 ★에 알맞은 수를 구하세요.

3 : 5	★ : 35

비의 전항과 후항에 0이 아닌 같은 수를 곱하여도 비율이 같아.

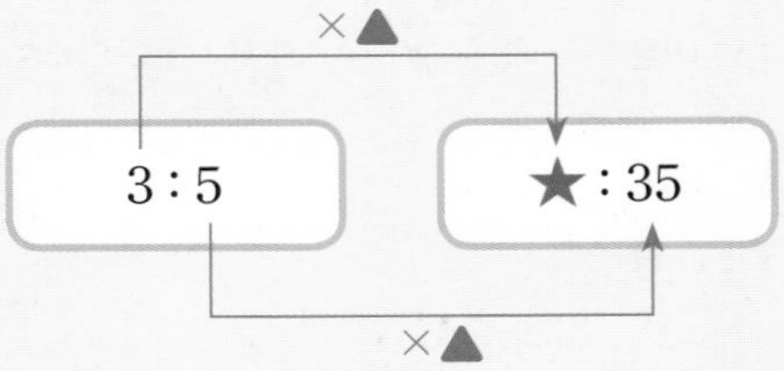

8 비의 성질을 이용하여 비율이 $\frac{36}{16}$인 비를 2개 쓰세요.

비율이 $\frac{■}{▲}$인 비 → ■ : ▲

전항과 후항에 0이 아닌 같은 수를 곱하거나
전항과 후항을 0이 아닌 같은 수로 나누어
비율이 같은 비를 만들어.

수학적 독해력

+9 가로와 세로의 비가 3 : 4가 아닌 책을 찾아 기호를 쓰세요.

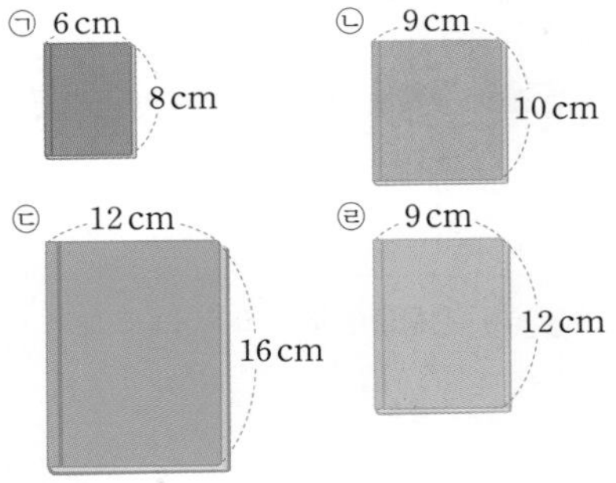

"가로와 세로의 비가 3 : 4"

가로와 세로의 비의
전항과 후항을 0이 아닌 수로 나누어
3 : 4가 되는지 확인해.

수학적 표현력

+10 건물을 보며 말한 종욱이의 생각이 옳은지 쓰고, 그렇게 생각한 이유를 쓰세요.

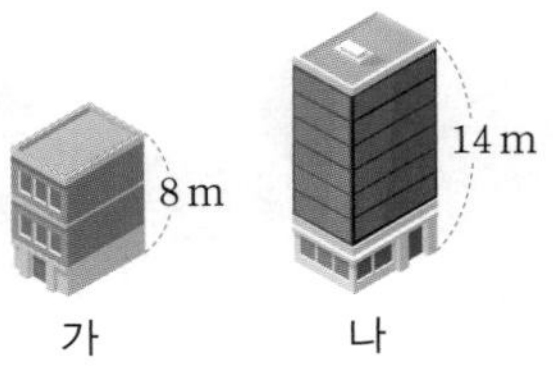

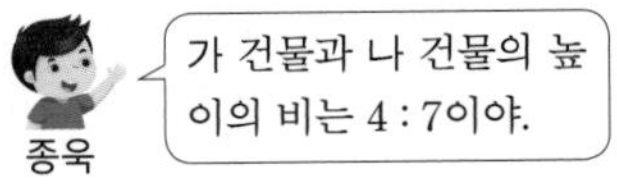

가 건물과 나 건물의 높이의 비 → 8 : 14

비의 전항과 후항을
0이 아닌 같은 수로 나누어도
비율은 같아.

18일 간단한 자연수의 비로 나타내기

소수의 비는 전항과 후항에 소수의 자릿수에 따라 10, 100, 1000……을 곱해서 간단한 자연수의 비로 나타내.

분수의 비는 전항과 후항에 두 분모의 최소공배수를 곱해서 간단한 자연수의 비로 나타내.

(1) 1.1 : 0.6

(2) $\frac{1}{8} : \frac{5}{6}$

자연수의 비는 전항과 후항을 각각 두 수의 최대공약수로 나눠.

소수의 비는 전항과 후항에 소수의 자릿수에 따라 10, 100, 1000……을 곱해.

20 : 8

0.6 : 1.4

후항을 소수로

방법 1 $1.7 : 1\frac{4}{5}$ → 1.7 : □

방법 2 $1.7 : 1\frac{4}{5}$ → □ $: 1\frac{4}{5}$

전항을 분수로

먼저 같은 형태의 수의 비로 나타낸 다음 간단한 자연수의 비로 나타내.

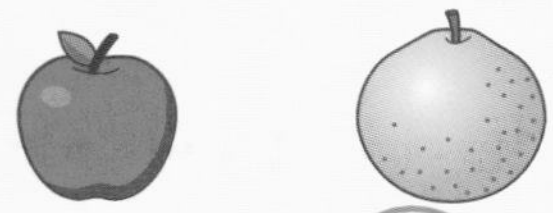

0.3 kg 0.57 kg

소수 두 자리 수이므로 전항과 후항에 100을 곱해.

알아둬!

소수의 비는 전항과 후항에 소수의 자릿수에 따라 10, 100, 1000……을 곱하여 간단한 자연수의 비로 나타내.

2 간단한 자연수의 비로 나타내어 보세요.

(1) 1.1 : 0.6

(2) $\frac{1}{8} : \frac{5}{6}$

3 간단한 자연수의 비로 나타낸 것을 찾아 선으로 이어 보세요.

20 : 8	3 : 7
0.6 : 1.4	5 : 2
	4 : 9

4 $1.7 : 1\frac{4}{5}$를 간단한 자연수의 비로 나타내려고 합니다. 다음 두 가지 방법으로 나타내어 보세요.

방법 1 후항을 소수로 바꾸어 나타내기

방법 2 전항을 분수로 바꾸어 나타내기

5 사과와 배의 무게의 비를 간단한 자연수의 비로 나타내어 보세요.

0.3 kg 0.57 kg

7 민수와 정호가 같은 책을 1시간 동안 읽었는데 민수는 전체의 $\frac{1}{3}$을, 정호는 전체의 $\frac{1}{4}$을 읽었습니다. 민수와 정호가 각각 1시간 동안 읽은 책의 양을 간단한 자연수의 비로 나타내어 보세요.

분수의 비는 전항과 후항에 두 분모의 최소공배수를 곱하여 간단한 자연수의 비로 나타내.

민수와 정호가 각각 1시간 동안 읽은 책의 양의 비

→ $\frac{1}{3} : \frac{1}{4}$

8 높이가 4.8 m인 건물의 그림자의 길이를 재어 보니 $5\frac{1}{5}$ m였습니다. 건물의 높이와 그림자의 길이의 비를 간단한 자연수의 비로 나타내어 보세요.

전항을 분수로 나타내거나 후항을 소수로 나타낸 후 간단한 자연수의 비로 나타내.

건물의 높이와 그림자의 길이의 비

→ $4.8 : 5\frac{1}{5}$

수학적 독해력

+9 슬기와 영민이가 레몬주스를 만들었습니다. 레몬주스를 만들 때 각각 사용한 레몬액의 양과 물양의 비를 간단한 자연수의 비로 나타내고, 두 레몬주스의 진하기를 비교해 보세요.

슬기: 나는 레몬액 0.2 L, 물 0.5 L를 넣었어.

영민: 나는 레몬액 $\frac{1}{5}$컵, 물 $\frac{1}{2}$컵을 넣었어.

슬기가 사용한 레몬액의 양과 물양의 비

→ 0.2 : 0.5

영민이가 사용한 레몬액의 양과 물양의 비

→ $\frac{1}{5} : \frac{1}{2}$

알아둬!

$\frac{1}{■} : \frac{1}{▲}$을 간단한 자연수의 비로 나타내면 ▲ : ■가 돼.

수학적 표현력

+10 평행사변형 가와 나의 넓이의 비를 간단한 자연수의 비로 나타내는 풀이 과정을 쓰고, 답을 구하세요.

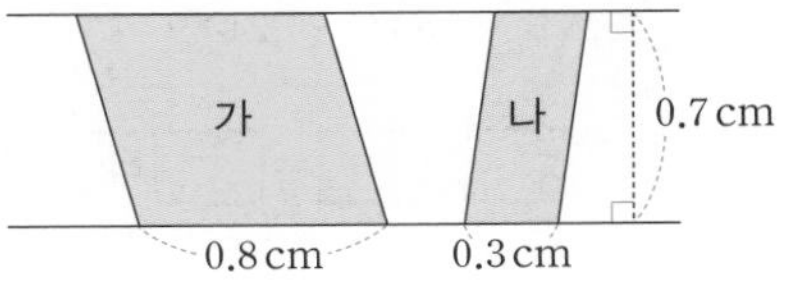

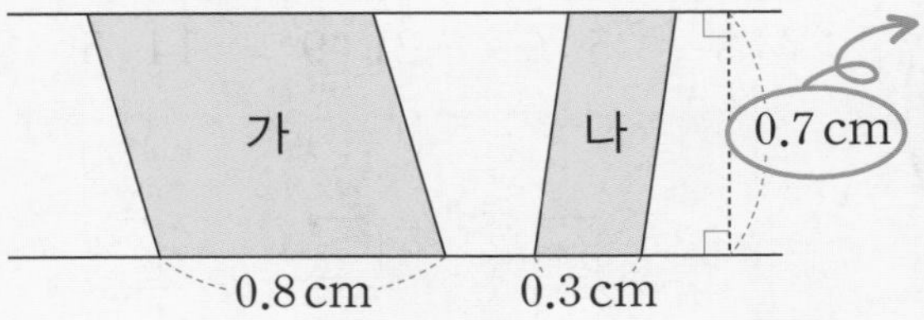

두 평행사변형의 높이가 같으므로 넓이의 비는 밑변의 길이의 비와 같아.

(평행사변형의 넓이)=(밑면의 길이)×(높이)

19일 비례식 알아보기

비례식은 비율이 같은
두 비를 기호 '='를 사용하여
나타낸 식이야.

$3:5=\square$

↓

비율 $\frac{3}{5}$

각각 비율로 나타낸 다음
비율이 같은 것을 찾아서
비례식을 세워.

7 : 3	5 : 6	21 : 9	14 : 5
$\frac{7}{3}$	$\frac{\square}{\square}$	$\frac{\square}{\square}$	$\frac{\square}{\square}$

알아둬!

각각의 비율을 기약분수로 나타내어 비교하면 편리해.

2 다음 식이 비례식이 되도록 □ 안에 알맞은 비를 찾아 ○표 하세요.

$3:5=\square$

$6:10$ $\quad \frac{1}{6}:\frac{1}{7}$

3 $9:2=36:8$에 대하여 잘못 설명한 것을 모두 고르세요. ( )

① 비례식입니다.
② 외항은 9, 36입니다.
③ 후항은 2, 8입니다.
④ 전항은 2, 36입니다.
⑤ 내항은 2, 36입니다.

4 비례식에서 내항도 되고 전항도 되는 수를 찾아 쓰세요.

$7:8=35:40$

5 비율이 같은 두 비를 찾아 비례식을 세워 보세요.

7 : 3 $\quad$ 5 : 6 $\quad$ 21 : 9 $\quad$ 14 : 5

$\square:\square=\square:\square$

7 윤하가 말하는 비례식을 세워 보세요.

> 윤하: 외항이 3과 8이고, 내항이 4와 6인 비례식이야.

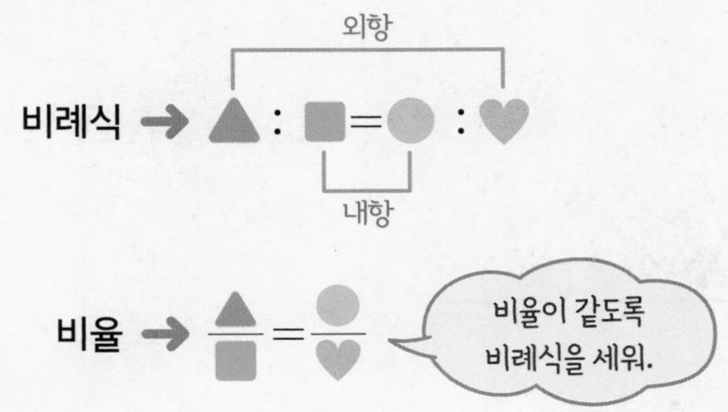

4단원

8 각 비율이 $\frac{4}{9}$가 되도록 □ 안에 알맞은 수를 써넣으세요.

$8:\square=12:\square$

> 비율로 나타낸 다음 비율이 $\frac{4}{9}$가 되는 □를 찾아.

$8:\square=12:\square$

$\frac{8}{\square}=\frac{4}{9}$ $\frac{12}{\square}=\frac{4}{9}$

수학적 독해력

9 〈조건〉에 맞게 비례식을 완성해 보세요.

〈조건〉
- 비율은 $\frac{5}{7}$입니다.
- 외항의 곱은 70입니다.

$10:\square=\square:\square$

〈조건〉
- 비율은 $\frac{5}{7}$입니다.
- 외항의 곱은 70입니다.

외항의 곱 → 70

10 : ㉠ = ㉡ : ㉢

$\frac{10}{㉠}=\frac{5}{7}$ $\frac{㉡}{㉢}=\frac{5}{7}$

수학적 표현력

10 다음 식이 비례식이 아닌 이유를 설명해 보세요.

$12:7=20:14$

$12:7=20:14$

비율 → $\frac{12}{7}$ $\frac{20}{14}$

> 비례식은 기호 '='의 왼쪽과 오른쪽의 비율이 같아.

비례식의 성질 알아보기

2 옳은 비례식을 모두 찾아 기호를 쓰세요.

㉠ $7:8=14:16$
㉡ $0.2:1.6=4:34$
㉢ $20:16=\frac{1}{4}:\frac{1}{5}$

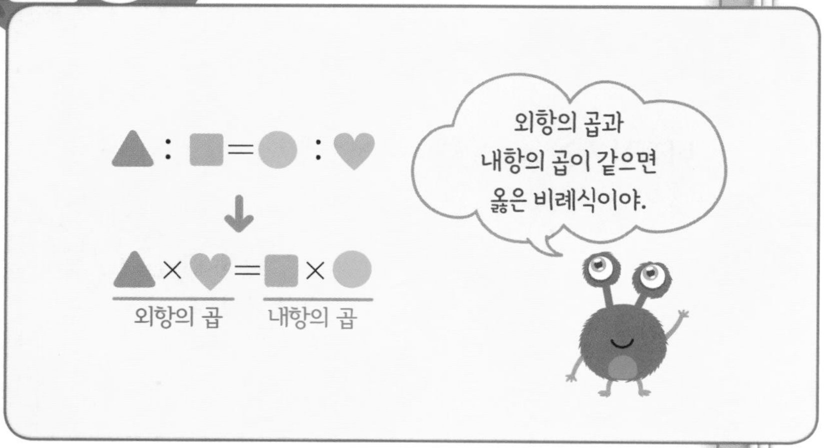

3 비례식의 성질을 이용하여 □ 안에 알맞은 수를 써넣으세요.

(1) □ $:2=75:30$

(2) $54:36=$ □ $:2$

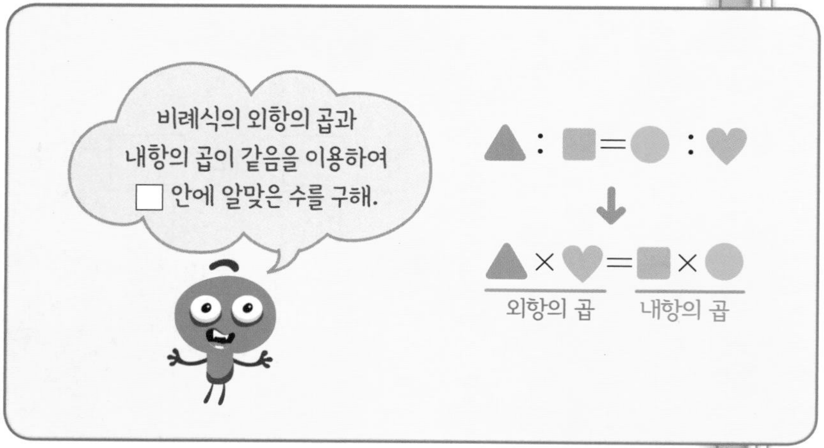

4 비례식에서 외항의 곱을 소수로 구하세요.

□ $:1.8=2:5$

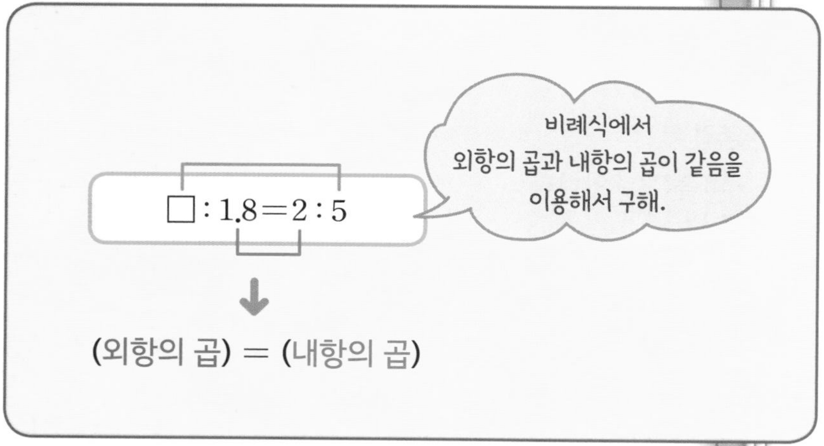

6 비례식에서 내항의 곱이 144일 때 □ 안에 알맞은 수를 써넣으세요.

$12:9=$ □ : □

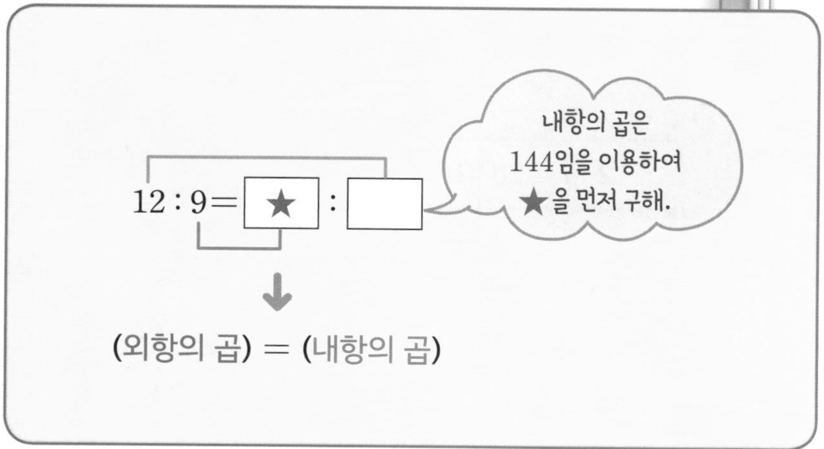

7 두 비례식을 보고 ㉠과 ㉡에 알맞은 수의 합을 구하세요.

56 : ㉠ = 7 : 6　　8 : 3 = ㉡ : 9

56 : ㉠ = 7 : 6　　8 : 3 = ㉡ : 9

(외항의 곱) = (내항의 곱)임을 이용하여 ㉠과 ㉡을 각각 구한 다음, 합을 구해.

8 □ 안에 들어갈 수가 다른 비례식을 찾아 기호를 쓰세요.

㉠ 2 : □ = 12 : 36
㉡ 0.7 : 0.3 = 14 : □
㉢ 15 : 24 = □ : 8

비례식의 성질을 이용해서 □의 값을 각각 구한 다음 비교해.

(외항의 곱) = (내항의 곱)

수학적 독해력

+9 문제를 해결하기 위해 서준이와 로운이가 대화를 나누었습니다. 옳게 말한 친구의 이름을 쓰세요.

[문제] 종이꽃 2개를 만들려면 색종이 5장이 필요합니다. 종이꽃 6개를 만들려면 색종이가 몇 장 필요한가요?

서준: 종이꽃 2개를 만드는 데 필요한 색종이 수는 종이꽃 수보다 셋 더 많아. 그래서 종이꽃 6개를 만들려면 색종이가 9장 필요해.

로운: 필요한 색종이 수를 □장이라 하면 2 : 5 = 6 : □야. 외항의 곱과 내항의 곱이 같음을 이용하면 □의 값은 15이므로 색종이는 15장 필요해.

[문제] 종이꽃 2개를 만들려면 색종이 5장이 필요합니다. 종이꽃 6개를 만들려면 색종이가 몇 장 필요한가요?

↓

2 : 5 = 6 : □

구하는 색종이의 수를 □장이라 하고 비례식을 세워 봐.

수학적 표현력

+10 수 카드 중에서 4장을 골라 한 번씩 사용하여 비례식을 세우고, 만든 방법을 쓰세요.

5　10　3　9　12　4

두 수의 곱이 같은 카드를 찾아 외항과 내항에 놓아 봐.

$3 \times 12 = 36$

5　10　3　9　12　4

$9 \times 4 = 36$

21일 비례식 활용하기

복사기로 8초에 5장을 복사할 수 있습니다. 35장을 복사하려면 시간이 몇 초가 걸리는지 구하려고 합니다.

구하려는 것

$8 : 5 = ■ : 35$

노란 블록과 빨간 블록 수의 비는 7 : 5입니다. 노란 블록이 42개라면 빨간 블록은 몇 개일까요?

구하려는 것

$7 : 5 = 42 : ■$

알아둬!

구하려는 것을 □라 하고 비례식을 세운 다음, 비례식의 성질을 이용하여 답을 구해

500 mL 우유 2통은 2700원입니다. 우유 6통을 사려면 얼마가 필요할까요?

구하려는 것

$2 : 2700 = 6 : ■$

실제 꽃밭의 세로가 12 m이면 가로는 몇 m인지 구하세요.

구하려는 것

$7 : 3 = ■ : 12$

주의해!

□를 이용하여 조건에 맞는 비례식을 세울 때에는 두 비의 각 항에 놓이는 항목이 같아야 해.

2 복사기로 8초에 5장을 복사할 수 있습니다. 35장을 복사하려면 시간이 몇 초가 걸리는지 구하려고 합니다. 걸리는 시간을 □초라 하여 비례식을 알맞게 세운 것을 찾아 기호를 쓰고, 답을 구하세요.

㉠ 8 : 5＝□ : 35　　㉡ 8 : 5＝35 : □

3 노란 블록과 빨간 블록 수의 비는 7 : 5입니다. 노란 블록이 42개라면 빨간 블록은 몇 개일까요?

4 500 mL 우유 2통은 2700원입니다. 우유 6통을 사려면 얼마가 필요할까요?

6 실제 꽃밭의 세로가 12 m이면 가로는 몇 m인지 구하세요.

7 6분 동안 36 L의 물이 나오는 수도가 있습니다. 이 수도로 300 L 들이의 욕조에 물을 가득 채우려면 몇 분 동안 물을 받아야 할까요?

6분 동안 36 L의 물이 나오는 수도가 있습니다. 이 수도로 300 L 들이의 욕조에 물을 가득 채우려면 몇 분 동안 물을 받아야 할까요?

구하려는 것

$$6 : 36 = \blacksquare : 300$$

8 어느 염전에서 소금물 25 L를 증발시켜 소금 100 g을 얻을 수 있다고 합니다. 이 염전에서 소금물 400 L를 증발시켰을 때 얻을 수 있는 소금은 몇 g일까요?

어느 염전에서 소금물 25 L를 증발시켜 소금 100 g을 얻을 수 있다고 합니다. 이 염전에서 소금물 400 L를 증발시켰을 때 얻을 수 있는 소금은 몇 g일까요?

구하려는 것

$$25 : 100 = 400 : \blacksquare$$

수학적 독해력

+9 자동차가 일정한 빠르기로 6 km를 달리는 데 5분이 걸렸습니다. 같은 빠르기로 300 km를 달린다면 몇 시간 몇 분이 걸릴까요?

자동차가 일정한 빠르기로 6 km를 달리는 데 5분이 걸렸습니다. 같은 빠르기로 300 km를 달린다면 몇 시간 몇 분이 걸릴까요?

구하려는 것

$$\rightarrow 6 : 5 = 300 : \blacksquare$$

주의해!

□의 값을 구한 뒤 몇 시간 몇 분으로 바꾸어 답해야 해.

수학적 표현력

+10 똑같은 벽면 3개를 칠하려면 페인트 5통이 필요합니다. 똑같은 벽면 9개를 칠하는 데 필요한 페인트는 몇 통인지 비례식을 세워 구하는 풀이 과정을 쓰고, 답을 구하세요.

똑같은 벽면 3개를 칠하려면 페인트 5통이 필요합니다. 똑같은 벽면 9개를 칠하는 데 필요한 페인트는 몇 통인지 비례식을 세워 구하세요.

구하려는 것

$$3 : 5 = 9 : \blacksquare$$

22일 비례배분하기

전체 ■를 ●:▲로 비례배분하기

전체를 주어진 비로 배분하는 것을 비례배분이라고 해.

→ ■ × $\frac{●}{●+▲}$, ■ × $\frac{▲}{●+▲}$

알아둬!

비례배분한 수를 더하면 전체와 같아.

색종이 66장을 5 : 6으로 나누기

↓

성오: $66 \times \frac{5}{5+6}$

희성: $66 \times \frac{6}{5+6}$

주어진 비의 전항과 후항의 합을 분모로 하는 분수의 비로 나타내.

(가로)＋(세로)는 직사각형의 둘레의 반이야.

슬기: (가로)＋(세로)=□(cm)야. 따라서 (가로)=□×$\frac{3}{□}$=□(cm)야.

가로와 세로의 비가 3 : 4이므로 가로는 전체를 3＋4=7로 나눈 것 중 3이야.

(둘레의 반)=(가로와 세로의 합)

(가로) : (가로와 세로의 합)의 비로 비례식을 세웠어.

3 : □=▲ : 28

주의해!

□를 이용하여 조건에 맞는 비례식을 세울 때에는 두 비의 각 항에 놓이는 항목이 같아야 해.

2 □ 안의 수를 주어진 비로 나누어 [,] 안에 쓰세요.

(1) 72 3 : 5 → [,]

(2) 80 9 : 7 → [,]

4 색종이 66장을 성오와 희성이가 5 : 6으로 나누어 가지려고 합니다. 성오가 가질 수 있는 색종이의 수를 구하는 식을 찾아 기호를 쓰세요.

㉠ $66 \times \frac{5}{6}$ ㉡ $66 \times \frac{5}{11}$ ㉢ $66 \times \frac{6}{11}$

5 전체를 주어진 비로 비례배분하여 해결해 보세요.

슬기: (가로)＋(세로)=□(cm)야. 따라서 (가로)=□×$\frac{3}{□}$=□(cm)야.

6 비례식을 세운 다음, 비의 성질을 이용하여 해결해 보세요.

종욱: 직사각형의 가로를 ▲ cm라 하고 비례식을 세우면 3 : □=▲ : 28이야. 비의 성질을 이용하면 28은 7의 □배이므로 ▲=3×□=□(cm)야.

7 지점토 $40\ \mathrm{kg}$을 가 모둠과 나 모둠에 $2:3$으로 나누어 주려고 합니다. 가 모둠과 나 모둠은 각각 지점토를 몇 kg씩 가지게 되는지 구하세요.

가 모둠 (   )
나 모둠 (   )

지점토 $40\ \mathrm{kg}$을 $2:3$으로 나누기

↓

가 모둠: $40\times\dfrac{2}{2+3}$

나 모둠: $40\times\dfrac{3}{2+3}$

주어진 비의 전항과 후항의 합을 분모로 하는 분수의 비로 나타내.

8 길이가 $32\ \mathrm{m}$인 털실을 주어진 비로 나누려고 합니다. 나누어진 두 털실의 길이의 차는 몇 m일까요?

$5:3$

길이가 $32\ \mathrm{m}$인 털실을 $5:3$으로 나누기

↓

$\left(32\times\dfrac{5}{5+3}\right)\mathrm{m}$

$\left(32\times\dfrac{3}{5+3}\right)\mathrm{m}$

$32\ \mathrm{m}$를 $5:3$으로 나눈 다음 두 길이의 차를 구해.

수학적 독해력

+9 어느 날 낮과 밤의 길이의 비가 $7:5$라면 밤은 몇 시간인지 구하세요.

어느 날 낮과 밤의 길이의 비가 $7:5$라면 밤은 몇 시간인지 구하세요.

→ 하루는 낮과 밤으로 이루어져 있고 24시간이야.

↓

낮: $24\times\dfrac{7}{7+5}$

전체

밤: $24\times\dfrac{5}{7+5}$

수학적 표현력

+10 지혜네 학교 6학년 전체 학생은 210명이고, 남학생 수와 여학생 수의 비는 $7:3$입니다. 6학년 남학생이 몇 명인지 알아보기 위한 지혜의 풀이 과정에서 잘못 계산한 부분을 찾아 바르게 계산하고, 이유를 쓰세요.

$210\times\dfrac{7}{7\times3}=210\times\dfrac{7}{21}=70$(명)

↓

(   )

$210\times\dfrac{7}{7\times3}=210\times\dfrac{7}{21}=70$(명)

주어진 비의 전항과 후항의 합을 분모로 하는 분수의 비로 나타내야 해.

23일 원주와 지름의 관계

원주는
정육각형의 둘레보다 길고,
정사각형의 둘레보다 짧아.

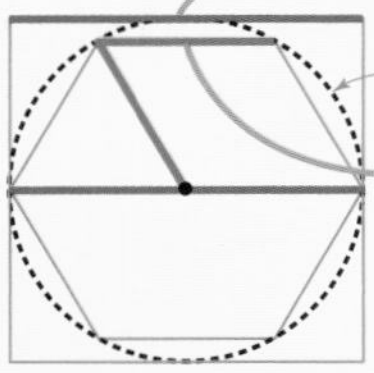

(지름)×3

원주는 지름의 3배인 □ cm보다 길고,
지름의 4배인 □ cm보다 짧습니다.

(지름)×4

알아둬!

■의 ▲배는 ■×▲로 계산해.

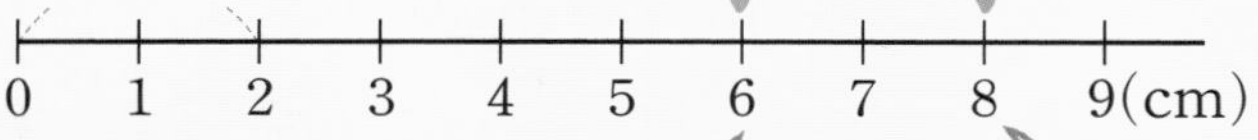

알아둬!

원주는 원의 지름의 3배보다 길고,
원의 지름의 4배보다 짧아.

지름의 3배와 4배 사이에
원주를 그려.

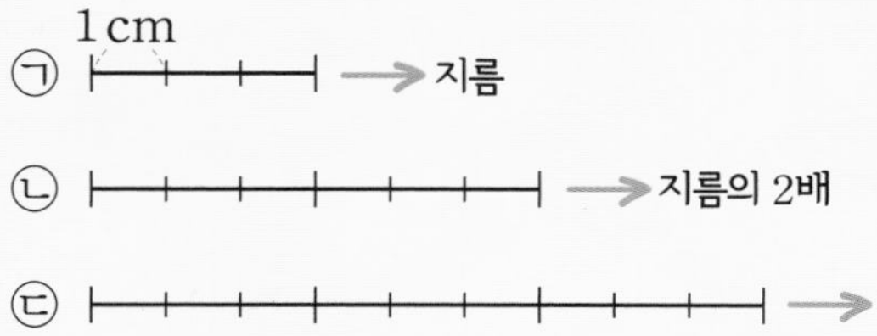

원주는 원의 지름의 3배보다 길고,
원의 지름의 4배보다 짧아.

3 그림을 보고 □ 안에 알맞은 수를 써넣으세요.

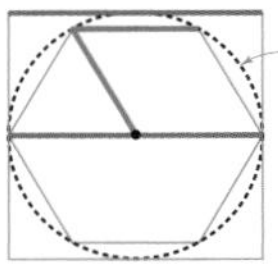

(원의 지름)×□<(원주)

(원주)<(원의 지름)×□

4 □ 안에 알맞은 수를 써넣으세요.

원주는 지름의 3배인 □ cm보다 길고,
지름의 4배인 □ cm보다 짧습니다.

5 원주가 얼마쯤 될지 수직선에 표시해 보세요.

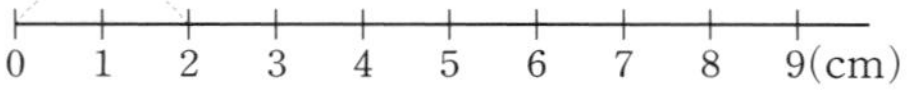

6 지름이 3 cm인 원의 원주와 가장 비슷한 길이를 찾아 기호를 쓰세요.

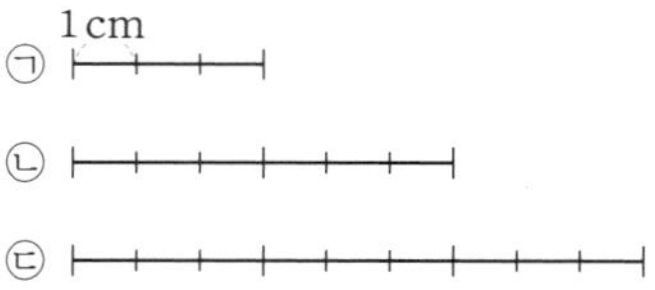

7 원주가 가장 짧은 원을 찾아 기호를 쓰세요.

㉠ 지름이 6 cm인 원
㉡ 지름이 9 cm인 원
㉢ 지름이 4 cm인 원

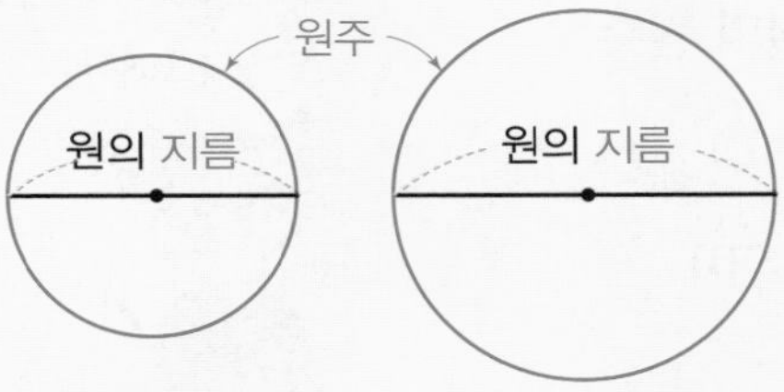

원의 지름이 길어지면 원주도 길어져.

8 징의 원주가 될 수 있는 길이를 모두 찾아 ○표 하세요.

지름: 30 cm

39 cm	45 cm	60 cm
95 cm	112 cm	135 cm

(원의 지름) × 3 < (원주)
(원주) < (원의 지름) × 4

원주는 원의 지름의 3배보다 길고, 원의 지름의 4배보다 짧아.

수학적 독해력

+9 한 변의 길이가 2 cm인 정육각형, 한 변의 길이가 4 cm인 정사각형을 보고 원주가 될 수 있는 길이의 범위를 나타낸 것입니다. ㉠과 ㉡에 알맞은 수를 구하세요.

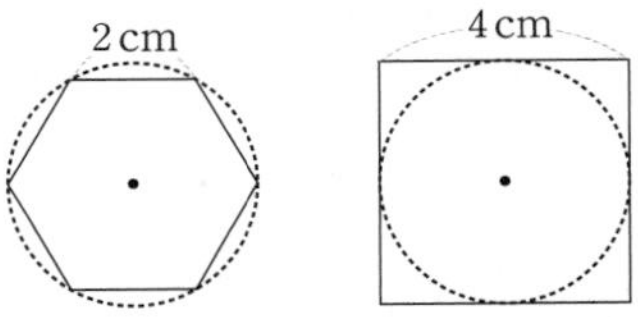

㉠ cm 초과 ㉡ cm 미만

원주는 [정육각형의 둘레] 보다 길고, [정사각형의 둘레] 보다 짧아.
↓ 초과 ↓ 미만

수학적 표현력

+10 원 모양의 도화지에 중심이 같은 원을 그린 후 원의 중심에 막대를 꽂아 놓았습니다. 잘못 말한 사람의 이름을 쓰고, 그 이유를 설명해 보세요.

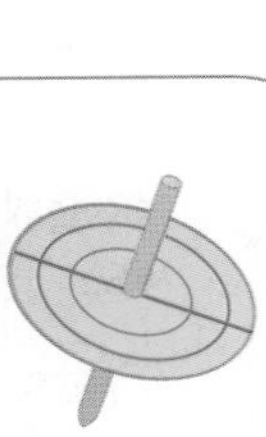

서연: 초록색 원은 빨간색 원보다 커.

영민: 막대의 중심을 지나는 파란색 선은 원의 반지름이야.

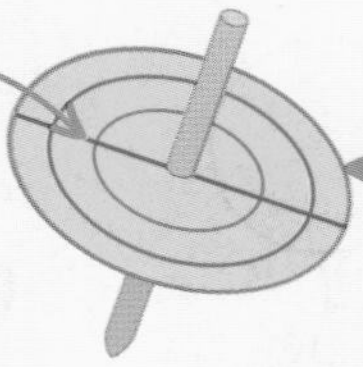

파란색 선은 원 위의 두 점을 이은 선분 중에서 원의 중심을 지나는 선분이므로 원의 지름이야.

원의 지름이 길어지면 원주도 길어져.

원주율 알아보기

지름이 ▢ cm인 원의 원주

↓

약 (▢ × 3.14) cm

원주는 지름의 약 3.14배야.

(원주) ÷ (지름) = 12.4 ÷ 4

(원주) ÷ (지름) = 18.6 ÷ 6

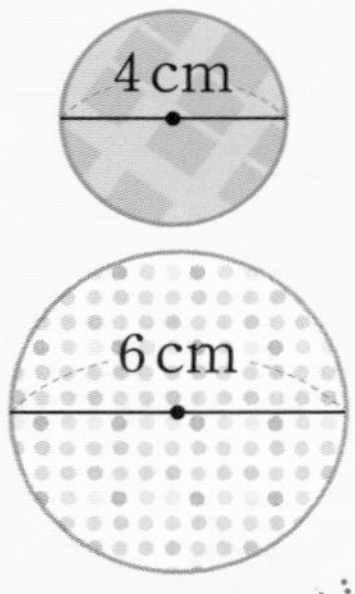

각각 계산하여 크기를 비교해.

중요해!

원의 크기에 상관없이 (원주) ÷ (지름)의 값은 일정해!

(원주율) = (원주) ÷ (지름)

원주율은 원의 지름에 대한 원주의 비율이야.

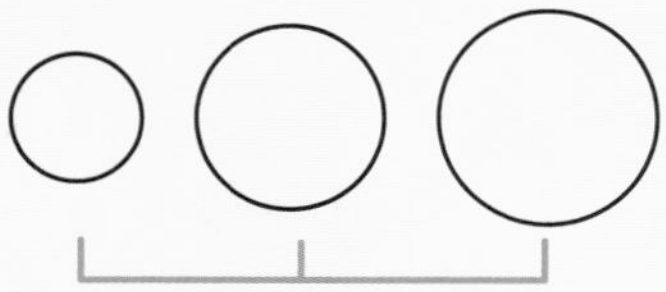

(원주) ÷ (지름)의 값은 모두 같아.

원의 크기에 상관없이 (원주) ÷ (지름)의 값은 변하지 않아.

3 지름이 3 cm인 원판을 만들고 자 위에서 한 바퀴 굴렸습니다. 원판의 원주가 얼마쯤 될지 자에 ↓로 표시해 보세요.

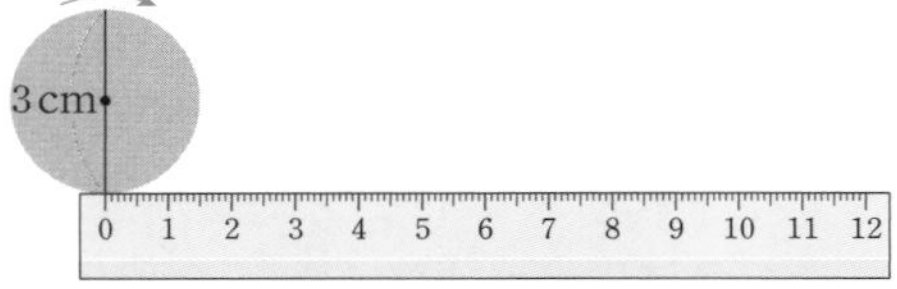

4 크기가 다른 원 모양의 천 조각이 있습니다. 각 천 조각의 (원주) ÷ (지름)을 비교하여 ◯ 안에 >, =, <를 알맞게 써넣으세요.

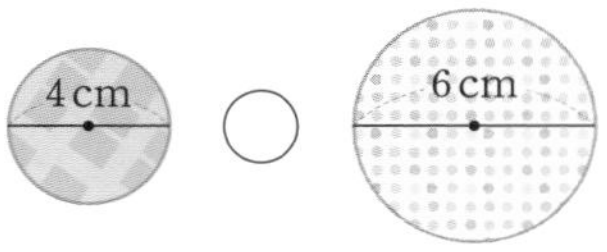

원주: 12.4 cm　　원주: 18.6 cm

5 원주율을 구하세요.

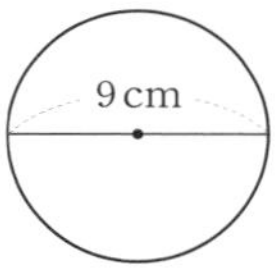

원주: 27.9 cm

6 원주율에 대해 잘못 말한 친구를 찾아 이름을 쓰세요.

원의 지름에 대한 원주의 비율이야.

민호

원이 커질수록 원주율도 커져.

윤하

7 지름이 4 cm인 원판을 한 바퀴 굴렸습니다. 이 원판의 원주는 지름의 몇 배일까요?

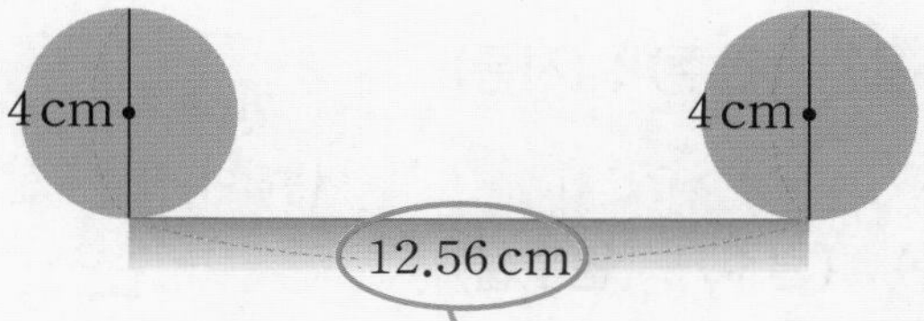

8 원주율을 구하세요.

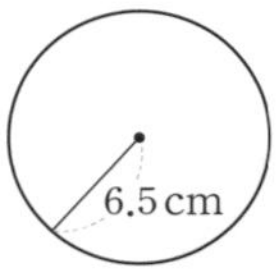

원주: 40.3 cm

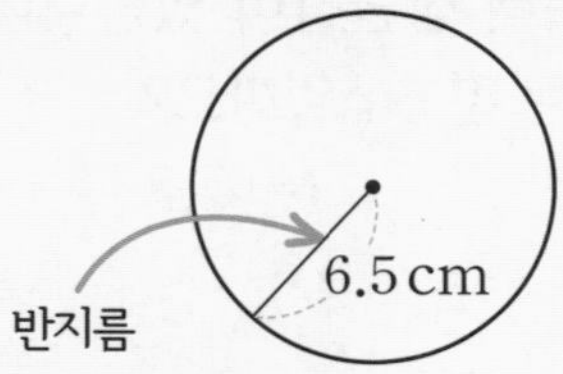

원주: 40.3 cm

(원주율)=(원주)÷(지름)

주의해!

원주율은 (원주)÷(반지름)이 아니야.

수학적 독해력

+9 지름이 35 cm, 원주가 110 cm인 시계가 있습니다. (원주)÷(지름)을 반올림하여 주어진 자리까지 나타내어 표를 완성하고, 알맞은 말에 ○표 하세요.

반올림하여 소수 첫째 자리까지	반올림하여 소수 둘째 자리까지

➔ 원주율은 (나누어떨어지고 , 나누어떨어지지 않고) 끝없이 계속되기 때문에 어림하여 사용합니다.

(원주)÷(지름)=110÷35=3.142857……

반올림하여 소수 첫째 자리까지	반올림하여 소수 둘째 자리까지

구하려는 자리의 바로 아래 자리에서 반올림해.

수학적 표현력

+10 원 모양의 접시가 있습니다. (원주)÷(지름)을 계산해 보고 원주율에 대해 알 수 있는 사실을 쓰세요.

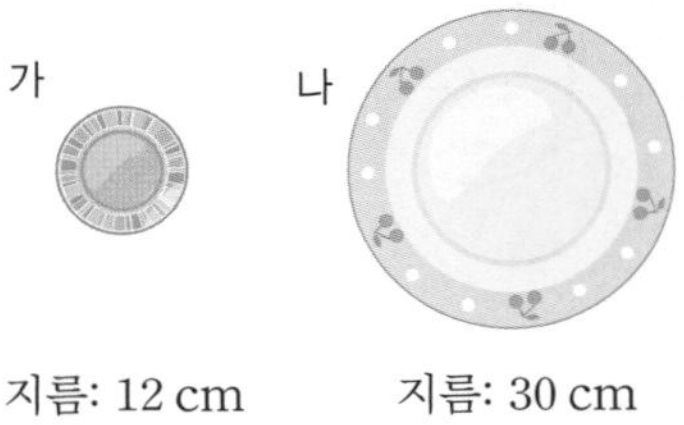

가	나
지름: 12 cm 원주: 37.2 cm	지름: 30 cm 원주: 93 cm

가: ☐ 나: ☐

(원주)÷(지름)을 각각 구해서 결과를 비교해 봐.

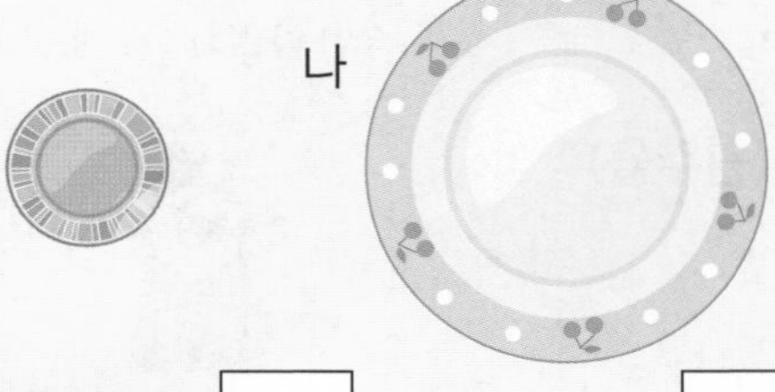

중요해!

원의 크기에 상관없이 (원주)÷(지름)의 값은 일정해!

37.2÷12=☐ 93÷30=☐

5단원

25일 원주와 지름 구하기

(원주율)=(원주)÷(지름)

(지름)=(원주)÷(원주율)

원주를 알면 원주율을 이용하여 지름을 구할 수 있어.

주의해!

구하려는 건 반지름이야.

프로펠러의 길이가 8 cm인 헬리콥터 장난감이 있습니다. 프로펠러가 돌 때 생기는 원의 원주는 몇 cm일까요? (원주율: 3.14)

원주 = 지름 × 원주율

알아둬!

지름을 알 때 원주율을 이용하여 원주를 구할 수 있어.

길이가 48 cm인 종이띠를 겹치지 않게 이어 붙여서 원을 만들었습니다. 만들어진 원의 지름은 몇 cm일까요? (원주율: 3)

지름 = 원주 ÷ 원주율

(반지름)×2

(원주)=(지름)×(원주율)

가와 나의 원주를 각각 구한 다음 차를 구해.

3 □ 안에 알맞은 수를 써넣으세요. (원주율: 3.1)

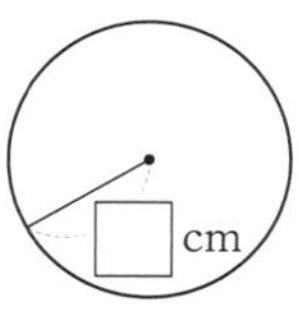

4 프로펠러의 길이가 8 cm인 헬리콥터 장난감이 있습니다. 프로펠러가 돌 때 생기는 원의 원주는 몇 cm일까요? (원주율: 3.14)

5 길이가 48 cm인 종이띠를 겹치지 않게 이어 붙여서 원을 만들었습니다. 만들어진 원의 지름은 몇 cm일까요? (원주율: 3)

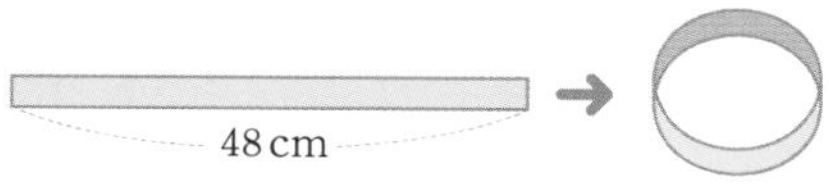

6 가와 나의 원주의 차는 몇 cm일까요? (원주율: 3)

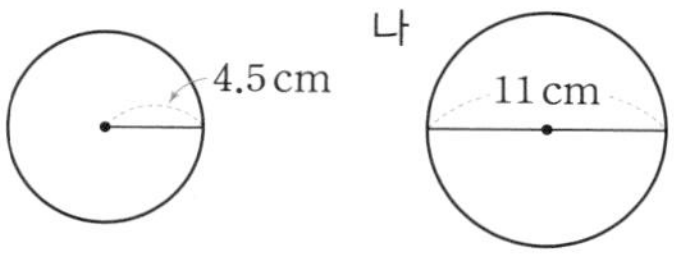

7 지름이 20 cm인 바퀴를 4바퀴 굴렸을 때 바퀴가 굴러간 거리는 몇 cm일까요? (원주율: 3.14)

바퀴를 1바퀴 굴렸을 때 굴러간 거리 = 바퀴의 원주

바퀴를 4바퀴 굴렸을 때 굴러간 거리는?

8 바퀴의 지름이 30 m인 대관람차에 5 m 간격으로 관람차가 매달려 있습니다. 관람차가 모두 몇 대 매달려 있을까요? (원주율: 3)

매달려 있는 관람차 수 = 대관람차의 원주 ÷ 관람차의 간격

→ (지름) × (원주율)로 구해.

수학적 독해력

+9 가장 큰 원부터 차례로 기호를 쓰세요. (원주율: 3.1)

㉠ 원주가 43.4 cm인 원
㉡ 반지름이 4 cm인 원
㉢ 지름이 10 cm인 원

비교하는 기준을 하나로 통일해서 비교해.

원주가 길수록
지름이 길수록
반지름이 길수록
큰 원이야.

수학적 표현력

+10 오른쪽 그림과 같이 컴퍼스를 벌려서 원을 그렸을 때 그린 원의 원주는 몇 cm인지 풀이 과정을 쓰고, 답을 구하세요.

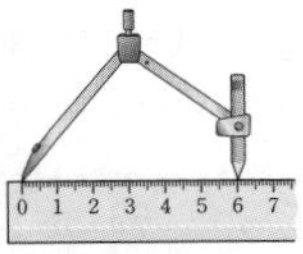

(원주율: 3.14)

컴퍼스를 벌린 길이가 원의 반지름이야.

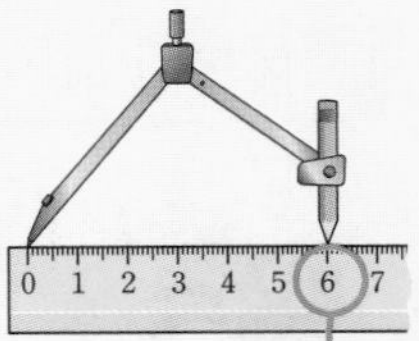

→ 원의 반지름은 6 cm야.

26일 원의 넓이 어림하기

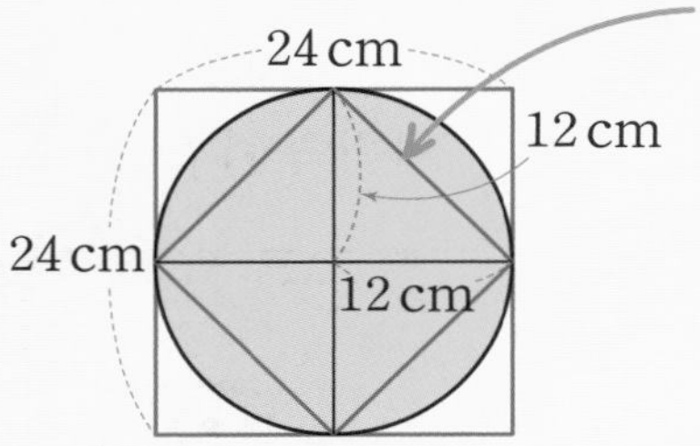

원 안에 있는 정사각형은 마름모야.

(마름모의 넓이)
=(한 대각선의 길이)
×(다른 대각선의 길이)÷2

2 원 안에 있는 정사각형의 넓이와 원 밖에 있는 정사각형의 넓이를 각각 구하여 □ 안에 알맞은 수를 써넣으세요.

원 안에 있는 정사각형의 넓이: □ cm^2

원 밖에 있는 정사각형의 넓이: □ cm^2

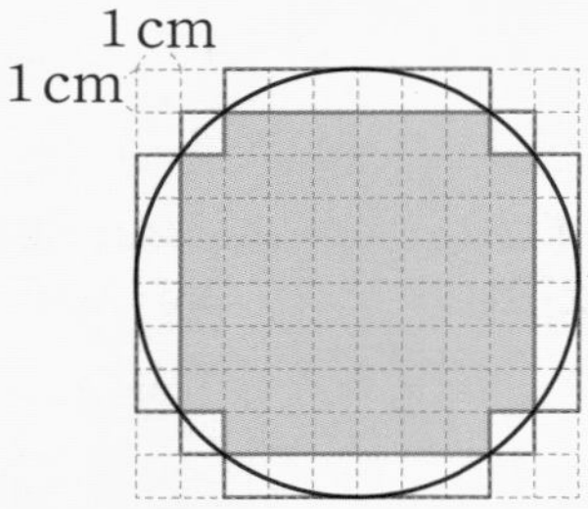

보라색 모눈의 수는 몇 칸인지 세어 봐.

보라색 모눈의 수: ■칸 → 넓이는 ■ cm^2

4 보라색 모눈의 넓이는 몇 cm^2인지 구하세요.

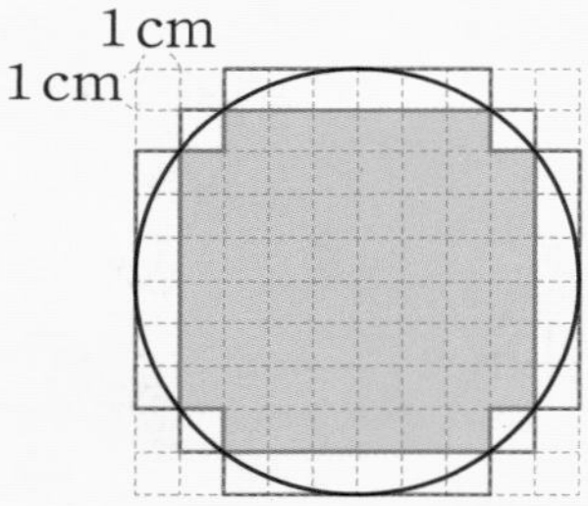

빨간색 선 안쪽 모눈의 수는 몇 칸인지 세어 봐.

빨간색 선 안쪽 모눈의 수: ▲칸 → 넓이는 ▲ cm^2

5 빨간색 선 안쪽 모눈의 넓이는 몇 cm^2인지 구하세요.

보라색 모눈의 넓이 < 원의 넓이 < 빨간색 선 안쪽 모눈의 넓이

원의 넓이는 보라색 모눈의 넓이보다 넓고, 빨간색 선 안쪽 모눈의 넓이보다 좁아.

6 원의 넓이를 바르게 어림한 친구를 찾아 이름을 쓰세요.

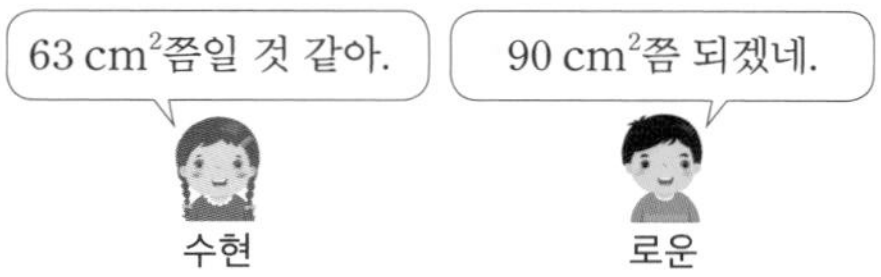

7 모눈의 수를 세어 원의 넓이는 몇 cm^2쯤 될지 어림해 보세요.

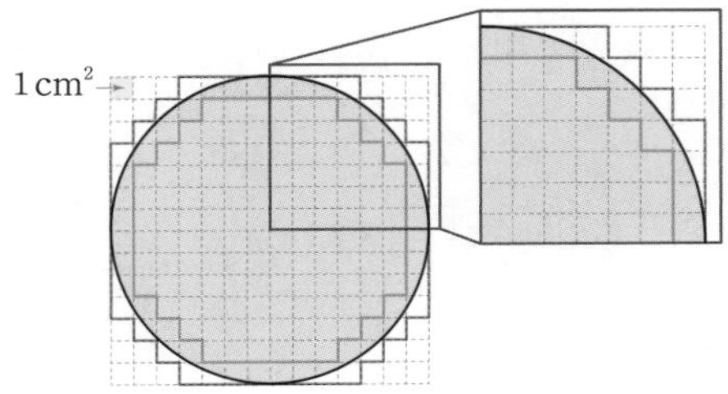

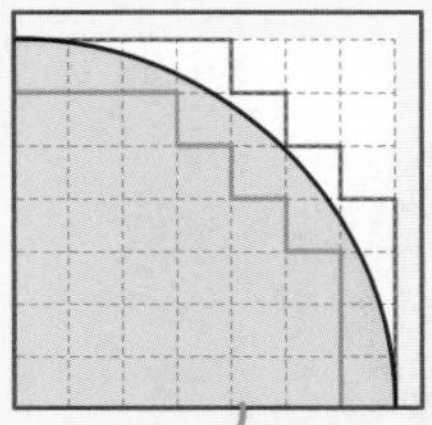

확대한 모눈의 수를 세어 4배 해서 전체 모눈의 수를 구해.

원의 넓이는 보라색 모눈의 넓이보다 넓고, 빨간색 선 안쪽 모눈의 넓이보다 좁아.

8 딸기잼을 만들어 병에 옮겨 담았습니다. 이 병을 원 모양의 뚜껑으로 닫을 때 뚜껑 윗부분의 넓이는 몇 cm^2쯤 될지 어림해 보세요.

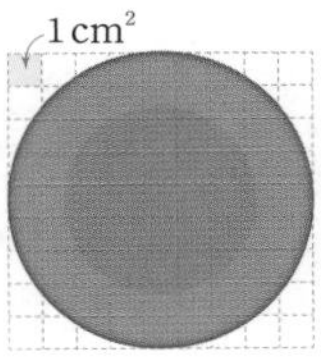

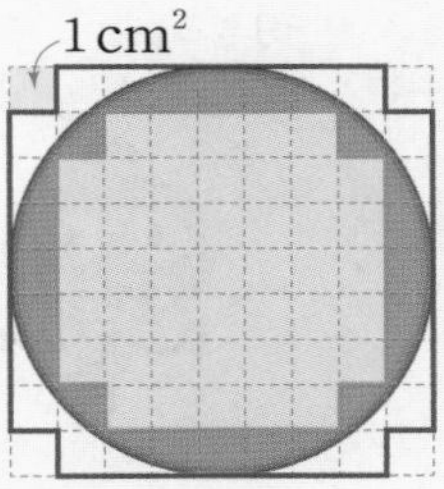

뚜껑 윗부분의 넓이는 분홍색 모눈의 넓이보다 넓고, 보라색 선 안쪽 모눈의 넓이보다 좁아.

수학적 독해력

+9 정사각형의 넓이를 이용하여 원의 넓이는 몇 cm^2쯤 될지 어림하려고 합니다. 원의 넓이가 될 수 있는 것은 모두 몇 개인지 구하세요.

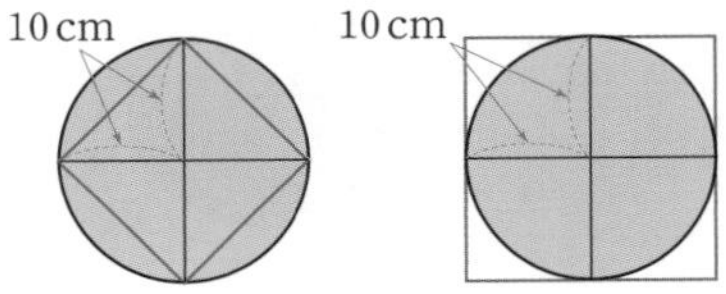

$124\ \mathrm{cm}^2$	$185\ \mathrm{cm}^2$	$200\ \mathrm{cm}^2$
$270\ \mathrm{cm}^2$	$356\ \mathrm{cm}^2$	$400\ \mathrm{cm}^2$

원 안에 있는 정사각형의 넓이 < 원의 넓이 < 원 밖에 있는 정사각형의 넓이

원 안에 있는 정사각형의 넓이 → 두 대각선의 길이가 각각 20 cm인 마름모의 넓이와 같아.

수학적 표현력

+10 정육각형의 넓이를 이용하여 원의 넓이를 어림하려고 합니다. 삼각형 ㄱㅇㄷ의 넓이가 $32\ \mathrm{cm}^2$, 삼각형 ㄹㅇㅂ의 넓이가 $24\ \mathrm{cm}^2$라면 원의 넓이는 몇 cm^2쯤 될지 어림하고, 그 이유를 쓰세요.

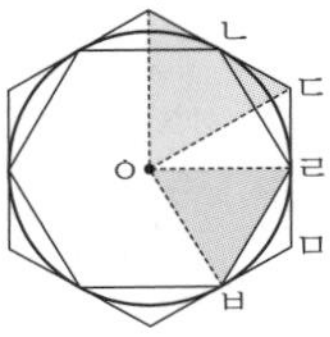

원 안에 있는 정육각형의넓이 < 원의 넓이 < 원 밖에 있는 정육각형의 넓이

원 안에 있는 정육각형의 넓이 → 삼각형 ㄹㅇㅂ의 넓이의 몇 배?

원 밖에 있는 정육각형의 넓이 → 삼각형 ㄱㅇㄷ의 넓이의 몇 배?

27일 원의 넓이 구하는 방법

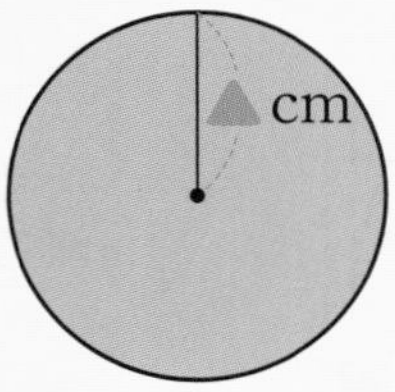

(원의 넓이)=▲×▲×(원주율)

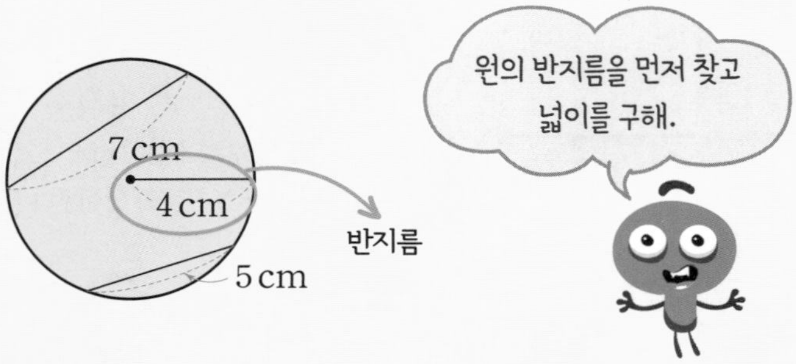

(원의 넓이)=(반지름)×(반지름)×(원주율)

(원의 넓이)=(반지름)×(반지름)×(원주율)

2 원의 넓이는 몇 cm^2일까요? (원주율: 3.14)

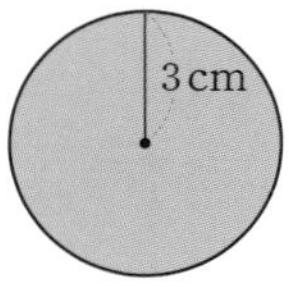

□×□×3.14=□ (cm^2)

4 원의 넓이는 몇 cm^2일까요? (원주율: 3.1)

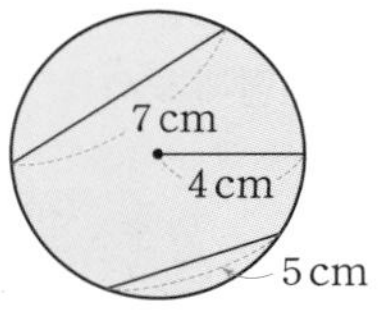

5 원 모양인 방석의 지름이 30 cm일 때 방석의 넓이는 몇 cm^2일까요? (원주율: 3.14)

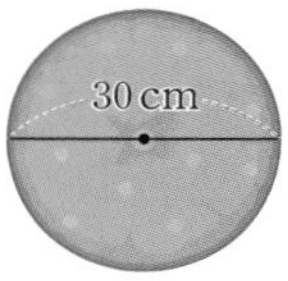

6 한 변의 길이가 32 cm인 정사각형 안에 들어갈 수 있는 가장 큰 원의 넓이는 몇 cm^2일까요?

(원주율: 3)

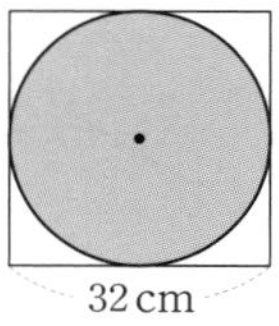

7 원의 넓이가 446.4 cm^2일 때 □ 안에 알맞은 수를 써넣으세요. (원주율: 3.1)

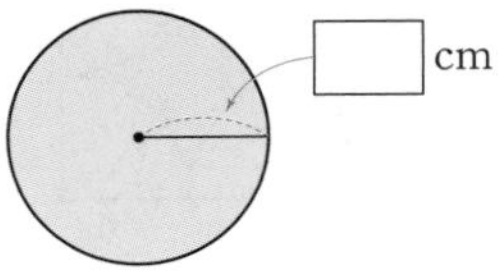

(반지름) × (반지름) × (원주율) = (원의 넓이)

↓

(반지름) × (반지름) = (원의 넓이) ÷ (원주율)

□ × □ = 446.4 ÷ 3.1

8 가장 큰 원부터 차례로 기호를 쓰세요. (원주율: 3)

㉠ 넓이가 192 cm^2인 원
㉡ 반지름이 11 cm인 원
㉢ 원주가 60 cm인 원
㉣ 지름이 28 cm인 원

비교하는 기준을 하나로 통일해서 비교해.

넓이가 넓을수록
원주가 길수록
지름이 길수록
반지름이 길수록
큰 원이야.

수학적 독해력

9 길이가 49.6 cm인 끈을 남김없이 사용하여 겹치지 않게 이어 붙여서 원을 한 개 만들었습니다. 만든 원의 넓이는 몇 cm^2일까요? (원주율: 3.1)

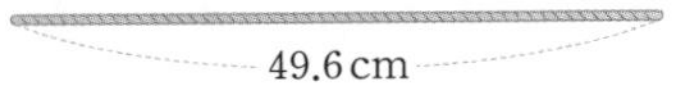

원주를 이용하여 반지름을 구한 다음 원의 넓이를 구해.

수학적 표현력

10 가와 나의 넓이의 차는 몇 cm^2인지 구하려고 합니다. 풀이 과정을 쓰고, 답을 구하세요.

(원주율: 3.14)

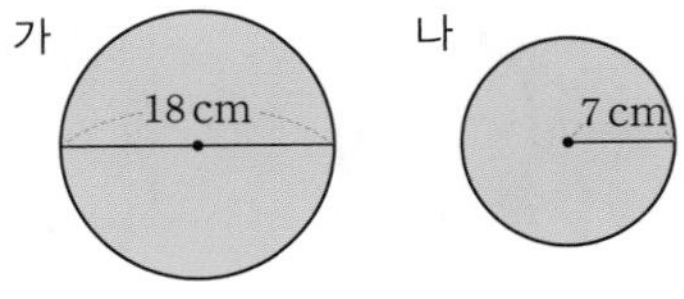

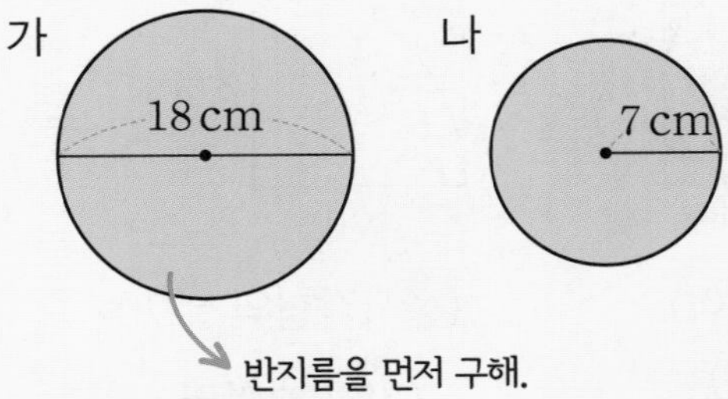

각각 원의 넓이를 구한 다음 넓이의 차를 구해.

여러 가지 원의 넓이 구하기

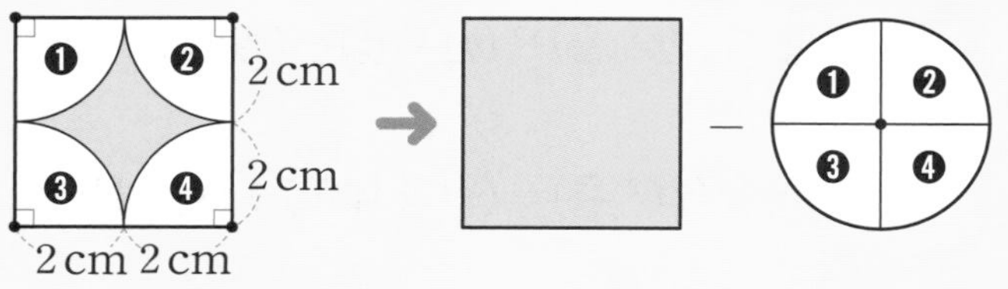

(색칠한 부분의 넓이)=(정사각형의 넓이)−(원의 넓이)

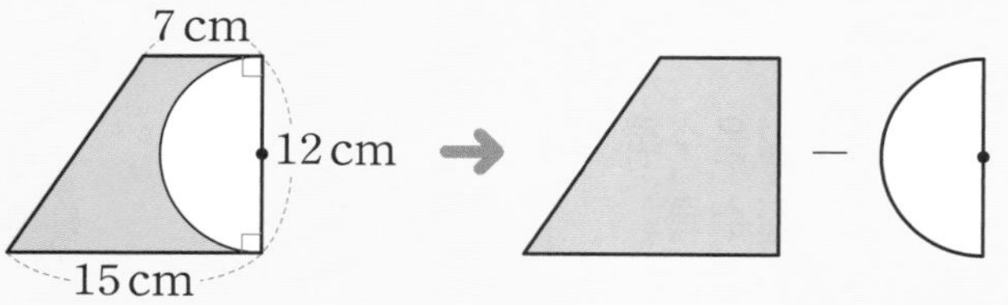

(색칠한 부분의 넓이)=(사다리꼴의 넓이)−(반원의 넓이)

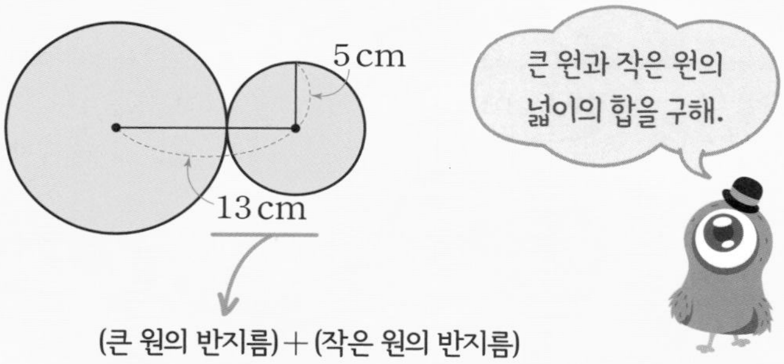

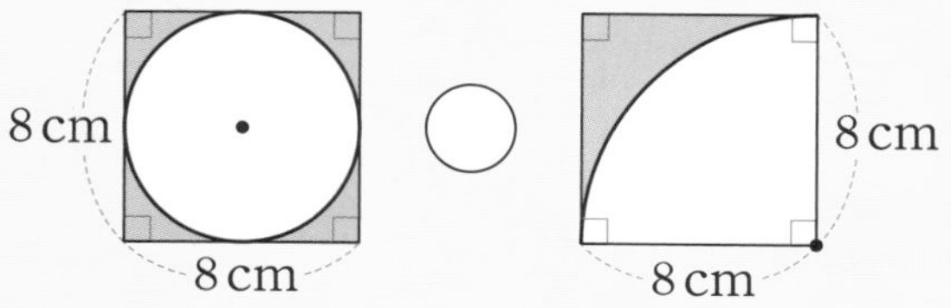

(정사각형의 넓이) −(원의 넓이)

(정사각형의 넓이) −(원의 넓이의 $\frac{1}{4}$)

3 색칠한 부분의 넓이는 몇 cm^2일까요? (원주율: 3)

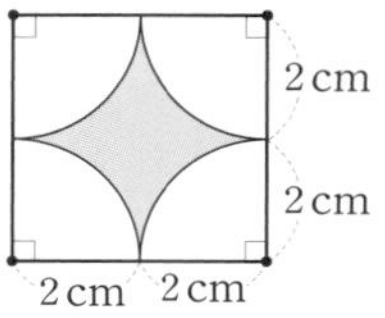

4 오른쪽 그림에서 색칠한 부분의 넓이를 구하는 방법을 바르게 설명한 친구의 이름을 쓰고, 넓이를 구하세요. (원주율: 3.1)

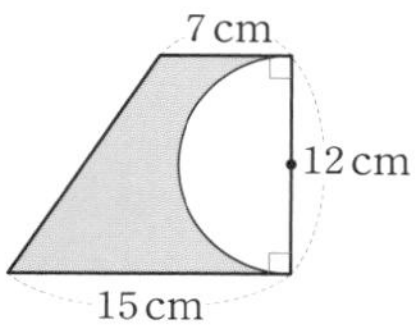

5 도형의 넓이는 몇 cm^2일까요? (원주율: 3)

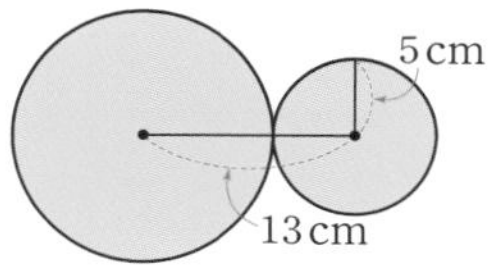

6 색칠한 도형의 넓이를 각각 구하고 넓이를 비교하여 ◯ 안에 >, =, <를 알맞게 써넣으세요. (원주율: 3.1)

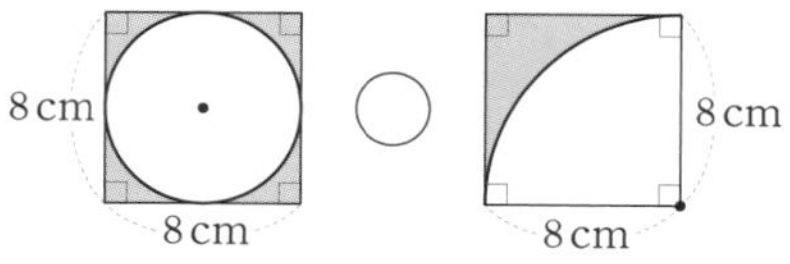

□ cm^2 □ cm^2

7 도형의 넓이는 몇 cm^2일까요? (원주율: 3.14)

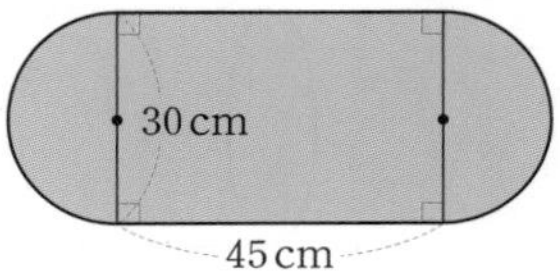

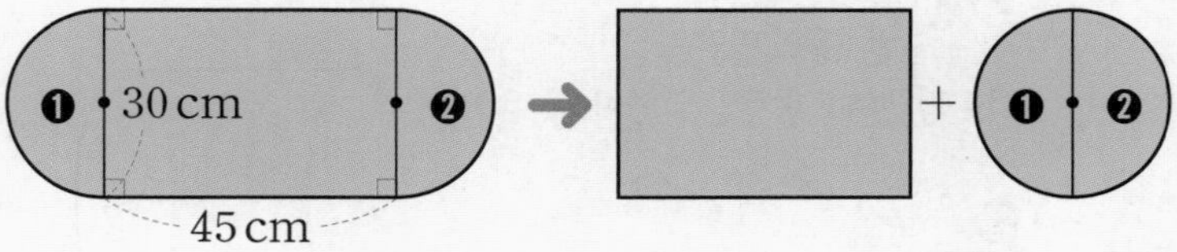

(색칠한 부분의 넓이)=(직사각형의 넓이)+(원의 넓이)

8 과녁 그림을 보고 각 색깔의 넓이를 구하세요. (원주율: 3)

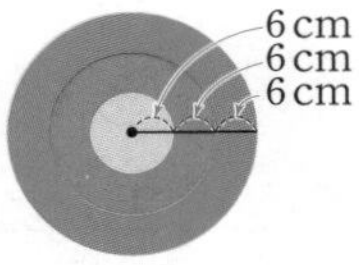

노란색 (　　　　　　　　)
빨간색 (　　　　　　　　)
초록색 (　　　　　　　　)

빨간색의 넓이 → 반지름이 12 cm인 원의 넓이 − 반지름이 6 cm인 원의 넓이

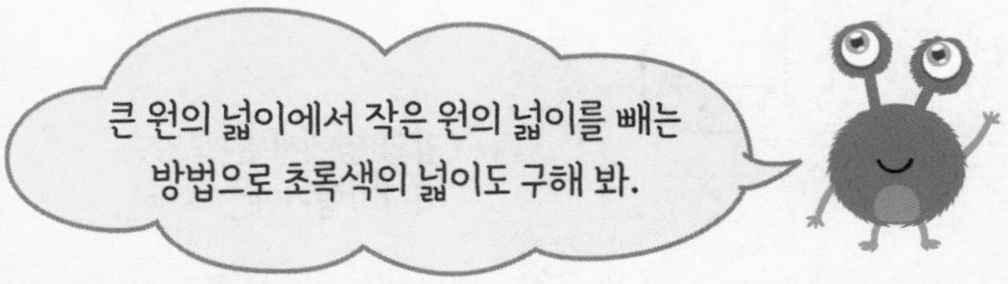

수학적 독해력

+9 두꺼운 종이 두 장을 오려서 다음과 같이 만들었습니다. 가 종이와 나 종이를 만드는 데 사용한 종이의 넓이는 각각 몇 cm^2일까요? (원주율: 3.1)

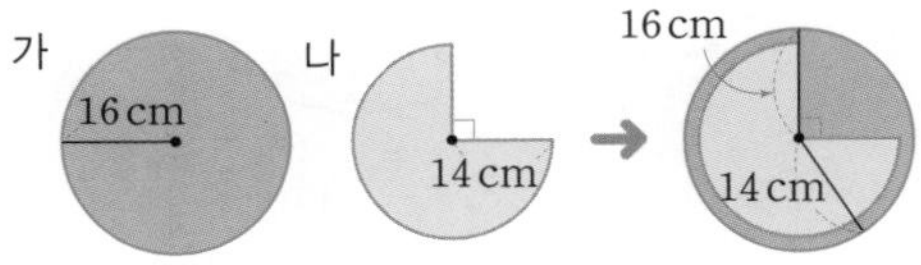

가 종이 (　　　　　　　　)
나 종이 (　　　　　　　　)

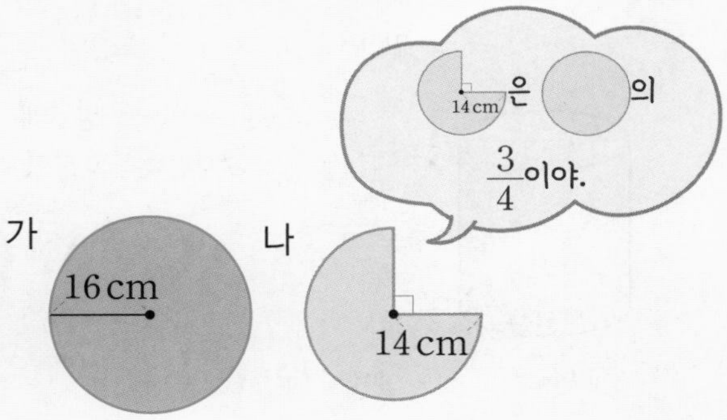

수학적 표현력

+10 두 원의 넓이를 각각 구하여 반지름이 길어지면 원의 넓이는 어떻게 달라지는지 설명해 보세요. (원주율: 3)

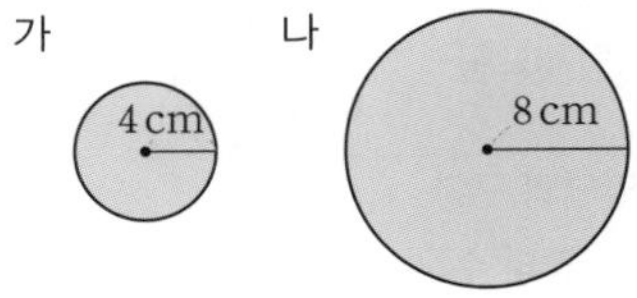

반지름이 2배, 3배, 4배……가 되면
원의 넓이는 (2×2)배, (3×3)배, (4×4)배……가 돼.

29일

원기둥 알아보기

원기둥의 밑면은
서로 평행하고 합동인 두 면이야.

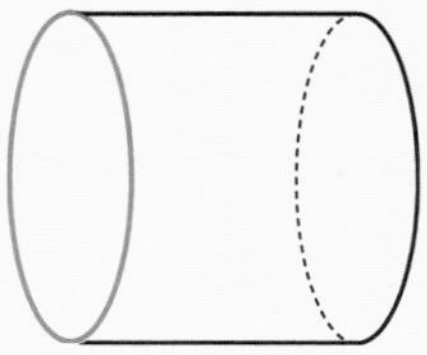

위에서 본 모양은
원기둥의 밑면의 모양이야.

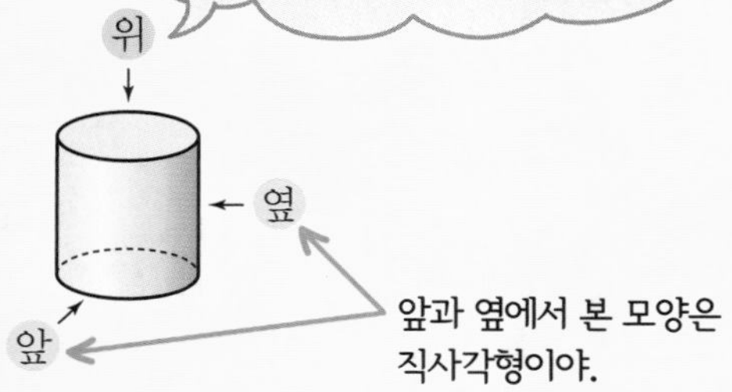

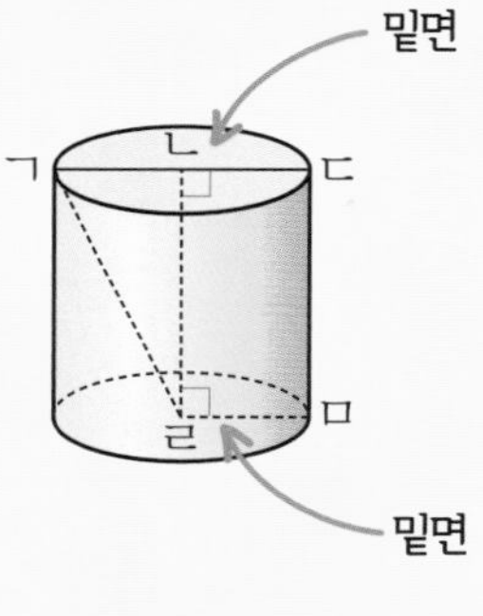

높이는 두 밑면에
수직인 선분의 길이야.

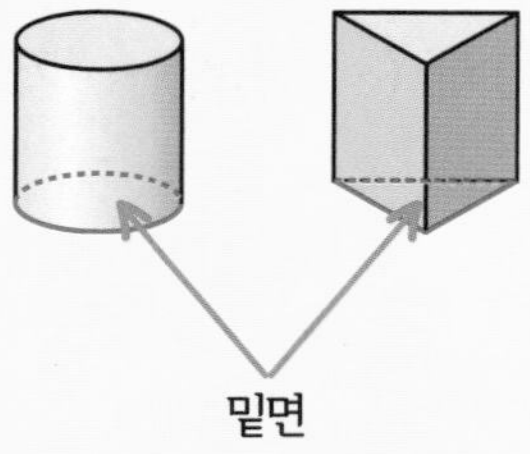

밑면은 서로 평행하고
합동인 두 면이야.

2 원기둥의 밑면에 모두 색칠해 보세요.

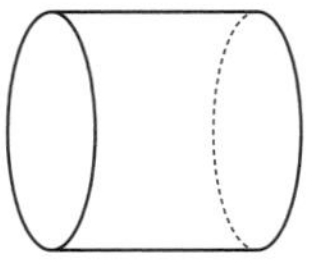

3 오른쪽 원기둥을 위, 앞, 옆에서 본 모양을 각각 그려 보세요.

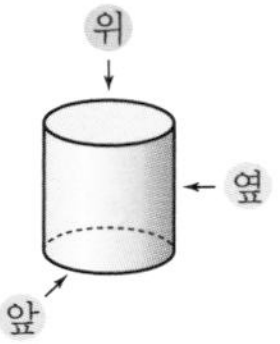

위	앞	옆

4 원기둥에서 높이를 나타내는 선분을 모두 찾아 쓰세요.

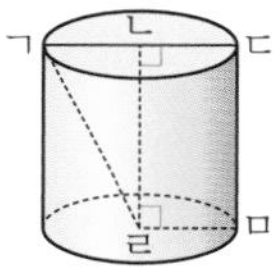

6 원기둥과 삼각기둥의 밑면을 비교하여 빈칸에 알맞게 써넣으세요.

입체도형	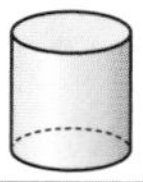	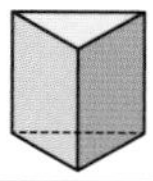
밑면의 모양		
밑면의 수		

7 한 변을 기준으로 직사각형 모양의 종이를 돌려 만든 입체도형의 밑면의 지름과 높이는 각각 몇 cm일까요?

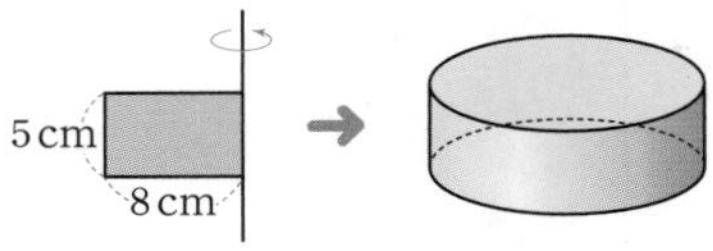

밑면의 지름 (　　　　　　　)
높이 (　　　　　　　)

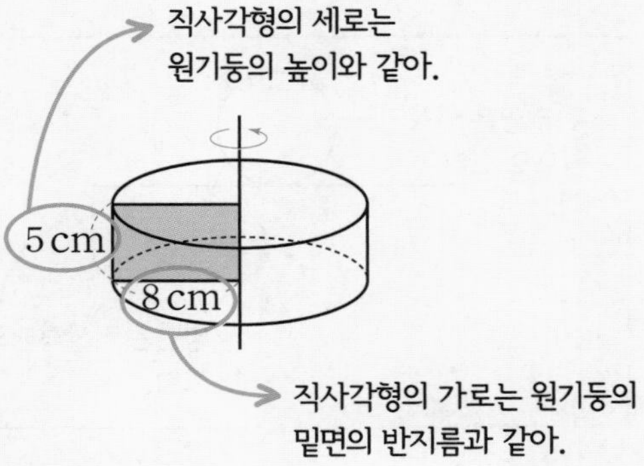

8 원기둥과 각기둥의 공통점을 잘못 말한 친구를 찾아 이름을 쓰세요.

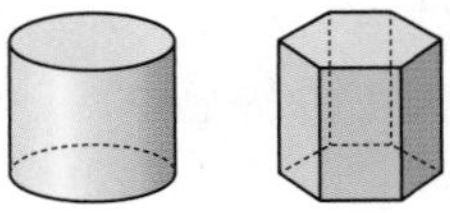

[영민] 원기둥과 각기둥 모두 옆에서 본 모양이 직사각형이야.
[서연] 원기둥과 각기둥은 모두 꼭짓점이 있어.

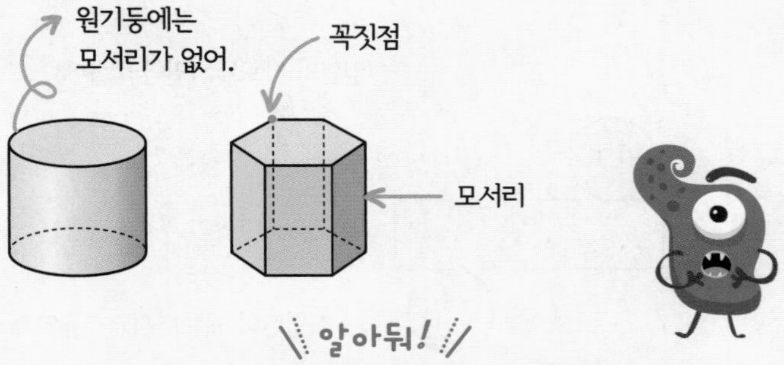

알아둬!
모서리는 면과 면이 만나는 선분이고,
꼭짓점은 모서리와 모서리가 만나는 점이야.

수학적 독해력

9 다음 원기둥 모양을 앞에서 본 모양은 한 변의 길이가 12 cm인 정사각형입니다. 밑면의 반지름은 몇 cm일까요?

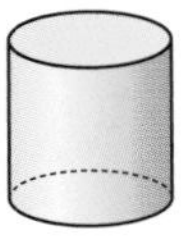

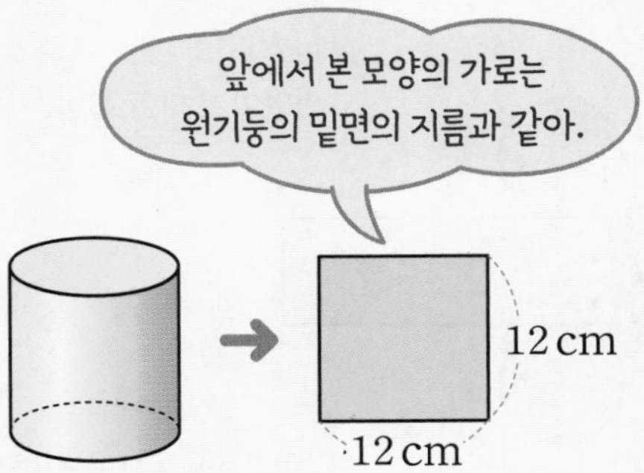

수학적 표현력

10 다음 입체도형이 원기둥이 아닌 이유를 쓰세요.

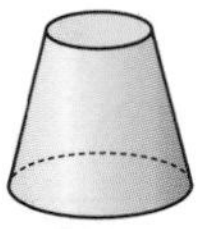

6 단원

30일 원기둥의 전개도 알아보기

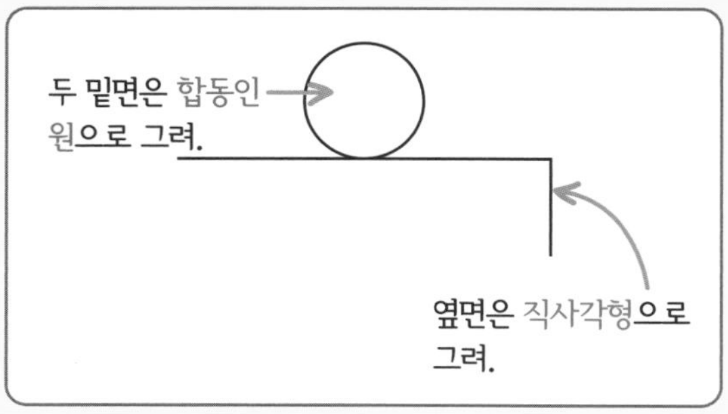

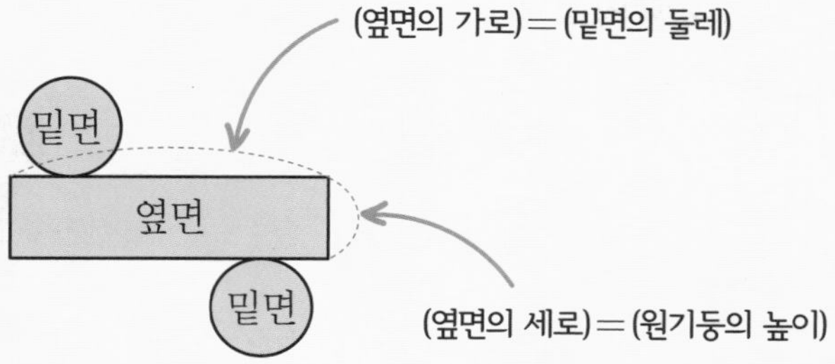

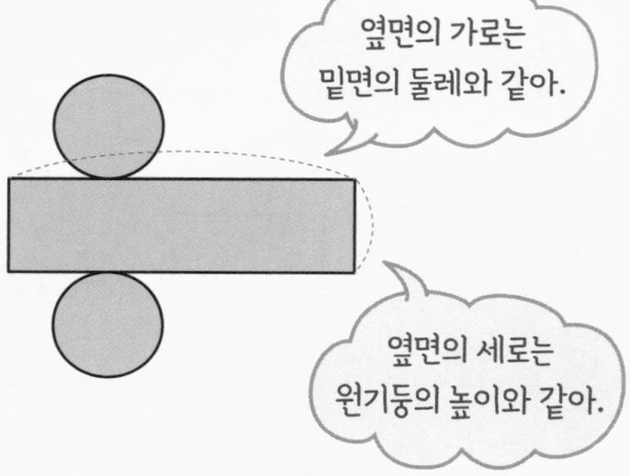

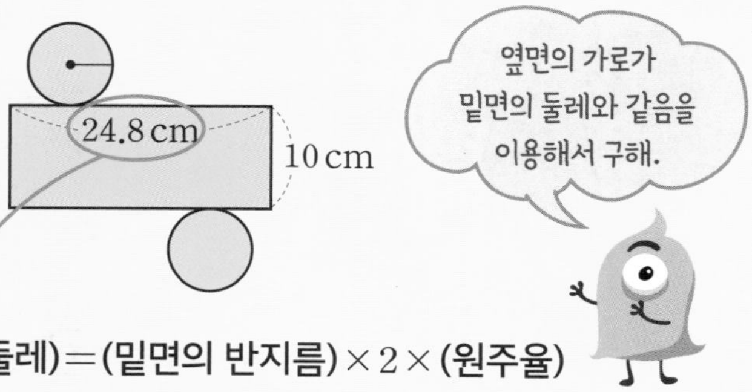

(밑면의 둘레)=(밑면의 반지름)×2×(원주율)

2 원기둥의 전개도를 완성해 보세요.

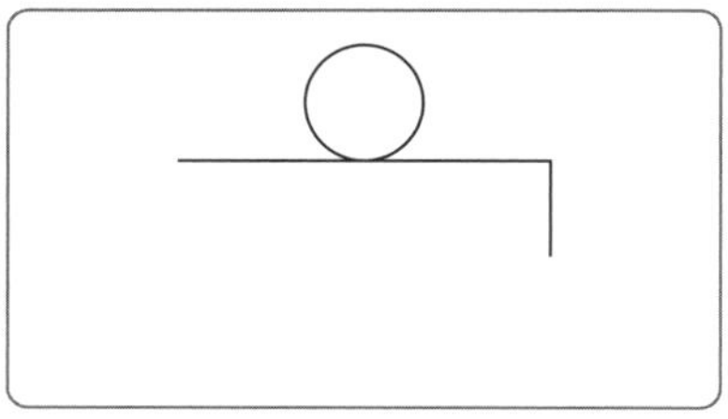

3 다음 중 오른쪽 그림에 대한 설명으로 틀린 것은 어느 것일까요? .... (　　　)

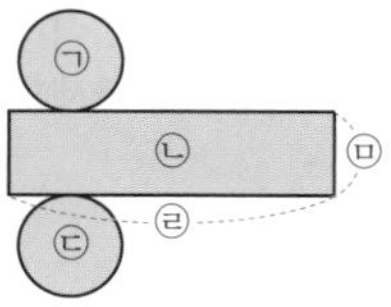

① 원기둥의 전개도입니다.
② 밑면은 ㉠과 ㉢입니다.
③ 옆면은 ㉡입니다.
④ ㉣의 길이는 밑면의 지름과 같습니다.
⑤ ㉤의 길이는 원기둥의 높이와 같습니다.

5 원기둥을 펼쳐 전개도를 만들었을 때 옆면의 가로와 세로는 각각 몇 cm인지 구하세요. (원주율: 3.14)

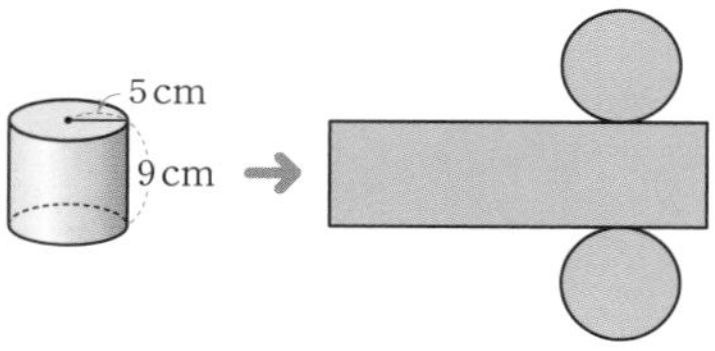

가로 (　　　　　　　)
세로 (　　　　　　　)

6 원기둥의 전개도입니다. 원기둥의 밑면의 반지름은 몇 cm일까요? (원주율: 3.1)

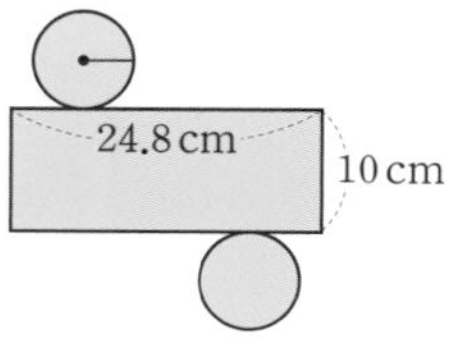

7 원기둥의 전개도에서 옆면인 직사각형의 넓이는 몇 cm^2일까요? (원주율: 3.14)

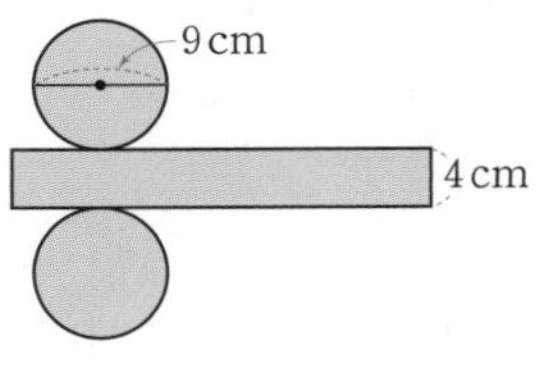

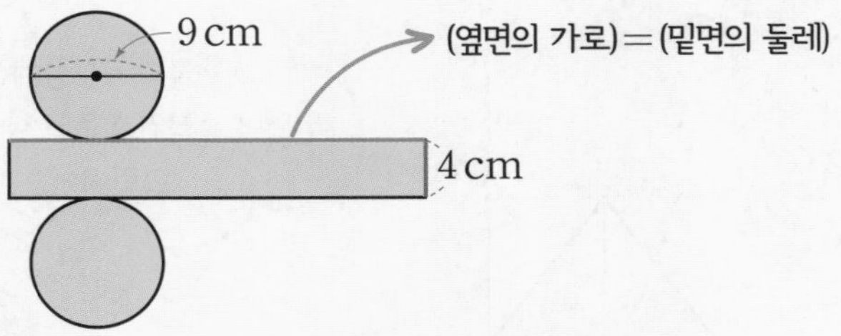

(직사각형의 넓이)=(가로)×(세로)

8 원기둥의 전개도의 둘레는 몇 cm일까요? (원주율: 3)

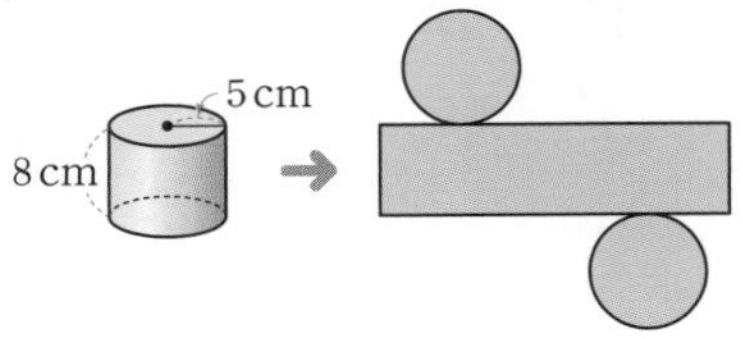

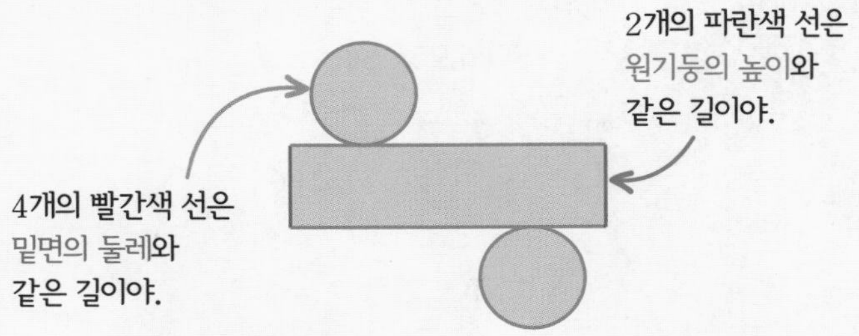

수학적 독해력

+9 다음 원기둥의 전개도에서 색칠한 부분은 정사각형입니다. 이 원기둥의 밑면의 반지름은 몇 cm일까요? (원주율: 3.1)

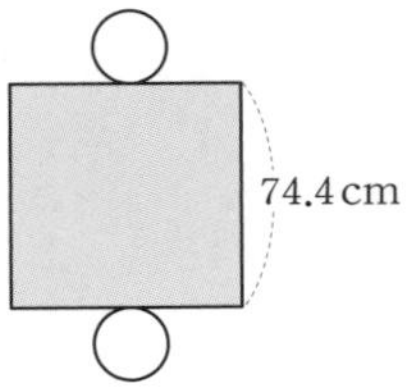

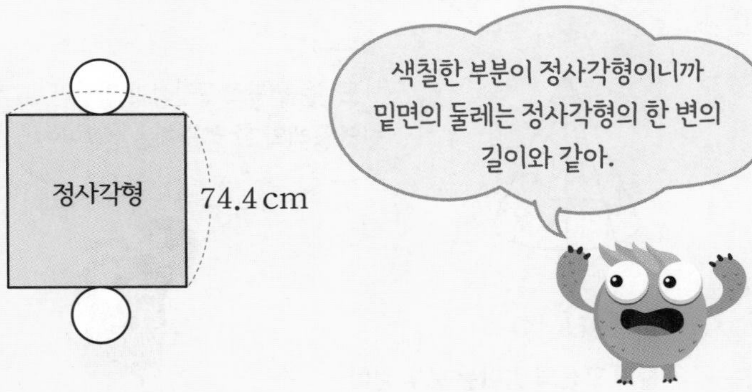

수학적 표현력

+10 다음 도형이 원기둥의 전개도가 아닌 이유를 쓰세요.

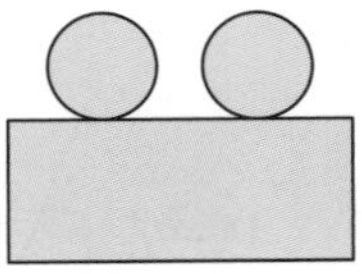

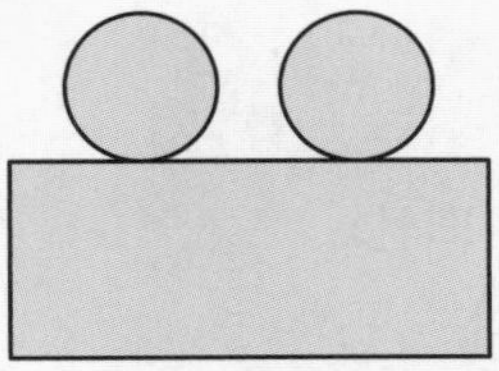

알아둬!

합동인 두 밑면이 겹쳐지는 위치에 있거나, 옆면이 직사각형이 아니면 원기둥의 전개도가 아니야.

6 단원

31일

원뿔 알아보기

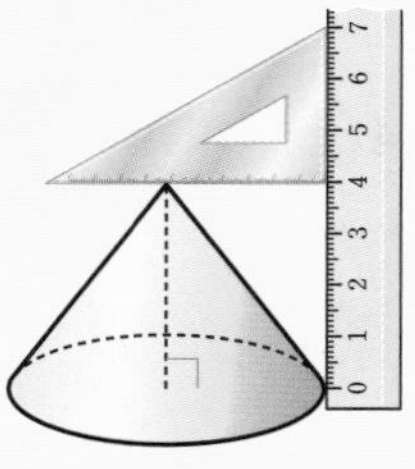

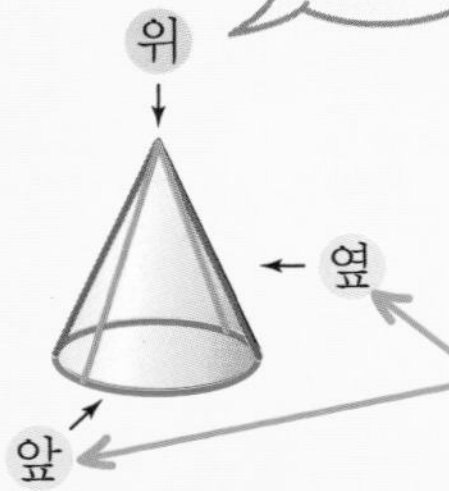

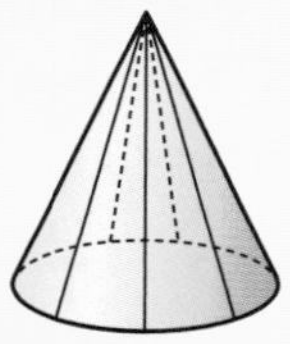

알아둬!

원뿔의 모선의 길이는 모두 같아.

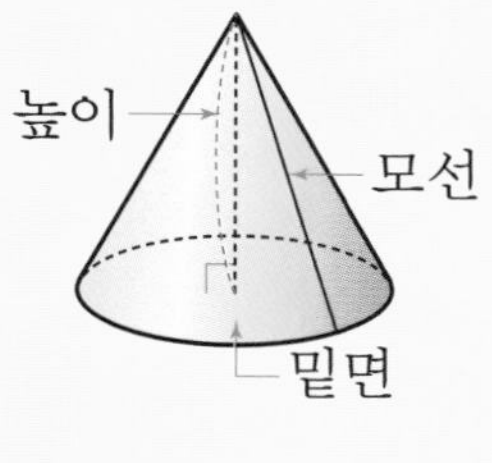

2 원뿔의 무엇의 길이를 재는 그림인지 〈보기〉에서 찾아 쓰세요.

〈보기〉 밑면의 지름　　높이　　모선의 길이

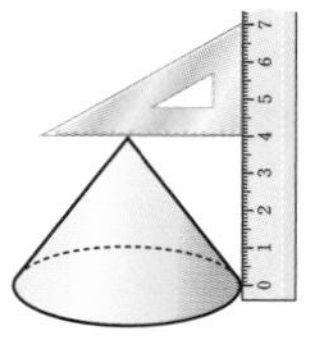

3 오른쪽 원뿔을 위, 앞, 옆에서 본 모양을 각각 그려 보세요.

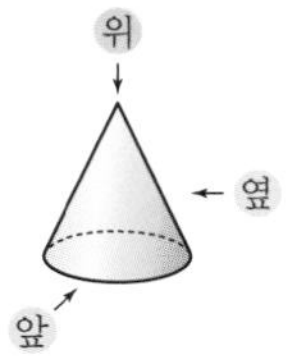

위	앞	옆

4 원뿔에서 모선의 개수는 모두 몇 개일까요? ……………………………… (　　　)

① 1개　② 5개　③ 10개
④ 25개　⑤ 셀 수 없이 많습니다.

5 원뿔에서 모선의 길이, 밑면의 반지름, 높이는 각각 몇 cm일까요?

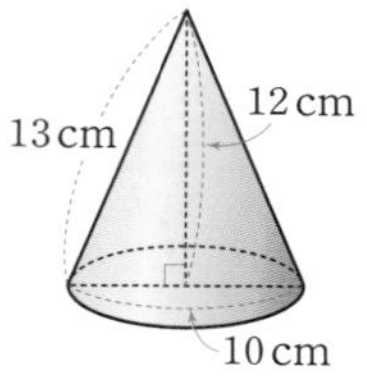

모선의 길이 (　　　)
밑면의 반지름 (　　　)
높이 (　　　)

본책 140~141 쪽

7 한 변을 기준으로 직각삼각형 모양의 종이를 돌려 만든 입체도형의 밑면의 지름과 높이는 각각 몇 cm일까요?

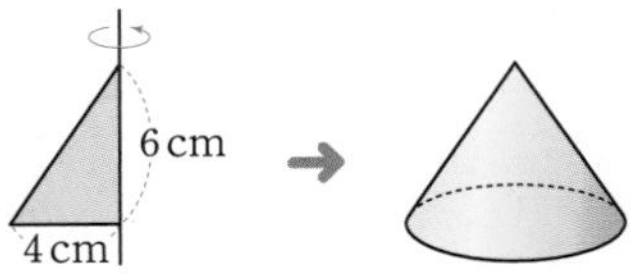

밑면의 지름 (　　　　　　)
높이 (　　　　　　)

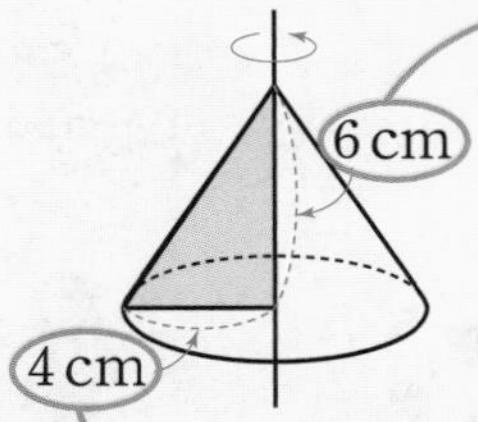

8 원뿔과 사각뿔을 보고 빈칸에 알맞은 수를 써넣으세요.

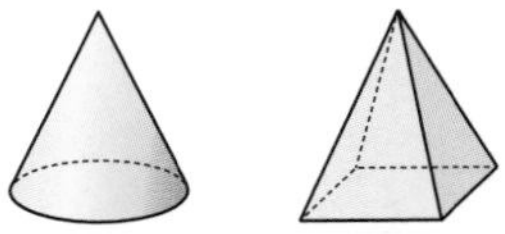

입체도형	꼭짓점의 수(개)	옆면의 수 (개)	밑면의 수 (개)
원뿔			
사각뿔			

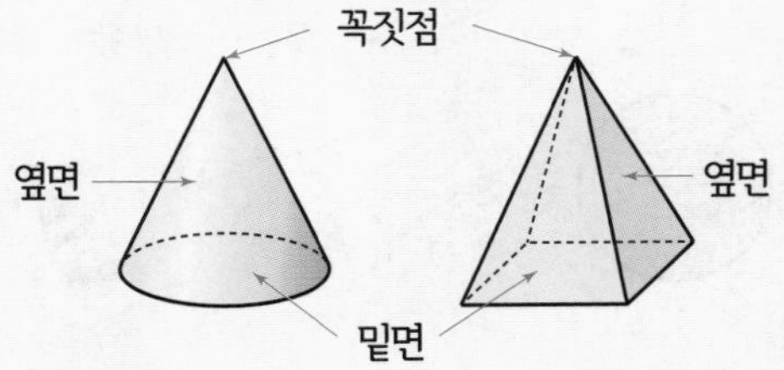

수학적 독해력

+9 원뿔을 앞에서 본 모양의 둘레는 몇 cm일까요?

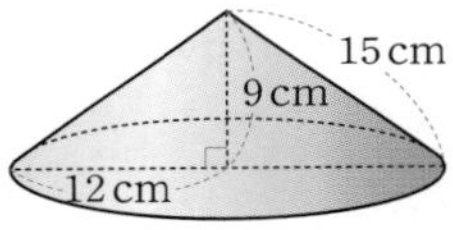

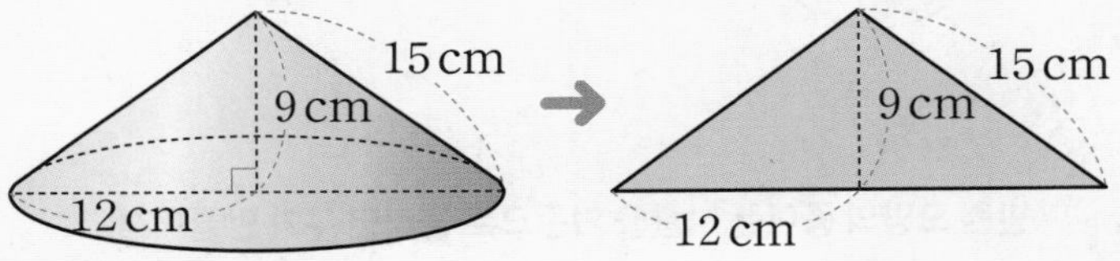

수학적 표현력

+10 원뿔과 각뿔에 대해 잘못 설명한 친구를 찾아 이름을 쓰고, 바르게 고쳐 보세요.

로운: 원뿔은 밑면이 1개이고, 각뿔은 밑면이 여러 개야.

수현: 원뿔의 옆면은 굽은 면이고, 각뿔의 옆면의 모양은 삼각형이야.

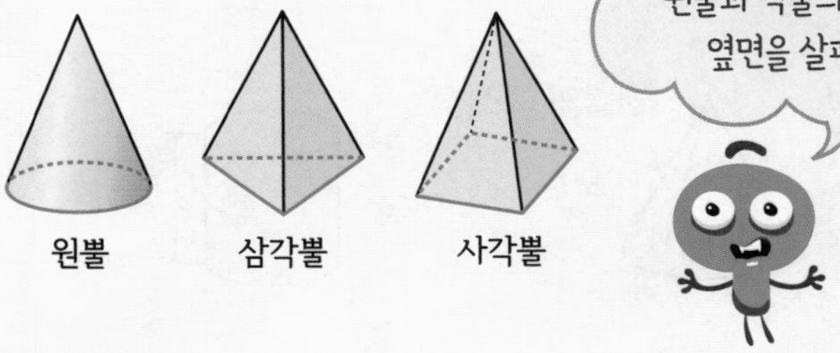

32일 구 알아보기 / 여러 가지 모양 만들기

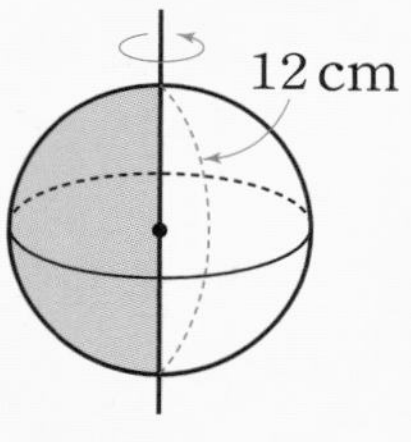

(돌리기 전 반원의 지름)
=(구의 지름)

알아둬!

반원 모양의 종이를 지름을 기준으로 돌리면 구가 만들어져.

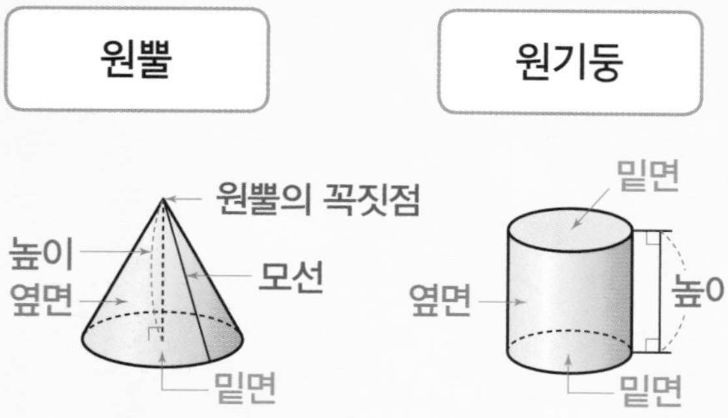

1 구를 모두 찾아 기호를 쓰세요.

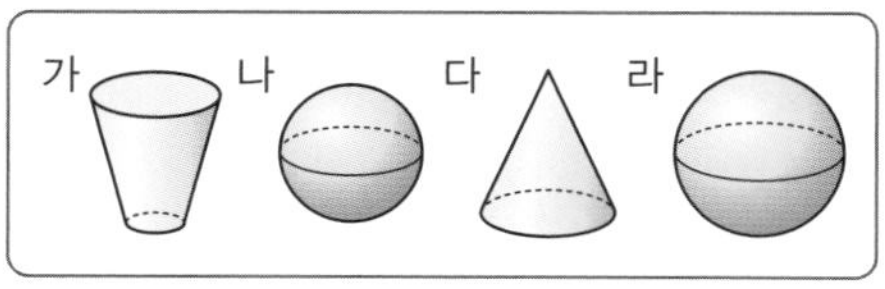

2 오른쪽 구를 위, 앞, 옆에서 본 모양을 각각 그려 보세요.

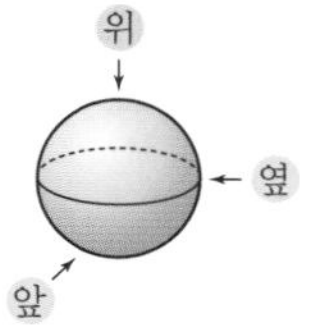

위	앞	옆

3 반원 모양의 종이를 지름을 기준으로 한 바퀴 돌려 만든 입체도형의 반지름은 몇 cm일까요?

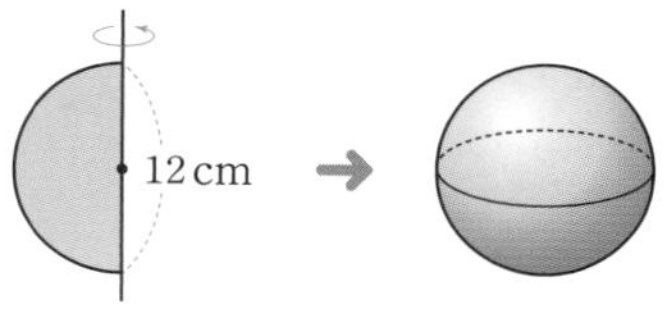

6 원뿔에는 있지만 원기둥에는 없는 것을 찾아 기호를 쓰세요.

㉠ 밑면　㉡ 꼭짓점
㉢ 옆면　㉣ 높이

7 원기둥, 원뿔, 구를 '원기둥과 구', '원뿔'로 분류하였습니다. 분류한 기준을 찾아 기호를 쓰세요.

㉠ 위에서 본 모양
㉡ 밑면이 있는 것과 없는 것
㉢ 꼭짓점이 있는 것과 없는 것

8 원기둥, 원뿔, 구 중에서 모양을 만드는 데 가장 많이 사용한 입체도형을 찾아 쓰세요.

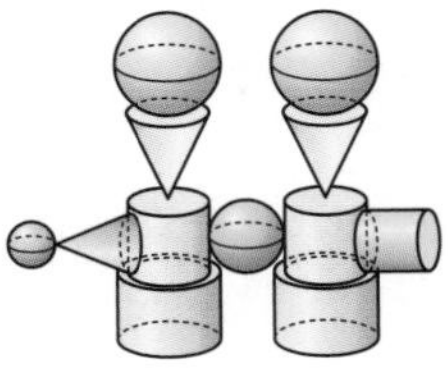

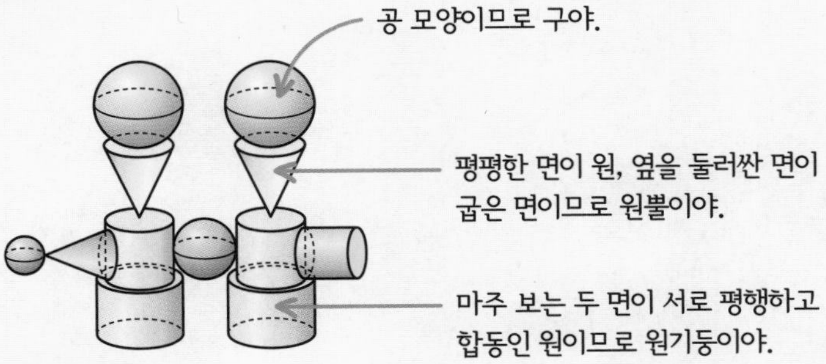

수학적 독해력

9 구를 위에서 본 모양의 둘레는 몇 cm일까요?
(원주율: 3.14)

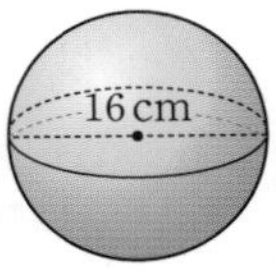

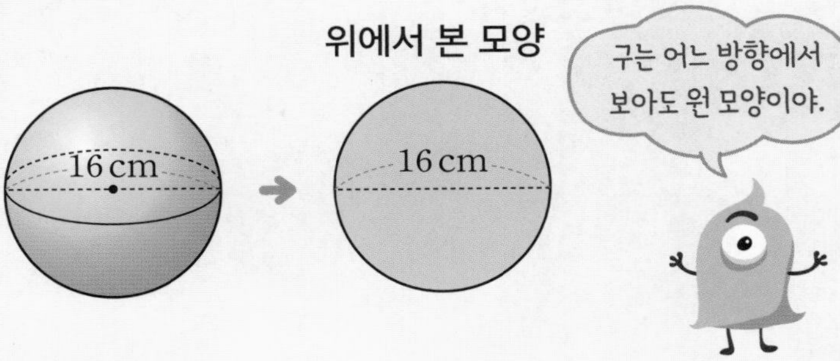

수학적 표현력

10 두 입체도형의 공통점과 차이점을 한 가지씩 설명해 보세요.

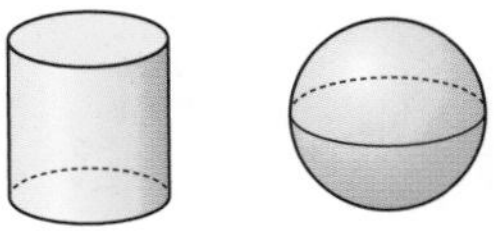

memo

memo

memo

memo

memo

memo

memo

자신감 뿜뿜

풀이집은 개념의 빈틈을 채우는

두 번째 학습서입니다.

막힐 땐

힌트북

초등수학 6-2

정답 · 풀이

슬기로운공부

막힐 땐

힌트북

초등수학 **6-2**

정답 · 풀이

본책 008~011 쪽

01일 (분수)÷(분수) (1)

확인 008쪽

1 (1) 5 (2) 5
2 (1) 6, 3 (2) 6, 3, 2

기본기 다지는 교과서 문제 009쪽

1 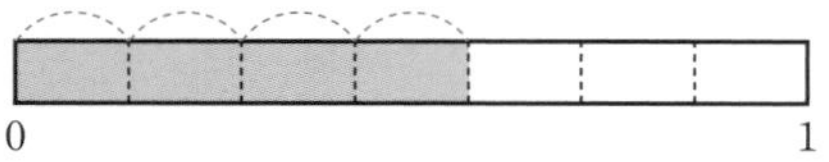 / 4

2 (1) 8, 4, 2 (2) 9, 3, 3
3 (1) 7, 7 (2) 10, 2, 5

1 $\frac{4}{7}$에서 $\frac{1}{7}$을 4번 덜어 낼 수 있으므로 $\frac{4}{7}\div\frac{1}{7}=4$입니다.

2 분자가 1인 단위분수로 몇 개인지 알아보고 그 개수를 나누어 구합니다.

3 분모가 같은 분수끼리의 나눗셈은 분자끼리 나누어 계산합니다.

스스로 풀어내는 도전 10 문제 010~011쪽

1 $8\div2=4$
2 (1) 2 (2) 6 (3) 2 (4) 7
3 3
4 <
5 (○)( )( )
6 3배
7 $\frac{12}{13}\div\frac{3}{13}=4$ / 4
8 4 cm
+9 10
+10 예 만들 수 있는 빵의 수를 구하려면 전체 밀가루의 양을 빵 1개를 만드는 데 필요한 밀가루의 양으로 나누어야 합니다.따라서 만들수 있는 빵은 $\frac{8}{11}\div\frac{4}{11}=8\div4=2$(개)입니다. / 2개

1 분자끼리 나누어떨어지는 분모가 같은 분수끼리의 나눗셈은 분자끼리 나누어 계산합니다.

2 (1) $\frac{2}{3}\div\frac{1}{3}=2\div1=2$

(2) $\frac{6}{7}\div\frac{1}{7}=6\div1=6$

(3) $\frac{10}{11}\div\frac{5}{11}=10\div5=2$

(4) $\frac{14}{15}\div\frac{2}{15}=14\div2=7$

3 $\frac{15}{17}\div\frac{5}{17}=15\div5=3$

4 $\frac{6}{11}\div\frac{2}{11}=6\div2=3$ ➜ $3<4$

5 $\frac{4}{8}\div\frac{1}{8}=4\div1=4$

$\frac{12}{13}\div\frac{6}{13}=12\div6=2$

$\frac{6}{9}\div\frac{3}{9}=6\div3=2$

➜ 몫이 다른 하나는 $\frac{4}{8}\div\frac{1}{8}$입니다.

6 (선호가 마신 우유의 양)
÷(지윤이가 마신 우유의 양)
$=\frac{3}{10}\div\frac{1}{10}=3\div1=3$(배)

7 색칠한 부분 $\frac{12}{13}$를 $\frac{3}{13}$씩 나누었습니다.

➜ $\frac{12}{13}\div\frac{3}{13}=12\div3=4$

8 (직사각형의 넓이)=(가로)×(세로)
➜ (세로)=(직사각형의 넓이)÷(가로)
따라서 세로는 $\frac{16}{17}\div\frac{4}{17}=16\div4=4$ (cm)입니다.

+9 $\frac{15}{16}\div\frac{3}{16}=15\div3=5$이고, 5>□이므로 □ 안에 들어갈 수 있는 자연수는 1, 2, 3, 4입니다.
➜ (합)$=1+2+3+4=10$

+10 (만들 수 있는 빵의 수)
=(전체 밀가루의 양)
÷(빵 1개를 만드는 데 필요한 밀가루의 양)

본책 012~015쪽

02일 (분수)÷(분수) (2)

확인 012쪽

1 (1) 예 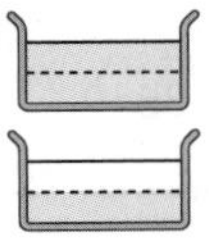 (2) 2 / 1, 1, 2

기본기 다지는 교과서 문제 013쪽

1 (1) 예 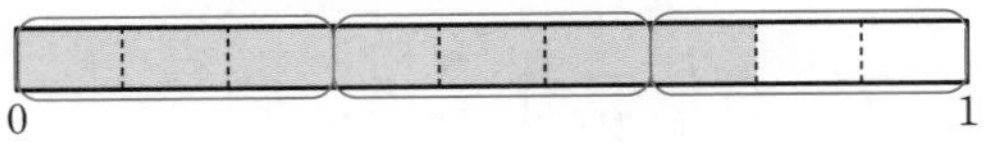

(2) 2, 1, 3

2 (1) 2, 3, 2, 3 (2) 7, 2, 7, 2, $3\frac{1}{2}$

3 (1) $6\div5=\frac{6}{5}=1\frac{1}{5}$ (2) $10\div3=\frac{10}{3}=3\frac{1}{3}$

1 (2) $\frac{7}{9}$에는 $\frac{3}{9}$이 2번과 $\frac{1}{3}$번 들어가므로 $\frac{7}{9}\div\frac{3}{9}=2\frac{1}{3}$입니다.

2 분모가 같은 분수끼리의 나눗셈은 분자끼리 나누어 계산합니다. 분자끼리 나누어떨어지지 않을 때에는 몫을 분수로 나타냅니다.

3 분모가 같은 분수끼리의 나눗셈은 분자끼리 나누어 계산합니다. 분자끼리 나누어떨어지지 않을 때에는 몫을 분수로 나타냅니다.

스스로 풀어내는 도전 10 문제 014~015쪽

1 3, 4

2 (1) $\frac{2}{5}$ (2) $\frac{5}{9}$ (3) $3\frac{1}{2}\left(=\frac{7}{2}\right)$ (4) $2\frac{2}{5}\left(=\frac{12}{5}\right)$

3 $2\frac{3}{4}\left(=\frac{11}{4}\right)$

4 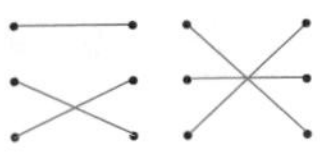

5 =

6 $1\frac{3}{5}\left(=\frac{8}{5}\right)$배

7 3

8 $1\frac{4}{5}\left(=\frac{9}{5}\right)$

+9 $\frac{5}{6}\div\frac{2}{6}$, $\frac{5}{7}\div\frac{2}{7}$

+10 예 평행사변형의 높이를 구하려면 넓이를 밑변의 길이로 나누어야 합니다.
따라서 높이는 $\frac{5}{7}\div\frac{6}{7}=5\div6=\frac{5}{6}$ (m)입니다.
/ $\frac{5}{6}$ m

1 $\frac{3}{6}\div\frac{4}{6}=3\div4=\frac{3}{4}$이므로 ㉠은 3, ㉡은 4입니다.

2 (1) $\frac{2}{7}\div\frac{5}{7}=2\div5=\frac{2}{5}$

(2) $\frac{5}{10}\div\frac{9}{10}=5\div9=\frac{5}{9}$

(3) $\frac{7}{9}\div\frac{2}{9}=7\div2=\frac{7}{2}=3\frac{1}{2}$

(4) $\frac{12}{13}\div\frac{5}{13}=12\div5=\frac{12}{5}=2\frac{2}{5}$

3 $\frac{11}{17}>\frac{4}{17}$이므로 큰 수를 작은 수로 나누면
$\frac{11}{17}\div\frac{4}{17}=11\div4=\frac{11}{4}=2\frac{3}{4}$입니다.

4 $\frac{6}{11}\div\frac{7}{11}=6\div7=\frac{6}{7}$
$\frac{9}{13}\div\frac{4}{13}=9\div4=\frac{9}{4}=2\frac{1}{4}$
$\frac{5}{10}\div\frac{3}{10}=5\div3=\frac{5}{3}=1\frac{2}{3}$

5 $\frac{7}{8}\div\frac{6}{8}=7\div6=\frac{7}{6}=1\frac{1}{6}$
$\frac{7}{9}\div\frac{6}{9}=7\div6=\frac{7}{6}=1\frac{1}{6}$
➜ $\frac{7}{8}\div\frac{6}{8}=\frac{7}{9}\div\frac{6}{9}$

6 (포도주스의 양)÷(사과주스의 양)
$=\frac{8}{9}\div\frac{5}{9}=8\div5=\frac{8}{5}=1\frac{3}{5}$(배)

7 $\frac{★}{10}\div\frac{7}{10}=★\div7=\frac{★}{7}$이므로 ★에 알맞은 수는 3입니다.

힌트북 05쪽

8

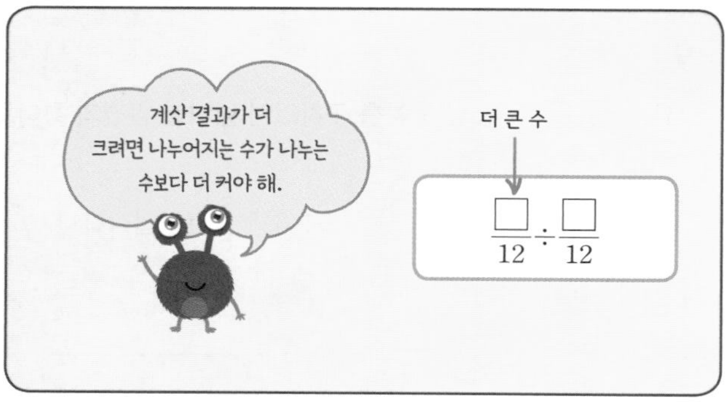

다른 풀이 만들 수 있는 나눗셈식은

$\frac{5}{12} \div \frac{9}{12}$, $\frac{9}{12} \div \frac{5}{12}$입니다.

$\frac{5}{12} \div \frac{9}{12} = 5 \div 9 = \frac{5}{9}$

$\frac{9}{12} \div \frac{5}{12} = 9 \div 5 = \frac{9}{5} = 1\frac{4}{5}$

➜ $\frac{5}{9} < 1\frac{4}{5}$이므로 계산 결과가 더 클 때의 몫은

$1\frac{4}{5}\left(=\frac{9}{5}\right)$입니다.

+9 두 분수의 분모가 같고 $5 \div 2$를 이용하여 계산할 수 있으므로 분모를 □라고 하면 나눗셈식은 $\frac{5}{\square} \div \frac{2}{\square}$입니다. 분모가 8보다 작은 진분수의 나눗셈이므로 □ 안에 들어갈 수 있는 수는 6, 7입니다.

따라서 조건을 만족하는 식은 $\frac{5}{6} \div \frac{2}{6}$, $\frac{5}{7} \div \frac{2}{7}$입니다.

+10 (평행사변형의 넓이) = (밑변의 길이) × (높이)

➜ (높이) = (평행사변형의 넓이) ÷ (밑변의 길이)

본책 016~019 쪽

03일 (분수) ÷ (분수) (3)

확인 016쪽

❶ 2 / 6, 6, 2

❷ (1) 30 / 6, 25 (2) 6, 25, 6, 25, 6, 25

기본기 다지는 교과서 문제 017쪽

1 6

2 (1) $\frac{27}{36}$, $\frac{20}{36}$ (2) 27, 20, 27, 20, 27, 20, $1\frac{7}{20}$

3 (1) 3, 3, 3 (2) 8, 3, 8, 3, 8, 3, $2\frac{2}{3}$

1 $\frac{3}{7}$에는 $\frac{1}{14}$이 6번 들어가므로 $\frac{3}{7} \div \frac{1}{14} = 6$입니다.

2 (1) 4와 9의 최소공배수: 36

$\frac{3}{4} = \frac{3 \times 9}{4 \times 9} = \frac{27}{36}$, $\frac{5}{9} = \frac{5 \times 4}{9 \times 4} = \frac{20}{36}$

(2) $\frac{3}{4} \div \frac{5}{9} = \frac{27}{36} \div \frac{20}{36} = 27 \div 20 = \frac{27}{20} = 1\frac{7}{20}$

3 두 분수를 통분한 후 분자끼리 나누어 계산합니다.

스스로 풀어내는 도전 10 문제 018~019쪽

1 $\frac{4}{18} \div \frac{1}{18} = 4 \div 1 = 4$

2 (1) 2 (2) $1\frac{1}{6}\left(=\frac{7}{6}\right)$ (3) $1\frac{1}{4}\left(=\frac{5}{4}\right)$ (4) $2\frac{2}{15}\left(=\frac{32}{15}\right)$

3 $2\frac{1}{4}\left(=\frac{9}{4}\right)$

4 $\frac{3}{7} \div \frac{2}{5} = \frac{15}{35} \div \frac{14}{35} = 15 \div 14 = \frac{15}{14} = 1\frac{1}{14}$

5 ㉡

6 6개

7 $\frac{16}{25}$

8 $\frac{3}{7}$배

+9 $12\frac{6}{7}\left(=\frac{90}{7}\right)$ cm

+10 예 어떤 수를 □라고 하면 $\square\times\frac{5}{8}=\frac{7}{9}$,

$\square=\frac{7}{9}\div\frac{5}{8}=\frac{56}{72}\div\frac{45}{72}=\frac{56}{45}=1\frac{11}{45}$입니다.

/ $1\frac{11}{45}\left(=\frac{56}{45}\right)$

1 두 분수를 통분한 후 분자끼리 나누어 계산합니다.

2 (1) $\frac{1}{2}\div\frac{1}{4}=\frac{2}{4}\div\frac{1}{4}=2\div1=2$

(2) $\frac{1}{3}\div\frac{2}{7}=\frac{7}{21}\div\frac{6}{21}=7\div6=\frac{7}{6}=1\frac{1}{6}$

(3) $\frac{5}{6}\div\frac{2}{3}=\frac{5}{6}\div\frac{4}{6}=5\div4=\frac{5}{4}=1\frac{1}{4}$

(4) $\frac{4}{5}\div\frac{3}{8}=\frac{32}{40}\div\frac{15}{40}=32\div15=\frac{32}{15}=2\frac{2}{15}$

3 $\frac{9}{10}\div\frac{2}{5}=\frac{9}{10}\div\frac{4}{10}=9\div4=\frac{9}{4}=2\frac{1}{4}$

4 두 분수를 통분한 후 분자끼리의 나눗셈으로 계산해야 하는데 통분하지 않고 계산하여 잘못되었습니다.

5 ㉠ $\frac{1}{4}\div\frac{1}{6}=1\frac{1}{2}\left(=\frac{3}{2}\right)$ ㉡ $\frac{1}{2}\div\frac{3}{5}=\frac{5}{6}$

㉢ $\frac{5}{7}\div\frac{2}{9}=3\frac{3}{14}\left(=\frac{45}{14}\right)$

따라서 계산 결과가 1보다 작은 것은 ㉡입니다.

6 (나누어 담을 수 있는 그릇 수)

=(전체 밀가루의 양)

÷(한 그릇에 나누어 담는 밀가루의 양)

$=\frac{2}{3}\div\frac{1}{9}=\frac{6}{9}\div\frac{1}{9}=6$(개)

7 $\square\times\frac{5}{8}=\frac{2}{5}$

→ $\square=\frac{2}{5}\div\frac{5}{8}=\frac{16}{40}\div\frac{25}{40}=16\div25=\frac{16}{25}$

8 ㉮ $\frac{1}{12}\div\frac{1}{2}=\frac{1}{12}\div\frac{6}{12}=1\div6=\frac{1}{6}$

㉯ $\frac{7}{18}$

→ ㉮÷㉯ $=\frac{1}{6}\div\frac{7}{18}=\frac{3}{18}\div\frac{7}{18}=\frac{3}{7}$(배)

+9 (1분 동안 갈 수 있는 거리)

$=\frac{6}{7}\div\frac{1}{15}=\frac{90}{105}\div\frac{7}{105}=\frac{90}{7}=12\frac{6}{7}$ (cm)

본책 020~023쪽

04일 (자연수)÷(분수)

확인 020쪽

❶ (위에서부터) 1, 4 / 1 / 1, 4

기본기 다지는 교과서 문제 021쪽

1 (1) (위에서부터) 3, 3 / 3, 15, 3, 5, 15

(2) 3, 5, 15

2 (1) $(8\div4)\times7=14$ (2) $(10\div2)\times9=45$

1 (1) 쇠막대 $\frac{3}{5}$ m의 무게가 9 kg이므로 $\frac{1}{5}$ m의 무게는 $9\div3=3$ (kg)입니다.

쇠막대 1 m의 무게는 $(9\div3)\times5=15$ (kg)입니다.

2 자연수를 분수의 분자로 나눈 값에 분모를 곱하여 계산합니다.

스스로 풀어내는 도전 10 문제 022~023쪽

1 (1) 2, 3, 9 (2) 4, 5, 10

2 (1) 24 (2) 12 (3) 18 (4) 35

3 ( )

(○)

4 ㉢

5 =

6 32도막

7 10

8 37

+9 20 m

+10 예 필요한 컵의 수를 구하려면 전체 물의 양을 한 컵에 담는 물의 양으로 나누어야 합니다.

따라서 컵은 $6\div\frac{3}{7}=(6\div3)\times7=14$(개) 필요합니다.

/ 14개

1 자연수를 분수의 분자로 나눈 값에 분모를 곱하여 계산합니다.

2 (1) $9\div\frac{3}{8}=(9\div3)\times8=24$

(2) $10\div\frac{5}{6}=(10\div5)\times6=12$

(3) $14\div\frac{7}{9}=(14\div7)\times9=18$

(4) $15\div\frac{3}{7}=(15\div3)\times7=35$

3 자연수를 분수의 분자로 나눈 값에 분모를 곱하여 계산해야 하는데 위쪽 계산은 분모로 나눈 후 분자를 곱하여 계산했으므로 틀렸습니다.

4 $24\div\frac{4}{5}=(24\div4)\times5=30$

㉠ $21\div\frac{7}{8}=(21\div7)\times8=24$

㉡ $18\div\frac{3}{5}=(18\div3)\times5=30$

따라서 $24\div\frac{4}{5}$와 몫이 같은 것은 ㉡입니다.

5 $10\div\frac{2}{7}=(10\div2)\times7=35$

$25\div\frac{5}{7}=(25\div5)\times7=35$

➜ $10\div\frac{2}{7}=25\div\frac{5}{7}$

6 (자른 도막 수)
=(전체 리본의 길이)÷(자르는 한 도막의 길이)
$=20\div\frac{5}{8}=(20\div5)\times8=32$(도막)

7 ㉮ $7\div\frac{7}{11}=(7\div7)\times11=11$

㉯ $9\div\frac{3}{7}=(9\div3)\times7=21$

➜ ㉯－㉮$=21-11=10$

8 $32\div\frac{8}{9}=(32\div8)\times9=36$

➜ 36<□이므로 □ 안에 들어갈 수 있는 자연수 중에서 가장 작은 수는 37입니다.

+9 처음 공을 떨어뜨린 높이를 □m라고 하면

$\square\times\frac{3}{5}=12$입니다.

$\square=12\div\frac{3}{5}=(12\div3)\times5=20$이므로 처음 공을 떨어뜨린 높이는 20 m입니다.

본책 024~027쪽

05일 (분수)÷(분수)를 (분수)×(분수)로 나타내기

확인 024쪽

❶ (위에서부터) 2, 3 / 2 / 2, 15, 14, $1\frac{1}{14}$

기본기 다지는 교과서 문제 025쪽

1 (○)(　)

2 (1) 5, 6, 6, 5 (2) 3, 5, 5, 3 (3) 7, 9, 9, 7 (4) 3, 7, 7, 3

3 (1) $\frac{4}{7}\times\frac{8}{5}=\frac{32}{35}$ (2) $\frac{3}{4}\times\frac{5}{4}=\frac{15}{16}$

1 나눗셈을 곱셈으로 나타내고 나누는 분수의 분모와 분자를 바꾼 것을 찾습니다.

3 나누는 분수의 분모와 분자를 바꾸어 분수의 곱셈으로 나타내어 계산합니다.

스스로 풀어내는 도전 10 문제 026~027쪽

1 

2 (1) $\frac{7}{10}\div\frac{5}{7}=\frac{7}{10}\times\frac{7}{5}=\frac{49}{50}$

(2) $\frac{4}{5}\div\frac{9}{10}=\frac{4}{\cancel{5}_{1}}\times\frac{\cancel{10}^{2}}{9}=\frac{8}{9}$

3 $1\frac{2}{7}\left(=\frac{9}{7}\right)$, $1\frac{1}{15}\left(=\frac{16}{15}\right)$

4 $\frac{3}{11}\div\frac{5}{9}=\frac{3}{11}\times\frac{9}{5}=\frac{27}{55}$

5 서연

6 $1\frac{13}{35}\left(=\frac{48}{35}\right)$배

7 $1\frac{5}{16}\left(=\frac{21}{16}\right)$ kg

8 $\frac{16}{35}$

+9 $\frac{21}{32}$

+10 예 전체 끈의 길이를 선물 1개를 포장하는 데 필요한 끈의 길이로 나누어야 합니다.
$\frac{3}{4}\div\frac{2}{7}=\frac{3}{4}\times\frac{7}{2}=\frac{21}{8}=2\frac{5}{8}$이므로 선물을 2개까지 포장할 수 있습니다. / 2개

1 나눗셈을 곱셈으로 나타내고 나누는 분수의 분모와 분자를 바꾼 것을 찾습니다.

2 나누는 분수의 분모와 분자를 바꾸어 분수의 곱셈으로 나타내어 계산합니다.
기약분수로 나타내지 않아도 정답으로 인정합니다.

3 $\frac{6}{7}\div\frac{2}{3}=\frac{\overset{3}{\cancel{6}}}{7}\times\frac{3}{\underset{1}{\cancel{2}}}=\frac{9}{7}=1\frac{2}{7}$

$\frac{8}{9}\div\frac{5}{6}=\frac{8}{\underset{3}{\cancel{9}}}\times\frac{\overset{2}{\cancel{6}}}{5}=\frac{16}{15}=1\frac{1}{15}$

기약분수로 나타내지 않아도 정답으로 인정합니다.

4 나눗셈을 곱셈으로 나타낼 때 나누는 분수의 분모와 분자를 바꾸지 않아서 틀렸습니다.

5 영민: $\frac{2}{5}\div\frac{7}{8}=\frac{2}{5}\times\frac{8}{7}=\frac{16}{35}$

서연: $\frac{4}{7}\div\frac{3}{8}=\frac{4}{7}\times\frac{8}{3}=\frac{32}{21}=1\frac{11}{21}$

➔ $\frac{16}{35}<1\frac{11}{21}$이므로 계산 결과가 더 큰 식을 쓴 사람은 서연입니다.

6 (학교에서 집까지의 거리)÷(집에서 공원까지의 거리)
$=\frac{6}{7}\div\frac{5}{8}=\frac{6}{7}\times\frac{8}{5}=\frac{48}{35}=1\frac{13}{35}$(배)

7 (고무관 1 m의 무게)
=(전체 고무관의 무게)÷(전체 고무관의 길이)
$=\frac{3}{8}\div\frac{2}{7}=\frac{3}{8}\times\frac{7}{2}=\frac{21}{16}=1\frac{5}{16}$ (kg)

8 $\square\times\frac{3}{4}=\frac{2}{7}\div\frac{5}{6}$, $\square\times\frac{3}{4}=\frac{2}{7}\times\frac{6}{5}=\frac{12}{35}$,

$\square=\frac{12}{35}\div\frac{3}{4}=\frac{\overset{4}{\cancel{12}}}{35}\times\frac{4}{\underset{1}{\cancel{3}}}=\frac{16}{35}$

기약분수로 나타내지 않아도 정답으로 인정합니다.

+9 색칠한 부분이 나타내는 분수는 $\frac{7}{12}$입니다.

➔ $\frac{7}{12}\div\frac{8}{9}=\frac{7}{\underset{4}{\cancel{12}}}\times\frac{\overset{3}{\cancel{9}}}{8}=\frac{21}{32}$

기약분수로 나타내지 않아도 정답으로 인정합니다.

+10 주의 포장할 수 있는 선물의 수는 자연수로 구해야 합니다.

본책 028~031 쪽

06일 (분수)÷(분수) 계산하기

확인 028쪽

❶ (1) 56, 9, 56, $6\frac{2}{9}$ (2) 7, 3, 56, $6\frac{2}{9}$

기본기 다지는 교과서 문제 029쪽

1 (1) 3, 2, 15, $7\frac{1}{2}$ (2) 6, 5, 27, $5\frac{2}{5}$

2 [슬기의 방법] 13, 52, 9, 52, 9, $5\frac{7}{9}$

[지혜의 방법] 13, 13, 4, 3, 52, 9, $5\frac{7}{9}$

3 (1) $5\frac{2}{5}\left(=\frac{27}{5}\right)$ (2) $2\frac{11}{12}\left(=\frac{35}{12}\right)$

(3) $7\frac{14}{15}\left(=\frac{119}{15}\right)$

1 (1) (자연수)÷(분수)는 나누는 분수의 분모와 분자를 바꾸어 곱셈으로 나타내어 계산합니다.
(2) (가분수)÷(분수)는 두 분수를 통분하거나 분수의 곱셈으로 나타내어 계산합니다.

2 [슬기의 방법] 대분수를 가분수로 나타낸 후 두 분수를 통분하여 계산했습니다.
[지혜의 방법] 대분수를 가분수로 나타낸 후 분수의 곱셈으로 나타내어 계산했습니다.

3 (1) $3\div\frac{5}{9}=3\times\frac{9}{5}=\frac{27}{5}=5\frac{2}{5}$

(2) $\frac{7}{4}\div\frac{3}{5}=\frac{7}{4}\times\frac{5}{3}=\frac{35}{12}=2\frac{11}{12}$

(3) $6\frac{4}{5}\div\frac{6}{7}=\frac{34}{5}\div\frac{6}{7}=\frac{\overset{17}{\cancel{34}}}{5}\times\frac{7}{\underset{3}{\cancel{6}}}=\frac{119}{15}=7\frac{14}{15}$

참고 기약분수 또는 대분수로 나타내지 않아도 정답으로 인정합니다.

스스로 풀어내는 도전 10 문제 030~031쪽

1 방법 1 5, 4, 5, 4, $1\frac{1}{4}$

방법 2 4, 5, 4, $1\frac{1}{4}$

2 방법 1

$2\frac{1}{3}\div\frac{3}{8}=\frac{7}{3}\div\frac{3}{8}=\frac{56}{24}\div\frac{9}{24}=56\div9=\frac{56}{9}=6\frac{2}{9}$

방법 2

$2\frac{1}{3}\div\frac{3}{8}=\frac{7}{3}\div\frac{3}{8}=\frac{7}{3}\times\frac{8}{3}=\frac{56}{9}=6\frac{2}{9}$

3 $13\frac{1}{3}\left(=\frac{40}{3}\right)$ **4** ㉠

5 $5\frac{1}{7}\left(=\frac{36}{7}\right)$, $3\frac{3}{7}\left(=\frac{24}{7}\right)$

6 7일 **7** 10 km

8 3개

+9 $\frac{3}{4}$ m

+10 예 대분수를 가분수로 나타내어 계산하지 않았습니다.

/ $1\frac{3}{8}\div\frac{2}{3}=\frac{11}{8}\div\frac{2}{3}=\frac{11}{8}\times\frac{3}{2}=\frac{33}{16}=2\frac{1}{16}$

1 방법 1은 분자끼리 나누는 방법입니다.
방법 2는 분수의 곱셈으로 나타내어 계산하는 방법입니다.

2 대분수를 가분수로 나타낸 후 계산합니다.

3 $10\div\frac{3}{4}=10\times\frac{4}{3}=\frac{40}{3}=13\frac{1}{3}$

4 ㉠ $\frac{7}{6}\div\frac{8}{9}=\frac{7}{\underset{2}{\cancel{6}}}\times\frac{\overset{3}{\cancel{9}}}{8}=\frac{21}{16}=1\frac{5}{16}>1$

㉡ $\frac{3}{10}\div\frac{2}{5}=\frac{3}{\underset{2}{\cancel{10}}}\times\frac{\overset{1}{\cancel{5}}}{2}=\frac{3}{4}<1$

5 $4\frac{2}{7}\div\frac{5}{6}=\frac{30}{7}\div\frac{5}{6}=\frac{\overset{6}{\cancel{30}}}{7}\times\frac{6}{\underset{1}{\cancel{5}}}=\frac{36}{7}=5\frac{1}{7}$

$5\frac{1}{7}\div1\frac{1}{2}=\frac{36}{7}\div\frac{3}{2}=\frac{\overset{12}{\cancel{36}}}{7}\times\frac{2}{\underset{1}{\cancel{3}}}=\frac{24}{7}=3\frac{3}{7}$

기약분수로 나타내지 않아도 정답으로 인정합니다.

6 (마실 수 있는 날수)
=(전체 주스의 양)÷(하루에 마시는 주스의 양)
$=3\div\frac{3}{7}=\overset{1}{\cancel{3}}\times\frac{7}{\underset{1}{\cancel{3}}}=7$(일)

힌트북 13쪽

7

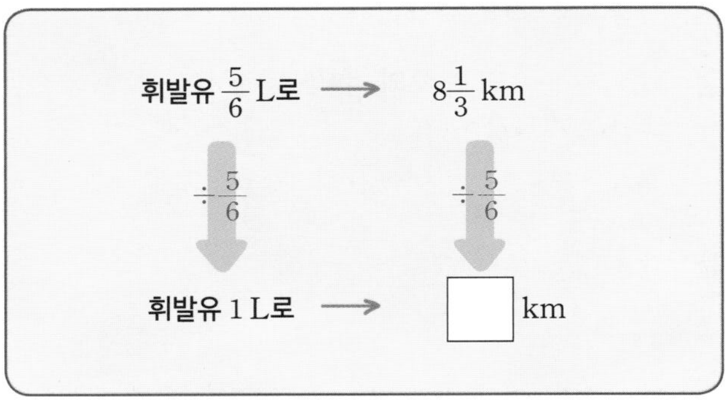

(휘발유 1 L로 갈 수 있는 거리)
=(전체 간 거리)÷(사용한 휘발유의 양)
$=8\frac{1}{3}\div\frac{5}{6}=\frac{25}{3}\div\frac{5}{6}=\frac{\overset{5}{\cancel{25}}}{\underset{1}{\cancel{3}}}\times\frac{\overset{2}{\cancel{6}}}{\underset{1}{\cancel{5}}}=10$ (km)

8 • $12\div\frac{3}{8}=\overset{4}{\cancel{12}}\times\frac{8}{\underset{1}{\cancel{3}}}=32$ ➔ ㉮$=32$

• $16\div\frac{4}{9}=\overset{4}{\cancel{16}}\times\frac{9}{\underset{1}{\cancel{4}}}=36$ ➔ ㉯$=36$

따라서 32보다 크고 36보다 작은 자연수는 33, 34, 35로 모두 3개입니다.

+9 (삼각형의 넓이)=(밑변의 길이)×(높이)÷2
➔ (높이)=(삼각형의 넓이)×2÷(밑변의 길이)
따라서 삼각형의 높이는
$\frac{3}{10}\times2\div\frac{4}{5}=\frac{3}{\underset{\underset{1}{\cancel{5}}}{\cancel{10}}}\times\overset{1}{\cancel{2}}\times\frac{\overset{1}{\cancel{5}}}{4}=\frac{3}{4}$ (m)입니다.

기약분수로 나타내지 않아도 정답으로 인정합니다.

+10 (대분수)÷(분수)는 대분수를 가분수로 나타낸 후 계산합니다.

01~06일 단원평가 032~033쪽

01 8, 2, 4

02 (1) 5, 3, 5, 3, $1\frac{2}{3}$ (2) 4, 7, 4, 7, 4, 7

03 $4\frac{11}{16}\left(=\frac{75}{16}\right)$

04 예 방법 1 $\frac{4}{7}\div\frac{6}{5}=\frac{20}{35}\div\frac{42}{35}=20\div42=\frac{\overset{10}{\cancel{20}}}{\underset{21}{\cancel{42}}}=\frac{10}{21}$

방법 2 $\frac{4}{7}\div\frac{6}{5}=\frac{\overset{2}{\cancel{4}}}{7}\times\frac{5}{\underset{3}{\cancel{6}}}=\frac{10}{21}$

05 $2\frac{4}{5}\div\frac{5}{7}=\frac{14}{5}\times\frac{7}{5}=\frac{98}{25}=3\frac{23}{25}$

06 ㉡, ㉢, ㉠

07 20그릇

08 4

09 $2\frac{2}{3}\left(=\frac{8}{3}\right)$

10 풀이 참조 / $1\frac{2}{11}\left(=\frac{13}{11}\right)$배

01 분자가 1인 단위분수로 몇 개인지 알아보고 그 개수를 나누어 구합니다.

02 (1) 분자끼리 나누어 계산합니다.
(2) 두 분수를 통분한 후 분자끼리 나누어 계산합니다.

03 $3\frac{3}{4}\div\frac{4}{5}=\frac{15}{4}\div\frac{4}{5}=\frac{15}{4}\times\frac{5}{4}=\frac{75}{16}=4\frac{11}{16}$

04 방법 1은 두 분수를 통분하여 분자끼리 나누는 방법입니다.
방법 2는 분수의 곱셈으로 나타내어 계산하는 방법입니다.

05 나눗셈을 곱셈으로 나타낼 때 나누는 수의 분모와 분자를 바꾸지 않아서 틀렸습니다.

06 ㉠ $21\div\frac{7}{10}=(21\div7)\times10=30$

㉡ $45\div\frac{5}{9}=(45\div5)\times9=81$

㉢ $56\div\frac{8}{11}=(56\div8)\times11=77$

➜ ㉡>㉢>㉠

07 (만들 수 있는 그릇 수)
=(전체 떡볶이떡의 무게)
÷(떡볶이 1그릇을 만드는 데 필요한 떡볶이떡의 무게)
$=4\div\frac{1}{5}=4\times5=20$(그릇)

08 $\frac{10}{7}\div\frac{3}{8}=\frac{10}{7}\times\frac{8}{3}=\frac{80}{21}=3\frac{17}{21}$

➜ $3\frac{17}{21}<$□이므로 □ 안에 들어갈 수 있는 자연수 중에서 가장 작은 수는 4입니다.

09 계산 결과가 가장 큰 나눗셈식을 만들려면 나누어지는 수를 가장 크게, 나누는 수를 가장 작게 해야 합니다.

➜ $\frac{8}{13}\div\frac{3}{13}=8\div3=\frac{8}{3}=2\frac{2}{3}$

10 예시 답안 진호는 철사를 $\frac{13}{15}-\frac{2}{15}=\frac{11}{15}$ (m) 가지고 있습니다. 따라서 민재가 가지고 있는 철사의 길이는 진호가 가지고 있는 철사의 길이의
$\frac{13}{15}\div\frac{11}{15}=13\div11=\frac{13}{11}=1\frac{2}{11}$(배)입니다.

채점 기준	
	❶ 진호가 가지고 있는 철사의 길이를 구해야 함.
	❷ 민재가 가지고 있는 철사의 길이는 진호가 가지고 있는 철사의 길이의 몇 배인지 구해야 함.

본책 034~037쪽

07일 (소수)÷(소수) (1)

확인 034쪽

❶
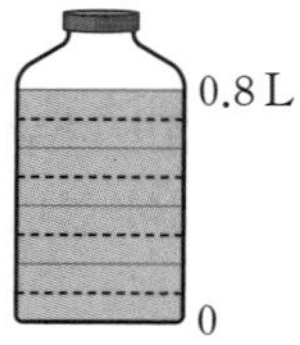

/ 4

❷ (1) 33, 33 (2) 33, 33

기본기 다지는 교과서 문제 035쪽

1 4, 4 / 4, 43, 43

2 156, 156 / 156, 26, 26

3 ( )(○)( )

1 17.2÷0.4 (10배, 10배) → 172÷4=43

17.2÷0.4=43

2 1.56÷0.06 (100배, 100배) → 156÷6=26

1.56÷0.06=26

3 7.29÷0.09에서 나누는 수와 나누어지는 수에 똑같이 100배를 하여 729÷9로 계산합니다.
따라서 7.29÷0.09와 몫이 같은 나눗셈은 729÷9입니다.

스스로 풀어내는 도전 10 문제 036~037쪽

1 84, 12 / 12

2 (위에서부터) 12, 100, 108, 9, 12

3 ㉠

4 민호

5 86

6 39도막

7 3배

8 43봉지

+9 2.52÷0.06=42 / 예 252와 6을 각각 $\frac{1}{100}$배 하면 2.52와 0.06이 됩니다.

+10 312 / 예 나눗셈에서 나누는 수와 나누어지는 수에 같은 수를 곱하여도 몫은 변하지 않습니다. 93.6, 0.3에 각각 10을 곱하면 936, 3이므로 93.6÷0.3=312입니다.

1 8.4÷1.2에서 나누는 수와 나누어지는 수에 똑같이 10배를 하여 84÷12로 계산합니다. 따라서 8.4÷1.2의 몫은 84÷12의 몫과 같습니다.

참고 나눗셈에서 나누는 수와 나누어지는 수에 같은 수를 곱하여도 몫은 변하지 않습니다.

2 1.08÷0.09에서 나누는 수와 나누어지는 수에 똑같이 100배를 하여 108÷9로 계산합니다.

3 ㉠ 30.4÷0.8에서 나누는 수와 나누어지는 수에 똑같이 10배를 하여 304÷8로 계산합니다.

30.4÷0.8 (10배, 10배) → 304÷8=38

30.4÷0.8=38

4 민호: 0.91÷0.07=91÷7=13

힌트북 14쪽

5

3.28÷0.04=328÷㉠=㉡ (▲배, ▲배)

나누어지는 수를 ▲배 하면 나누는 수도 똑같이 ▲배 해야 해.

3.28÷0.04=328÷4=82 (㉠=4, ㉡=82)

→ ㉠+㉡=4+82=86

6 (도막 수)
=(전체 철사의 길이)÷(한 도막의 길이)
=19.5÷0.5=195÷5=39(도막)

7 (가로)÷(세로)=0.78÷0.26=78÷26=3(배)

8 (남은 땅콩의 무게)=6.95−0.5=6.45 (kg)
(땅콩을 담은 봉지 수)=6.45÷0.15
=645÷15
=43(봉지)

힌트북 15쪽

+9

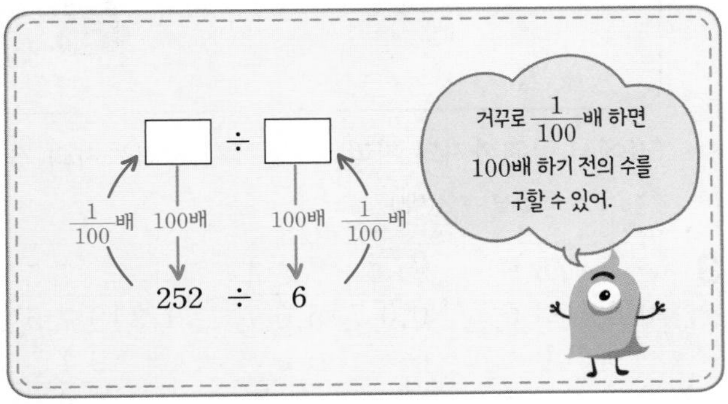

252를 $\frac{1}{100}$배 하면 2.52가 되고, 6을 $\frac{1}{100}$배 하면 0.06이 됩니다.
따라서 252÷6의 몫과 2.52÷0.06의 몫은 같습니다.

+10 93.6÷0.3
10배 ↓ ↓ 10배
936÷ 3 =312
93.6÷0.3=312

본책 038~041 쪽

08일 (소수)÷(소수) (2)

확인 038쪽

❶ 19, 19, 3 / 3, 57

기본기 다지는 교과서 문제 039쪽

1 (1) 63, 7, 63, 7, 9
(2) 384, 32, 384, 32, 12
2 (1) 18, 7 (2) 406, 29
3 (1) 6 (2) 28 (3) 12 (4) 7

1 (1) 6.3과 0.7을 분모가 10인 분수로 나타낸 후 분자끼리의 나눗셈으로 계산합니다.
(2) 3.84와 0.32를 분모가 100인 분수로 나타낸 후 분자끼리의 나눗셈으로 계산합니다.

2 (1) 12.6÷1.8=7 → 126÷18=7 (12.6과 1.8을 각각 10배)

(2) 4.06÷0.14=29 → 406÷14=29 (4.06과 0.14를 각각 100배)

3 (1) 0.6)3.6 → 몫 6
36
0

(2) 0.22)6.16 → 몫 28
44
176
176
0

(3) 1.9)22.8 → 몫 12
19
38
38
0

(4) 1.14)7.98 → 몫 7
798
0

스스로 풀어내는 도전 10 문제 040~041쪽

1 8, 168

2 7

3 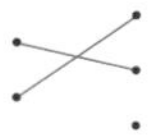

4
```
      1 6
0.4)6.4
    4
    2 4
    2 4
      0
```

5 28

6 13.5÷0.5=27 / 27개

7 2배

8 (위에서부터) 3, 1, 2

+9 소금, 2봉지

+10
```
         1 7
0.3 4)5.7 8
      3 4
      2 3 8
      2 3 8
          0
```
/ 예 나누는 수와 나누어지는 수의 소수점을 각각 오른쪽으로 두 자리씩 옮겨서 계산합니다.

1 나누는 수와 나누어지는 수의 소수점을 각각 오른쪽으로 두 자리씩 옮겨서 계산합니다.

2 $1.75 \div 0.25 = \frac{175}{100} \div \frac{25}{100} = 175 \div 25 = 7$

3
```
         1 1                 9
0.3 6)3.9 6       1.3)1 1.7
      3 6               1 1 7
        3 6                 0
        3 6
          0
```

4 몫을 쓸 때 옮긴 소수점의 위치에서 소수점을 찍어야 합니다.

힌트북 16쪽

5

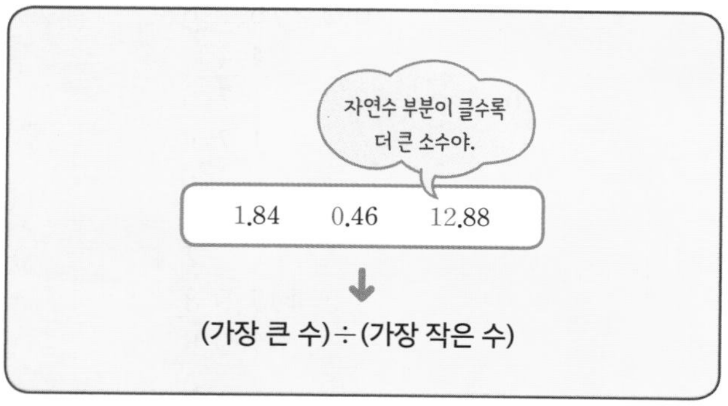

12.88＞1.84＞0.46이므로 가장 큰 수는 12.88, 가장 작은 수는 0.46입니다.

➜ 12.88÷0.46=28

6 (필요한 병 수)
=(전체 주스의 양)÷(병 한 개에 담는 주스의 양)
=13.5÷0.5=27(개)

힌트북 17쪽

7

(집에서 병원까지의 거리)÷(집에서 서점까지의 거리)
=11.8÷5.9=2(배)

8
```
      5 6             8 1            7 5
0.6)3 3.6      0.0 7)5.6 7     1.3)9 7.5
    3 0             5 6            9 1
      3 6             7              6 5
      3 6             7              6 5
        0             0                0
```

➜ 81＞75＞56

+9 (설탕을 담은 봉지 수)=2.58÷0.43=6(봉지)
(소금을 담은 봉지 수)=6.4÷0.8=8(봉지)
➜ 소금을 담은 봉지 수가 8−6=2(봉지) 더 많습니다.

+10 나누는 수와 나누어지는 수의 소수점을 각각 오른쪽으로 두 자리씩 옮겨서 계산하고, 몫의 소수점은 옮긴 소수점의 위치에서 찍습니다.

본책 042~045쪽

09일 (소수)÷(소수) (3)

확인 ········ 042쪽

1 (1) (위에서부터) 1.4, 1.4, 100 / 1.4, 640
(2) (위에서부터) 1.4, 1.4, 10 / 1.4, 64

기본기 다지는 교과서 문제 043쪽

1 (1) 100, 320, 1.8 (2) 10, 66.5, 3.5
2 ( )( )(○)
3 (1) 1.3 (2) 5.6 (3) 4.7 (4) 3.3

1 (1) 나누는 수와 나누어지는 수가 모두 자연수가 되도록 소수점을 똑같이 옮겨서 계산합니다.
(2) 나누는 수가 자연수가 되도록 나누는 수와 나누어지는 수의 소수점을 똑같이 옮겨서 계산합니다.
참고 나눗셈에서 나누는 수와 나누어지는 수에 같은 수를 곱하여도 몫은 변하지 않습니다.

2 나누는 수와 나누어지는 수의 소수점을 똑같이 옮겨서 계산합니다.

3 (1)
```
      1.3
5.7)7.4 1
    5 7
    1 7 1
    1 7 1
        0
```
(2)
```
      5.6
0.4)2.2 4
    2 0
      2 4
      2 4
        0
```
(3)
```
      4.7
1.8)8.4 6
    7 2
    1 2 6
    1 2 6
        0
```
(4)
```
        3.3
6.2)2 0.4 6
    1 8 6
      1 8 6
      1 8 6
          0
```

스스로 풀어내는 도전 10 문제 044~045쪽

1 1.8, 260, 2080
2 828, 460, 828, 460, 1.8
3 0.85
4 <
5 5.12÷1.6=3.2 / 3.2배
6 2.55, 5.1
7 3.8 cm
8 5.3 km
+9 1.4
+10
```
      8.9
0.7)6.2 3
    5 6
      6 3
      6 3
        0
```
/ 예 소수점을 옮겨 계산한 경우 몫의 소수점은 옮긴 위치에 찍어야 합니다.

1 나누는 수와 나누어지는 수가 모두 자연수가 되도록 소수점을 똑같이 오른쪽으로 두 자리씩 옮겨서 계산합니다.

2 8.28과 4.6을 분모가 100인 분수로 바꾸어 분수의 나눗셈으로 계산합니다.

3 소수 두 자리 수: 0.51, 소수 한 자리 수: 0.6
➜ 0.51÷0.6=0.85

4
```
      3.5
2.7)9.4 5
    8 1
    1 3 5
    1 3 5
        0
```
➜ 3.5<3.8

5 (사과의 무게)÷(딸기의 무게)
=5.12÷1.6=3.2(배)

힌트북 18쪽

6

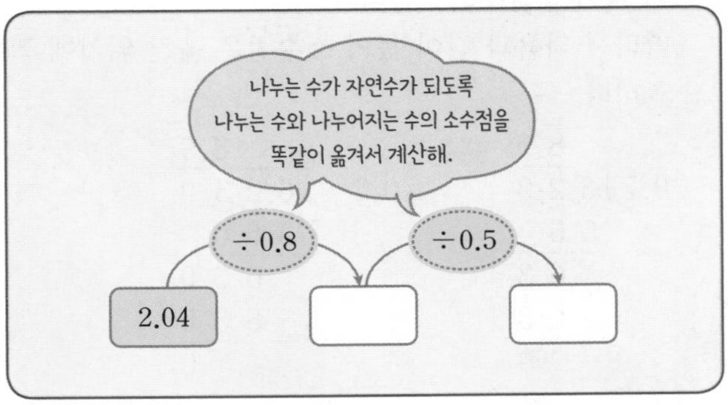

2.04÷0.8=2.55, 2.55÷0.5=5.1

7 (평행사변형의 넓이)=(밑변의 길이)×(높이)
➜ (높이)=(평행사변형의 넓이)÷(밑변의 길이)

따라서 평행사변형의 높이는 19.76÷5.2=3.8 (cm)입니다.

힌트북 19쪽

8

먼저 1시간 30분은 몇 시간인지 소수로 나타내.
1시간 30분$=1\frac{30}{60}$시간=1.5시간

한 시간 동안 간 거리	=	전체 거리	÷	걸린 시간

1시간 30분=1.5시간
→ (한 시간 동안 간 거리)
=(간 거리)÷(걸린 시간)
=7.95÷1.5=5.3 (km)

+9 어떤 수를 □라 하면 □×2.5=8.75,
□=8.75÷2.5=3.5입니다.
따라서 바르게 계산하면 3.5÷2.5=1.4입니다.

힌트북 19쪽

+10

```
0.7)6.2 3
```

몫의 소수점을 나누어지는 수의 소수점의 위치와 똑같이 찍어서 잘못되었습니다.
따라서 다음과 같이 몫의 소수점은 옮긴 위치에 찍어야 합니다.

```
       8.9                 8.9
0.7)6.2 3   또는   0.7 0)6.2 3 0
    5 6                  5 6 0
      6 3                  6 3 0
      6 3                  6 3 0
        0                      0
```

본책 046~049 쪽

10일 (자연수)÷(소수)

확인 046쪽

1 175, 175, 8 / 8, 1400

기본기 다지는 교과서 문제 047쪽

1 (1) 480, 12, 480, 12, 40
(2) 700, 25, 700, 25, 28
2 2, 20, 200 / 36, 360, 3600
3 (1) 5 (2) 4 (3) 85 (4) 25

1 (1) 나누는 수가 소수 한 자리 수이면 분모가 10인 분수로 바꾸어 계산합니다.
(2) 나누는 수가 소수 두 자리 수이면 분모가 100인 분수로 바꾸어 계산합니다.

2 • 나누어지는 수가 같을 때 나누는 수가 $\frac{1}{10}$배, $\frac{1}{100}$배가 되면 몫은 10배, 100배가 됩니다.
• 나누는 수가 같을 때 나누어지는 수가 10배, 100배가 되면 몫도 10배, 100배가 됩니다.

3

```
(1)         5          (2)           4
     4.8)2 4.0              1.2 5)5.0 0
         2 4 0                    5 0 0
             0                        0

(3)       8 5          (4)         2 5
     0.6)5 1.0              0.3 6)9.0 0
         4 8                      7 2
           3 0                    1 8 0
           3 0                    1 8 0
             0                        0
```

스스로 풀어내는 도전 10 문제 048~049쪽

1 12, 25, 50 **2** 270, 45
3 150 **4** 2, 1, 3
5 50 **6** 13÷3.25=4 / 4명
7 ㉢ **8** 2, 5, 9 / 35
+9 나 주스
+10 예 방법 1 $90 \div 3.6 = \frac{900}{10} \div \frac{36}{10} = 900 \div 36 = 25$ / 25개

방법 2 / 25개

```
       2 5
3.6 ) 9 0
      7 2
      1 8 0
      1 8 0
          0
```

힌트북 20쪽

1

```
2.5 ) 3 0.0
```

소수는 필요한 경우 오른쪽 끝자리에 0을 붙여 나타낼 수 있어.

나누는 수와 나누어지는 수의 소수점을 똑같이 옮겨서 자연수의 나눗셈으로 계산해.

나누는 수와 나누어지는 수의 소수점을 똑같이 옮겨서 계산합니다.

2 $27 \div 0.6 = \frac{270}{10} \div \frac{6}{10} = 270 \div 6 = 45$

➔ ㉠=270, ㉡=45

3 자연수: 48, 소수: 0.32

➔ 48÷0.32=150

```
           1 5 0
0.3 2 ) 4 8.0 0
        3 2
        1 6 0
        1 6 0
            0
```

4 나누어지는 수가 같을 때 나누는 수가 $\frac{1}{10}$배, $\frac{1}{100}$배가 되면 몫은 10배, 100배가 됩니다.
따라서 114÷0.06, 114÷0.6, 114÷6의 순서로 몫이 큽니다.

참고 114÷0.6=190, 114÷0.06=1900, 114÷6=19
➔ 1900>190>19

5 1.7×□=85
➔ □=85÷1.7=50

6 (나누어 줄 수 있는 사람 수)
=(전체 철사의 길이)
÷(한 사람에게 나누어 주는 철사의 길이)
=13÷3.25=4(명)

7 ㉠

```
             2 5
1.0 4 ) 2 6.0 0
        2 0 8
          5 2 0
          5 2 0
              0
```

㉡

```
          1 6
3.5 ) 5 6.0
      3 5
      2 1 0
      2 1 0
          0
```

㉢

```
           5 0
0.1 6 ) 8.0 0
        8 0
          0
```

➔ 몫이 30보다 큰 나눗셈은 ㉢입니다.

8 나누어지는 수가 작을수록 몫이 작으므로 □ 안에 높은 자리부터 작은 수를 차례로 써넣으면 259입니다.
➔ 259÷7.4=35

+9 (가 주스 1 L의 가격)=3800÷0.5=7600(원)
(나 주스 1 L의 가격)=3000÷0.4=7500(원)
➔ 7600>7500이므로 같은 양을 살 때 더 저렴한 것은 나 주스입니다.

+10 방법 1 분수의 나눗셈으로 계산했습니다.
방법 2 나누는 수와 나누어지는 수의 소수점을 똑같이 옮겨서 세로로 계산했습니다.

참고 다음과 같은 방법으로 계산해도 됩니다.

10배 (90 → 900)
90÷3.6=25 900÷36=25
10배 (3.6 → 36)

본책 050~053쪽

11일 몫을 반올림하여 나타내기

확인 050쪽

❶ (1) 8, 2 (2) 3, 1.8

❷ 7, 21, 35, 49 / 0.4, 0.36

기본기 다지는 교과서 문제 051쪽

1

```
      1.5 5 5
  9)1 4.0 0 0
      9
      5 0
      4 5
        5 0
        4 5
          5 0
          4 5
            5
```

/ (1) 2 (2) 1.6 (3) 1.56

2 (1) 0.4 (2) 6.6

3 6.83

1 (1) $14 \div 9 = 1.\underline{5}\cdots\cdots \rightarrow 2$

(2) $14 \div 9 = 1.5\underline{5}\cdots\cdots \rightarrow 1.6$

(3) $14 \div 9 = 1.55\underline{5}\cdots\cdots \rightarrow 1.56$

2 (1)

```
     0.4 2
  9)3.8 0
    3 6
      2 0
      1 8
        2
```

$3.8 \div 9 = 0.4\underline{2}\cdots\cdots \rightarrow 0.4$

(2)

```
      6.5 6
  3)1 9.7 0
    1 8
      1 7
      1 5
        2 0
        1 8
          2
```

$19.7 \div 3 = 6.5\underline{6}\cdots\cdots \rightarrow 6.6$

3

```
          6.8 3 3
  0.6)4.1
      3 6
        5 0
        4 8
          2 0
          1 8
            2 0
            1 8
              2
```

$4.1 \div 0.6 = 6.83\underline{3}\cdots\cdots \rightarrow 6.83$

스스로 풀어내는 도전 10 문제 052~053쪽

1

```
     0.3 3
  6)2.0 0
    1 8
      2 0
      1 8
        2
```

/ 0.3

2 8, 7.7, 7.71

3 1.64

4 <

5 2배

6 0.04

7 83.33 km

8 7

+9 예 $8 \div 21 = 0.38\cdots\cdots$, 0.4분

+10 예 $10 \div 6 = 1.666\cdots\cdots$, 1.67

1 $2 \div 6 = 0.3\underline{3}\cdots\cdots \rightarrow 0.3$

2

```
          7.7 1 4
  0.7)5.4 0 0 0
      4 9
        5 0
        4 9
          1 0
            7
            3 0
            2 8
              2
```

- 몫을 반올림하여 일의 자리까지 나타내기:
  $5.4 \div 0.7 = 7.\underline{7}\cdots\cdots \rightarrow 8$
- 몫을 반올림하여 소수 첫째 자리까지 나타내기:
  $5.4 \div 0.7 = 7.7\underline{1}\cdots\cdots \rightarrow 7.7$
- 몫을 반올림하여 소수 둘째 자리까지 나타내기:
  $5.4 \div 0.7 = 7.71\underline{4}\cdots\cdots \rightarrow 7.71$

3 $18 \div 11 = 1.63\underline{6}\cdots\cdots \rightarrow 1.64$

4 47÷9=5.2……이므로 몫을 반올림하여 일의 자리까지 나타내면 5입니다.
따라서 47÷9의 몫을 반올림하여 일의 자리까지 나타낸 수는 47÷9의 몫보다 작습니다.

5 (빨간색 털실의 길이)÷(초록색 털실의 길이)
=8.5÷4.3=1.9…… ➔ 2
따라서 빨간색 털실의 길이는 초록색 털실의 길이의 2배입니다.

6 2.5÷7=0.357……
몫을 반올림하여 소수 첫째 자리까지 나타낸 수: 0.4
몫을 반올림하여 소수 둘째 자리까지 나타낸 수: 0.36
➔ (두 수의 차)=0.4−0.36=0.04

7 50÷0.6=83.333…… ➔ 83.33
따라서 50 L의 휘발유로 달릴 수 있는 거리는 83.33 km입니다.

8 3÷11=0.27272727……이므로 몫의 소수 첫째 자리부터 2와 7이 반복됩니다.
따라서 몫의 소수 열째 자리 숫자는 7입니다.

힌트북 23쪽

+9

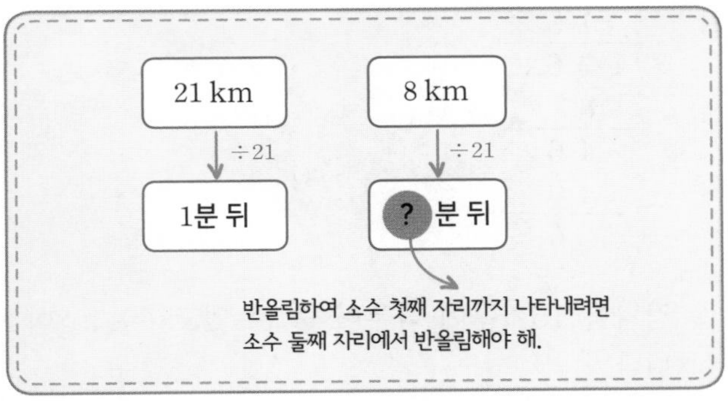

8÷21=0.38…… ➔ 0.4
따라서 번개가 친 지 0.4분 뒤에 천둥소리를 들을 수 있습니다.

+10 나누어떨어지지 않는 나눗셈식을 쓰고, 몫을 소수 셋째 자리에서 반올림합니다.
예 20÷7=2.857…… ➔ 2.86
47÷0.9=52.222…… ➔ 52.22

본책 054~057쪽

12일 나누어 주고 남는 양 알아보기

확인 054쪽

❶ 0.7, 2, 0.7
❷ 2, 2.3

기본기 다지는 교과서 문제 055쪽

1 0.9
2 4명
3 0.9 cm
4 4, 28, 0.9 / 4, 0.9

1 28.9에서 7을 4번 빼면 0.9가 남습니다.

2 28.9에서 7을 4번 뺄 수 있으므로 리본을 4명에게 나누어 줄 수 있습니다.

3 28.9에서 7을 4번 빼면 0.9가 남으므로 나누어 주고 남는 리본의 길이는 0.9 cm입니다.

4 사람 수는 소수가 아닌 자연수이므로 몫을 자연수까지만 구해야 합니다.

```
      4  ← 나누어 줄 수 있는 사람 수: 4명
7)2 8.9
  2 8
    0.9  ← 남는 리본의 길이: 0.9 cm
```

스스로 풀어내는 도전 10 문제 056~057쪽

1 3, 3, 3, 0.6 / 5, 15, 0.6
2 5, 0.6
3
```
      6    / 6, 1.1
5)3 1.1
  3 0
    1.1
```
4 민호
5 6, 0.2
6 14개, 2.4 L
7 4개, 0.6 g
8 1.2 kg

+9 예 방법 1 20.9−9−9=2.9 / 2, 2.9

방법 2 $\begin{array}{r} 2 \\ 9\overline{)20.9} \\ 18 \\ \hline 2.9 \end{array}$ / 2, 2.9

+10 $\begin{array}{r} 8 \\ 2\overline{)17.4} \\ 16 \\ \hline 1.4 \end{array}$ / 8, 1.4

/ 예 사람 수는 소수가 아닌 자연수이므로 몫을 자연수까지만 구해야 합니다.

1 • 뺄셈식을 이용하여 구하기

15.6에서 3을 더 이상 뺄 수 없을 때까지 뺍니다.

$15.6-\underbrace{3-3-3-3-3}_{5번}=0.6$

• 세로로 계산하여 구하기

몫을 자연수까지만 구합니다.

$$\begin{array}{r} 5 \\ 3\overline{)15.6} \\ 15 \\ \hline 0.6 \end{array}$$

2 $\begin{array}{r} 5 \\ 3\overline{)15.6} \\ 15 \\ \hline 0.6 \end{array}$

5 ← 나누어 담을 수 있는 상자 수: 5상자

0.6 ← 남는 딸기의 양: 0.6 kg

3 $\begin{array}{r} 6 \\ 5\overline{)31.1} \\ 30 \\ \hline 1.1 \end{array}$

6 ← 몫

1.1 ← 나머지

4 슬기는 $42.2-\underbrace{7-7-7-7-7-7}_{6번}=0.2$로 계산해야 합니다.

5 $\begin{array}{r} 6 \\ 7\overline{)42.2} \\ 42 \\ \hline 0.2 \end{array}$

6 ← 묶을 수 있는 상자 수: 6상자

0.2 ← 남는 노끈의 길이: 0.2 m

힌트북 24쪽

6

$4\overline{)58.4}$

몫 → 칠할 수 있는 벽 수

남는 수 → 남는 페인트의 양

주의해!

벽 수는 소수가 아닌 자연수이므로 몫을 자연수까지만 구해야 해.

$\begin{array}{r} 14 \\ 4\overline{)58.4} \\ 4 \\ \hline 18 \\ 16 \\ \hline 2.4 \end{array}$

14 ← 칠할 수 있는 벽 수: 14개

2.4 ← 남는 페인트의 양: 2.4 L

7 (전체 버터의 양)=6.3×2=12.6 (g)

$\begin{array}{r} 4 \\ 3\overline{)12.6} \\ 12 \\ \hline 0.6 \end{array}$

4 ← 만들 수 있는 크림빵 수: 4개

0.6 ← 남는 버터의 양: 0.6 g

8 $\begin{array}{r} 15 \\ 8\overline{)126.8} \\ 8 \\ \hline 46 \\ 40 \\ \hline 6.8 \end{array}$

감자를 15가구에 나누어 줄 수 있고 6.8 kg이 남습니다.

따라서 감자를 남김없이 모두 나누어 주려면 감자는 적어도 8−6.8=1.2 (kg) 더 필요합니다.

+9 방법 1 뺄셈식을 이용하여 구했습니다.

방법 2 세로로 계산하여 구했습니다.

+10 $\begin{array}{r} 8 \\ 2\overline{)17.4} \\ 16 \\ \hline 1.4 \end{array}$

8 ← 나누어 줄 수 있는 사람 수: 8명

1.4 ← 남는 찰흙의 양: 1.4 kg

07~12일 단원평가 058~059쪽

01 (위에서부터) 100, 4, 33, 33

02 8, 56, 8, 7

03 (1) 24 (2) 0.65

04

$$\begin{array}{r} 3\,5 \\ 0.8\overline{)2\,8} \\ 2\,4 \\ \hline 4\,0 \\ 4\,0 \\ \hline 0 \end{array}$$

05 8, 80, 800 / 52, 520, 5200

06 2.56배

07 125 m^2

08 ㉡

09 1.9 cm

10 풀이 참조 / 9, 2.5

01 1.32÷0.04에서 나누는 수와 나누어지는 수에 똑같이 100배를 하여 132÷4로 계산합니다.

02 5.6과 0.8을 분모가 10인 분수로 나타낸 후 분자끼리의 나눗셈으로 계산합니다.

03 (1)

$$\begin{array}{r} 2\,4 \\ 0.2\,7\overline{)6.4\,8} \\ 5\,4 \\ \hline 1\,0\,8 \\ 1\,0\,8 \\ \hline 0 \end{array}$$

(2)

$$\begin{array}{r} 0.6\,5 \\ 0.4\overline{)0.2\,6\,0} \\ 2\,4 \\ \hline 2\,0 \\ 2\,0 \\ \hline 0 \end{array}$$

04 몫을 쓸 때 옮긴 소수점의 위치에서 소수점을 찍어야 합니다.

05 • 나누어지는 수가 같을 때 나누는 수가 $\frac{1}{10}$배, $\frac{1}{100}$배가 되면 몫은 10배, 100배가 됩니다.

• 나누는 수가 같을 때 나누어지는 수가 10배, 100배가 되면 몫도 10배, 100배가 됩니다.

06 (토마토주스의 양)÷(딸기주스의 양)
=2.3÷0.9=2.555…… ➔ 2.56
따라서 토마토주스의 양은 딸기주스의 양의 2.56배입니다.

07 (페인트로 칠할 수 있는 벽의 넓이)
=(전체 페인트의 양)
÷(1 m^2의 벽을 칠하는 데 필요한 페인트의 양)
=775÷6.2=125 (m^2)

08 ㉠ 1.13×□=13.56
➔ □=13.56÷1.13=12
㉡ □×5.2=67.6
➔ □=67.6÷5.2=13
따라서 12<13이므로 □ 안에 알맞은 수가 더 큰 것은 ㉡입니다.

09 (삼각형의 넓이)=(밑변의 길이)×(높이)÷2
➔ (높이)=(삼각형의 넓이)×2÷(밑변의 길이)
삼각형의 밑변의 길이를 □cm라 하면
□×2.6÷2=2.47,
□=2.47×2÷2.6=4.94÷2.6=1.9입니다.

10 예시 답안

$$\begin{array}{r} 9 \\ 4\overline{)3\,8.5} \\ 3\,6 \\ \hline 2.5 \end{array}$$

9 ← 나누어 담을 수 있는 자루 수: 9자루
2.5 ← 남는 콩의 양: 2.5 kg

따라서 나누어 담을 수 있는 자루 수는 9자루이고, 남는 콩의 양은 2.5 kg입니다.

채점 기준	
	❶ 나눗셈식의 몫을 자연수까지 구해야 함.
	❷ 나누어 담을 수 있는 자루 수와 남는 콩의 양을 구해야 함.

본책 060~063 쪽

13일 어느 방향에서 보았을까?

확인 060쪽

1 (1) 나 (2) 다

기본기 다지는 교과서 문제 061쪽

1 (1) 앞쪽 (2) 위쪽
2 마

1 (1) 계단이 정면으로 보이므로 앞쪽에서 찍은 사진입니다.
(2) 윗부분이 보이므로 위쪽에서 찍은 사진입니다.

2 사진 가, 나, 다, 라를 찍은 위치는 다음과 같습니다.

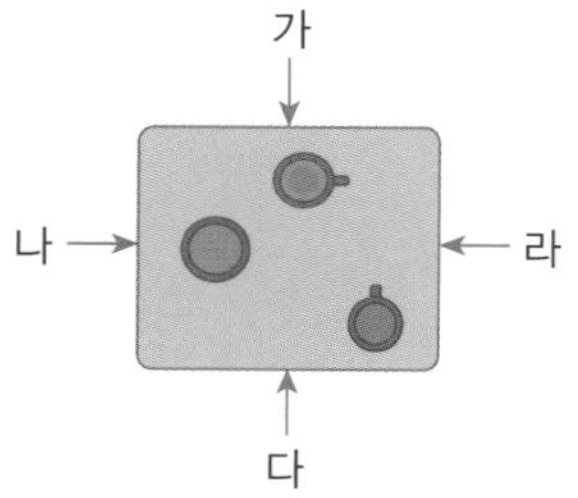

스스로 풀어내는 도전 10 문제 062~063쪽

1 (○)( )
2 라
3 다
4 오른쪽
5 앞쪽
6 위쪽
7 가
8 종수
+9 가, 라, 다
+10 다, 예 입구가 왼쪽에 있으므로 다에서 본 모습입니다.

1 나 방향에서 사진을 찍으면 파란색 공이 가운데 있고, 빨간색 공이 왼쪽, 초록색 공이 오른쪽에 있습니다.

2 파란색 공은 보이지 않고 초록색 공이 왼쪽, 빨간색 공이 오른쪽에 있으므로 라에서 찍은 것입니다.

힌트북 26쪽

3

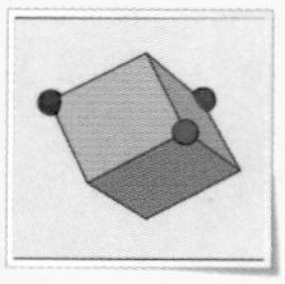

초록색 공이 가운데 있고, 파란색 공이 왼쪽, 빨간색 공이 오른쪽에 보이는 위치를 찾아봐.

초록색 공이 가운데 있고 파란색 공이 왼쪽, 빨간색 공이 오른쪽에 있으므로 다에서 찍은 것입니다.

4 주황색 블록과 보라색 블록이 보이고, 분홍색 블록의 일부분이 보이므로 오른쪽에서 찍은 것입니다.

5 왼쪽에서부터 분홍색, 파란색, 주황색 블록이 보이므로 앞쪽에서 찍은 것입니다.

6 블록의 윗부분만 보이므로 위쪽에서 찍은 것입니다.

7 모델의 얼굴이 정면으로 보여야 하므로 가입니다.

8 뒷모습이 보이므로 ③번 카메라에서 촬영한 장면입니다. 따라서 바르게 말한 사람은 종수입니다.

+9
- 첫 번째 사진: 연못 뒤로 정자가 보이므로 가입니다.
- 두 번째 사진: 큰 나무가 가운데에 있고, 큰 나무의 왼쪽에 정자, 오른쪽에 호수가 보이므로 라입니다.
- 세 번째 사진: 정자가 가운데에 있고, 뒤쪽에 호수가 보이므로 다입니다.

힌트북 27쪽

+10

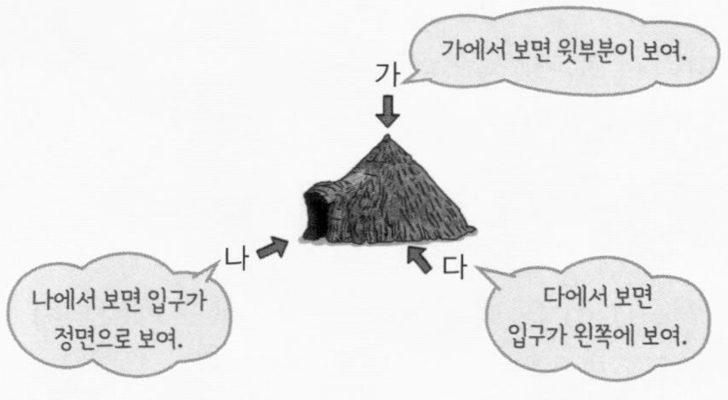

본책 064~067쪽

14일 쌓은 모양과 쌓기나무의 개수 알아보기 (1), (2)

기본기 다지는 교과서 문제 065쪽

1 ( )( )(○)

2 2, 1 / 2, 1, 7

3 앞 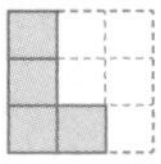 옆 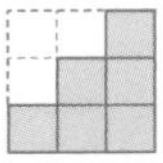

1 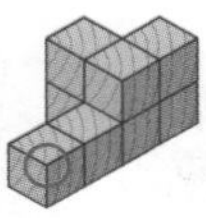 모양을 앞에서 보면 ○표 한 쌓기나무가 보이게 됩니다.

2 숨겨진 쌓기나무가 없으므로 1층은 4개, 2층은 2개, 3층은 1개입니다.
➜ (쌓기나무의 개수)$=4+2+1=7$(개)

3 위에서 본 모양을 보면 보이지 않는 부분에 숨겨진 쌓기나무가 없다는 것을 알 수 있습니다.
앞에서 본 모양은 왼쪽에서부터 3층, 1층으로 그리고, 옆에서 본 모양은 왼쪽에서부터 1층, 2층, 3층으로 그립니다.

스스로 풀어내는 도전 10 문제 066~067쪽

1 5, 2, 7

2 (○)( )

3 

4 ( )( )(○)

5 11개

6 9개

7 8개

8 가, 나

+9 옆 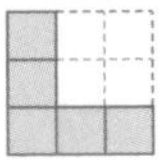

+10 1층에 5개, 2층에 5개, 3층에 2개이므로 주어진 모양과 똑같이 쌓는 데 필요한 쌓기나무는 $5+5+2=12$(개)입니다. 따라서 똑같이 쌓고 남은 쌓기나무는 $15-12=3$(개)입니다. / 3개

1 숨겨진 쌓기나무가 없으므로 1층은 5개, 2층은 2개입니다.
➜ (쌓기나무의 개수)$=5+2=7$(개)

2 오른쪽 쌓은 모양을 옆에서 본 모양은 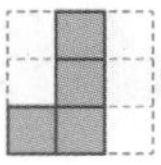 입니다.

3
- 1층이 위에서부터 3개, 3개, 1개가 연결되어 있는 모양입니다.
- 1층이 위에서부터 3개, 2개, 1개가 연결되어 있는 모양입니다.
- 1층이 위에서부터 3개, 3개가 연결되어 있는 모양입니다.

4 위에서 내려다보면 사각뿔 모양을 만들고 있는 빨대가 가운데에서 만나므로 가장 오른쪽 모양입니다.

5 1층에 7개, 2층에 3개, 3층에 1개이므로 사용한 쌓기나무의 개수는 $7+3+1=11$(개)입니다.

6 1층에 7개, 2층에 2개이므로 주어진 모양과 똑같이 쌓는 데 필요한 쌓기나무는 $7+2=9$(개)입니다.

7 위에서 본 모양을 보면 1층의 쌓기나무는 4개입니다. 앞에서 본 모양을 보면 △ 부분은 쌓기나무가 3개 이하이고 ○ 부분은 각각 1개입니다. 옆에서 본 모양을 보면 △ 부분은 쌓기나무가 각각 3개입니다.

위 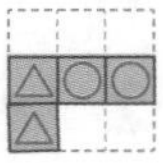

➜ 1층에 4개, 2층에 2개, 3층에 2개이므로 똑같은 모양으로 쌓는 데 필요한 쌓기나무는 $4+2+2=8$(개)입니다.

8 다는 앞에서 본 모양이 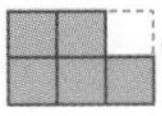 입니다.

+9 앞에서 본 모양을 보면 ○ 부분은 쌓기나무가 각각 1개이고, △ 부분은 쌓기나무가 3개입니다. 1층에 5개, 2층에 1개, 3층에 1개이므로 쌓기나무 7개로 쌓은 모양이 맞습니다.

위 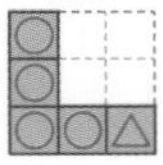

옆에서 본 모양은 왼쪽에서 부터 3층, 1층, 1층으로 그립니다.

본책 068~071쪽

15일 쌓은 모양과 쌓기나무의 개수 알아보기 (3), (4)

기본기 다지는 교과서 문제

069쪽

1 위

1	1	2
2	1	1
	1	

↑ 앞

2 다

3 2층 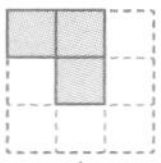 3층 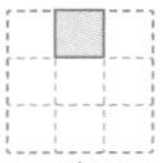

앞 앞

1 각 자리에 쌓은 쌓기나무의 개수를 세어 수를 씁니다.

2 앞에서 보면 왼쪽에서부터 3층, 2층, 1층으로 보입니다.

3 위에서 본 모양에서 같은 위치에 있는 층은 같은 위치에 그림을 그립니다.

스스로 풀어내는 도전 10 문제

070~071쪽

1 3, 1, 1, 7

2 위

3	2	1
2	3	1

↑ 앞

3 

4 나

5 8개

6 앞 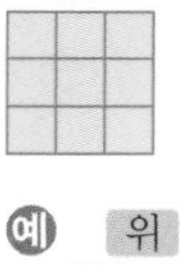

7 3개

8 예 위

1	3	
2	1	

+**9** 가, 다

+**10** 예 가는 1층에 6개, 2층에 4개가 쌓여 있으므로 필요한 쌓기나무는 10개입니다. 나에서 필요한 쌓기나무는 $1+1+2+1+1+2=8$(개)입니다. 따라서 필요한 쌓기나무의 개수의 차는 $10-8=2$(개)입니다. / 2개

1 $3+1+1+1+1=7$(개)

2 위에서 본 모양은 1층 모양과 같게 그립니다. 3층인 자리에 먼저 3을 써넣고, 2층만 있는 자리에 2를, 나머지 자리에 1을 써넣습니다.

위

3	2	1
2	3	1

↑ 앞

3 위에서 본 모양이 서로 같은 쌓기나무입니다. 위에서 본 모양의 각 자리에 쌓인 쌓기나무의 개수를 세어 비교합니다.

힌트북 30쪽

4

1층 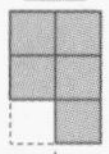
앞

1층의 모양이 주어진 모양과 같은 것은 가, 나이고 이 중 2층과 3층의 모양으로 알맞은 것은 나입니다.

5 앞에서 본 모양은 왼쪽에서부터 차례로 3층, 2층, 1층이므로 ㉠은 3개, ㉤은 1개입니다.
옆에서 본 모양은 왼쪽에서부터 차례로 1층, 1층, 3층이므로 ㉢과 ㉣은 각각 1개입니다.
앞에서 본 모양을 살펴보면 ㉡, ㉢, ㉣ 중에서 2층이 있어야 하므로 ㉡은 2개입니다.
따라서 똑같은 모양으로 쌓는 데 필요한 쌓기나무는 $3+2+1+1+1=8$(개)입니다.

위

㉠	㉡	
	㉢	
	㉣	㉤

6 쌓기나무가 ○ 부분은 각각 3층까지, △ 부분은 각각 2층까지, ◇ 부분은 1층만 있습니다.
따라서 앞에서 본 모양은 왼쪽에서부터 3층, 3층, 3층으로 그립니다.

1층

○	○	○
△	○	◇
△		

↑ 앞

7 위에서 본 모양은 1층의 모양과 같으므로 위에서 본 모양의 각 자리에 쌓인 쌓기나무의 수를 쓰면 오른쪽과 같습니다.
2층에 사용된 쌓기나무는 2 이상의 수가 쓰여 있는 칸을 찾으면 되므로 2층에 사용된 쌓기나무는 3개입니다.

위

1	2	
	3	3
	1	

8 1층에 쌓기나무가 4개 있고, 위에서 본 모양이 정사각형이므로 위에서 본 모양은 오른쪽과 같습니다.

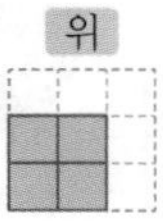

3층짜리 모양이므로 2층 이상에 쌓인 쌓기나무는 3개입니다.
앞과 옆에서 본 모양이 서로 같도록 쌓기나무를 놓습니다.

힌트북 31쪽

+9

2층으로 가능한 모양은 가와 다입니다.
2층에 가를 놓으면 3층에 다를 놓을 수 있습니다.

힌트북 31쪽

+10

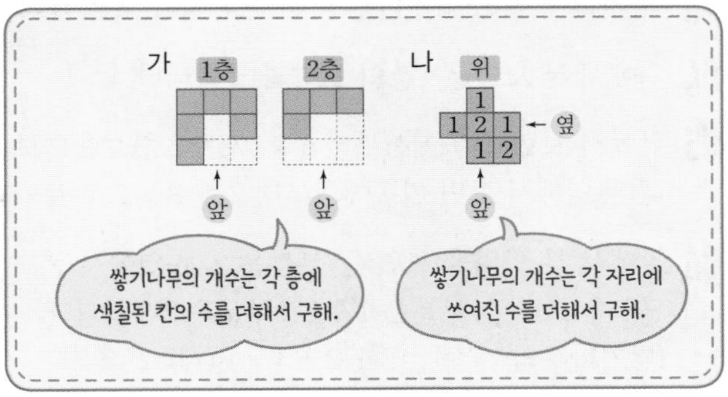

본책 072~075쪽

16일 여러 가지 모양 만들기

확인 072쪽

❶ (○)( )( )
❷ ( )( )(○)

기본기 다지는 교과서 문제 073쪽

1 2가지
2 가
3 (1)× (2)○ (3)○ (4)×

1 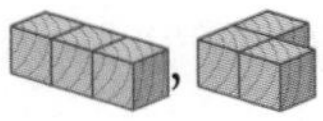 → 2가지

2 가 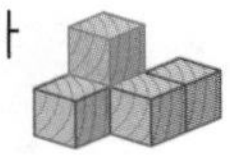

3 (2) 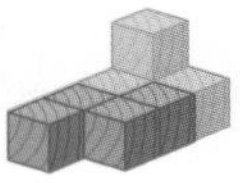 (3) 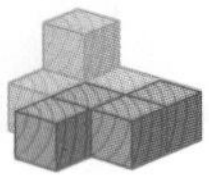

스스로 풀어내는 도전 10 문제 074~075쪽

1 나, 다
2 나, 라
3 ㉢
4 나와 라
5 가, 나
6 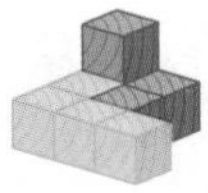
7 다
8 다
+9 3가지
+10 틀립니다에 ○표 / 예 두 번째 모양과 세 번째 모양은 돌리면 모양이 같으므로 같은 모양입니다.

1 나 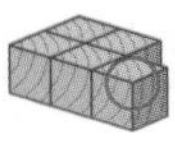 다 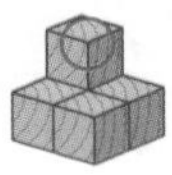

2 나  라 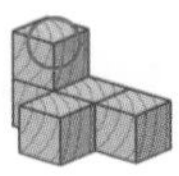

3 오른쪽 모양을 만들려면 왼쪽 모양의 ㉢ 부분에 쌓기나무를 붙여야 합니다.

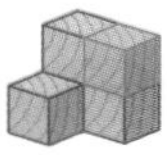

4 나와 라는 뒤집거나 돌리면 모양이 같으므로 같은 모양입니다.

5 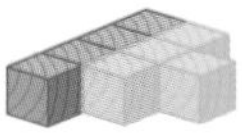 → 가와 나를 사용하였습니다.

힌트북 32쪽

6

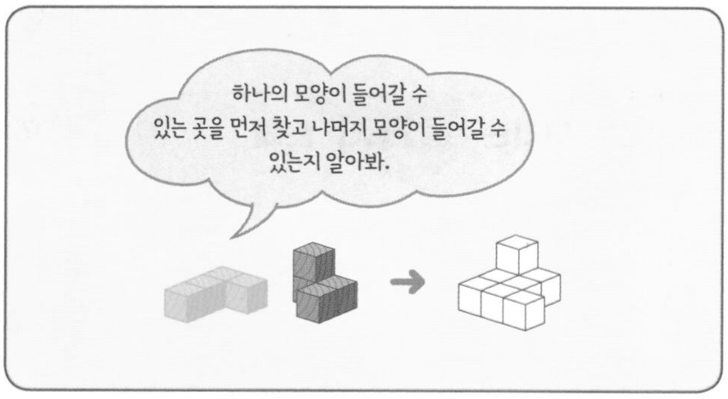

쌓기나무 3개가 나란히 연결된 부분은 노란색 쌓기나무라고 생각하고 남은 부분이 파란색 쌓기나무가 되도록 구분합니다.

7

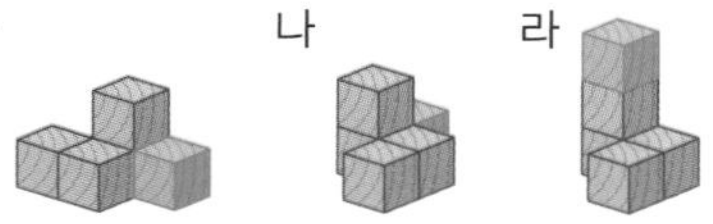

8

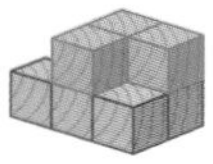

두 가지 모양을 사용하여 만들 수 있는 모양은 다입니다.

힌트북 33쪽

+9

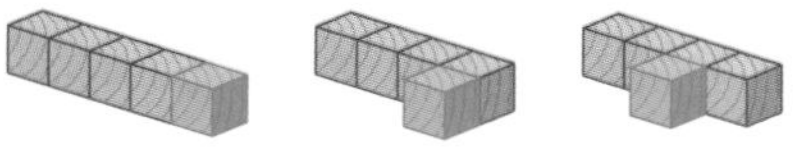 → 3가지

13~16일 단원평가 076~077쪽

01 ( )(○)

02 8개

03

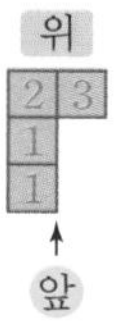

04

05

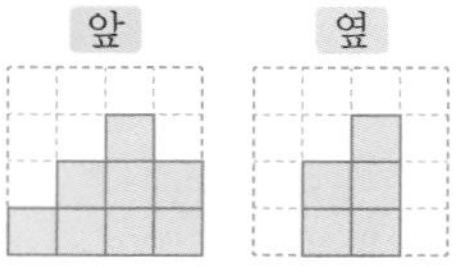

06 6개

07

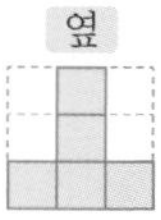

08

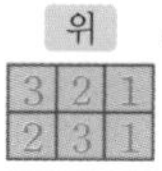

/ 12개

09 가, 다

10 풀이 참조 / 2개

01 주어진 방향에서 보면 왼쪽에서부터 보라색, 파란색, 초록색 뚜껑이 보입니다.

03 각 자리에 쌓은 쌓기나무의 개수를 세어 수를 씁니다.

04 위에서 본 모양은 1층의 모양과 같습니다.

05 앞에서 보면 왼쪽에서부터 1층, 2층, 3층, 2층으로 보입니다. 옆에서 보면 왼쪽에서부터 2층, 3층으로 보입니다.

06 앞에서 본 모양을 보면 ○ 부분은 2개, 옆에서 본 모양을 보면 △ 부분은 1개, □ 부분은 3개입니다.

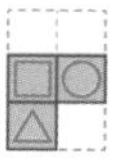

(쌓기나무의 개수)=3+2+1=6(개)

07 앞에서 본 모양을 보면 ○ 부분은 3개, △ 부분은 각각 1개, ☆ 부분은 2개입니다.

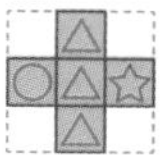

옆에서 보면 왼쪽에서부터 1층, 3층, 1층으로 보입니다.

08 위에서 본 모양은 1층의 모양과 같습니다.
(쌓기나무의 개수)=3+2+1+2+3+1=12(개)

09

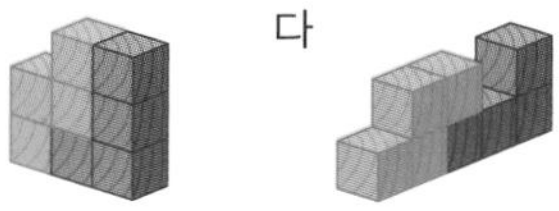

10 예시 답안 예 진우가 사용한 쌓기나무는 1+1+2+3+1=8(개)입니다.
따라서 만들고 남은 쌓기나무는 10−8=2(개)입니다.

채점 기준	❶ 사용한 쌓기나무의 개수를 구해야 함.
	❷ 만들고 남은 쌓기나무의 개수를 구해야 함.

본책 078~081쪽

17일 비의 성질 알아보기

확인 078쪽

❶ (1) 9에 △표, 5에 ○표
(2) 10에 △표, 3에 ○표
(3) 4에 △표, 13에 ○표
(4) 2에 △표, 7에 ○표

❷ (1) 30 (2) 3

기본기 다지는 교과서 문제 079쪽

1 (1) 19 (2) 7
2 (위에서부터) (1) 12, 3 (2) 7, 4
3 

1 비에서 기호 ‘ : ’ 앞에 있는 수를 전항, 뒤에 있는 수를 후항이라고 합니다.

2 (1) 비의 전항과 후항에 3을 곱합니다.
(2) 비의 전항과 후항을 4로 나눕니다.

3 • 2 : 9는 전항과 후항에 5를 곱한 10 : 45와 비율이 같습니다.
• 3 : 4는 전항과 후항에 3을 곱한 9 : 12와 비율이 같습니다.
• 18 : 22는 전항과 후항을 2로 나눈 9 : 11과 비율이 같습니다.

스스로 풀어내는 도전 10 문제 080~081쪽

1 ( )( )(○)
2 (위에서부터) 56, 48, 8
3 20, 48
4 ㉡
5 예 20 : 40, 30 : 60
6 예 1 : 2, 2 : 4
7 21
8 예 72 : 32, 18 : 8
+9 ㉡
+10 옳습니다. / 예 종욱이는 비의 성질을 이용하여 8 : 14의 전항과 후항을 2로 나누어 4 : 7로 나타냈습니다.

1 비에서 기호 ‘ : ’ 앞에 있는 수를 전항이라고 합니다.

2 비의 전항과 후항에 0이 아닌 같은 수를 곱하여도 비율은 같습니다.

힌트북 34쪽

3 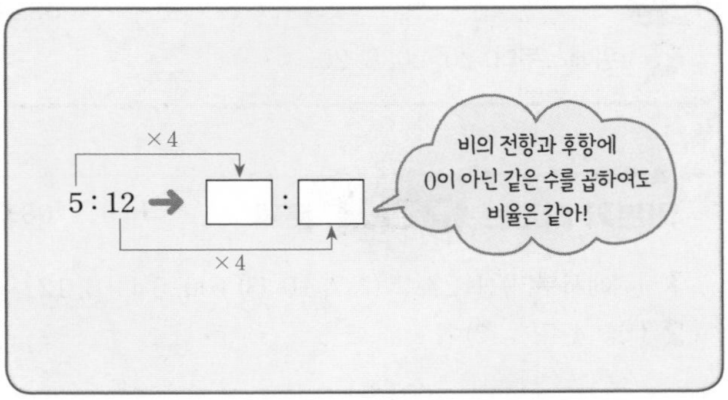

5 : 12의 전항과 후항에 4를 곱하면 20 : 48이 됩니다.

4 ㉡ 4 : 15의 전항과 후항에 3을 곱하면 12 : 45가 됩니다.

5 10 : 20의 전항과 후항에 2를 곱하면 20 : 40이 됩니다.
10 : 20의 전항과 후항에 3을 곱하면 30 : 60이 됩니다.

6 10 : 20의 전항과 후항을 10으로 나누면 1 : 2가 됩니다.
10 : 20의 전항과 후항을 5로 나누면 2 : 4가 됩니다.

7 3 : 5는 전항과 후항에 7을 곱한 21 : 35와 비율이 같습니다. 따라서 ★에 알맞은 수는 21입니다.

8 비율이 $\frac{36}{16}$인 비 ➜ 36 : 16
36 : 16의 전항과 후항에 2를 곱하면 72 : 32가 됩니다.
36 : 16의 전항과 후항을 2로 나누면 18 : 8이 됩니다.

+9 ㉠ 가로와 세로의 비 6 : 8의 전항과 후항을 2로 나누면 3 : 4가 됩니다.
㉡ 가로와 세로의 비 ➜ 9 : 10
㉢ 가로와 세로의 비 12 : 16의 전항과 후항을 4로 나누면 3 : 4가 됩니다.
㉣ 가로와 세로의 비 9 : 12의 전항과 후항을 3으로 나누면 3 : 4가 됩니다.

본책 082~085쪽

18일 간단한 자연수의 비로 나타내기

확인 082쪽

1 (위에서부터) 20, 20, 8, 20

기본기 다지는 교과서 문제 083쪽

1 (위에서부터) (1) 27, 3 (2) 7, 10 (3) 100, 5 (4) 6, 12

2 (1) 0.4, 7, 4 (2) 7, 7, 4

1 (1) 전항과 후항에 두 분모의 최소공배수를 곱합니다.
(2) 전항과 후항이 소수 한 자리 수일 때에는 10을 곱합니다.
(3) 전항과 후항을 두 수의 최대공약수로 나눕니다.
(4) 전항과 후항을 두 수의 최대공약수로 나눕니다.

2 (1) 후항 $\frac{2}{5}$를 소수로 바꾸면 $\frac{2}{5}=\frac{4}{10}=0.4$입니다.
$0.7:0.4=(0.7\times10):(0.4\times10)=7:4$
(2) 전항 0.7을 분수로 바꾸면 $\frac{7}{10}$입니다.
$\frac{7}{10}:\frac{2}{5}=\left(\frac{7}{10}\times10\right):\left(\frac{2}{5}\times10\right)=7:4$

스스로 풀어내는 도전 10 문제 084~085쪽

1 (1) 8 (2) 7 : 10
2 (1) 11 : 6 (2) 3 : 20
3
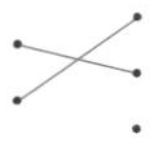

4 방법 1 예 후항을 소수 1.8로 바꾸어 전항과 후항에 10을 곱하여 17 : 18로 나타낼 수 있습니다.
방법 2 예 전항을 가분수 $\frac{17}{10}$로 바꾸어 전항과 후항에 10을 곱하여 17 : 18로 나타낼 수 있습니다.
5 10 : 19
6 ㉠
7 4 : 3
8 12 : 13
+9 2 : 5 / 2 : 5 / 같습니다에 ○표
+10 예 두 평행사변형의 높이가 서로 같을 때 넓이의 비는 밑변의 길이의 비와 같으므로 0.8 : 0.3입니다. 0.8 : 0.3의 전항과 후항에 10을 곱하면 8 : 3이 됩니다. / 8 : 3

1 (1) 56과 80의 최대공약수: 8
(2) 56 : 80의 전항과 후항을 8로 나누면 7 : 10이 됩니다.

2 (1) 1.1 : 0.6의 전항과 후항에 10을 곱하면 11 : 6이 됩니다.
(2) $\frac{1}{8}:\frac{5}{6}$의 전항과 후항에 24를 곱하면 3 : 20이 됩니다.

3 • 20 : 8의 전항과 후항을 4로 나누면 5 : 2가 됩니다.
• 0.6 : 1.4의 전항과 후항에 10을 곱하면 6 : 14가 되고, 6 : 14의 전항과 후항을 2로 나누면 3 : 7이 됩니다.

5 사과와 배의 무게의 비는 0.3 : 0.57입니다.
0.3 : 0.57의 전항과 후항에 100을 곱하면 30 : 57이 되고, 30 : 57의 전항과 후항을 3으로 나누면 10 : 19가 됩니다.

6 ㉠ $1\frac{1}{4}:\frac{1}{6}$의 전항을 가분수 $\frac{5}{4}$로 나타낸 후 전항과 후항에 12를 곱하면 15 : 2가 됩니다.
㉡ 1.2 : 0.26의 전항과 후항에 100을 곱하면 120 : 26이 되고, 120 : 26의 전항과 후항을 2로 나누면 60 : 13이 됩니다.

7 $\frac{1}{3}:\frac{1}{4}$의 전항과 후항에 12를 곱하면 4 : 3이 됩니다.

8 건물의 높이와 그림자의 길이의 비는 $4.8:5\frac{1}{5}$입니다.
$5\frac{1}{5}$을 5.2로 바꾼 후 4.8 : 5.2의 전항과 후항에 10을 곱하면 48 : 52가 되고, 48 : 52의 전항과 후항을 4로 나누면 12 : 13이 됩니다.

+9 슬기: 0.2 : 0.5의 전항과 후항에 10을 곱하면 2 : 5가 됩니다.
영민: $\frac{1}{5}:\frac{1}{2}$의 전항과 후항에 10을 곱하면 2 : 5가 됩니다.
따라서 두 레몬주스의 진하기는 같습니다.

본책 086~089쪽

19일 비례식 알아보기

확인 086쪽

❶ (1) 2, 3 / 6, 9 또는 2, 3 (2) 2, 3, 6, 9 또는 6, 9, 2, 3

❷ (1) 16, 6 / 16, 6 (2) 4, 3 / 4, 3

기본기 다지는 교과서 문제 087쪽

1 비례식

2 (1) 3, 36에 △표, 9, 12에 ○표

(2) 2, 52에 △표, 13, 8에 ○표

3 (1) $\frac{2}{3}$, $\frac{4}{5}$ (2) 5, 16, 20

2 비례식에서 바깥쪽에 있는 두 항을 외항, 안쪽에 있는 두 항을 내항이라고 합니다.

3 (1) 8 : 12의 비율 ➔ $\frac{8}{12}=\frac{2}{3}$

16 : 20의 비율 ➔ $\frac{16}{20}=\frac{4}{5}$

(2) 4 : 5와 16 : 20의 비율이 같으므로 비례식 4 : 5=16 : 20으로 나타낼 수 있습니다.

스스로 풀어내는 도전 10 문제 088~089쪽

1 ( )
(○)
( )

2 6 : 10에 ○표

3 ②, ④

4 35

5 7, 3, 21, 9 또는 21, 9, 7, 3

6 예 5 : 11=15 : 33

7 예 3 : 4=6 : 8

8 18, 27

+9 14, 5, 7

+10 예 12 : 7의 비율은 $\frac{12}{7}$, 20 : 14의 비율은 $\frac{20}{14}\left(=\frac{10}{7}\right)$입니다. 따라서 두 비의 비율이 다르므로 비례식이 아닙니다.

1 비율이 같은 두 비를 기호 '='를 사용하여 나타낸 식을 찾습니다.

2 비율이 같은 비를 찾습니다.

3 : 5의 비율 ➔ $\frac{3}{5}$

• 6 : 10의 비율 ➔ $\frac{6}{10}\left(=\frac{3}{5}\right)$

• $\frac{1}{6}:\frac{1}{7}=7:6$ ➔ 7 : 6의 비율 ➔ $\frac{7}{6}$

따라서 □ 안에 알맞은 비는 6 : 10입니다.

힌트북 38쪽

3

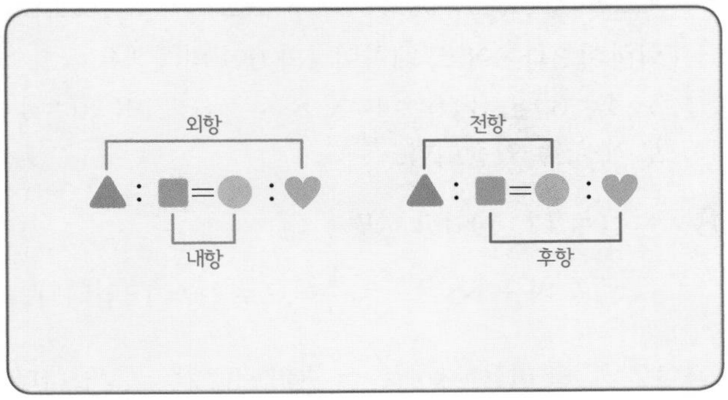

② 외항은 9, 8입니다.

④ 전항은 9, 36입니다.

힌트북 38쪽

4

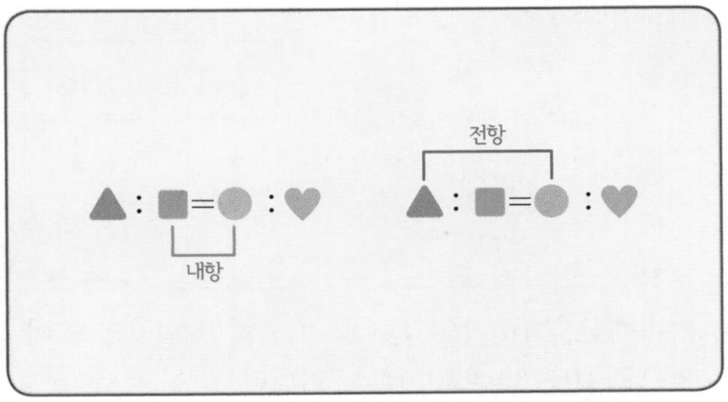

내항은 8, 35이고 전항은 7, 35입니다.

따라서 내항도 되고 전항도 되는 수는 35입니다.

5 • 7 : 3의 비율 ➔ $\frac{7}{3}$

• 5 : 6의 비율 ➔ $\frac{5}{6}$

• 21 : 9의 비율 ➔ $\frac{21}{9}\left(=\frac{7}{3}\right)$

• 14 : 5의 비율 ➔ $\frac{14}{5}$

7 : 3과 21 : 9의 비율이 같으므로 비례식 7 : 3=21 : 9 또는 21 : 9=7 : 3으로 나타낼 수 있습니다.

6 비율을 비로 나타낼 때에는 분자를 전항에, 분모를 후항에 씁니다.

힌트북 39쪽

7

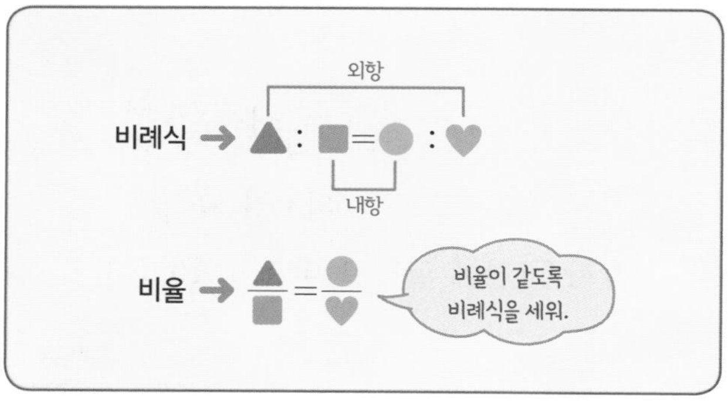

외항이 3과 8이고, 내항이 4와 6인 비례식은 3 : 4=6 : 8, 3 : 6=4 : 8, 8 : 4=6 : 3, 8 : 6=4 : 3으로 세울 수 있습니다.

8 8 : ㉠=12 : ㉡이라 하면

8 : ㉠의 비율 ➜ $\frac{8}{㉠}=\frac{4}{9}$이므로 ㉠=18입니다.

12 : ㉡의 비율 ➜ $\frac{12}{㉡}=\frac{4}{9}$이므로 ㉡=27입니다.

힌트북 39쪽

⁺9

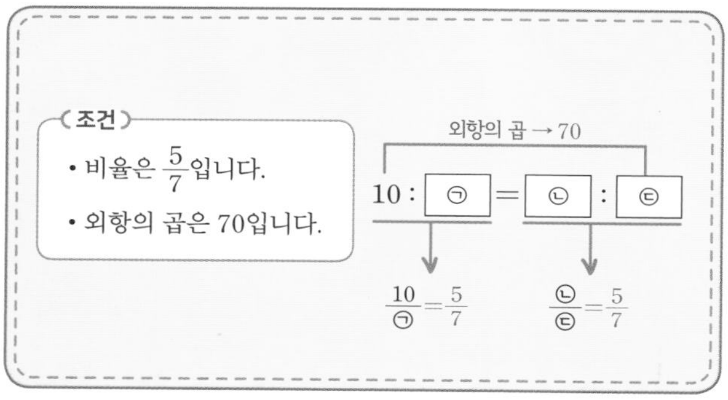

비례식을 10 : ㉠=㉡ : ㉢이라 하면 외항의 곱이 70이므로 10×㉢=70, ㉢=7입니다.

10 : ㉠=㉡ : 7에서 $\frac{10}{㉠}=\frac{5}{7}$이므로 ㉠=14입니다.

$\frac{㉡}{7}=\frac{5}{7}$이므로 ㉡=5입니다.

본책 090~093쪽

20일 비례식의 성질 알아보기

확인 090쪽

❶ (1) 51, 102 / 6, 102 (2) 같습니다에 ○표

❷ 16, 16 / ○

기본기 다지는 교과서 문제 091쪽

1 ( )(○)

2 15, 45, 45, 9

3 (1) 5 (2) 3 (3) 3 (4) 5

1 외항의 곱과 내항의 곱이 같은 것을 찾습니다.

$4:7=\frac{1}{4}:\frac{1}{7}$ ➜ $4\times\frac{1}{7}=\frac{4}{7}$, $7\times\frac{1}{4}=\frac{7}{4}$(×)

5 : 11=10 : 22 ➜ 5×22=110, 11×10=110(○)

2 비례식에서 (외항의 곱)=(내항의 곱)임을 이용하여 ♥의 값을 구합니다.

3 (1) 6×25=□×30, □×30=150, □=5

(2) 14×□=21×2, 14×□=42, □=3

(3) □×13=39×1, □×13=39, □=3

(4) 25×3=15×□, 15×□=75, □=5

스스로 풀어내는 도전 10 문제 092~093쪽

1 24, 18, 72, 4

2 ㉠, ㉢

3 (1) 5 (2) 3

4 3.6

5 27

6 16, 12

7 72

8 ㉢

⁺9 로운

⁺10 예 3 : 4=9 : 12 / 두 수의 곱이 같은 카드를 찾아서 외항과 내항에 각각 놓아 비례식을 만들었습니다.

1 비례식에서 외항의 곱과 내항의 곱은 같습니다.

2 ㉠ $7\times16=112$, $8\times14=112$(◯)
㉡ $0.2\times34=6.8$, $1.6\times4=6.4$(✕)
㉢ $20\times\frac{1}{5}=4$, $16\times\frac{1}{4}=4$(◯)
➜ 옳은 비례식은 ㉠, ㉢입니다.

3 (1) $\square\times30=2\times75$, $\square\times30=150$, $\square=5$
(2) $54\times2=36\times\square$, $36\times\square=108$, $\square=3$

4 외항의 곱과 내항의 곱은 같으므로 외항의 곱은 $1.8\times2=3.6$과 같습니다.

5 비례식에서 외항의 곱과 내항의 곱은 같습니다.
$\frac{1}{9}\times$●$=0.3\times10$, $\frac{1}{9}\times$●$=3$, ●$=27$

6 비례식에서 외항의 곱과 내항의 곱은 같으므로 내항의 곱이 144이면 외항의 곱도 144입니다.
12 : 9=㉠ : ㉡이라 하면
9×㉠=144, ㉠=16,
12×㉡=144, ㉡=12입니다.

7 • 56×6=㉠×7, ㉠×7=336, ㉠=48
• 8×9=3×㉡, 3×㉡=72, ㉡=24
➜ ㉠+㉡=48+24=72

8 ㉠ $2\times36=\square\times12$, $\square\times12=72$, $\square=6$
㉡ $0.7\times\square=0.3\times14$, $0.7\times\square=4.2$, $\square=6$
㉢ $15\times8=24\times\square$, $24\times\square=120$, $\square=5$
➜ □ 안에 들어갈 수가 다른 것은 ㉢입니다.

+9 필요한 색종이 수를 □장이라 하면
2 : 5=6 : □입니다.
□의 값이 9이면 외항의 곱과 내항의 곱이 같지 않으므로 서준이의 말은 틀렸습니다.
□의 값이 15이면 외항의 곱과 내항의 곱이 같으므로 색종이는 15장 필요합니다.
따라서 옳게 말한 친구는 로운입니다.

+10 3 : 9=4 : 12, 9 : 3=12 : 4, 9 : 12=3 : 4 등으로 비례식을 세울 수도 있습니다.

본책 094~097쪽

21일 비례식 활용하기

확인 094쪽
❶ (1) 25 (2) 25, 75, 15 (3) 15개
❷ (1) 9 (2) 36 (3) 36개

기본기 다지는 교과서 문제 095쪽
1 (1) 120 (2) 120, 600 (3) 75 (4) 75분
2 (1) 5명 (2) 900 g

1 (3) 15 : 120=▲ : 600
➜ 15×600=120×▲, 120×▲=9000, ▲=75

2 (2) 2 : 360=5 : □
➜ $2\times\square=360\times5$, $2\times\square=1800$, $\square=900$이므로 밥을 900 g 준비해야 합니다.

스스로 풀어내는 도전 10 문제 096~097쪽
1 (1) 20 (2) 6컵
2 ㉠, 56초
3 30개
4 8100원
5 7 : 3
6 28 m
7 50분
8 1600 g
+9 4시간 10분
+10 예 필요한 페인트의 양을 □통으로 놓고 비례식을 세우면 3 : 5=9 : □입니다.
$3\times\square=5\times9$, $3\times\square=45$, $\square=15$이므로 필요한 페인트는 15통입니다. / 15통

1 (2) 10×■=3×20, 10×■=60, ■=6이므로 설탕을 6컵 넣어야 합니다.

2 ㉠ $8\times35=5\times\square$, $5\times\square=280$, $\square=56$이므로 56초가 걸립니다.

3 빨간 블록 수를 □개라 하고 비례식을 세우면 7 : 5＝42 : □입니다.
7×□＝5×42, 7×□＝210, □＝30이므로 빨간 블록은 30개입니다.

4 우유 6통의 값을 □원이라 하고 비례식을 세우면 2 : 2700＝6 : □입니다.
2×□＝2700×6, 2×□＝16200, □＝8100이므로 우유 6통을 사려면 8100원이 필요합니다.

5 자로 재면 가로는 7 cm, 세로는 3 cm입니다.
따라서 그림으로 나타낸 꽃밭의 가로와 세로의 비는 7 : 3입니다.

힌트북 42쪽

6

실제 꽃밭의 세로가 12 m이면 가로는 몇 m인지 구하세요.

구하려는 것

7 : 3 ＝ ■ : 12

주의해!

□를 이용하여 조건에 맞는 비례식을 세울 때에는 두 비의 각 항에 놓이는 항목이 같아야 해.

실제 꽃밭의 가로를 □m라 하고 비례식을 세우면 7 : 3＝□ : 12입니다.
7×12＝3×□, 3×□＝84, □＝28이므로 꽃밭의 가로는 28 m입니다.

7 물을 받아야 하는 시간을 □분이라 하고 비례식을 세우면 6 : 36＝□ : 300입니다.
6×300＝36×□, 36×□＝1800, □＝50이므로 50분 동안 물을 받아야 합니다.

8 얻을 수 있는 소금의 양을 □g이라 하고 비례식을 세우면 25 : 100＝400 : □입니다.
25×□＝100×400, 25×□＝40000, □＝1600이므로 얻을 수 있는 소금은 1600 g입니다.

+9 300 km를 달리는 데 걸리는 시간을 □분이라 하고 비례식을 세우면 6 : 5＝300 : □입니다.
6×□＝5×300, 6×□＝1500, □＝250이므로 300 km를 달리는 데 걸리는 시간은 250분＝4시간 10분입니다.

본책 098~101쪽

22일 비례배분하기

확인 098쪽

❶ (1) 4, 5 / $\frac{4}{9}$, $\frac{5}{9}$ (2) 4, 8, 5, 10

기본기 다지는 교과서 문제 099쪽

1 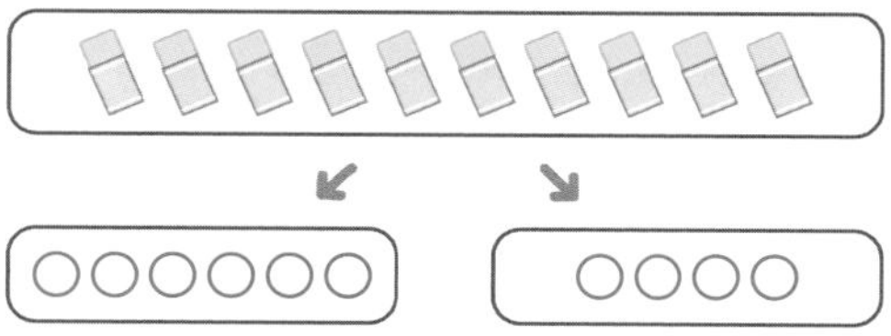 / 6, 4

2 4, 3, 4, 7, 32 / 4, 3, 3, 7, 24

3 7, 10, 3500 / 3, 10, 1500

1 지우개 10개를 6개와 4개로 나누면 3 : 2로 나눌 수 있습니다.

3 미나: $5000\times\frac{7}{7+3}=5000\times\frac{7}{10}=3500$(원)

은호: $5000\times\frac{3}{7+3}=5000\times\frac{3}{10}=1500$(원)

스스로 풀어내는 도전 10 문제 100~101쪽

1 11, 15, 66 / 4, 15, 24

2 (1) 27, 45 (2) 45, 35

3 

4 ㉡

5 28, 28, 7, 12

6 7, 4, 4, 12

7 16 kg, 24 kg

8 8 m

+9 10시간

+10 예 $210\times\frac{7}{7+3}=210\times\frac{7}{10}=147$(명)
/ 전체를 주어진 비로 배분하기 위해서는 전체를 의미하는 전항과 후항의 합을 분모로 하는 분수의 비로 나타내어야 하는데 전항과 후항의 곱으로 나타냈기 때문입니다.

1 가: $90\times\frac{11}{11+4}=90\times\frac{11}{15}=66$

나: $90\times\frac{4}{11+4}=90\times\frac{4}{15}=24$

2 (1) $72\times\frac{3}{3+5}=72\times\frac{3}{8}=27$

$72\times\frac{5}{3+5}=72\times\frac{5}{8}=45$

(2) $80\times\frac{9}{9+7}=80\times\frac{9}{16}=45$

$80\times\frac{7}{9+7}=80\times\frac{7}{16}=35$

3 • $49\times\frac{2}{7}=14,\ 49\times\frac{5}{7}=35$

• $63\times\frac{2}{7}=18,\ 63\times\frac{5}{7}=45$

4 성오: $66\times\frac{5}{5+6}=66\times\frac{5}{11}$

6 직사각형의 가로를 ▲cm라 하고 (가로) : (가로와 세로의 합)을 비로 나타낸 뒤 비례식을 세웁니다.

7 가 모둠: $40\times\frac{2}{2+3}=40\times\frac{2}{5}=16$ (kg)

나 모둠: $40\times\frac{3}{2+3}=40\times\frac{3}{5}=24$ (kg)

8 $32\times\frac{5}{5+3}=32\times\frac{5}{8}=20$ (m)

$32\times\frac{3}{5+3}=32\times\frac{3}{8}=12$ (m)

➔ $20-12=8$ (m)

+9 하루는 24시간이므로 24시간을 낮과 밤의 길이의 비인 7 : 5로 나눕니다.

밤: $24\times\frac{5}{7+5}=24\times\frac{5}{12}=10$(시간)

+10 분모가 전체를 의미하는 두 항의 합이라는 설명이 있으면 정답으로 인정합니다.

17~22일 단원평가 102~103쪽

01 (위에서부터) 42, 7	**02** ④
03 5	**04** 2
05 6, 30	**06** 4 : 7
07 16	**08** ㉠, ㉣
09 12분	**10** 풀이 참조 / 24000원

01 비의 전항과 후항에 0이 아닌 같은 수를 곱하여도 비율은 같습니다.

02 비율이 같은 두 비를 기호 '='를 사용하여 나타낸 식을 찾습니다.

03 비례식에서 외항은 64, 5이고 후항은 20, 5입니다. 따라서 외항도 되고 후항도 되는 수는 5입니다.

04 72 : 16은 전항과 후항을 8로 나눈 9 : 2와 비율이 같습니다. 따라서 ㉠에 알맞은 수는 2입니다.

05 $36\times\frac{1}{1+5}=36\times\frac{1}{6}=6$

$36\times\frac{5}{1+5}=36\times\frac{5}{6}=30$

06 $4\frac{9}{10}$를 4.9로 바꾼 후 2.8 : 4.9의 전항과 후항에 10을 곱하면 28 : 49가 되고, 28 : 49의 전항과 후항을 7로 나누면 4 : 7이 됩니다.

07 비례식에서 외항의 곱과 내항의 곱은 같으므로

내항의 곱은 $\frac{4}{5}\times20=16$입니다.

08 ㉠ 가로와 세로의 비 8 : 10의 전항과 후항을 2로 나누면 4 : 5가 됩니다.

㉡ 가로와 세로의 비 6 : 12의 전항과 후항을 6으로 나누면 1 : 2가 됩니다.

㉢ 가로와 세로의 비 3.5 : 7의 전항과 후항에 2를 곱하면 7 : 14가 되고, 7 : 14의 전항과 후항을 7로 나누면 1 : 2가 됩니다.

㉣ 가로와 세로의 비 2 : 2.5의 전항과 후항에 2를 곱하면 4 : 5가 됩니다.

09 물을 받아야 하는 시간을 □분이라 하여 비례식을 세우면 3 : 39=□ : 156입니다.

➔ 3×156=39×□, 468=39×□, □=12이므로 물을 가득 채우려면 12분 동안 물을 받아야 합니다.

10 예시 답안 진수: $80000 \times \frac{3}{3+7} = 80000 \times \frac{3}{10}$

$= 24000$(원)

따라서 진수는 24000원을 내야 합니다.

채점 기준	
	❶ 비례배분하는 식을 세워야 함.
	❷ 진수가 내야 하는 금액을 구해야 함.

본책 104~107쪽

23일 원주와 지름의 관계

확인 104쪽

❶ 3, 18, 6, 24, 18, 24

기본기 다지는 교과서 문제 105쪽

1

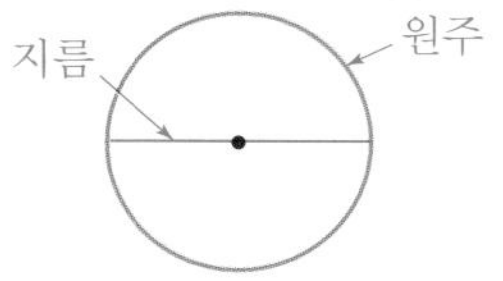

2 (　)(○)

3 (1)

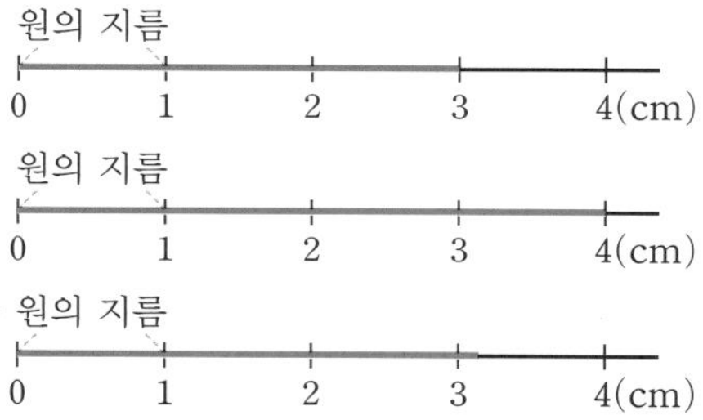

(2) <, <

1 • 원주: 원의 둘레

• 지름: 원 위의 두 점을 이은 선분 중에서 원의 중심을 지나는 선분

2 원의 지름이 길어지면 원주도 길어지고, 원주가 길어지면 원의 지름도 길어집니다.

3 (1) (정육각형의 둘레) $= 0.5 \times 6 = 3$ (cm)

(정사각형의 둘레) $= 1 \times 4 = 4$ (cm)

➜ 원주는 정육각형의 둘레보다 길고 정사각형의 둘레보다 짧으므로 3 cm보다 길고 4 cm보다 짧게 그립니다.

스스로 풀어내는 도전 10 문제 106~107쪽

1 원주, 지름

2 (1) ○ (2) ×

3 3, 4

4 6, 8

5 예

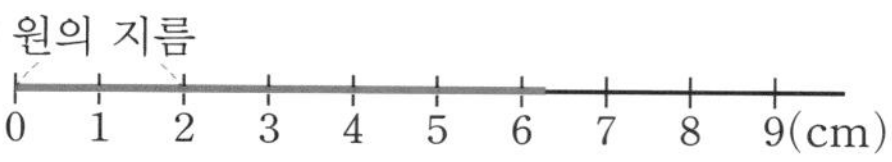

6 ㉢ 7 ㉢
8 95 cm, 112 cm에 ○표
+9 12, 16
+10 영민 / 예 파란색 선은 막대의 중심을 지나는 선이므로 원의 지름입니다.

1 • 원주: 원의 둘레
• 지름: 원 위의 두 점을 이은 선분 중에서 원의 중심을 지나는 선분

2 (2) 원의 지름이 길어지면 원주도 길어집니다.

3 정육각형의 둘레는 원의 지름의 3배이고, 정사각형의 둘레는 원의 지름의 4배입니다.
(정육각형의 둘레) < (원주) < (정사각형의 둘레)
원주는 원의 지름의 3배보다 길고, 원의 지름의 4배보다 짧습니다.
→ (원의 지름) × 3 < (원주), (원주) < (원의 지름) × 4

4 (원의 지름) × 3 < (원주), (원주) < (원의 지름) × 4
→ 6 cm < (원주) < 8 cm

5 원주는 6 cm보다 길고, 8 cm보다 짧게 그립니다.

6 원주는 지름의 3배인 9 cm보다 길고, 지름의 4배인 12 cm보다 짧으므로 원주와 가장 비슷한 길이는 ㉢입니다.

7 원의 지름이 짧아지면 원주도 짧아집니다. 따라서 원주가 가장 짧은 원은 ㉢입니다.

8 원주는 원의 지름의 3배보다 길고, 원의 지름의 4배보다 짧으므로 징의 원주는 90 cm보다 길고, 120 cm보다 짧습니다. 따라서 징의 원주가 될 수 있는 길이는 95 cm, 112 cm입니다.

+9 (정육각형의 둘레) < (원주) < (정사각형의 둘레)
원주는 12 cm보다 길고, 16 cm보다 짧습니다.
→ 12 cm 초과 16 cm 미만
참고 ■ 초과인 수 → ■보다 큰 수
▲ 미만인 수 → ▲보다 작은 수

+10 파란색 선은 막대의 중심을 지나는 선이므로 원의 지름입니다.

본책 108~111 쪽

24일 원주율 알아보기

확인 108쪽
1 원주율, 원주, 지름
2 3, 3.1, 3.14

기본기 다지는 교과서 문제 109쪽
1 ( )
(○)
2 (1) 3.14, 3.14 (2) 3.14, 일정합니다에 ○표
3 93, 30, 3.1

1 원주율은 3, 3.1, 3.14 등으로 어림하여 사용합니다.

2 (1) 가: $15.7 \div 5 = 3.14$, 나: $21.98 \div 7 = 3.14$

3 (원주) ÷ (지름) = $93 \div 30 = 3.1$

스스로 풀어내는 도전 10 문제 110~111쪽
1 ㉠
2 3.14, 3,14, 3.14
3 예
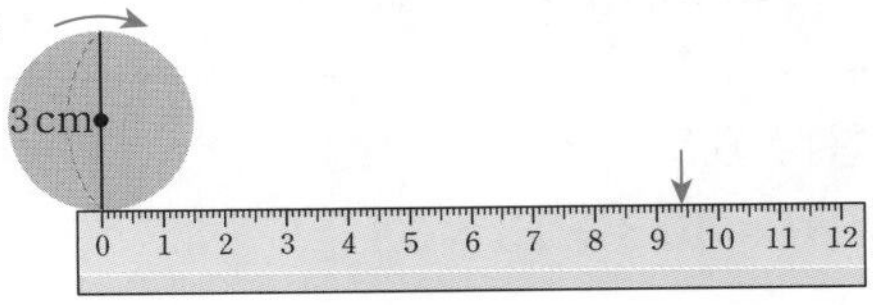

4 =
5 3.1
6 윤하
7 3.14배
8 3.1
+9 3.1, 3.14 / 나누어떨어지지 않고에 ○표
+10 3.1, 3.1 / 예 원의 크기가 달라도 원주율은 같습니다.

1 ㉡ 원주는 지름의 약 3.14배입니다.

2 • $18.84 \div 6 = 3.14$
• $25.12 \div 8 = 3.14$
• $31.4 \div 10 = 3.14$

힌트북 48쪽

3

지름이 ▒ cm인 원의 원주

↓

약 (▒ × 3.14) cm

원주는 지름의 약 3.14배이므로 지름이 3 cm인 원판의 원주는 약 $3\times3.14=9.42$ (cm)입니다.
➔ 자의 9.42 cm의 가까운 곳에 ↓로 표시합니다.

4 $12.4\div4=3.1$, $18.6\div6=3.1$

5 (원주율)=(원주)÷(지름)$=27.9\div9=3.1$

6 원의 크기와 상관없이 원주율은 일정합니다. 따라서 잘못 말한 친구는 윤하입니다.

7 $12.56\div4=3.14$(배)

힌트북 49쪽

8

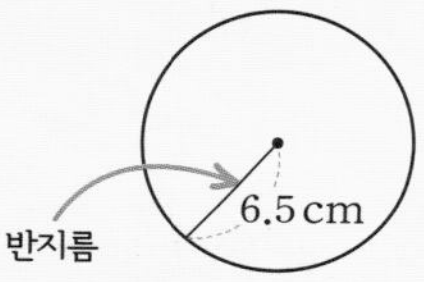

원주: 40.3 cm

↓

(원주율)=(원주)÷(지름)

주의해!

원주율은 (원주)÷(반지름)이 아니야.

(원의 지름)$=6.5\times2=13$ (cm)
➔ (원주율)$=40.3\div13=3.1$

+9 $110\div35=3.142$……
➔ 반올림하여 소수 첫째 자리까지 나타내면 3.1이고, 반올림하여 소수 둘째 자리까지 나타내면 3.14입니다.

+10 가: $37.2\div12=3.1$, 나: $93\div30=3.1$
➔ 원의 크기와 상관없이 원주율은 3.1로 같습니다.

본책 112~115 쪽

25일 원주와 지름 구하기

확인 112쪽

❶ 5, 15.5
❷ 27, 9

기본기 다지는 교과서 문제 113쪽

1 (위에서부터) 12.4 / 10 × 3.1, 31
2 21.98 cm
3 (위에서부터) 12 / 42 ÷ 3, 14
4 8

1 $4\times3.1=12.4$ (cm), $10\times3.1=31$ (cm)

2 (원주)$=7\times3.14=21.98$ (cm)

3 $36\div3=12$ (cm), $42\div3=14$ (cm)

4 (지름)$=24.8\div3.1=8$ (cm)

스스로 풀어내는 도전 10 문제 114~115 쪽

1 18.6 cm	2 25 cm
3 6	4 25.12 cm
5 16 cm	6 6 cm
7 251.2 cm	8 18대

+9 ㉠, ㉢, ㉡
+10 예 그린 원의 반지름은 6 cm이므로 지름은 12 cm입니다. 따라서 그린 원의 원주는 $12\times3.14=37.68$ (cm)입니다. / 37.68 cm

1 (원주)$=3\times2\times3.1=18.6$ (cm)

2 (탬버린의 원 모양 부분의 지름)$=75\div3=25$ (cm)

3 (지름)$=37.2\div3.1=12$ (cm)
➔ (반지름)$=12\div2=6$ (cm)

4 (원주)$=8\times3.14=25.12$ (cm)

힌트북 50쪽

5 길이가 48 cm인 종이띠를 겹치지 않게 이어 붙여서 원을 만들었습니다. 만들어진 원의 지름은 몇 cm일까요?
(원주율: 3)

지름 = 원주 ÷ 원주율

(만들어진 원의 지름) $=48\div3=16$ (cm)

6 (가의 지름) $=4.5\times2=9$ (cm)
➜ (가의 원주) $=9\times3=27$ (cm)
(나의 원주) $=11\times3=33$ (cm)
따라서 가와 나의 원주의 차는 $33-27=6$ (cm)입니다.

7 (한 바퀴 굴러간 거리) $=20\times3.14=62.8$ (cm)
(4바퀴 굴러간 거리) $=62.8\times4=251.2$ (cm)

8 (대관람차의 원주) $=30\times3=90$ (m)
➜ (매달려 있는 관람차 수) $=90\div5=18$(대)

힌트북 51쪽

+9

원주가 길수록
지름이 길수록) 큰 원이야.
반지름이 길수록

지름을 각각 구하여 비교해 봅니다.
㉠ $43.4\div3.1=14$ (cm) ㉡ $4\times2=8$ (cm) ㉢ 10 cm
14 cm > 10 cm > 8 cm이므로 가장 큰 원부터 차례로 기호를 쓰면 ㉠, ㉢, ㉡입니다.

+10 컴퍼스를 벌린 만큼이 원의 반지름이므로 그린 원의 반지름은 6 cm입니다.

본책 116~119 쪽

26일 원의 넓이 어림하기

확인 116 쪽

❶ 50, 100, 50, 100
❷ 45, 77, 45, 77

기본기 다지는 교과서 문제 117 쪽

1 16, 16, 2, 128 / 16, 16, 256
2 128 / 256
3 88 cm^2, 132 cm^2
4 88 / 132

1 (원 안에 있는 정사각형의 넓이) $=16\times16\div2$
$=128$ (cm^2)
(원 밖에 있는 정사각형의 넓이) $=16\times16$
$=256$ (cm^2)

2 (원 안에 있는 정사각형의 넓이) < (원의 넓이)
➜ 128 cm^2 < (원의 넓이)
(원의 넓이) < (원 밖에 있는 정사각형의 넓이)
➜ (원의 넓이) < 256 cm^2

3 초록색 모눈의 수는 88칸이므로 넓이는 88 cm^{2}이고, 빨간색 선 안쪽의 모눈의 수는 132칸이므로 넓이는 132 cm^{2}입니다.

4 (초록색 모눈의 넓이) < (원의 넓이)
➜ 88 cm^2 < (원의 넓이)
(원의 넓이) < (빨간색 선 안쪽 모눈의 넓이)
➜ (원의 넓이) < 132 cm^2

스스로 풀어내는 도전 10 문제 118~119 쪽

1 <, <　　**2** 288, 576
3 288, 576　　**4** 60 cm^2
5 88 cm^2　　**6** 수현
7 예 146 cm^2　　**8** 예 61 cm^2
+9 2개
+10 예 168 cm^2 / 원 밖에 있는 정육각형의 넓이는 $32 \times 6 = 192$ (cm^2)이고, 원 안에 있는 정육각형의 넓이는 $24 \times 6 = 144$ (cm^2)이므로 원의 넓이는 168 cm^2로 어림할 수 있습니다.

1 원의 넓이는 원 안에 있는 정사각형의 넓이보다 넓고, 원 밖에 있는 정사각형의 넓이보다 좁습니다.

2 (원 안에 있는 정사각형의 넓이)
$= 24 \times 24 \div 2 = 288$ (cm^2)
(원 밖에 있는 정사각형의 넓이)
$= 24 \times 24 = 576$ (cm^2)

3 (원 안에 있는 정사각형의 넓이) < (원의 넓이)
→ 288 cm^2 < (원의 넓이)
(원의 넓이) < (원 밖에 있는 정사각형의 넓이)
→ (원의 넓이) < 576 cm^2

힌트북 52쪽

4

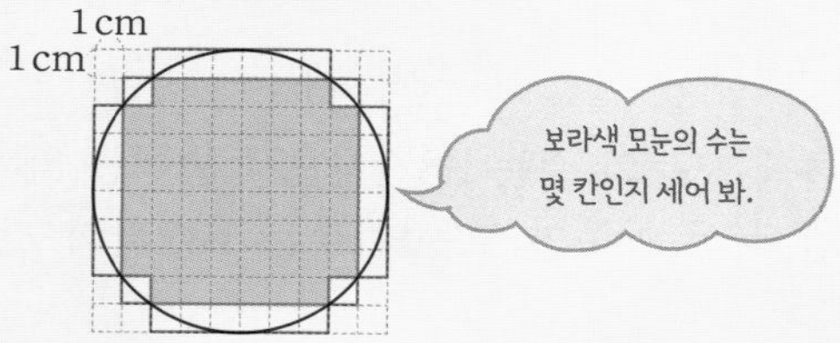

보라색 모눈의 수: ■칸 → 넓이는 ■ cm^2

보라색 모눈의 수는 60칸이므로 넓이는 60 cm^2입니다.

힌트북 52쪽

5

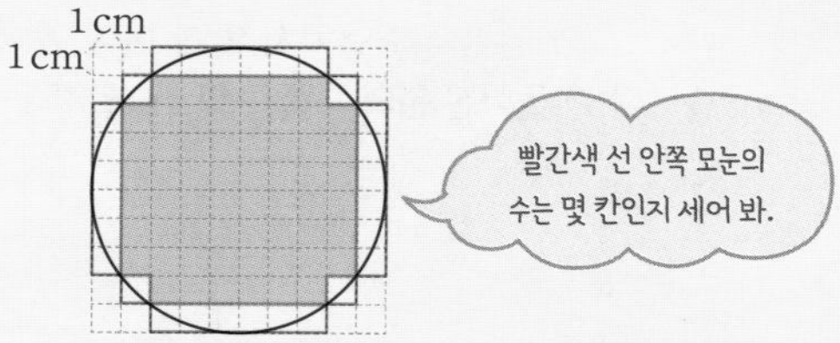

빨간색 선 안쪽 모눈의 수: ▲칸 → 넓이는 ▲ cm^2

빨간색 선 안쪽의 모눈의 수는 88칸이므로 넓이는 88 cm^2입니다.

6 60 cm^2 < (원의 넓이) < 88 cm^2이므로 63 cm^2라고 어림한 수현이가 바르게 어림했습니다.

7 원 안에 색칠한 분홍색 모눈의 넓이는 $30 \times 4 = 120$ (cm^2)이고, 빨간색 선 안쪽의 모눈의 넓이는 $43 \times 4 = 172$ (cm^2)입니다.
→ 120 cm^2 < (원의 넓이) < 172 cm^2이므로 120 cm^2보다 넓고, 172 cm^2보다 좁게 썼으면 정답입니다.

8 모눈 한 칸이 1 cm^2이므로 모눈의 수를 세어 원의 넓이를 어림해 봅니다.
→ 예 45 cm^2 < (원의 넓이) < 예 77 cm^2

+9 (원 안에 있는 정사각형의 넓이) < (원의 넓이)
→ 200 cm^2 < (원의 넓이)
(원의 넓이) < (원 밖에 있는 정사각형의 넓이)
→ (원의 넓이) < 400 cm^2
따라서 원의 넓이가 될 수 있는 것은 270 cm^2, 356 cm^2이므로 모두 2개입니다.

+10 (원 안에 있는 정육각형의 넓이) $= 24 \times 6 = 144$ (cm^2)
(원 밖에 있는 정육각형의 넓이) $= 32 \times 6 = 192$ (cm^2)
→ 144 cm^2 < (원의 넓이) < 192 cm^2이므로 144 cm^2보다 넓고, 192 cm^2보다 좁게 썼으면 정답입니다.

본책 120~123쪽

27일 원의 넓이를 구하는 방법

확인 120쪽

❶ 반지름, 지름, 반지름, 반지름

❷ (1) 5, 3, 75 (2) 4, 4, 48

기본기 다지는 교과서 문제 121쪽

1 (위에서부터) 3, 9.3

2 27.9 cm^2

3 2, $2\times2\times3$, 12 / 7, $7\times7\times3$, 147

4 (1) 113.04 cm^2 (2) 200.96 cm^2

1 (가로)$=6\times3.1\div2=9.3$ (cm), (세로)$=3$ cm

2 (원의 넓이)=(직사각형의 넓이)
$=9.3\times3=27.9$ (cm^2)

3 $2\times2\times3=12$ (cm^2), $7\times7\times3=147$ (cm^2)

4 (1) (원의 넓이)$=6\times6\times3.14=113.04$ (cm^2)
(2) (원의 넓이)$=8\times8\times3.14=200.96$ (cm^2)

스스로 풀어내는 도전 10 문제 122~123쪽

1 (위에서부터) (원주)$\times\frac{1}{2}$, 반지름

2 3, 3, 28.26

3 300 / 310 / 314

4 49.6 cm^2

5 706.5 cm^2

6 768 cm^2

7 12

8 ㉣, ㉡, ㉢, ㉠

+9 198.4 cm^2

+10 예 가의 넓이는 $9\times9\times3.14=254.34$ (cm^2)이고, 나의 넓이는 $7\times7\times3.14=153.86$ (cm^2)입니다. 따라서 두 원의 넓이의 차는 $254.34-153.86=100.48$ (cm^2)입니다. / 100.48 cm^2

2 (원의 넓이)$=3\times3\times3.14=28.26$ (cm^2)

3 • $10\times10\times3=300$ (cm^2)
• $10\times10\times3.1=310$ (cm^2)
• $10\times10\times3.14=314$ (cm^2)

4 원의 반지름은 4 cm입니다.
➜ (원의 넓이)$=4\times4\times3.1=49.6$ (cm^2)

5 방석의 반지름은 15 cm입니다.
➜ (방석의 넓이)$=15\times15\times3.14=706.5$ (cm^2)

6 정사각형 안에 들어갈 수 있는 가장 큰 원의 지름은 정사각형의 한 변의 길이와 같습니다. 가장 큰 원의 지름은 32 cm이므로 반지름은 16 cm입니다.
➜ (원의 넓이)$=16\times16\times3=768$ (cm^2)

7 원의 반지름을 □cm라 하면 $\square\times\square\times3.1=446.4$, $\square\times\square=446.4\div3.1=144$입니다.
➜ $12\times12=144$이므로 □$=12$입니다.

8 반지름을 각각 구해 봅니다.
㉠ (반지름)×(반지름)$=192\div3=64$에서
$8\times8=64$이므로 (반지름)$=8$ cm입니다.
㉡ (반지름)$=11$ cm
㉢ (지름)$=60\div3=20$ (cm) ➜ (반지름)$=10$ cm
㉣ (반지름)$=28\div2=14$ (cm)
➜ 14 cm > 11 cm > 10 cm > 8 cm이므로 가장 큰 원부터 차례로 기호를 쓰면 ㉣, ㉡, ㉢, ㉠입니다.

+9 (지름)$=49.6\div3.1=16$ (cm)이므로 반지름은 8 cm입니다.
➜ (원의 넓이)$=8\times8\times3.1=198.4$ (cm^2)

+10 가의 반지름은 $18\div2=9$ (cm)이므로
가의 넓이는 $9\times9\times3.14=254.34$ (cm^2)이고,
나의 넓이는 $7\times7\times3.14=153.86$ (cm^2)입니다.
따라서 두 원의 넓이의 차는
$254.34-153.86=100.48$ (cm^2)입니다.

본책 124~127 쪽

28일 여러 가지 원의 넓이 구하기

확인 124 쪽

① 2, 2, 2, 147, 12, 135

기본기 다지는 교과서 문제 125 쪽

1 3
2 6, 6, 3, 3 / 36, 27.9, 8.1
3 8, 8, 2, 4, 4, 2 / 96, 48, 144

2 (색칠한 부분의 넓이)
$=$(정사각형의 넓이)$-$(반지름이 3 cm인 원의 넓이)
$=6\times6-3\times3\times3.1$
$=36-27.9=8.1\ (\text{cm}^2)$

3 (꽃밭의 넓이)
$=$(반지름이 8 m인 반원의 넓이)
$+$(반지름이 4 m인 반원의 넓이)$\times2$
$=8\times8\times3\div2+(4\times4\times3\div2)\times2$
$=96+48=144\ (\text{m}^2)$

스스로 풀어내는 도전 10 문제 126~127 쪽

1 $310\ \text{cm}^2$, $77.5\ \text{cm}^2$
2 $155\ \text{cm}^2$
3 $4\ \text{cm}^2$
4 종욱, $76.2\ \text{cm}^2$
5 $267\ \text{cm}^2$
6 14.4, 14.4 / =
7 $2056.5\ \text{cm}^2$
8 $108\ \text{cm}^2$, $324\ \text{cm}^2$, $540\ \text{cm}^2$
+9 $793.6\ \text{cm}^2$ / $455.7\ \text{cm}^2$
+10 예 가의 넓이는 $4\times4\times3=48\ (\text{cm}^2)$이고, 나의 넓이는 $8\times8\times3=192\ (\text{cm}^2)$입니다. 따라서 반지름이 2배가 되면 원의 넓이는 4배가 됩니다.

1 (반지름이 10 cm인 큰 원의 넓이)
$=10\times10\times3.1=310\ (\text{cm}^2)$
(반지름이 5 cm인 작은 원 한 개의 넓이)
$=5\times5\times3.1=77.5\ (\text{cm}^2)$

2 (색칠한 부분의 넓이)
$=$(큰 원의 넓이)$-$(작은 원의 넓이)$\times2$
$=310-77.5\times2=155\ (\text{cm}^2)$

3 (색칠한 부분의 넓이)
$=$(한 변이 4 cm인 정사각형의 넓이)
$-$(반지름이 2 cm인 원의 넓이)
$=4\times4-2\times2\times3$
$=16-12=4\ (\text{cm}^2)$

힌트북 56쪽

4

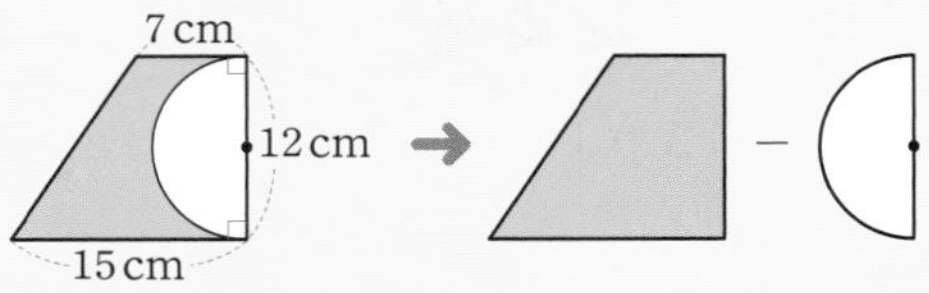

(색칠한 부분의 넓이)$=$(사다리꼴의 넓이)$-$(반원의 넓이)

(색칠한 부분의 넓이)
$=$(사다리꼴의 넓이)
$-$(반지름이 6 cm인 반원의 넓이)
$=(7+15)\times12\div2-6\times6\times3.1\div2$
$=132-55.8=76.2\ (\text{cm}^2)$

5 (큰 원의 반지름)$=13-5=8\ (\text{cm})$
(도형의 넓이)$=$(큰 원의 넓이)$+$(작은 원의 넓이)
$=8\times8\times3+5\times5\times3$
$=192+75=267\ (\text{cm}^2)$

힌트북 56쪽

6

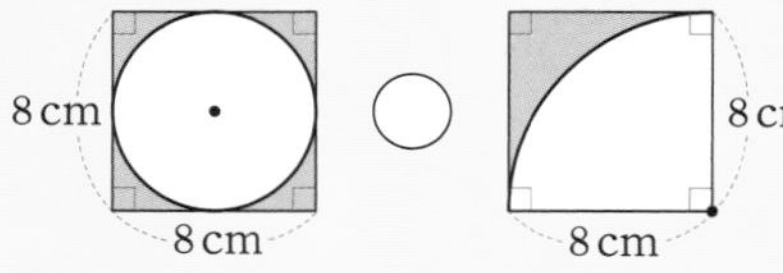

(정사각형의 넓이)
$-$(원의 넓이)

(정사각형의 넓이)
$-$(원의 넓이의 $\frac{1}{4}$)

(왼쪽 색칠한 도형의 넓이)
$=$(한 변이 8 cm인 정사각형의 넓이)
$-$(반지름이 4 cm인 원의 넓이)
$=8\times8-4\times4\times3.1$
$=64-49.6=14.4\ (\text{cm}^2)$

(오른쪽 색칠한 도형의 넓이)
$=$(한 변이 8 cm인 정사각형의 넓이)
$-$(반지름이 8 cm인 원의 넓이)$\times\frac{1}{4}$
$=8\times8-8\times8\times3.1\times\frac{1}{4}$
$=64-49.6=14.4\ (cm^2)$

7 (도형의 넓이)
$=$(반지름이 15 cm인 원의 넓이)
$+$(가로가 45 cm, 세로가 30 cm인 직사각형의 넓이)
$=15\times15\times3.14+45\times30$
$=706.5+1350=2056.5\ (cm^2)$

8 (노란색의 넓이)
$=$(반지름이 6 cm인 원의 넓이)
$=6\times6\times3=108\ (cm^2)$
(빨간색의 넓이)
$=$(반지름이 12 cm인 원의 넓이)
$-$(반지름이 6 cm인 원의 넓이)
$=12\times12\times3-108=432-108=324\ (cm^2)$
(초록색의 넓이)
$=$(반지름이 18 cm인 원의 넓이)
$-$(반지름이 12 cm인 원의 넓이)
$=18\times18\times3-12\times12\times3$
$=972-432=540\ (cm^2)$

+9 (가 종이를 만드는 데 사용한 종이의 넓이)
$=$(반지름이 16 cm인 원의 넓이)
$=16\times16\times3.1=793.6\ (cm^2)$
(나 종이를 만드는 데 사용한 종이의 넓이)
$=$(반지름이 14 cm인 원의 넓이)$\times\frac{3}{4}$
$=14\times14\times3.1\times\frac{3}{4}=455.7\ (cm^2)$

23~28일 단원평가

128~129쪽

01	6, 18.6	**02**	21, 45
03	3.14	**04**	$78.5\ cm^2$
05	㉠	**06**	8 cm
07	㉠, ㉡, ㉢	**08**	4바퀴
09	66 cm	**10**	풀이 참조 / $99.2\ cm^2$

01 (원주)$=6\times3.1=18.6$ (cm)

02 • 원 안의 주황색 모눈의 수는 21칸이므로 넓이는 $21\ cm^2$ 입니다.
• 빨간색 선 안쪽의 모눈의 수는 45칸이므로 넓이는 $45\ cm^2$입니다.
➜ $21\ cm^2<$(원의 넓이), (원의 넓이)$<45\ cm^2$

03 (원주율)$=$(원주)$\div$(지름)$=62.8\div20=3.14$

04 (원의 넓이)$=5\times5\times3.14=78.5\ (cm^2)$

05 ㉡ 지름이 길어지면 원주도 길어집니다.
㉢ 원주율은 원의 지름에 대한 원주의 비율입니다.

06 (원주율)$=$(원주)$\div$(지름)이므로
(지름)$=$(원주)$\div$(원주율)입니다.
(지름)$=48\div3=16$ (cm)이므로 반지름은 8 cm입니다.

07 각각 지름을 비교해 봅니다.
㉠ (지름)$=9\times2=18$ (cm)
㉡ (지름)$=43.4\div3.1=14$ (cm)
㉢ (지름)$=11$ cm
➜ 18 cm$>$14 cm$>$11 cm이므로 크기가 큰 원부터 차례로 쓰면 ㉠, ㉡, ㉢입니다.

08 (굴렁쇠가 1바퀴 굴렀을 때 간 거리)
$=15\times2\times3.14=94.2$ (cm)
➜ (바퀴 수)
$=$(굴렁쇠가 굴러서 간 전체 거리)
$\div$(굴렁쇠가 1바퀴 굴렀을 때 간 거리)
$=376.8\div94.2=4$(바퀴)

09 (반지름)$\times$(반지름)$=363\div3=121\ (cm^2)$이고,
$11\times11=121$이므로 반지름은 11 cm입니다.
➜ (원주)$=11\times2\times3=66$ (cm)

10 예시 답안

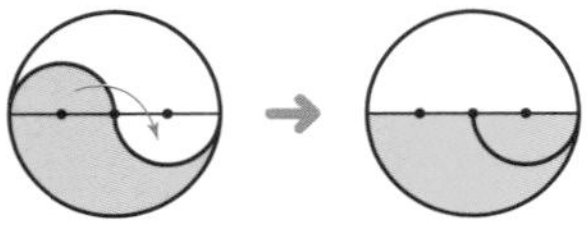

색칠한 부분의 넓이는 반원의 부분을 옮기면 반지름이 8 cm인 반원의 넓이와 같습니다.
따라서 색칠한 부분의 넓이는
$8 \times 8 \times 3.1 \div 2 = 99.2\ (\text{cm}^2)$입니다.

채점 기준	❶ 색칠한 부분의 넓이를 구하는 방법을 알아야 함.
	❷ 색칠한 부분의 넓이를 구해야 함.

본책 130~133 쪽

29일 원기둥 알아보기

확인 130 쪽

❶ (1) 나, 다 (2) 원기둥

❷

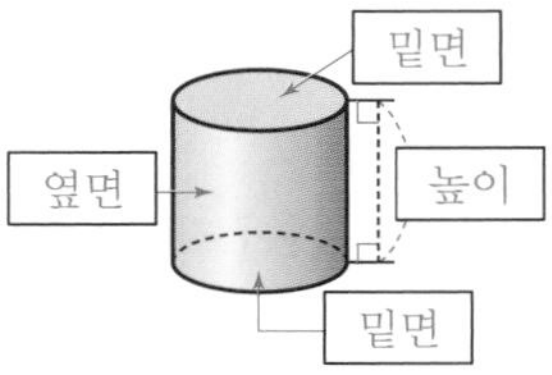

기본기 다지는 교과서 문제 131 쪽

1 (1) 가, 나 / 다, 라, 마 (2) 라

2

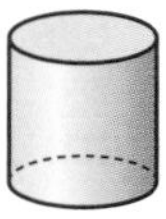

3 (1) 8 cm (2) 9 cm

1 (1) 각기둥은 모든 면이 다각형이고 서로 평행한 두 면이 합동인 입체도형이므로 가, 나입니다.
(2) 마주 보는 두 면이 서로 평행하고 합동인 원으로 이루어진 입체도형은 라입니다.

2 한 변을 기준으로 직사각형 모양의 종이를 돌리면 원기둥이 됩니다.

3 원기둥의 밑면의 지름은 $4 \times 2 = 8$(cm)이고 높이는 9 cm입니다.

스스로 풀어내는 도전 10 문제 132~133 쪽

1 가, 라

2

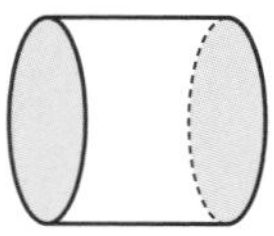

3

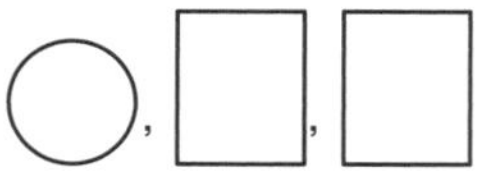

4 선분 ㄴㄹ, 선분 ㄷㅁ

5 ㉠

6 (위에서부터) 원, 삼각형 / 2개, 2개

7 16 cm, 5 cm　　8 서연

+9 6 cm

+10 예 마주 보는 두 면이 서로 평행하지만 합동이 아닙니다.

1 원기둥은 마주 보는 두 면이 서로 평행하고 합동인 원으로 이루어진 입체도형이므로 가, 라입니다.

2 원기둥에서 밑면은 서로 평행하고 합동인 두 면입니다.

3 원기둥을 위에서 본 모양은 원이고, 앞과 옆에서 본 모양은 직사각형입니다.

4 높이는 두 밑면에 수직인 선분의 길이이므로 선분 ㄴㄹ, 선분 ㄷㅁ입니다.

5 ㉠ 원기둥의 밑면인 두 원은 서로 평행합니다.

6
- 원기둥의 밑면은 원이고 삼각기둥의 밑면은 삼각형입니다.
- 원기둥과 삼각기둥은 모두 밑면이 2개입니다.

7 직사각형의 세로를 기준으로 돌렸으므로 만든 원기둥의 밑면의 반지름은 직사각형의 가로와 같습니다.
(밑면의 지름)$=8\times2=16$ (cm)
원기둥의 높이는 직사각형의 높이와 같으므로 5 cm입니다.

힌트북 59쪽

8

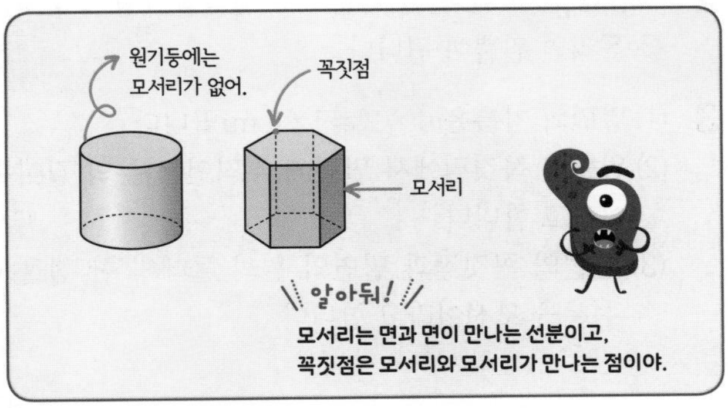

원기둥은 꼭짓점이 없습니다.

+9 앞에서 본 모양이 정사각형이므로 원기둥의 밑면의 지름은 12 cm입니다.
(밑면의 반지름)$=12\div2=6$ (cm)

+10 원기둥은 원 모양인 두 면이 평행하고 합동이어야 합니다.

본책 134~137 쪽

30일 원기둥의 전개도 알아보기

확인 ··· 134쪽

① (1) 원에 ○표 (2) 직사각형에 ○표

② (1) (2)

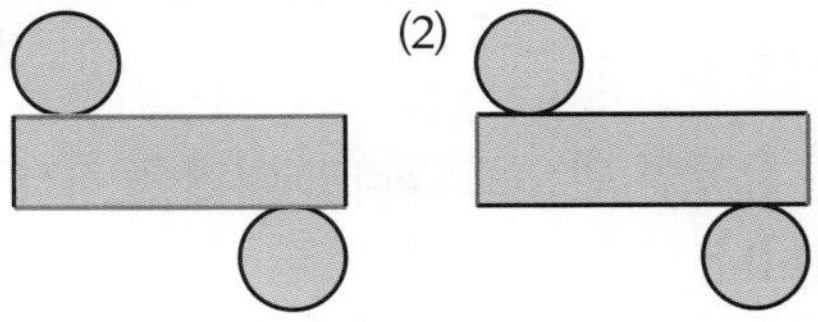

기본기 다지는 교과서 문제 ··· 135쪽

1 ( )( )(○)

2 (1) 선분 ㄱㄹ, 선분 ㄴㄷ (2) 높이

3 (1) 10 cm (2) 36 cm

1 원기둥의 전개도에서 밑면은 합동인 두 원으로 옆면의 마주 보는 변에 하나씩 위치하고 옆면은 직사각형입니다.

2 (1) 밑면의 둘레와 길이가 같은 선분은 옆면의 가로입니다.
(2) 전개도에서 옆면의 세로의 길이는 원기둥의 높이와 같습니다.

3 (1) 전개도에서 옆면의 세로는 원기둥의 높이와 같으므로 10 cm입니다.
(2) 전개도에서 옆면의 가로는 원기둥의 밑면의 둘레와 같으므로 $6\times2\times3=36$ (cm)입니다.

스스로 풀어내는 도전 10 문제 ··· 136~137 쪽

1 밑면, 높이, 옆면

2 예

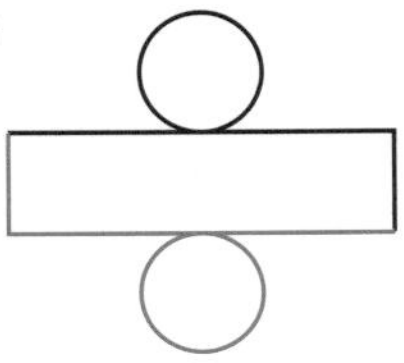

3 ④　　4 (위에서부터) 3, 18, 7

5 31.4 cm, 9 cm　　6 4 cm

7 113.04 cm² 8 136 cm
+9 12 cm
+10 예 두 원이 합동이지만 서로 겹쳐지는 위치에 있습니다.

1 원기둥의 전개도에서 서로 합동인 원 모양은 밑면이고, 직사각형은 옆면입니다. 옆면의 세로는 원기둥의 높이와 같습니다.

2 두 밑면은 합동인 원으로 그리고 옆면은 직사각형이 되도록 그립니다.

3 ④ ㉣의 길이는 밑면의 둘레와 같습니다.

4 (옆면의 가로)$=3\times2\times3=18$ (cm)
(옆면의 세로)=(원기둥의 높이)=7 cm

5 (옆면의 가로)=(밑면의 둘레)
$=5\times2\times3.14=31.4$ (cm)
(옆면의 세로)=(원기둥의 높이)=9 cm

6 (옆면의 가로)=(밑면의 둘레)=24.8 cm
(밑면의 반지름)$=24.8\div3.1\div2=4$ (cm)

7 (옆면의 가로)=(밑면의 둘레)
$=9\times3.14=28.26$ (cm)
(옆면의 세로)=4 cm
→ (옆면의 넓이)$=28.26\times4=113.04$ (cm²)

8 (옆면의 가로)=(밑면의 둘레)
$=5\times2\times3=30$ (cm)
(옆면의 세로)=(원기둥의 높이)=8 cm
밑면의 둘레와 옆면의 가로가 같으므로 밑면의 둘레의 4배와 옆면의 세로의 2배를 더하면 됩니다.
(전개도의 둘레)$=30\times4+8\times2=136$ (cm)

+9 (밑면의 둘레)=(정사각형의 한 변의 길이)=74.4 cm
(밑면의 반지름)$=74.4\div3.1\div2=12$ (cm)

본책 138~141 쪽

31일 원뿔 알아보기

확인 138쪽

❶ (1) 나 (2) 원뿔
❷

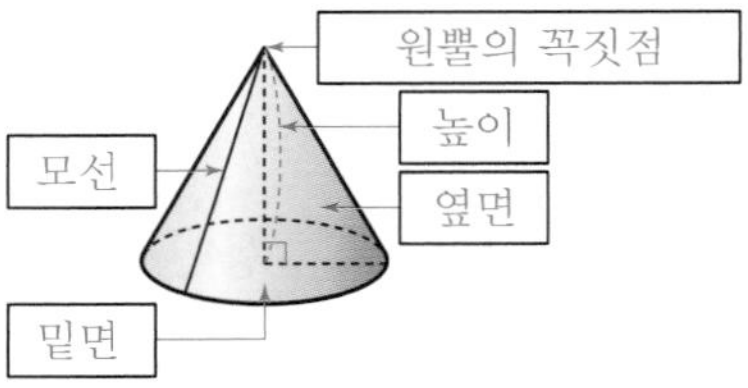

기본기 다지는 교과서 문제 139쪽

1 (1) 가, 마 / 나, 다, 라 (2) 다
2

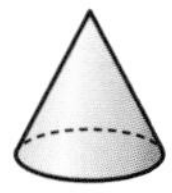

3 (1) 12 cm (2) 8 cm (3) 10 cm

1 (1) 원기둥은 마주 보는 두 면이 서로 평행하고 합동인 원으로 이루어진 입체도형이므로 가, 마입니다.
(2) 다와 같이 평평한 면이 원이고 옆을 둘러싼 면이 굽은 면인 뿔 모양의 입체도형을 원뿔이라고 합니다.

2 그림과 같이 한 변을 기준으로 직각삼각형 모양의 종이를 돌리면 원뿔이 됩니다.

3 (1) 밑면의 지름은 $6\times2=12$ (cm)입니다.
(2) 원뿔의 꼭짓점에서 밑면에 수직인 선분의 길이를 높이라고 합니다.
(3) 원뿔의 꼭짓점과 밑면의 원의 둘레의 한 점을 이은 선분을 모선이라고 합니다.

스스로 풀어내는 도전 10 문제 140~141쪽

1 나, 다
2 높이
3

4 ⑤
5 13 cm, 5 cm, 12 cm
6 ㉡
7 8 cm, 6 cm

8 (위에서부터) 1, 1, 1 / 5, 4, 1
+9 54 cm
+10 로운, 예 원뿔과 각뿔은 모두 밑면이 1개야.

1 원뿔은 평평한 면이 원이고 옆을 둘러싼 면이 굽은 면인 뿔 모양의 입체도형입니다.

2 원뿔의 높이를 재는 그림입니다.

3 원뿔을 위에서 본 모양은 원이고, 앞과 옆에서 본 모양은 삼각형입니다

4 원뿔에서 모선의 개수는 셀 수 없이 많습니다.

5 (모선의 길이) $=13$ cm
(밑면의 반지름) $=10\div2=5$ (cm)
(높이) $=12$ cm

6 ㉡ 원뿔의 옆면은 굽은 면입니다.

힌트북 63쪽

7 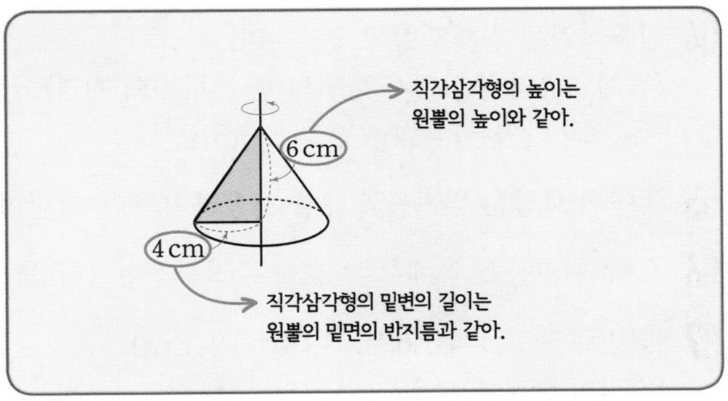

그림과 같이 한 변을 기준으로 직각삼각형 모양의 종이를 돌리면 밑면의 지름은 $4\times2=8$ (cm), 높이는 6 cm인 원뿔이 됩니다.

8 • 원뿔은 꼭짓점이 1개, 사각뿔은 꼭짓점이 5개입니다.
• 원뿔의 옆면은 굽은 면 1개이고, 사각뿔의 옆면은 삼각형 4개입니다.
• 원뿔과 사각뿔은 밑면이 각각 1개입니다.

+9 원뿔을 앞에서 본 모양은 이등변삼각형입니다.
(앞에서 본 모양의 둘레) $=15+15+12+12$
$=54$ (cm)

본책 142~145 쪽

32일 구 알아보기 / 여러 가지 모양 만들기

확인 142쪽
1 (1) 나 (2) 구
2 구의 반지름, 구의 중심

기본기 다지는 교과서 문제 143쪽
1 ③
2 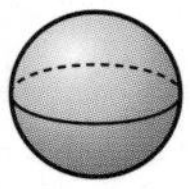
3 6 cm
4 원기둥, 원뿔

1 구 모양은 ③ 농구공입니다.

2 지름을 기준으로 반원 모양의 종이를 돌리면 구가 됩니다.

3 구의 중심에서 구의 겉면의 한 점을 이은 선분을 구의 반지름이라고 합니다.

4 주어진 모양은 원기둥과 원뿔을 사용하여 만든 모양입니다.

스스로 풀어내는 도전 10 문제 144~145쪽
1 나, 라
2 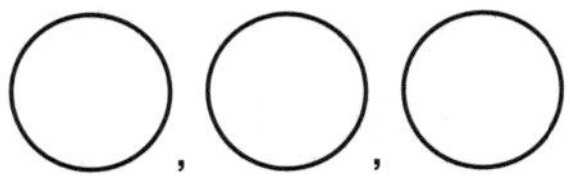
3 6 cm
4 2, 4, 3
5 ㉡
6 ㉡
7 ㉢
8 원기둥
+9 50.24 cm
+10 [공통점] 예 위에서 본 모양이 원입니다.
[차이점] 예 원기둥은 밑면과 옆면이 있고, 구는 밑면과 옆면이 없습니다.

1 공 모양의 입체도형을 모두 찾으면 나와 라입니다.

2 구는 어느 방향에서 보아도 모양이 모두 원입니다.

힌트북 64쪽

3

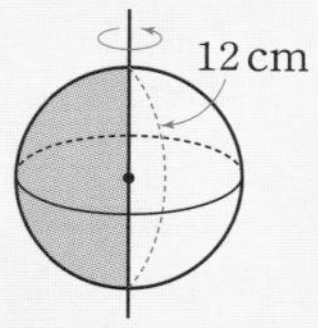

(돌리기 전 반원의 지름)
=(구의 지름)

알아둬!
반원 모양의 종이를 지름을 기준으로 돌리면 구가 만들어져.

그림과 같이 지름을 기준으로 반원 모양의 종이를 돌리면 반지름이 $12 \div 2 = 6$ (cm)인 구가 만들어집니다.

4 주어진 모양은 원기둥 2개, 원뿔 4개, 구 3개를 사용하여 만들었습니다.

5 ㉡ 구의 중심은 구의 가장 안쪽에 있는 점으로 1개입니다.

6 원뿔에는 있지만 원기둥에는 없는 것은 ㉡ 꼭짓점입니다.

힌트북 65쪽

7

㉢ 원기둥과 구에는 꼭짓점이 없지만 원뿔에는 꼭짓점이 있습니다.

8 주어진 모양은 원기둥 5개, 원뿔 3개, 구 4개를 사용하여 만들었습니다. 따라서 가장 많이 사용한 입체도형은 원기둥입니다.

+9 주어진 구를 위에서 본 모양은 지름이 16 cm인 원입니다.
(위에서 본 모양의 둘레)$=16 \times 3.14 = 50.24$ (cm)

+10 • 원기둥과 구는 모두 굽은 면이 있습니다.
• 원기둥은 앞과 옆에서 본 모양이 직사각형이고, 구는 앞과 옆에서 본 모양이 원입니다.

29~32일 단원평가

146~147쪽

- **01** 10 cm
- **02** (위에서부터) 4, 6, 24
- **03** 2 cm
- **04** 10 cm
- **05** 원기둥, 구
- **06** 수현
- **07** 6 cm
- **08** 48 cm^2
- **09** 8 cm
- **10** 풀이 참조 / 24.8 cm

01 그림과 같이 한 변을 기준으로 직사각형 모양의 종이를 돌리면 밑면의 지름은 $5 \times 2 = 10$ (cm), 높이는 8 cm인 원기둥이 만들어집니다.

02 원기둥의 전개도에서
(옆면의 가로)=(밑면의 둘레)$=4 \times 2 \times 3 = 24$ (cm)
(옆면의 세로)=(원기둥의 높이)=6 cm

03 원뿔의 높이는 15 cm이고, 모선의 길이는 17 cm이므로 차는 $17 - 15 = 2$ (cm)입니다.

04 만들어지는 입체도형은 구입니다.
(입체도형의 중심에서 겉면의 한 점까지의 거리)
=(구의 반지름)$=20 \div 2 = 10$ (cm)

05 주어진 모양은 원기둥과 구를 사용하여 만든 것입니다.

06 수현: 원기둥을 옆에서 본 모양은 직사각형입니다.

07 (밑면의 지름)$=37.68 \div 3.14 = 12$ (cm)
(밑면의 반지름)$=12 \div 2 = 6$ (cm)

08 원뿔을 앞에서 본 모양은 밑변의 길이가 12 cm이고 높이가 8 cm인 삼각형입니다.
(앞에서 본 모양의 넓이)$=12 \times 8 \div 2 = 48$ (cm^2)

09 (옆면의 가로)=(밑면의 둘레)
$=6 \times 2 \times 3 = 36$ (cm)
(옆면의 넓이)$=36 \times$(높이)$=288$이므로
(높이)$=288 \div 36 = 8$ (cm)입니다.

10 예시 답안 변 ㄱㄷ을 기준으로 돌리면 밑면의 반지름이 4 cm이고 높이가 3 cm인 원뿔이 됩니다.
(만든 입체도형의 밑면의 둘레)
$=4 \times 2 \times 3.1 = 24.8$ (cm)

채점 기준	
	❶ 만든 입체도형의 밑면의 반지름을 구해야 함.
	❷ 만든 입체도형의 밑면의 둘레를 구해야 함.

memo

memo

memo

memo

수학이 만만해지는 힌트의 힘!

정답 · 풀이

“ 막힐 때 힌트 보며 혼자서도 척척 ”

지금 바로 힌트북을 만나 보세요!

정가 15,800 원

63410
9 791197 913211
ISBN 979-11-979132-1-1

초등학교

학년 반

이름